Baustoffrecycling

Anette Müller

Baustoffrecycling

Entstehung - Aufbereitung - Verwertung

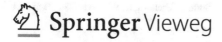

Anette Müller
Weimar
Deutschland

ISBN 978-3-658-22987-0   ISBN 978-3-658-22988-7 (eBook)
https://doi.org/10.1007/978-3-658-22988-7

Die Deutsche Nationalbibliothek verzeichnet diese Publikation in der Deutschen Nationalbibliografie; detaillierte bibliografische Daten sind im Internet über http://dnb.d-nb.de abrufbar.

Springer Vieweg

Lektorat: Dipl.-Ing. Ralf Harms

Springer Vieweg ist ein Imprint der eingetragenen Gesellschaft Springer Fachmedien Wiesbaden GmbH und ist ein Teil von Springer Nature.
Die Anschrift der Gesellschaft ist: Abraham-Lincoln-Str. 46, 65189 Wiesbaden, Germany

Vorwort und Danksagung

Der Begriff Nachhaltigkeit ist *das* Schlüsselwort für den verantwortungsbewussten Umgang mit unserer Umwelt. Für den Bausektor bedeutet das unter anderem die konsequente Umsetzung von Stoffkreisläufen. Unmittelbares Ziel ist die Reduzierung des Abfallaufkommens bei gleichzeitiger Schonung der knapper werdenden Ressourcen. Verglichen mit dem Energiesektor ist hier noch viel zu tun – beginnend mit der eindeutigen Definition bestimmter Begriffe und Kennzahlen, über die klare Formulierung von Zielstellungen und Anforderungen bis hin zur Entwicklung von erforderlichen Technologien und Produkten aus Rezyklaten. Zudem gilt es, die notwendigen Inhalte in der Ingenieurausbildung zu etablieren. Dabei könnte eine „Recyclingkunde" als Erweiterung der Baustoffkunde oder als Teilgebiet der Verfahrenstechnik interpretiert werden. Möglich wäre auch, sie der Abfall- oder Ressourcenwirtschaft zuzuordnen. Eine solche Aufteilung wird den zu lösenden komplexen Aufgabenstellungen jedoch nicht gerecht. Nur wenn alle drei Inhalte im Kontext behandelt werden, können Zusammenhänge wirklich erkannt und eine brauchbare Grundlage für Studenten, Ingenieure und – so hoffe ich – auch für Akteure der Recyclingbranche geschaffen werden. Vielleicht kann diese Herangehensweise auch dazu beitragen, die seit Jahrzehnten auf den Schadstoffaspekt ausgerichtete Betrachtungsweise von Recycling-Baustoffen zu überwinden oder zumindest in Frage zu stellen.

In meinen Vorlesungen zum Baustoffrecycling, die ich bis 2015 an der Bauhaus-Universität Weimar gehalten habe, habe ich versucht, die verschiedenen Aspekte des Recyclings von Bauabfällen zu verknüpfen. Die Skripte dieser Vorlesungen waren Ausgangspunkt für dieses Buch. Die anfangs noch rare Fachliteratur war eine der genutzten Quellen, die ich beibehalten und mit Aktuellem ergänzt habe Gleichzeitig habe ich auf die Ergebnisse von Forschungsprojekten und studentischen Arbeiten zurückgegriffen. Ein großer Wissensfundus ist auch am IAB – Institut für Angewandte Bauforschung Weimar entstanden, wo ich mich noch heute mit Fragen des Baustoffrecyclings beschäftige. Die Parallelität von Bearbeitung des Manuskriptes und angewandter Forschung hat immer wieder zu Erkenntnisgewinnen geführt, aber auch Zeit gekostet. Wenn ich jetzt einen Schlussstrich ziehe, ist der sicherlich nur vorläufig.

Ein Buch zu schreiben ist eine Herausforderung, insbesondere wenn es gleichzeitig die Zusammenfassung einer Etappe im Berufsleben darstellt. Viele Fachkollegen haben mich immer wieder ermuntert, dass das „Baustoffrecycling" ein Buch wert ist und mich darin bestärkt, es zum Abschluss zu bringen. Sie haben mir auch geholfen, indem sie Teile des Manuskriptes kritisch durchgesehen haben. Ausdrücklich bedanken möchte ich mich bei Dr.-Ing. Karin Weimann, Dipl.-Ing. Heinz Heilmann, Professor Dr.-Ing. Sylvia Stürmer, Dr.-Ing. Wolfgang Eden, Dipl.-Ing. Harald Kurkowski, Dr.-Ing. Elske Linß, Dipl.-Ing. Manuela Knorr und Dipl.-Ing. Kerstin Schalling. Mein Mann hat die Geduld aufgebracht, das ganze Manuskript zu lesen und dabei viele meiner Schachtelsätze entschärft.

Die Autorin

Professor Dr.-Ing.
habil. Anette Müller

Die beruflichen Wurzeln von Professor Dr.-Ing. habil. Anette Müller gehen auf das Diplomstudium Baustoffingenieurwesen an der Hochschule für Architektur und Bauwesen (heute Bauhaus-Universität Weimar) zurück. Es folgten Promotion und Habilitation auf dem Gebiet der Zementchemie als Ergebnisse ihrer langjährigen Forschungstätigkeit im Zementanlagenbau. Von 1995 bis 2011 hatte sie die Professur „Aufbereitung von Baustoffen und Wiederverwertung" an der Bauhaus-Universität Weimar inne. Gastprofessuren führten sie an der University of Illinois in Urbana Champaign und an der Universidade de Sao Paulo. Seit April 2011 ist sie Mitarbeiterin der IAB – Institut für Angewandte Bauforschung Weimar gGmbH mit dem Arbeitsschwerpunkt Baustoffrecycling.

Inhaltsverzeichnis

Liste der Abbildungen

Liste der Tabellen

Stoffkreisläufe

1

1.1 Vorbilder aus der natürlichen Umwelt

Stoffkreisläufe sind das Stabilitätsprinzip der Natur. So zirkulieren die chemischen Elemente in unterschiedlichen Bindungsformen und Aggregatzuständen zwischen den verschiedenen Reservoiren der Biosphäre, Hydrosphäre, Lithosphäre, Pedosphäre und Atmosphäre, wodurch Stabilität gewährleistet wird und Veränderungen über längere Zeiträume ausgeglichen werden können. Stoffkreisläufe mit fundamentaler Bedeutung für das Leben auf der Erde sind die Kreisläufe der Elemente Kohlenstoff, Sauerstoff, Stickstoff, Phosphor und Schwefel sowie der Wasserkreislauf. Gegenwärtig wird zunehmend versucht, neben der Vertiefung der Kenntnisse über die ablaufenden Prozesse die zirkulierenden Stoffströme quantitativ zu erfassen und die Wechselwirkungen darzustellen. Ziel ist es dabei, Modellvorstellungen zu schaffen und Einflussgrößen zu erkennen, um eine Prognose zukünftiger Entwicklungen vornehmen zu können und Steuermechanismen abzuleiten.

In die Kategorie der natürlichen Stoffkreisläufe gehört der Kreislauf der Gesteine (Abb. 1.1), in welchem durch physikalische und chemische Vorgänge bewirkte Neubildungen, Umwandlungen oder Auflösungen von Gesteinen stattfinden. Obwohl dieser Kreislauf sich in völlig anderen zeitlichen und räumlichen Dimensionen bewegt, können daraus bestimmte Schlüsse für Kreisläufe von mineralischen Massenabfällen wie Bauabfällen gezogen werden. Die Abtragung und Verwitterung kann als Beanspruchung während der Nutzung von Bauwerken, aber auch als Abbruch und mechanische Aufbereitung am Nutzungsende angesehen werden. Die Sedimentation stellt die Verwertung als unverfestigter oder verfestigter Mineralstoff dar. Bis zu dieser Stufe wird Recycling von Bauabfällen in Form von Tragschichten aus Recycling-Baustoffen oder Betonen aus rezyklierten Gesteinskörnungen heute betrieben. Erst wenn – ausgelöst durch erhöhte Temperaturen und Drücke – die Struktur der Gesteine zunehmend aufgelöst wird bis hin zum völligen

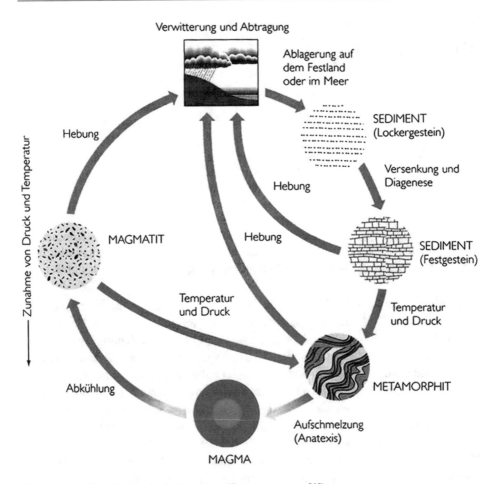

Abb. 1.1 Stoffkreislauf in der Lithosphäre. (Entnommen aus [1])

Aufschmelzen, können sich neue Gesteine mit völlig verändertem Mineralbestand und physikalischen Eigenschaften bilden. Diese Stufe der Rückführung in den Stoffkreislauf wird bisher nur für bestimmte Abfälle wie Altglas erreicht.

Als Folge der Zunahme und der Intensivierung der industriellen ebenso wie der landwirtschaftlichen Tätigkeit und des Wachstums der Weltbevölkerung ist ein zunehmender Einfluss des Menschen auf die natürlichen Stoffkreisläufe zu verzeichnen. Bekanntestes Beispiel ist der anthropogene Einfluss auf den Kohlenstoffkreislauf, bei welchem der Gleichgewichtszustand durch die Verbrennung fossiler Energieträger, die Waldrodung und die Landnutzung sowie weitere Einflüsse zunehmend außer Kraft gesetzt wird. Der Eintrag von CO_2 in die Atmosphäre steigt.

Um die Eingriffe in die natürlichen Stoffkreisläufe zu vermindern, sind zum einen „Sparstrategien" durch tatsächlichen Konsumverzicht oder Dematerialisierung geeignet.

Ein anderer Weg ist der Aufbau geschlossener Stoffkreisläufe in der Technosphäre. Die Schaffung von solchen geschlossenen Stoffkreisläufen steht allerdings erst am Anfang, auch wenn der Begriff „Recycling" ein häufig gebrauchtes Schlagwort ist. So stehen sich in Deutschland auf dem Bausektor eine jährliche Rohstoffentnahme an Sand, Kies, Naturstein und weiteren mineralischen Rohstoffen von etwa 500 Mio. t und eine Verwertung von zu Recycling-Baustoffen aufbereiteten Bauabfällen von 60 bis 70 Mio. t gegenüber. Die substituierte Menge an natürlichen Rohstoffen bewegt sich also zwischen 10 und 15 %. Primärrohstoffe sind also nach wie vor in erheblicher Menge erforderlich. Höhere Einsatzquoten werden für Stoffe wie Glas, Papier und für Metalle erreicht. Das ist zum einen technologisch begründet, weil die Recyclingtechnologien für diese Stoffe unter völliger Auflösung der ursprünglichen Struktur in einem Schmelzprozess oder durch das Herstellen einer Suspension ablaufen. Das daraus hervorgehende Produkt wird in seinen Eigenschaften nur noch wenig von dem eingesetzten „Altstoff" beeinflusst. Zum anderen sind zumindest für Metalle der hohe Preis und die Energieeinsparung, die bei der Metallerzeugung aus Schrott anstelle von Erz erreicht wird, der ausschlaggebende Faktor für die Rückführung des Materials.

1.2 Entwicklungen und Triebkräfte des Recyclings

Recycling als die Rückführung genutzter Produkte und Materialien in den Stoffkreislauf ist kein Phänomen unserer Zeit. Für Materialien wie Altmetalle, Lumpen, Kleidung, Papier, Knochen und Asche war das Sammeln und Verwerten seit dem späten Mittelalter üblich. Von Reith [2] wird beispielsweise über die Verwertung von Lumpen, die bei der Papierherstellung benötigt wurden, berichtet: „In der frühen Neuzeit bildeten sich bereits Lumpensammelbezirke aufgrund obrigkeitlicher Privilegien heraus, auch das Instrument des Exportverbotes wurde angewandt, und der ‚Lumpenschmuggel' signalisiert ein knappes Gut". Aufgrund technologischer Entwicklungen wurden ab dem Ende des 19. Jahrhunderts Lumpen bei der Papierproduktion nicht mehr benötigt, sodass dieser Materialkreislauf verschwand. Neben solchen technischen Gründen sind auch der wirtschaftliche Entwicklungsstand und das gesellschaftliche Umfeld bestimmend für die Ausbildung bzw. das Verschwinden von Stoffkreisläufen. In Bezug auf die wirtschaftliche Entwicklung können Stoffkreisläufe in gewisser Weise als „Mangelindikatoren" angesehen werden. So konnten nach Reith in der BRD bis in die 1960er Jahre mit Altmetall, Lumpen und Papier beim Altstoffhandel Erlöse erzielt werden. Später war das nicht mehr möglich, wodurch das Sammeln zum Erliegen kam. In der DDR wurden gesammelte Altstoffe ebenfalls vergütet. In Entwicklungs- und Schwellenländern leben noch heute ganze Familien davon, Müll nach verwertbaren Bestandteilen zu durchsuchen. Gegenwärtig ist eine Renaissance der Sammlung der jetzt als Wertstoffe bezeichneten Abfälle wie Kunststoffe, Metalle und Verbundstoffe zu beobachten. Altpapier und Altglas sind wichtige Rohstoffe, für die wieder Erlöse erzielt werden können.

In Bezug auf das Baustoffrecycling kann bei den meisten erhaltenen Bauwerken von der Antike bis zum Mittelalter der Rückgriff auf das Material älterer Bauwerke nachgewiesen werden. Erst nachdem die industrielle Revolution die Massenproduktion von Baustoffen ermöglichte, verlor das Baustoffrecycling seine Bedeutung und war immer nur dann wieder notwendig, wenn in Krisensituationen der Baustoffbedarf nicht anders gedeckt werden konnte. Das meistgenannte Beispiel hierfür ist das Recycling in deutschen Großstädten nach dem Zweiten Weltkrieg. Große Mengen an Trümmerschutt, der überwiegend aus Ziegeln bestand, mussten aufgearbeitet werden. Drei Verwertungswege wurden bevorzugt:

- Von den Trümmerfrauen wurden die unbeschädigten Ziegel aussortiert und gereinigt, um sie wieder als Wandbaustoff einzusetzen. Die Reinigung erfolgte händisch oder auch maschinell, wofür beispielsweise eine Art von Dickenhobelmaschine verwendet wurde (Abb. 1.2).
- Beschädigte Ziegel wurden zu Ziegelsplitt verarbeitet und als Gesteinskörnung in Ziegelsplittbeton eingesetzt. In einer Norm [4] waren die Herstellung und Verwendung beschrieben. Zur Gebrauchstüchtigkeit solcher Betone liegen konträre Aussagen vor. So wird zum einen über Schadensfälle an Ziegelsplitt-Schüttbetonen bis hin zum Einsturz eines achtgeschossigen Gebäudes berichtet. Ursache war die unzureichende, ungleichmäßige Verdichtung des Betons [5]. Zum anderen werden Gebäude aus der Nachkriegszeit vorgestellt, die heute noch ohne Einschränkungen genutzt werden und so die Dauerhaftigkeit von Ziegelsplittbeton unter Beweis stellen [6].
- Gemischter Trümmerschutt wurde für Aufschüttungen, Verfüllungen etc. eingesetzt. In Städten mit eher ebenem Geländeprofil wie Köln oder Berlin wurden so Hügel geschaffen, die als Teil von Parkanlagen noch heute vorhanden sind.

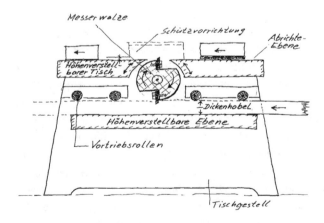

Abb. 1.2 Nach dem Zweiten Weltkrieg verwendete Vorrichtung zum mechanischen Säubern von Ziegeln [3]

Zunehmend werden beim Rückbau von Gebäuden aus der Nachkriegszeit oder bei Umbauarbeiten Ziegelsplittbetone angetroffen. Es handelt sich dabei sowohl um gefügedichte
Ortbetone als auch um haufwerksporige Betonsteine (Abb. 1.3). Eine exemplarische
Untersuchung solcher Betone zeigt, dass sie Rohdichten und Festigkeiten aufweisen, die
den Anforderungen der aktuellen Regelwerke genügen [7]. Einschränkungen hinsichtlich
der Korngröße oder des Anteils an Ziegelsplitt lassen sich aus den mikroskopischen Auf-
nahmen nicht erkennen. Daraus folgt, dass das gesamte durch die Aufbereitung erzeugte
Korngemisch ohne Begrenzung des Ziegelgehaltes und einschließlich der Ziegelsande
eingesetzt wurde.

Den Zeitpunkt des Beginns des „modernen" Baustoffrecyclings angeben zu wollen, ist
schwierig. Oftmals hervorgehend aus Fuhrunternehmen oder Steinbruchbetrieben begann
Anfang der achtziger Jahre des vorigen Jahrhunderts der Aufbau von stationären Recyclinganlagen mit umfangreicher Maschinenausstattung, die zum überwiegenden Teil noch
heute in Betrieb sind. So wird bereits 1984 in der Fachpresse über den Einsatz eines Aqua-
mators zur Sortierung von Bauschutt in einer neu errichteten Recyclinganlage berichtet [8]. Eine Wende vollzieht sich – vom Abbruch zum Rückbau und von der Deponierung zur Verwertung von Bauabfällen. Bauwerke, welche nicht mehr benötigt werden,
nicht mehr den Ansprüchen der Nutzer oder den technischen Anforderungen genügen,
werden zurückgebaut, um Neuem Platz zu machen oder einfach der Natur ihr Terrain
zurückzugeben.

Abb. 1.3 Ziegelsplittbetone, entnommen aus einem in den 1950er Jahren errichteten Gebäude.
(Bildquelle: Sylvia Stürmer, Vanessa Milkner, HTWG Konstanz)

Heute können Stoffkreisläufe als ein Indikator für den Stand der Umweltgesetzgebung betrachtet werden. So haben sich die gegenwärtigen Sammel- und Rückführsysteme aufgrund von Forderungen des Gesetzgebers etabliert. Sinnfällig wird das durch den Übergang von der reinen Abfallgesetzgebung zu einer Gesetzgebung, welche die Kreislaufwirtschaft fördern soll. Zunehmend werden auch die Hersteller von Bauprodukten durch Regelungen wie die Bauproduktenverordnung in die Pflicht genommen. In Bewertungssysteme für Gebäude werden Rückbau, Trennung und Verwertung einbezogen. So soll erreicht werden, dass die Lebensphase, die sich an die Nutzung eines Bauwerks anschließt, stärker berücksichtigt und Kreislaufsysteme entwickelt werden.

Die Triebkräfte für das Recycling von Bauabfällen hängen vom Verhältnis zwischen dem Bedarf an bestimmten, mit dem Bauen in Zusammenhang stehenden Materialien und Dienstleistungen sowie dem Aufkommen ab. Übersteigt der Bedarf das Aufkommen, wird Recycling zur Notwendigkeit. Als wichtige Faktoren stehen sich gegenüber:

- Bedarf an Deponieraum für die Ablagerung von Bauabfällen und das Aufkommen an ausgewiesenen Deponieflächen sowie
- Benötigte Mengen an Mineralstoffen und regional vorhandene Mengen
- Benötigte und vorhandene Transportkapazitäten.

Die Verknappung der für die Abfalldeponierung zur Verfügung stehenden Flächen ist in dicht besiedelten Regionen oder in Regionen, in welchen die Landwirtschaft oder der Tourismus wirtschaftliche Faktoren sind, eine wichtige Triebkraft. Praktische Konsequenz von knappem Deponieraum kann das Verbot der Deponierung von Bauabfällen sein, welches beispielsweise in den Niederlanden bereits seit 1997 gilt [9]. Verwertbare Bauabfälle dürfen nicht deponiert werden. Nur für kontaminiertes, auch von zertifizierten Recyclinganlagen nicht verwertbares Material ist die Deponierung zulässig. Eine andere Variante besteht darin, die Deponiegebühren drastisch zu erhöhen, um die Wiederverwertung wirtschaftlich interessant zu machen.

Der Mangel an mineralischen Rohstoffen ist als Triebkraft für das Recycling bisher weniger entscheidend. So wird in einer von Weil [10] zitierten Zustandsanalyse von 1997 ein Vorrat an Sand und Kies in Deutschland von mehr als 220 Mrd. t angegeben. Wenn angenommen wird, dass davon nur 50 % für den Abbau zur Verfügung steht und dass der zukünftige Verbrauch bei 400 Mio. t/a liegt, ergibt sich daraus eine Reichweite von 275 Jahren. Die bestehenden Sand- und Kiesvorkommen decken den zukünftigen Bedarf rechnerisch also noch für 275 Jahre bzw. bis etwa 2270 ab. Trotzdem kann es bei insgesamt ausreichenden Vorräten zu regionalen Verknappungen kommen, weil andere Interessen wie zum Beispiel die Walderhaltung, die Erhaltung oder die Ausweitung von Bauzonen und Verkehrsflächen der Gewinnung von Sand und Kies entgegenstehen. Besonders ausgeprägt ist der Interessenkonflikt zwischen dem Grundwasserschutz und dem Sand- und Kiesabbau, da die Lagerstätten gleichzeitig Rohstoffquellen und Trinkwasserspeicher sind. Gerade in Ballungszentren kann die Deckung des Trinkwasserbedarfs Priorität vor der Deckung des Bedarfs an Sand und Kies haben.

Für die Wirtschaftlichkeit des Recyclings sind die Kosten für die Beseitigung und die Transportkosten entscheidend. Bei einem Abbruchvorhaben, bei welchem das gesamte Material vor Ort aufbereitet und verwertet werden kann, entfallen die Deponierungs- und die Transportkosten. Vorausgesetzt, dass der Aufwand für die Herstellung der Rezyklate den Aufwand für die Aufbereitung des Neumaterials nicht wesentlich übersteigt und dass die Rezyklate die Qualitätsanforderungen für das jeweilige Einsatzgebiet erfüllen, bringt der Einsatz der Recycling-Baustoffe Kostenvorteile. Der beschriebene Zusammenhang wird stark vereinfacht mit den im Abb. 1.4 dargestellten Szenarien nach Lauritzen [11] wiedergegeben. Der obere Teil zeigt das Szenario, bei welchem der gesamte Baustoffbedarf für einen Neubau durch Primärmaterial abgedeckt wird. Parallel dazu erfolgt ein traditioneller Abbruch eines bestehenden Gebäudes. Das Abbruchmaterial wird anschließend beseitigt. Im unteren Teil wird zumindest ein Teil des Abbruchmaterials für den Neubau eingesetzt. Das Ergebnis einer stark vereinfachten Modellrechnung für die beiden Szenarien ist in Abb. 1.5 dargestellt. Wenn angenommen wird, dass die spezifischen Kosten für die Prozesse Gewinnung und Aufbereitung des Primärmaterials sowie Abbruch und Aufbereitung des Sekundärmaterials in der gleichen Größenordnung liegen, führt der verknüpfte Neu- und Rückbau zu sichtbaren Kostenvorteilen, insbesondere wenn für die Deponierung sehr hohe Gebühren zu entrichten sind.

Den gravierenden Einfluss der Transporte zeigt das Beispiel der Erneuerung einer Stadtautobahn in Chicago im Jahre 1978 [12]. Ohne die Vor-Ort-Verwertung des entstehenden Betonaufbruchs hätten natürliche Gesteinskörnungen in einer Menge von 350.000 t aus einer Entfernung von 29 km angeliefert werden müssen. Gleichzeitig hätte

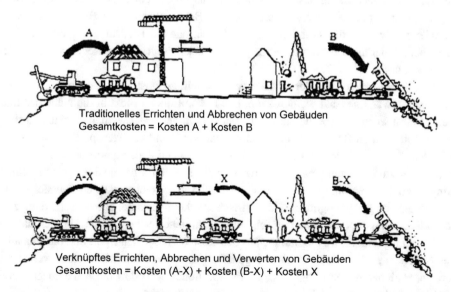

Abb. 1.4 Gegenüberstellung der Bauwerkserrichtung ohne und mit Verwertung von Recycling-Baustoffen. (Entnommen aus [11])

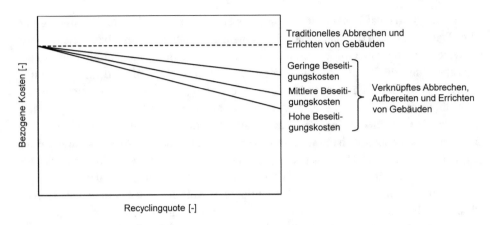

Abb. 1.5 Vereinfachte Kostengegenüberstellung von verknüpftem Abbruch, Aufbereiten des Bauschutts sowie Errichten eines Gebäudes und traditionellem Abbruch sowie Errichten eines Gebäudes

der Betonaufbruch zu einer 24 km entfernten, in entgegengesetzter Richtung liegenden Deponie gebracht werden müssen. Bei einer Aufbereitung vor Ort konnten 85 % des Betonaufbruchs wieder eingesetzt werden. Die zu transportierenden Mengen reduzierten sich also auf jeweils 52.500 t. Die Einsparung an Dieselkraftstoff wird mit 200.000 Gallonen angegeben, was etwa 750.000 Litern entspricht. Die Gegenüberstellung der Varianten macht die erheblichen Unterschiede deutlich (Tab. 1.1). Es zeigt sich, dass der Transportenergieaufwand bei der Variante ohne Recycling dominant ist. Die Energieeinsparungen durch die Verwertung des Recyclingmaterials fallen sehr deutlich aus, selbst wenn angenommen wird, dass die Aufbereitung des Betonaufbruchs zu Recycling-Baustoff energieintensiver als die Aufbereitung von Primärmaterial ist. Der Energieaufwand für den Abbruch der alten Fahrbahn wurde nicht berücksichtigt, weil dieser in beiden Fällen erfolgen muss.

In Ballungsgebieten hat der Einsatz von Recycling-Baustoffen den Vorteil, dass der Transportaufwand gesenkt werden kann. Die Rohstoffquelle rückt in die Nähe der Baustelle. Selbst wenn das Abbruchmaterial nicht vor Ort verwertet werden kann und deshalb in einer stationären Recyclinganlage verarbeitet wird, sind die Transportkosten das entscheidende Kriterium. Wenn die Kosten für das Neumaterial als Summe aus Gewinnungs- und Aufbereitungskosten plus Transportkosten die Kosten für das qualitätsgerechte Recyclingmaterial als Summe aus Aufbereitungskosten und Transportkosten übersteigen, ist der Einsatz von Recyclingmaterial die wirtschaftlichere Variante. Die Entscheidung zwischen Recycling oder Deponierung folgt einem ähnlichen Schema. Das Abbruchmaterial wird dorthin gebracht, wo die Summe aus den Kosten für den Transport und die Annahme des Materials gering ist. Es kann also günstiger sein, das Material zu einer weiter entfernten, stationären Recyclinganlage zu transportieren, weil dort die Annahmegebühren niedriger sind als auf einer Deponie in geringerer Entfernung.

Tab. 1.1 Gegenüberstellung des Energieaufwands für die Erneuerung einer Stadtautobahn auf 24 km Länge nach [12]

	Ohne Recycling		Mit Recycling		
	Primärmaterial	Abfall zur Beseitigung	Primärmaterial (15 %)	Abfall zur Beseitigung (15 %)	Recycling-Baustoff (85 %)
Materialaufkommen [t]	350.000	350.000	52.500	52.500	297.500
Aufbereitung					
Spez. Energieaufwand [MJ/t]	45	0	45	0	Min 43 / Mittel 62 / Max 84
Energieaufwand [MJ]	15.750.000	0	2.362.500	0	Min 12.792.500 / Mittel 18.445.000 / Max 24.990.000
Transport					
Spez. Energieaufwand Lastfahrt [MJ/t*km]	1,3	1,3	1,3	1,3	1,3
Spez. Energieaufwand Leerfahrt [MJ/t*km]	0,8	0,8	0,8	0,8	0,8
Entfernung [km]	29	24	29	24	0
Transportenergie [MJ]	21.315.000	17.640.000	3.197.250	2.646.000	0
Gesamtenergieaufwand [MJ]	54.705.000		Min 20.998.250	Mittel 26.650.750	Max 33.195.750

Spez. Energieaufwand für die Aufbereitung nach [10, 13]

Spez. Energieaufwand für den Transport nach [14]

1.3   Typisierung von Stoffkreisläufen in der Baubranche

In der Baubranche können drei Typen von Stoffkreisläufen unterschieden werden:

- Interne Kreisläufe
- Zwischenbetriebliches Recycling, d. h. die Nutzung von Nebenprodukten anderer Industriezweige
- Kreisläufe für gebrauchte Produkte.

Interne Kreisläufe Bei internen Kreisläufen werden Produktionsabfälle nach einer entsprechenden Aufbereitung wieder in den Produktionsprozess zurückgeführt. Dieser Kreislauftyp ist in vielen Herstellungsprozessen bereits etabliert oder entwickelt sich zunehmend. Es ist nur ein Akteur daran beteiligt. Die Abfallzusammensetzung bewegt sich in engen, bekannten Grenzen. Einige Beispiele für interne Kreisläufe sind:

- Die Rückführung von Transportbetonresten, die aus Reinigungsvorgängen stammen oder als Rückgut von der Baustelle zurückkommen, in die Produktion
- Die Verwertung von Brennbruch in der Ziegelherstellung
- Die Verwertung von Verschnittabfällen aus der Konfektionierung von Gipskartonplatten als Rohstoff für die Gipsherstellung
- Der Einsatz von Eigenscherben bei der Glasherstellung.

Die internen Kreisläufe verlangen in der Regel eine spezielle Materialaufbereitung. Außerdem sind Qualitätsparameter für das rückgeführte Material festzulegen, um Auswirkungen auf die Qualität des Endprodukts zu verhindern. Zusätzlich erfolgt oftmals eine Begrenzung der Rückführmenge. Die in diesem Fall vergleichsweise guten Kenntnisse über das rückgeführte Material und die zu erwartenden Schwankungsbreiten, die aus der Produktpalette ableitbar sind, machen die internen Kreisläufe kalkulierbar und praktikabel.

Zwischenbetriebliches Recycling Beim zwischenbetrieblichen Recycling werden die bei bestimmten Produktionsprozessen anfallenden Reststoffe für die Herstellung anderer Produkte genutzt. Bei der Baustoffherstellung wird das bereits in großem Umfang praktiziert. So kann die Herstellung von Hüttenzementen aus Zementklinker und granulierter Hochofenschlacke, die bei der Roheisenherstellung anfällt, auf eine über hundertjährige Tradition zurückblicken. Jüngere Beispiele sind die stoffliche Verwertung von Kraftwerksnebenprodukten zur Herstellung von Zementen und Baugipsen oder die Verwertung von Abfällen der Papierindustrie bei der Ziegelherstellung. Auch bei diesen Kreisläufen ist die Anzahl der beteiligten Akteure überschaubar und die Zusammensetzung der verwerteten Nebenprodukte definiert.

Kreisläufe für gebrauchte Produkte Die Kreisläufe für gebrauchte Produkte als dritte Kategorie stellen eine besondere Herausforderung dar. Obwohl im Bauwesen auch hier auf Beispiele aus den verschiedensten Epochen verwiesen werden kann, ist die Aufgabenstellung für das moderne Recycling von Bauabfällen eine völlig andere. So war das Recycling von Baumaterialien im antiken Rom eine Frage der begrenzten Transportmöglichkeiten. Das Recycling von Trümmerschutt nach dem Zweiten Weltkrieg war durch den enormen Rohstoffbedarf ebenso wie durch einen Mangel an Transportkapazität begründet. Das moderne Recycling zielt auf die Materialverwertung in geschlossenen Kreisläufen ab, indem Produkte nach Ablauf ihrer Nutzungsdauer in den Stoffkreislauf der Wirtschaft zurückgeführt werden. Dabei kann die Rückführung die nochmalige Nutzung für den ursprünglichen Zweck bedeuten, wobei entweder lediglich eine Aufarbeitung des gebrauchten Produktes erfolgt, oder eine Aufbereitung, bei der eine vollständige Aufhebung der ursprünglichen Produktgestalt vorgenommen wird. Ebenso kann das Recycling die Überführung in einen Rohstoff zum Ziel haben. Folgende Varianten der Rückführung können unterschieden werden:

- Die gebrauchten Produkte werden in ihrer ursprünglichen Gestalt und für den ursprünglichen Zweck verwendet.
- Die gebrauchten Produkte werden aufbereitet, um das ursprüngliche Produkt bzw. ein Produkt, das dem ursprünglichen Produkt vergleichbare Funktionen aufweist, zu erzeugen.
- Die Verwertung erfolgt in anderen, meist deutlich geringer wertigen Einsatzgebieten.
- Die gebrauchten Produkte werden zu Rohstoffen verarbeitet. Diese Variante ist allerdings nur für bestimmte Werkstoffe oder Produkte technologisch möglich.

In der VDI-Richtlinie 2243, Fassung von 1993 [15], sind Definitionen für das Recycling von Bauteilen des Maschinenbaus angegeben. Folgt man diesen Definitionen und überträgt sie sinngemäß auf das Bauwesen (Tab. 1.2), so ist zwischen Produkt- und Materialrecycling zu unterscheiden. Produktrecycling bedeutet die Wieder- und Weiterverwendung von Baustoffen und Bauteilen in ihrer ursprünglichen Gestalt und in der Regel für den ursprünglichen Verwendungszweck. Materialrecycling ist die Verwertung nach einer Behandlung, bei welcher die ursprüngliche Gestalt des Baustoffs durch eine Zerkleinerung oder andere technologische Schritte aufgelöst wird. Die Verwertung kann anschließend im ursprünglichen Produkt oder in einem anderen Einsatzfeld erfolgen.

Im Bauwesen sind für das Produktrecycling der selektive Rückbau und/oder spezielle Rückgabesysteme erforderlich, um unvermischte und unbeschädigte Produkte oder Bauteile zu erhalten. Eine Zwischenlagerung, Säuberung und Reparatur muss sich anschließen. Beim Materialrecycling ist die Rückgewinnung von möglichst sortenreinem Abbruchmaterial der Stoffgruppen Beton, Mauerwerk, Holz und Metall anzustreben. Unbedingt notwendig ist die Separation von Schadstoffen, worunter gesundheitsschädigende und umweltunverträgliche Substanzen verstanden werden. Nach Möglichkeit sind auch Störstoffe, die die bautechnischen Eigenschaften negativ beeinflussen, zu entfernen. Die Aufbereitung erfolgt unter Berücksichtigung der Spezifika der Stoffgruppen. Die erzeugten Produkte können entweder separat oder zusammen mit Primärprodukten verarbeitet werden.

Tab. 1.2 Bezeichnungen und Beispiele zum Baustoffrecycling in Anlehnung an die VDI-Richtlinie 2243 [15]

Primärverwendung	Behandlungsprozess	Behandlungsschritte	Sekundärverwendung
Produktrecycling: Gestalt bleibt erhalten			
Wiederverwendung			
Natursteinpflaster	Keine	Keine	Natursteinpflaster
Dachziegel	Aufarbeitung	Selektive Rückgewinnung Reinigen Prüfen	Dachziegel
Türen	Aufarbeitung	Demontage Reinigen Instandsetzen	Türen
Weiterverwendung			
Balken	Umarbeitung	Demontage Reinigen Bearbeiten	Hirnholzpflaster
Materialrecycling: Gestalt wird aufgelöst			
Wiederverwertung			
Betondachsteine	Aufbereitung	Selektiver Rückbau Zerkleinern Rückführen	Gesteinskörnung für Betondachsteine
Weiterverwertung			
Altbeton	Aufbereitung	Vorsortieren Zerkleinern Klassieren	Tragschichtaterial

Zusätzlich zu den oben genannten Möglichkeiten kann auch bei mineralischen Bauabfällen ein rohstoffliches Recycling erfolgen, welches auf die chemischen Bestandteile der Bauabfälle zurückgreift. CaO-reiche Bauabfälle wie Betone mit Kalksteingesteinskörnungen oder besonders Al_2O_3-reicher Ziegelbauschutt können als Rohstoffkomponenten für die Zementherstellung genutzt werden. Eine andere Möglichkeit ist die Herstellung von leichten Gesteinskörnungen aus Mauerwerkbruch [16]. Das rohstoffliche Recycling stellt die „radikalste" Methode des Recyclings dar. Alle ursprünglichen physikalischen Eigenschaften werden aufgehoben. Ein Produkt mit neuen Eigenschaften entsteht. Die Heterogenität wird beherrschbar.

Das Verwertungsniveau beim Recycling kann sehr unterschiedlich sein (Tab. 1.3). Upcycling bedeutet, dass aus dem Abfall ein hochwertiges, neues Produkt hergestellt wird. Downcycling bedeutet, dass das aus dem Abfall hergestellte Produkt die ursprünglichen Qualitätsanforderungen nicht mehr erfüllt und in untergeordneten Einsatzgebieten verwertet wird. Der Niveaugewinn beim Upcycling ist immer mit einem zusätzlichen Energieaufwand im Vergleich zur Verwertung auf sehr niedrigem Niveau verbunden, weil aufwändigere Herstellungstechnologien durchlaufen werden müssen. Dieser zusätzliche Energieaufwand ist ökologisch und ökonomisch vertretbar, wenn er unter dem Aufwand für die Herstellung eines vergleichbaren Primärproduktes bleibt und/oder wenn erreicht wird, dass das Sekundärprodukt in seinen Eigenschaften dem Primärprodukt überlegen ist.

Die Spezifika des Recyclings im Bauwesen bestehen u. a. darin, dass das Produkt „Bauwerk" besonders langlebig ist und sich aus einer großen Anzahl unterschiedlichster Stoffe zusammensetzt. Außerdem sind an der Errichtung eines Bauwerks sehr viele Akteure beteiligt. Ein Labelling des Produktes „Bauwerk" als Ganzes ist bisher nicht üblich. Im Unterschied zu kurzlebigen Konsumgütern kann der Hersteller kaum eindeutig ausgemacht werden. Das erschwert die Zuordnung der Produktverantwortung und bietet

Tab. 1.3 Beispiele und Anforderungen für das Recycling auf unterschiedlichen Verwertungsniveaus

Verwertungsniveau		
Upcycling	Recycling	Downcycling
Hoher verfahrenstechnischer Aufwand	Mittlerer verfahrenstechnischer Aufwand	Geringer verfahrenstechnischer Aufwand
Beispiele		
Mauerwerk → leichte Gesteinskörnungen	Beton → rezyklierte Gesteinskörnung für Beton	Mauerwerk → Verfüllungen, Bodenverbesserung
Voraussetzungen		
Zerkleinerung, Mahlung, Zugabe eines Blähmittels, Granulation, Brennen im Drehrohrofen	Selektive Gewinnung durch Rückbau Separation von Stör- und Schadstoffen, Zerkleinerung, Klassierung	Separation von Schadstoffen Einsatz ohne oder mit geringster weiterer Aufbereitung

kaum Anreiz zur Entwicklung recyclinggerechter Produkte als Voraussetzung für ein zukünftiges, effektiveres Recycling. Vielmehr ist eine ständig zunehmende Produktvielfalt zu verzeichnen. Die Entwicklung und Anwendung von Verbundbaustoffen steigt an, ohne dass parallel dazu neue Technologien für ihre Verwertung entwickelt werden.

1.4   Stoffbilanz und anthropogenes Baustofflager

Stoffkreisläufe lassen sich in abgegrenzten Systemen darstellen, indem die in das System ein- und austretenden Stoffströme, die im System ablaufenden Prozesse und die zwischen den Prozessen zirkulierenden Stoffströme erfasst werden. Unter den Prozessen werden beispielsweise die Herstellung eines Ausgangsstoffes, die Weiterverarbeitung zu einem Produkt oder der Konsum verstanden. Die Stoffströme können aus Rohstoffen, Produkten oder Abfällen bestehen. Sowohl für das Gesamtsystem als auch für die einzelnen Prozesse können Bilanzen aufgestellt werden, die auf dem Grundprinzip der Erhaltung der Masse basieren. Es kann zwischen einem stationären und einem quasistationären Fall unterschieden werden:

- Im stationären Fall ist die Summe der eintretenden Stoffströme gleich der Summe der austretenden Stoffströme. Dieser Fall gilt für den Prozess der Produktherstellung. Hier ist die im Prozess verarbeitete Rohstoffmenge gleich der Produktmenge zuzüglich eventuell entstehender Produktionsrückstände und Emissionen. Bei der Nutzung bzw. dem Konsum des erzeugten Produktes stimmen der Input und der Output nur dann überein, wenn keine Lagerbildung erfolgt. Das ist bei kurzlebigen Produkten wie beispielsweise Verpackungen oder kurzlebigen Konsumgütern näherungsweise der Fall.
- Im quasistationären Fall unterscheidet sich die Summe der eintretenden Stoffströme von der Summe der austretenden Stoffströme. Diese Ungleichheit führt zu einem Aufbau oder Abbau eines Stofflagers. Im Bauwesen überwiegt bisher der Aufbau von Stofflagern, die aus den unterschiedlichsten Bauwerken gebildet werden. Hier ist der Input wesentlich größer als der Output.

Die Aufstellung von Stoffbilanzen beginnt mit der Auswahl des Systems, der Festlegung der Systemgrenzen und der Ermittlung der in dem System ablaufenden Prozesse. Im zweiten Schritt müssen die ein- und austretenden Stoffströme sowie die Stoffströme innerhalb des Systems identifiziert und durch Messungen oder Recherchen zahlenmäßig erfasst werden. Anschließend können die Bilanzen schematisch dargestellt und die Resultate interpretiert werden. Für den Baustoffkreislauf ist die Bildung umfangreicher Stofflager symptomatisch. Sie bestehen aus Gebäuden, Straßen, Brücken, Tunneln, Versorgungs- und Entsorgungseinrichtungen etc. Für eine vollständige Beschreibung des Baustoffkreislaufes wären deshalb zusätzlich zu den Stoffströmen auch die vorhandenen Stofflager zu beziffern. Diese sind allerdings nur mit großen Unsicherheiten abzuschätzen.

Aussagen zu den für die Baubranche relevanten Stoffströmen an Primär- und Sekundärrohstoffen lassen sich anhand regelmäßig veröffentlichter, statistischer Daten machen

(Tab. 1.4). Die Gesamtmenge an Rohstoffen als Summe aus Gesteinskörnungen einschließlich der für die Baustoffherstellung benötigten Rohstoffe, Recycling-Baustoffen und industriellen Nebenprodukten betrug im Jahr 2014 620 Mio. t. Davon wurden ca. 35 % im Hochbau verbraucht, 65 % flossen in den Straßen- und Tiefbau. Die Materialmengen aus dem Abbruch von Bauwerken einschließlich der gemischten Bau- und Abbruchabfälle und aus dem Abbruch oder der Sanierung von Straßen beliefen sich im Jahr 2014 auf insgesamt 82,8 Mio. t. Daraus wurden 55,5 Mio. t Recycling-Baustoffe hergestellt. Zusammen mit den 12,1 Mio. t Gesteinskörnungen, die aus den anfallenden Böden, Steinen und Baggergut erzeugt wurden, beläuft sich die Menge an Recycling-Baustoffen somit auf insgesamt 67,6 Mio. t. Die Verwertung erfolgte hauptsächlich im Straßen- und Erdbau. Die Differenz zwischen dem Materialinput an Primär- und Sekundärrohstoffen und dem Output beläuft sich auf über 500 Mio. t. Sie stellt den Zuwachs des Materiallagers im Bauwerksbestand in dem betrachteten Jahr dar.

Anhand der Angaben zu den Stoffflüssen kann der Baustoffkreislauf schematisch dargestellt werden (Abb. 1.6). Dabei treten Prozesse ohne Lagerbildung wie die Aufbereitung der Bauabfälle auf. Parallel dazu kommt es zur Lagerbildung im Hochbau, im Tiefbau und auf Deponien.

Tab. 1.4 Jährlicher Rohstoffverbrauch, Abfallentstehung und -verwertung in der Baubranche in Deutschland. (Daten aus [17, 18])

Input 2014			
Hochbau	[Mio. t/a]	Straßen- und Tiefbau	[Mio. t/a]
Gesteinskörnungen für die Mörtel- und Betonherstellung	143,8	Gesteinskörnungen für ungebundene und sonstige Anwendungen	232,7
Kies/Sand für sonstige Anwendungen	14,5	Gesteinskörnungen für die Betonherstellung	58,7
Rezyklierte Gesteinskörnungen	0,8	Industrielle Nebenprodukte	31,5
		Recycling-Baustoffe	66,6
Summe Gesteinskörnungen	159,2	Summe Gesteinskörnungen	389,5
Rohstoffe für die Baustoffherstellung		Rohstoffe für die Baustoffherstellung	
Kalkstein für Zement	32,0	Kalkstein für Zement	13,0
Sand u. a. für Kalksandsteine	7,2		
Sand u. a. für Porenbeton	1,0		
Ton für Ziegel	8,8		
Gips	8,8		
Gesamtsumme	216,9	Gesamtsumme	402,5

Tab. 1.4 (Fortsetzung)

Output 2014		Verwertungssektoren	
	[Mio. t/a]		[Mio. t/a]
Bauschutt		Straßenbau	35,5
Aufbereitung	42,5	Erdbau	16,4
Sonstige Verwertung	8,7	Beton und Asphalt	14,0
Beseitigung	3,4	Sonstiges	1,7
Summe	54,6	Summe	67,6
Straßenaufbruch			
Aufbereitung	12,8		
Sonstige Verwertung	0,5		
Beseitigung	0,3		
Summe	13,6		
Baustellenabfälle			
Aufbereitung	0,2		
Sonstige Verwertung	14,2		
Beseitigung	0,2		
Summe	14,6		
Boden, Steine und Baggergut			
Aufbereitung	12,1		
Verfüllung von Abgrabungen	89,5		
Beseitigung	16,9		
Summe	118,5		

Das insgesamt in Bauwerken angehäufte Lager an Baustoffen ist kaum genau zu beziffern. Eine von Weil [10] zitierte Abschätzung für 1991 ergab eine Gesamtmasse des Stofflagers im Hochbau von 10.100 Mio. t. Nach neueren, 2010 veröffentlichen Berechnungen [19] beträgt allein das Baustofflager „Wohnen" 10.128 Mio. t. Dazu kommt das Baustofflager, das in Gewerbebauten, im Straßen- und Schienennetz, in sonstigen Verkehrs- und Versorgungsbauten sowie in Industriebauten enthalten ist. In einer aktuellen Studie [20] wird der mineralische Materialbestand in Bauwerken in Deutschland wie folgt angegeben:

- Verkehrsinfrastruktur: 9934 Mio. t
- Bauten für Wasser- und Abwasserinfrastruktur: 2266 Mio. t
- Bauten für Energieerzeugung und -verteilung: 771 Mio. t
- Wohngebäude: 8854 Mio. t
- Nichtwohngebäude: 5865 Mio. t

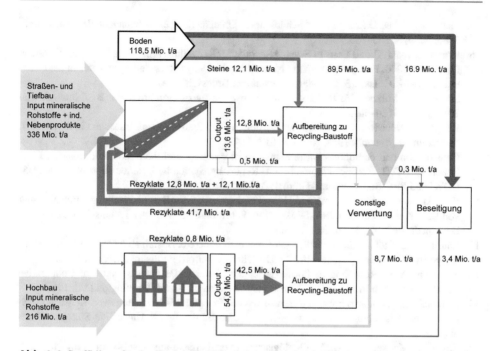

Abb. 1.6 Stoffbilanz für den Baustoffkreislauf ohne Berücksichtigung der Baustellenabfälle

Die Summe der Materialbestände in den genannten Sektoren beträgt 27.690 Mio. t. Summarische Angaben zum Baustofflager sind jedoch wenig anschaulich. Eine Alternative stellen einwohnerspezifische Materialmengen dar, die sich auf Länder, Regionen oder Städte beziehen. Für Deutschland beträgt diese Materialmenge 340 t/Einwohner. Als Vergleich können die in [21] zitierten Angaben dienen, wonach sich die Materiallager auf 350 t/Einwohner für Wien im Jahr 1996 bzw. auf 400 t/Einwohner für die Schweiz belaufen. Für die Steiermark betrug die spezifische Materialmenge 450 t/Einwohner im Jahr 1994 mit einer jährlichen Wachstumsrate von 1–2 % [22]. Gefolgert werden kann, dass das anthropogene Baustofflager einen erheblichen Umfang erreicht hat. Auch wenn es noch deutlich unter den vorhandenen Vorräten an natürlichen Gesteinskörnungen bleibt, wird es zukünftig stärker als Rohstofflager zu berücksichtigen sein.

Literatur

1. Press, F.; Siever, R.: Allgemeine Geologie. Spektrum Akademischer Verlag 3. Auflage. Heidelberg, Berlin 2003.
2. Reith, R.: Recycling – Stoffströme in der Geschichte. Querschnitte 8: Umweltgeschichte. Herausgegeben von Sylvia Hahn, Reinhold Reith. Wien: Verlag für Geschichte und Politik. München: Oldenbourg 2001.
3. Kilian, A: Persönliche Mitteilung, Ziegelbauberatung 1994.
4. DIN 4136: Ziegelsplittbeton, Bestimmungen für die Herstellung und Verwendung. 1951 (zurückgezogen).

5. Plank, A.; Weber, D.: Ziegelsplitt-Schüttbeton – Untersuchung eines Schadenfalles. Bautechnik 1986, Nr. 5, S. 156–163.
6. Kropp, J.; Wöhl, U.: 50 Years of Service Records for Recycling Aggregates Concretes Germany Date 1945-2000. European Thematic Networt on the Use of Recycled Aggregates in the Construction Industry. Issue 3 & 4, March/September. Bruessels 2000.
7. Stürmer, S.; Milkner, V.: R-Betone für Betonwaren und Betonfertigteile. BFT International 2017, H. 12, S. 24–30.
8. Krüger, W.: Neue Recyclinganlage zur Herstellung von Baustoffen aus Bauschutt in Düsseldorf. Aufbereitungs-Technik 1984, Nr.10, S. 613–614.
9. Construction and demolition waste management practices and their economic impacts. Final Report to DGXI, European Commission, Report by Symonds, in association with ARGUS, COWI and PRC Bouwcentrum. February 1999.
10. Weil, M.: Ressourcenschonung und Umweltentlastung bei der Betonherstellung durch Nutzung von Bau- und Abbruchabfällen. Dissertation. Schriftenreihe WAR der Technischen Universität Darmstadt, Heft 160. Darmstadt 2004.
11. Lauritzen, E.K.: The global challenge of recycled concrete. Sustainable Construction. Use of Recycled Concrete Aggregate, pp. 505-519. Thomas Telford Publishing. London 1998.
12. Yrjanson, W.A.: Recycling of Portland Cement Concrete Pavements. National Cooperative Highway Research Program 154. Transportation Research Board. Washington D.C. 1989.
13. Kümmel, J.: Ökobilanzierung von Baustoffen am Beispiel des Recyclings von Konstruktionsleichtbeton. Dissertation. Institut für Werkstoffe im Bauwesen der Universität Stuttgart. Stuttgart 2000.
14. Spyra, W; Mettke, A; Heyn, S.: Ökologische Prozessbetrachtungen-RC-Beton. Projektbericht, Brandenburgische Technische Universität. Cottbus 2010.
15. VDI-Richtlinie 2243, Fassung Oktober 1993: Konstruieren technischer Produkte. Grundlagen und Gestaltungsregeln. Düsseldorf 1993.
16. Müller, A.; Schnell, A.; Rübner, K.: Aufbaukörnungen aus Mauerwerkbruch. Chemie Ingenieur Technik Vol. 84, 2012, No. 10, S.1–13.
17. Deutschland - Rohstoffsituation 2014. Bundesanstalt für Geowissenschaften und Rohstoffe. Hannover 2015.
18. Mineralische Bauabfälle: Monitoring 2014. Bericht zum Aufkommen und zum Verbleib mineralischer Bauabfälle im Jahr 2014. Bundesverband Baustoffe – Steine und Erden e.V. Berlin 2017.
19. Schiller, G.; Deilmann, C.: Ermittlung von Ressourcenschonungspotenzialen bei der Verwertung von Bauabfällen und Erarbeitung von Empfehlungen zu deren Nutzung. Umweltbundesamt, Texte 56. Dessau 2010.
20. Schiller, G.; Ortlepp, R.; Krauß, N.; Steger, S.; Schütz, H.; Acosta Fernández, J.; Reichenbach, J.; Wagner, J.; Baumann, J.: Kartierung des anthropogenen Lagers in Deutschland zur Optimierung der Sekundärrohstoffwirtschaft. Umweltbundesamt, Texte 83. Dessau 2015.
21. Rechenberger, H.; Clement, D.: Urban Mining – städtebauliche Rohstoff-Potenziale. 1. Internationaler BBB-Kongress. Dresden 2011. http://www.bbb-kongress.de/Programm
22. Glenck, E. et al.: Bauwesen – Abfallstrategien in der Steiermark. Band 3: Lageraufbau im Bauwesen. Technische Universität Wien. Wien 2000.

Stoffstrommanagement

2

2.1 Grundbegriffe

Abbruch/Rückbau Bauabfälle entstehen bei der Errichtung oder dem Umbau sowie bei der Beseitigung eines Bauwerks. Bei der Bauwerksbeseitigung wird zwischen zwei Vorgehensweisen unterschieden:

- Unter Abbruch wird die Entfernung eines Bauwerks ohne ausdrückliche Berücksichtigung seines Materialbestandes verstanden.
- Der selektive, kontrollierte, systematische oder auch recyclinggerechte Rückbau ist die schrittweise Demontage mit dem Ziel, möglichst unvermischte Materialien zu erhalten.

Die Beispiele (Abb. 2.1 und 2.2) zeigen zwei unterschiedliche Wege des selektiven Rückbaus. Beim Rückbau des Wohngebäudes werden zunächst alle zugänglichen Schad- und Störstoffe sowie die Wertstoffe kontrolliert zurückgebaut, um so das Bauwerk wieder in einen rohbauähnlichen Zustand zurückzuversetzen. Anschließend erfolgt der Abbruch. Bei Bauwerken mit geringerem Ausbaugrad kann ein selektiver Abbruch ohne vorgelagerte Demontagestufen erfolgen. Im Anschluss wird eine Sortierung in die Materialarten Betonbruch, Mauerwerkbruch, Metalle, Holz und ggf. weitere Bestandteile vor Ort vorgenommen.

Sowohl beim selektiven Rückbau als auch bei der Vor-Ort-Sortierung hängt die erreichbare Sortiertiefe von der Art des Bauwerks ab. Zusätzlich kommt es darauf an, inwieweit Verbundbaustoffe durch die Beanspruchungen beim Abbruch bereits aufgeschlossen, d. h. in ihre Bestandteile zerlegt werden (siehe Kap. 4) und welche Abbruchwerkzeuge verwendet werden. Mit den häufig eingesetzten großformatigen Zangen oder Sortiergreifern können kleinteilige Bestandteile nicht aufgenommen und separiert werden.

© Springer Fachmedien Wiesbaden GmbH, ein Teil von Springer Nature 2018
A. Müller, *Baustoffrecycling*,
https://doi.org/10.1007/978-3-658-22988-7_2

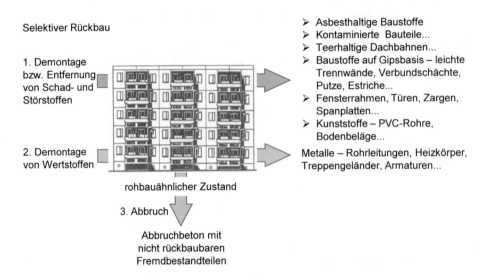

Selektiver Rückbau

> Asbesthaltige Baustoffe
> Kontaminierte Bauteile...
> Teerhaltige Dachbahnen...

1. Demontage
bzw. Entfernung
von Schad- und
Störstoffen

> Baustoffe auf Gipsbasis – leichte
Trennwände, Verbundschächte,
Putze, Estriche...
> Fensterrahmen, Türen, Zargen,
Spanplatten...
> Kunststoffe – PVC-Rohre,
Bodenbeläge...

2. Demontage
von Wertstoffen

Metalle – Rohrleitungen, Heizkörper,
Treppengeländer, Armaturen...

rohbauähnlicher Zustand

3. Abbruch

Abbruchbeton mit
nicht rückbaubaren
Fremdbestandteilen

Abb. 2.1 Selektiver Rückbau eines Wohngebäudes mit den auszubauenden Bestandteilen [1]

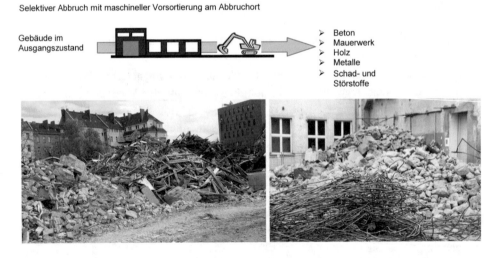

Selektiver Abbruch mit maschineller Vorsortierung am Abbruchort

Gebäude im
Ausgangszustand

> Beton
> Mauerwerk
> Holz
> Metalle
> Schad- und
Störstoffe

Abb. 2.2 Materialtrennung beim selektiven Abbruch (oben) und Beispiele für die mittels maschineller Vor-Ort-Sortierung getrennten Bestandteile (unten)

Schad- und Störstoffe In Recycling-Baustoffen können unerwünschte Stoffe enthalten sein. Dabei kann zwischen Schadstoffen und Störstoffen unterschieden werden (Abb. 2.3). Vielfach wurden schadstoffhaltige Materialien bereits bei der Errichtung eines Bauwerks verwendet, weil zum damaligen Zeitpunkt die negativen Auswirkungen nicht bekannt waren. Dazu zählen Baumaterialien, die Asbest enthalten, künstliche Mineralfasern mit geringer Biolöslichkeit, Holzschutzmittel, polychlorierte Biphenyle (PCB), polycyclische aromatische Kohlenwasserstoffe (PAK) und Schwermetalle. Zusätzlich können Schadstoffe

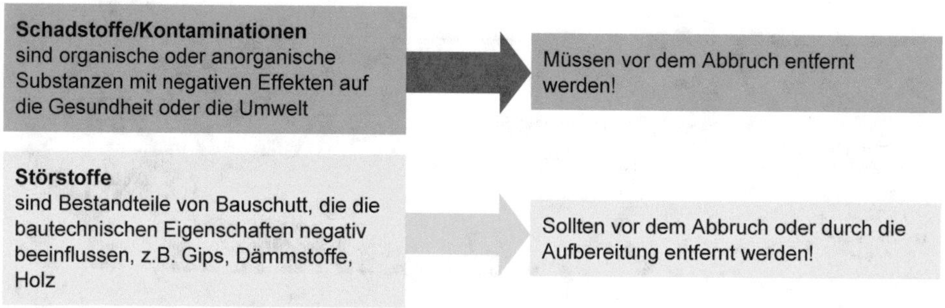

Schadstoffe/Kontaminationen
sind organische oder anorganische
Substanzen mit negativen Effekten auf
die Gesundheit oder die Umwelt

→ Müssen vor dem Abbruch entfernt
werden!

Störstoffe
sind Bestandteile von Bauschutt, die die
bautechnischen Eigenschaften negativ
beeinflussen, z.B. Gips, Dämmstoffe,
Holz

→ Sollten vor dem Abbruch oder durch die
Aufbereitung entfernt werden!

Abb. 2.3 Definitionen von Schad- und Störstoffen

auftreten, die nutzungsbedingt hauptsächlich bei Industrie- und Gewerbebauten in das Baumaterial eingetragen wurden. Dabei handelt es sich um Kohlenwasserstoffe unterschiedlicher Art, aber auch um Schwermetalle wie beispielsweise Blei, Cadmium oder Quecksilber.

Störstoffe haben keine negativen Auswirkungen auf die Gesundheit oder die Umwelt, beeinflussen aber die bautechnischen Eigenschaften negativ. Sie können die Verwertung behindern oder völlig unmöglich machen und sollten deshalb separiert werden.

Bauwerksspezifische Kennzahlen Um die Verwertung von Abfällen, die aus Bautätigkeiten hervorgehen, vorzubereiten, sind Aussagen zu den anfallenden Abfallmengen und Abfallarten erforderlich. Die Mengen können aus bauwerksspezifischen Kennzahlen abgeschätzt werden. Diese geben das Baustoffvolumen bzw. die Baustoffmasse bezogen auf eine funktionale Einheit an. Für Verkehrsbauwerke wie Straßen und Bahntrassen sind die Länge und der jeweilige Querschnitt die Bezugsgrößen. Für Brücken kann die Stützweite als Bezug dienen. Für raumumschließende Bauwerke werden der Bruttorauminhalt (BRI) oder der umbaute Raum (UR) als Bezugsgrößen verwendet. Der Bruttorauminhalt ist der Rauminhalt von Baukörpern, der von unten von der Unterfläche der konstruktiven Bauwerkssohle und im Übrigen von den äußeren Begrenzungsflächen des Bauwerks umschlossen wird. Er ist nach den in der DIN 277 zusammengestellten Rechenregeln zu ermitteln [2]. In den umbauten Raum gehen zusätzlich zum Bruttorauminhalt Zuschläge z. B. für Kriechkeller, Luftgeschosse, für Fundamente, für außergewöhnliche Einbauten usw. ein (vgl. TV Abbrucharbeiten [3]). Die Unterschiede zwischen beiden Bezugsgrößen sind meist gering. Ein Beispiel ist im Abb. 2.4 dargestellt.

Abfallwirtschaftliche Kennzahlen Für eine summarische Betrachtung des gesamten Bauabfallaufkommens eines Landes oder einer Planungsregion werden abfallwirtschaftliche Kennzahlen benötigt. Sie geben das Bauabfallaufkommen als absolute, jährlich anfallende Menge oder als spezifische, einwohner- oder flächenbezogene Kennzahl an. Mit solchen Kennzahlen können Aussagen zur möglichen Ressourcenschonung bei der Verwertung, zur möglichen Reduzierung des Abfallaufkommens oder zu den insgesamt benötigten Kapazitäten für die Aufbereitung oder die Ablagerung gemacht werden. Sie dienen dazu, Maßnahmen zur Steuerung der Abfallströme auszuwählen.

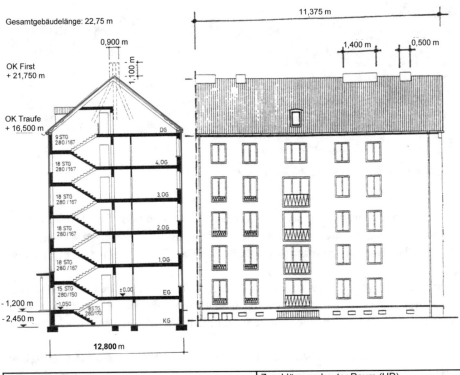

Querschnittsfläche	Zuschläge umbauter Raum (UR)
= 12,8 x [(16,5 + 2,45) + (21,75 − 16,5)/2] m² = 276,16 m²	Fundamente = (12,8 x 22,75 x 1) m³ = 292 m³
Bruttorauminhalt BRI = 276,16 m² x 22,75 m = 6279 m³	Schornsteinköpfe = 4 x (1,1 x 0,9 x 0,5) m³ + 3 x (1,1 x 0,9 x 1,4) m³ = 6,14 m³

Abb. 2.4 Beispiel für die Berechnung des Bruttorauminhalts eines Gebäudes und Zuschläge für den umbauten Raum

Abfallarten Die Ermittlung und Verwendung der bauwerksspezifischen ebenso wie der abfallwirtschaftlichen Kennzahlen setzt eine Klassifizierung der Abfälle voraus, um eine definierte Basis zu haben. Das ist erforderlich, um vergleichende Betrachtungen zum Abfallaufkommen anstellen zu können oder um Entsorgungsmöglichkeiten für bestimmte Arten von Bauabfällen zu planen. Diese Einteilung in Klassen, die anhand des Europäischen Abfallverzeichnisses [4] vorgenommen wird, ist auch für die Bilanzierung und den Nachweis des erreichten Umfangs des Recyclings erforderlich.

2.2 Klassifizierung von Bauabfällen

Das Europäische Abfallverzeichnis (EAV) dient der Systematisierung der bei Produktionsprozessen oder am Ende einer Produktnutzung entstehenden Abfälle. Den Abfallarten werden sechsstellige Zifferncodes mit drei Gliederungsebenen zugeordnet (Abb. 2.5). Die beiden ersten Ziffern stehen für das Kapitel, welches die Herkunft und

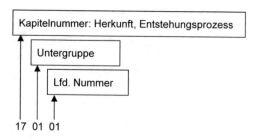

Abb. 2.5 Zifferncodes des Europäischen Abfallverzeichnisses

den Entstehungsprozess berücksichtigt. Die beiden Mittleren stehen für die Untergruppe, die in der Regel eine bestimmte Stoffgruppe repräsentiert. Die beiden letzten Ziffern sind fortlaufend. Insgesamt umfasst das Europäische Abfallverzeichnis 839 Abfallarten, die in 20 Kapitel eingeordnet sind. Davon sind 405 Abfallarten als gefährlich eingestuft. Sie sind mit einem Stern (*) hinter der Abfallschlüsselnummer gekennzeichnet. Daneben enthält das Verzeichnis 172 sogenannte Spiegeleinträge. Das bedeutet, dass eine ursprünglich ungefährliche Abfallart ein zweites Mal aufgeführt wird, wenn sie gefährliche Inhaltsstoffe enthält. Das Europäische Abfallverzeichnis nennt 14 Gefährlichkeitskriterien, die von explosionsgefährlich bis ökotoxisch reichen.

Bauabfälle sind alle im Zusammenhang mit der Errichtung, dem Umbau bzw. der Renovierung und dem Abbruch von Bauwerken entstehende Abfälle. Sie sind im Kap. 17 des Europäischen Abfallverzeichnisses erfasst. Insgesamt enthält dieses Kap. 38 Abfallarten. Davon sind 10 Spiegeleinträge. Somit sind 28 Abfallarten berücksichtigt. In der Baupraxis werden Bauabfälle in die herkunfts- und materialbezogenen Spezies Bodenaushub, Straßenaufbruch, Bauschutt, Bauabfälle auf Gipsbasis sowie Baustellenabfälle eingeteilt:

- Bodenaushub fällt bei der Errichtung von Hochbauten und bei der Erneuerung oder Neuerrichtung von Straßen- und Tiefbauten an.
- Straßenaufbruch stammt aus Straßen und Verkehrsflächen.
- Bauschutt hat seinen Ursprung im Abbruch von Gebäuden, Tiefbauten und Ingenieurbauwerken (Abb. 2.6). Wenn er aus Tief- oder Ingenieurbauwerken stammt, besteht er hauptsächlich aus Beton. Bauschutt aus dem Abbruch von Gebäuden kann sehr unterschiedlich zusammengesetzt sein. Bei Massivbauten jüngeren Alters oder Fertigteilbauten dominiert der Beton einschließlich der Bewehrung. Beschichtungen wie Wärmedämmmaterialien oder Putze und Estriche kommen dazu. Ältere Massivbauten bestehen häufiger aus Ziegelmauerwerk.
- Baustellenabfälle fallen beim Ausbau oder der Gebäudesanierung an. Sie werden in der Regel in Containern gesammelt und zu Behandlungsanlagen transportiert (Abb. 2.7).

Die genannten Spezies unterscheiden sich in der Anzahl der darin erfassten Materialarten und damit in der Anzahl der Schlüsselnummern des Europäischen Abfallverzeichnisses, die der jeweiligen Spezies zugeordnet werden kann (Tab. 2.1). Die Gruppe Straßenaufbruch ist vergleichsweise homogen, während gemischte Bau- und Abbruchabfälle sehr viele unterschiedliche Materialarten enthalten. Bauschutt nimmt eine Zwischenstellung ein.

Abb. 2.6 Bauschutt aus Beton (links) bzw. aus Mauerwerk (rechts)

Abb. 2.7 Baustellenabfälle aus dem Ausbau (links) bzw. aus der Sanierung (rechts)

Tab. 2.1 Zusammenfassung der nach dem Europäischen Abfallverzeichnis klassifizierten Arten an Bau- und Abbruchabfällen ohne gefährliche Abfälle

Spezies gemäß der Baupraxis	EAV-Nummer	Bestandteile
Bodenaushub	17 05 04	Boden und Steine ohne gefährliche Stoffe
	17 05 06	Baggergut ohne gefährliche Stoffe
	17 05 08	Gleisschotter ohne gefährliche Stoffe
Straßenaufbruch	17 03 02	Bitumengemische ohne gefährliche Stoffe
Bauschutt	17 01 01	Beton
	17 01 02	Ziegel
	17 01 03	Fliesen, Ziegel und Keramik
	17 01 07	Gemische aus Beton, Ziegel, Fliesen und Keramik ohne gefährliche Stoffe

Tab. 2.1 (Fortsetzung)

Spezies gemäß der Baupraxis	EAV-Nummer	Bestandteile
Baustellenabfälle	17 01 07	Gemische aus Beton, Ziegel, Fliesen und Keramik ohne gefährliche Stoffe
	17 02 01	Holz
	17 02 02	Glas
	17 02 03	Kunststoff
	17 04 01- 17 04 11 außer 17 04 09, 17 04 10	Metalle (einschließlich Legierungen) außer solchen, die durch gefährliche Stoffe verunreinigt sind und außer Kabeln, die Öl, Kohlenteer oder andere gefährliche Stoffe enthalten
	17 06 04	Dämmmaterial mit Ausnahme desjenigen, das gefährliche Stoffe oder Asbest enthält
	17 08 02	Baustoffe auf Gipsbasis mit Ausnahme derjenigen, die gefährliche Stoffe enthalten
	17 09 04	Gemischte Bau- und Abbruchabfälle mit Ausnahme derjenigen, die gefährliche Stoffe enthalten
Bauabfälle auf Gipsbasis	17 08 02	Bauabfälle auf Gipsbasis ohne gefährliche Stoffe

Die Handhabung der Abfallschlüsselnummern ist anhand eines Durchschnittsgebäudes, dessen Zusammensetzung auf Modellrechnungen basiert, in Abb. 2.8 dargestellt. Allen verwendeten Baustoffarten des Durchschnittsgebäudes können Abfallschlüsselnummern des Kap. 17 zugeordnet werden. Im Hinblick auf den Massenanteil dominieren die Materialarten Beton und Ziegel einschließlich der Putze, die in die Untergruppe 17 01 gehören. Von der Anzahl der Stoffarten her steht die Untergruppe 17 02 „Holz, Glas und Kunststoff" an erster Stelle. Der Anteil der verschiedenen Stoffe in dieser Gruppe bewegt sich zwischen minimal 0,003 Masse-% für PVC-Dichtungsbahnen bis maximal 3 Masse-% für unbehandeltes Holz. Dämmstoffe gehören ebenfalls in diese Gruppe. In neueren Gebäuden beträgt ihr Anteil etwa 1 Masse-%.

Die Massenanteile der verwendeten Baustoffarten unterscheiden sich um Zehnerpotenzen voneinander. Folgende Abstufungen bestehen:

- Baustoffe mit Anteilen von 10 bis 100 Masse-%: Beton, Ziegel einschließlich anderer mineralischer Wandbaustoffe
- Baustoffe mit Anteilen von 1 bis 10 Masse-%: Gips, Holz und Stahl
- Baustoffe mit Anteilen von 0,1 bis 1 Masse-%: Glas, PVC, Dämmstoffe
- Baustoffe mit Anteilen von < 0,1 Masse-%: Kunststoffe, Farben, Elektrokabel.

Die Klassifizierung der Bauabfälle nach Arten ist eine der notwendigen Voraussetzungen für das Stoffstrommanagement. Der Abfallstrom wird damit strukturiert. Die Teilströme

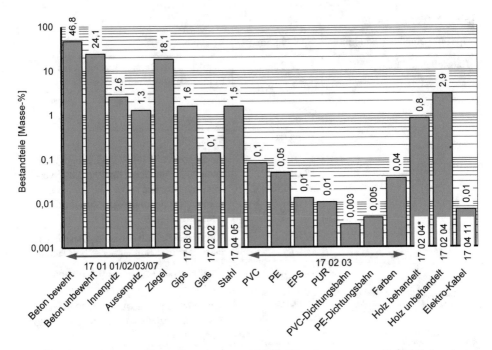

Abb. 2.8 Materialarten und deren Zuordnung zu Abfallschlüsselnummern am Beispiel eines hypothetischen Durchschnittsgebäudes. (Daten aus [5])

werden einheitlich bezeichnet. Diese Bezeichnungen finden sich beispielsweise in den Annahmekatalogen von Recyclingunternehmen wieder. Die Strukturierung bildet aber auch die Grundlage für die nationalen und Europäischen Bauabfallstatistiken. Sie ist erforderlich, um zu einer Vergleichbarkeit zu kommen und um Recyclingquoten berechnen zu können.

2.3   Bauwerksspezifische Kennzahlen

2.3.1   Abfallmengen und -arten bei der Errichtung von Bauwerken

Bei der Errichtung von Bauwerken entsteht zunächst in der Regel Bodenaushub. Anschließend fallen Baustellenabfälle an. Sie bestehen aus Verschnittabfällen, nicht verbrauchten Restmengen, Hilfsmaterialien, verschmutzen Verpackungen, die nicht zurückgegeben werden können, und weiteren Bestandteilen. Bei einer Sanierung oder Modernisierung kommt Abbruchmaterial und demontierte Gebäudetechnik dazu. Die

Menge der Baustellenabfälle, die bei Hochbauvorhaben entstehen, hängt von folgenden Einflussfaktoren ab:

- Gebäudegröße
- Art des Bauwerks, wie Wohngebäude, Bürogebäude, Gebäude mit gewerblicher oder industrieller Nutzung
- Bauweise, wie Massivbau, Skelettbau oder Fertigbau.

Die deutlichste Abhängigkeit besteht von der Gebäudegröße (Abb. 2.9). Die angegebene Näherungsbeziehung kann eine Orientierung für die entstehenden Abfallvolumina geben. Allerdings können Abweichungen von etwa ± 50 % auftreten. Die spezifischen Volumina bewegen sich zwischen 0,03 und 0,05 m³ Baustellenabfälle/m³ Bruttorauminhalt, wobei für kleinere Gebäude die geringeren spezifischen Werte gelten.

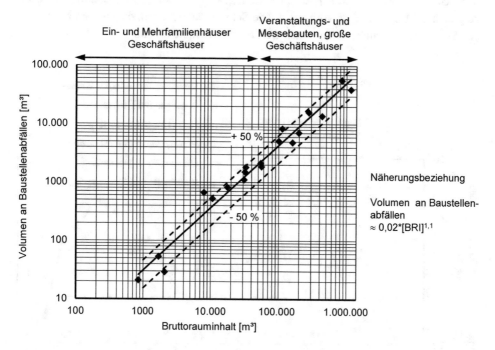

Abb. 2.9 Abhängigkeit der bei der Errichtung von Gebäuden entstehenden Volumina an Baustellenabfällen von der Bauwerksgröße. (Daten aus [6])

Baustellenabfälle fallen während des gesamten Bauablaufs an. In der Rohbauphase entstehen ca. 25 %, beim Ausbau 75 % der Gesamtmenge [7]. Sie setzen sich aus folgenden Stoffgruppen zusammen:

- Mineralische Bestandteile: Beton, Ziegel, Kalksandstein, Porenbeton, Mörtel, Naturstein, Steinzeug, Fliesen
- Metalle: Bewehrungsreste, Installationsmaterial von Heizung, Sanitär, Dachentwässerung, Elektroinstallationen
- Holz: Schalholz, Kantholz, Paletten, Leimhölzer, Spanplatten
- Papier und Pappe
- Kunststoffe.

Bei den massebezogenen Anteilen der Stoffgruppen, die auf veröffentlichte Sortieranalysen zurückgehen, dominieren die mineralischen Bestandteile, gefolgt von Kleinmengen unterschiedlichster Art, die als „Sonstiges" zusammengefasst sind (Abb. 2.10). Es schließen sich Holz sowie Papier, Pappe und Kartonagen an. Metalle und Kunststoffe sind etwa zu gleichen Massenanteilen vorhanden. Die Schwankungsbreiten, die aus den angegebenen Standardabweichungen abgelesen werden können, sind erheblich.

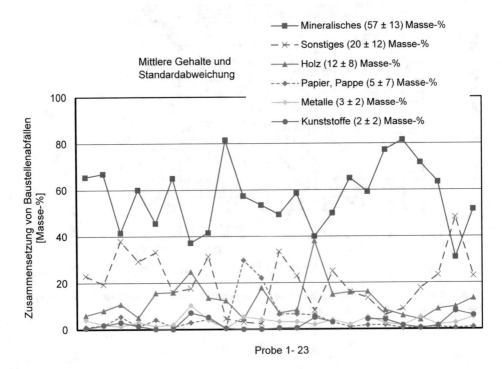

Abb. 2.10 Zusammensetzung von Baustellenabfällen. (Daten aus [6] bis [21])

Eine Getrennthaltung der Baustellenabfälle ist aus Kostengründen immer geboten. Sie kann der im Abb. 2.10 angegebenen Einteilung folgen. Zusätzlich sollten anfallende Verschnittabfälle von Gipskartonplatten oder ausgebaute Gipskartonplatten separiert werden, um die Verwertung oder die Beseitigung nicht zu erschweren. Die für die unterschiedlichen Bestandteile benötigten Kapazitäten für die Zwischenlagerung oder den Transport können mit Hilfe der Schüttdichten, die durch das Auswägen von gefüllten Containern ermittelt wurden, errechnet werden (Tab. 2.2). Bei der Umrechnung der mittleren Zusammensetzung von Masse-% in Volumen-% unter Verwendung der „Containerdichten" werden zunächst die Volumina der Bestandteile pro 100 t Baustellenabfälle berechnet und anschließend auf die Summe der Einzelvolumina bezogen (Tab. 2.3). Die

Tab. 2.2 Schüttdichten für in Containern gesammelte Baustellenabfälle [6]

	„Containerdichte"			„Containerdichte"
	[t/m³]			[t/m³]
Mineralischer Bauschutt	1,142	Metalle		0,208
Holz, behandelt	0,205	Mineralfasern		0,090
Holz, unbehandelt	0,130	Gips		0,257
Pappe, Papier	0,088	Baumischabfall, Rohbau		0,730
Folie	0,070	Baumischabfall, Ausbau		0,185
Dachpappe	0,374			

Tab. 2.3 Beispiel für die Umrechnung einer Massenzusammensetzung in eine Volumenzusammensetzung

	Anteile	„Containerdichte"	Volumen der Bestandteile	Anteile
	[Masse-%]	[t/m³]	[m³/100 t Gesamtmaterial]	[Volumen-%]
Mineralischer Bauschutt	56	1,142	= 56/1,142 = 49,0	= 100*49,0/283,9 = 17
Metall	3	0,208	16,6	6
Holz	14	0,168	83,3	29
Papier, Pappe, Kartonagen	6	0,088	68,2	24
Kunststoffe (Folien)	2	0,07	25,3	9
Sonstiges	19	0,458	41,5	15
Summe	100		283,9	100

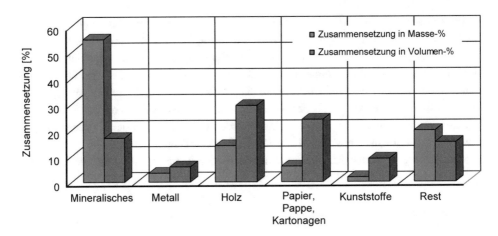

Abb. 2.11 Gegenüberstellung der Massen- und Volumenzusammensetzung von Baustellenabfällen

Gegenüberstellung der Massen- und der Volumenzusammensetzung (Abb. 2.11) zeigt, dass die leichteren Bestandteile das Aussehen von Baustellenabfällen bestimmen. Besonders Holz und Papier dominieren im Volumen. Obwohl der Massenanteil an mineralischem Bauschutt mehr als die Hälfte beträgt, ist das für die Zwischenlagerung oder den Transport der mineralischen Bestandteile benötigte Volumen weniger als ein Viertel des insgesamt benötigten Volumens.

2.3.2   Abfallmengen und -arten aus dem Abbruch und Rückbau

Die durch den Abbruch oder Rückbau gewonnenen Ausgangsmaterialien für die Herstellung von Recycling-Baustoffen stammen aus unterschiedlichsten Bauwerken. Die Bandbreite reicht von Geschossbauten, die als Wohngebäude genutzt werden, über solche für Verwaltungen, Handelseinrichtungen, Hotels oder Sozialeinrichtungen bis zu Flachbauten und Hallen für Industrie oder Landwirtschaft, Ingenieurbauwerken, Straßen, Verkehrsflächen, Schienenverkehrswegen, Wasserstraßen, Versorgungsbauwerken etc. Werden die Bauwerke als Baustofflieferanten betrachtet, sind besonders ihr Mengenpotenzial und ihre Zusammensetzung von Interesse. Die Materialmenge ist in erster Linie von der Bauwerksgröße und von der Art des Bauwerks abhängig. Die Zusammensetzung hängt zusätzlich von der Konstruktion und vom Alter des Bauwerks ab. Im Allgemeinen ist die Materialvielfalt in Hochbauten größer als die in Ingenieurbauwerken oder Tiefbauten. Gebäude mit hohem Ausbaugrad wie Wohngebäude, Verwaltungsgebäude, Anstaltsgebäude oder Hotels weisen eine größere Materialvielfalt auf als solche mit geringerem Ausbaugrad wie Handels- und Lagergebäude, Fabrik- und Werkstatt- oder Landwirtschaftsgebäude. Die Anzahl der Materialarten ist bei jüngeren Bauwerken größer als bei älteren, vorausgesetzt, diese haben wenig Umbauten erfahren.

Die Materialmengen, die beim Abbruch von Bauwerken entstehen, können auf der Grundlage einer Bauwerksaufnahme berechnet oder anhand von bauwerksspezifischen Kennzahlen abgeschätzt werden. Für raumumschließende Bauwerke besteht ein Zusammenhang zwischen dem entstehenden Volumen an Abbruchmaterial und der Bauwerksgröße. Wird das Bauwerk vereinfachend als Würfel betrachtet, nimmt die „spezifische Oberfläche" – also das Verhältnis aus Würfeloberfläche zu Würfelvolumen – mit abnehmender Würfelgröße zu. Es gilt folgende umgekehrte Proportionalität:

$$Spezifisches\ Baustoffvolumen \sim \frac{1}{\left(Volumen\ Bauwerk\right)^{0.33}} \qquad \text{Gl. 2.1}$$

mit

Spezifisches Baustoffvolumen in m^3/m^3

Volumen Bauwerk in m^3

Die in einer bestimmten Wandstärke ausgeführten Würfelflächen können als das beim Abbruch entstehende Material aufgefasst werden. Wird zusätzlich die Anzahl der Innenwände als Variable eingeführt, kann auch die Kompaktheit des Bauwerks, wie im Abb. 2.12 dargestellt, vereinfacht erfasst werden. Sehr dünnwandige Konstruktionen wie

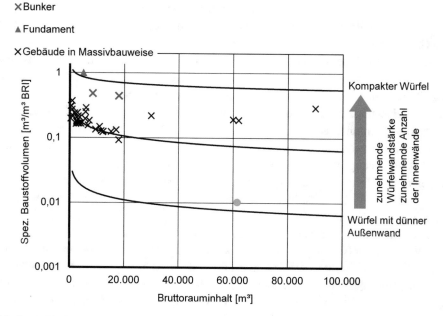

Abb. 2.12 Einfluss der Bauwerksgröße auf das Baustoffvolumen mit verschiedenen Beispielen

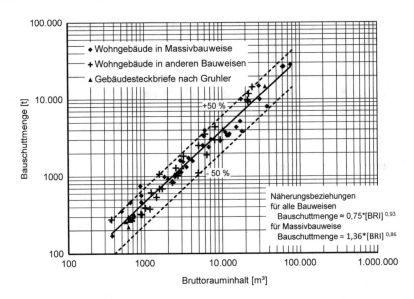

Abb. 2.13 Abhängigkeit der spezifischen Bauschuttmenge von der Bauwerksgröße für Wohnge-bäude. (Daten aus [22] bis [39])

Kühltürme ergeben sehr geringe spezifische Baustoffvolumina um 0,01 m³ Beton/m³BRI. Sehr massive Bauwerke wie Bunker sind dagegen durch spezifische Baustoffvolumina um 0,5 m³ Baustoff/m³ BRI gekennzeichnet. Das Extrem sind kompakte, hohlraumfreie Bau-werke wie Fundamente mit 1 m³ Baustoff/m³ BRI. Der Einfluss der Bauwerksgröße auf die entstehenden Bauabfallmengen nach einer hyperbolischen Funktion wird durch Daten von Gebäuden in Massivbauweise bestätigt.

Bei den Bauschuttmengen, die in Anhängigkeit von der Bauwerksgröße entstehen, wird zwischen Wohngebäuden sowie einigen sonstigen Bauwerken und Industriegebäu-den differenziert (Abb. 2.13 und 2.14). Trotz der erheblichen Schwankungsbreiten ergibt sich eine eindeutige Zunahme der entstehenden Bauschuttmenge mit der Gebäudegröße. Wegen der hyperbolischen Abhängigkeit sollte bei kleineren Gebäuden bis zu einem Brut-torauminhalt von etwa 5000 m³ die Abhängigkeit der Bauschuttmenge vom Bruttoraum-inhalt berücksichtigt werden. Ab einem Bruttorauminhalt von 5000 m³ kann von einer mittleren, vom Bruttorauminhalt unabhängigen Bauschuttmenge von 0,4 t/m³ für Wohnge-bäude und 0,3 t/m³ für Industriegebäude ausgegangen werden. Neben der Bauwerksgröße beeinflusst auch die Bauweise die entstehende Abfallmenge (Abb. 2.15). Massivbauten aus Beton weisen die höchsten, Stahl-Fachwerk-Bauten die geringsten „Materialintensitä-ten" auf. Für die Entsorgungsplanung ist zusätzlich zu der Baustoffmasse auch die Zusam-mensetzung des Bauschutts von Interesse (Tab. 2.4). In Abhängigkeit vom Bauwerksalter kann eine Verschiebung vom Mauerwerk zum Beton verzeichnet werden. Bis etwa 1970 überwog Mauerwerk mit einem Anteil von ca. 60 Masse-%. Beton hatte einen Anteil von

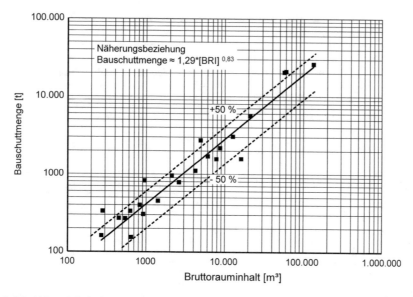

Abb. 2.14 Abhängigkeit der spezifischen Bauschuttmenge von der Bauwerksgröße für Industriegebäude. (Daten aus [25, 40] bis [44])

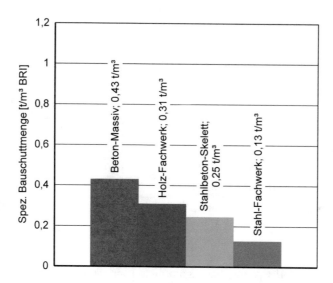

Abb. 2.15 Abhängigkeit der spezifischen Bauschuttmenge von der Baukonstruktion [32]

ca. 30 Masse-%. Danach wird Beton mit ca. 60 Masse-% dominierend, während Mauerwerk mit einem Anteil von ca. 30 Masse-% vertreten ist. Bei allen Baukonstruktionen überwiegen die mineralischen Baustoffe. Auch bei Fachwerkbauten bleiben die Anteile an Holz bzw. Stahl unter 10 Masse-%.

Tab. 2.4 Richtwerte für die Materialzusammensetzung von Gebäuden in Abhängigkeit vom Bauwerksalter und von der Bauweise [27, 32]

	Beton	Mauerwerk	Holz	Metalle	Restabfall	Sonstiges	Summe
	[Masse-%]						
Massivbau vor 1918	35,0	59,9	2,2	2,0	0,6	0,3	100
Massivbau 1918–1948	32,1	62,0	2,5	1,7	1,1	0,6	100
Massivbau ab 1949	36,8	55,4	2,2	0,8	4,0	0,8	100
Ein- und Mehrfamilienhäuser 1978–1999	57,0	34,9	3,5	1,9	2,7	0,0	100
Beton-Massivbau	85,6	11,6	0,5	1,4	0,5	0,5	100
Holz-Fachwerkhaus	11,6	76,8	9,0	1,0	1,3	0,3	100
Stahlbeton-Skelettbau	93,5	2,4	1,6	0,8	0,8	0,8	100
Stahl-Fachwerk-Gebäude	60,6	18,1	7,1	12,6	0,8	0,8	100

Tab. 2.5 Beispiel für die Abschätzung der Bauschuttmenge anhand der bauwerksspezifischen Kennzahlen

		Garage	Wohngebäude
Bruttorauminhalt	[m³]	40	10.000
Näherungsbeziehungen			
Bauschuttmenge $\approx 1{,}29*[\text{BRI}]^{0,83}$ (von Abb. 2.14)	[t]	28	
Bauschuttmenge $\approx 0{,}75*[\text{BRI}]^{0,93}$ (von Abb. 2.13)	[t]		3940
Bauschuttvolumen bei Schüttdichte von 1,142 t/m³ (von Tabelle 2.2)	[m³]	24	3450

Anhand der bauwerksspezifischen Kennzahlen kann die Menge an Bauschutt, die auf der Abbruchbaustelle anfällt, abgeschätzt werden. In Tab. 2.5 sind exemplarisch die entstehenden Abfallmengen für einen Garagenabbruch und den Abbruch eines großen Wohngebäudes gegenübergestellt. Darauf aufbauend kann eine erste Planung der benötigten Transportkapazitäten vorgenommen werden. Die Entscheidung, ob die Aufbereitung vor Ort erfolgen soll, hängt von zusätzlichen Faktoren wie den Platzverhältnissen oder den Möglichkeiten der direkten Verwertung auf der Abbruchbaustelle ab.

2.4   Abfallwirtschaftliche Kennzahlen

Abfallwirtschaftliche Kennzahlen geben die absolute bzw. die pro Einwohner jährlich entstehende Abfallmenge an. Sie basieren in der Regel auf Abfallstatistiken. Durch den Bezug auf die Einwohnerzahl werden Vergleiche zwischen verschiedenen Regionen möglich. Eventuell auftretende Abweichungen lassen sich erkennen.

Die in Deutschland anfallenden Abfallmengen werden vom Statistischen Bundesamt als Zeitreihen dokumentiert. Dem Überblick im Abb. 2.16 ist zu entnehmen, dass Bau- und Abbruchabfälle mehr als die Hälfte des gesamten Abfallaufkommens ausmachen. Die Anteile der Abfälle aus den anderen Herkunftsbereichen bewegen sich zwischen 10 und 13 %. Die Bau- und Abbruchabfälle bestehen zu 58 % aus Boden, Steinen und Baggergut und zu 42 % aus Bauschutt, Straßenaufbruch und Baustellenabfällen. Diese unmittelbaren Bau- und Abbruchabfälle sind mit einem durchschnittlichen Anteil von 22 % für die Jahre 1999 bis 2015 im direkten Vergleich mit den Abfällen aus den anderen Herkunftsbereichen ebenfalls dominierend.

Eine differenziertere Bilanzierung der Bauabfallströme wird von der Bau- und Recyclingwirtschaft vorgenommen (Tab. 2.6). Sie beinhaltet das herkunftsbezogene Aufkommen an Bauabfällen, die rezyklierten Mengen und den Verbleib nach Einsatzgebieten. Das Sekundärrohstoffpotential von Recycling-Baustoffen geht aus der Gegenüberstellung mit dem Verbrauch an natürlichen Gesteinskörnungen hervor (Tab. 2.7). Die Menge an Bauabfällen bewegt sich zwischen 72 und 89 Mio. t/a. Es treten gewisse Schwankungen auf, die konjunkturell bedingt sein können. Bei den Einsatzgebieten dominiert der Straßenbau, gefolgt vom Erdbau. Der Wiedereinsatz von zu rezyklierten Gesteinskörnungen aufbereitetem Betonbruch in der Betonherstellung spielt bisher noch keine große Rolle. Werden die aufbereiteten und verwerteten Bauabfälle den im Bauwesen verbrauchten natürlichen Gesteinskörnungen gegenübergestellt, wird deutlich, dass die natürlichen, mineralischen Rohstoffe stark dominieren.

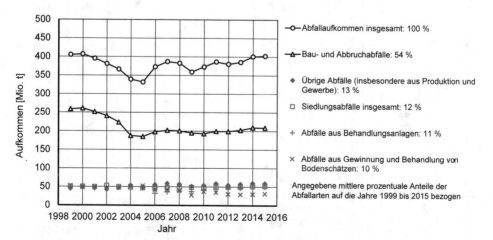

Abb. 2.16 Zeitreihe zum Abfallaufkommen in Deutschland, untergliedert nach Abfallarten. (Daten aus [45, 46])

Tab. 2.6 Aufkommen an Bauabfällen, rezyklierte Mengen und Einsatzgebiete nach Angaben der Bau- und Recyclingwirtschaft. (Daten aus [47, 48])

	1996	1998	2000	2002	2004	2006	2008	2010	2012	2014
Aufkommen an Bauabfällen [Mio. t/a]										
Boden, Steine und Baggergut	136,8	128,0	163,6	140,9	128,3	106,0	107,3	105,7	109,8	118,5
Bauschutt	58,1	58,5	54,5	52,1	50,5	57,1	58,2	53,1	51,6	54,6
Straßenaufbruch	17,6	14,6	22,3	16,6	19,7	14,3	13,6	14,1	15,4	13,6
Gemischte Bau- und Abbruchabfälle (1996 inkl. Abbruchholz, ab 2004 exkl. Gipsabfälle)	6,5	4,0	11,8	4,3	1,9	10,9	12,4	13,0	14,6	14,6
Gipsabfälle					0,28	0,36	0,53	0,60	0,59	0,65
Rezyklierte Mengen [Mio.t/a]										
Steine aus Boden, Steine und Baggergut	13,3	7,0	11,2	6,1	9,1	8,2	8,9	9,8	10,7	12,1
Bauschutt	40,7	41,5	40,6	35,7	31,1	41,9	44,4	41,6	40,6	42,5
Straßenaufbruch	13,9	12,5	19,1	14,2	18,4	13,5	13,0	13,5	14,8	12,8
Gemischte Bau- und Abbruchabfälle	3,5	1,2	1,7	1,2	0,1	0	0,3	0,3	0,3	0,2
Gesamt ohne Steine	58,1	55,2	61,4	51,1	49,6	55,4	57,7	55,4	55,7	55,5
Gesamt mit Steinen	71,4	62,2	72,6	57,2	58,7	63,6	66,6	65,2	66,4	67,6
Verbleib nach Einsatzgebieten [Mio. t/a]										
Straßenbau	38,2	40,4	42,5	35,5	32,9	41,5	37,2	35,1	34,2	35,5
Erdbau	13,4	11,8	11,9	9,9	12,3	16,3	19,9	14,6	13,4	16,4
Beton (ab 2010 Verbleib im Beton und Asphalt als Summe)	1,6	0	1,9	0,8	2,4	1,1	0,8	11,0	12,6	14,0
Sonstiges	5,3	3,0	5,1	4,9	2,0	4,7	8,7	4,5	6,0	1,7
Gesamt	58,5	55,2	61,4	51,1	49,6	63,6	66,6	65,2	66,2	67,6

Bis 2004 sind Steine aus Boden bzw. Baggergut nicht im Verbleib berücksichtigt.

Tab. 2.7 In der Bauindustrie verbrauchte Mengen an Gesteinskörnungen nach Angaben der Bau- und Recyclingwirtschaft. (Daten aus [47, 48])

	1996	1998	2000	2002	2004	2006	2008	2010	2012	2014
Mengen an mineralischen Gesteinskörnungen [Mio. t/a]										
Industrielle Nebenprodukte			30,0	30,0	30,0	17,3	36,3	31,5	29,5	30,4
RC-Baustoffe incl. Steine aus Boden	71,4	62,2	72,6	57,2	58,7	63,6	66,6	65,2	66,4	67,6
Kiese und Sande			343,0	303,5	278,9	277,2	260,0	239,0	245,0	240,0
Naturstein			210,0	201,6	190,0	187,3	218,0	208,0	211,0	2011,0
Gesamt			655,6	592,3	557,6	545,4	580,9	543,7	551,7	546,0
Anteile [%]										
Ind. Nebenprodukte			4,6	5,1	5,4	3,2	6,2	5,8	5,3	5,5
RC-Baustoffe incl. Steinen aus Boden			11,1	9,7	10,5	11,7	11,5	12,0	12,0	12,3
Kiese und Sande			53,2	51,2	50,0	50,8	44,8	44,0	44,4	43,7
Natursteine			32,0	34,0	34,1	34,3	37,5	38,3	38,2	38,4
Substitutionsquote bezogen auf Kiese, Sande und Natursteine			13,1	11,3	12,5	13,7	13,9	14,6	14,6	15,0

Als Kennwerte für die Bewertung von Stoffkreisläufen mit Lagerbildung eignen sich die Recyclingquote sowie die Substitutionsquote, für welche folgende Definitionen gelten:

$$Recyclingquote =$$

$$\frac{Produzierte\ Menge\ an\ Recycling\text{-}Baustoffen}{Menge\ an\ Bauabfällen\ für\ die\ Herstellung\ der\ Recycling\text{-}Baustoffe} * 100\ [\%]$$
                                                                                                    Gl. 2.2

$$Substitutionsquote\ bezogen\ auf\ mineralische\ Gesteinskörnungen =$$

$$\frac{Produzierte\ Menge\ an\ Recycling\text{-}Baustoffen}{Verbrauch\ der\ Bauindustrie\ an\ mineralischen\ Gesteinskörnungen} * 100\ [\%]$$
                                                                                        Gl. 2.3

Die Recyclingquote beschreibt den Grad der Kreislaufführung, der für die Abfälle der Baubranche erreicht wird. Es treten starke Unterschiede zwischen den verschiedenen Bauabfallarten auf (Abb. 2.17), die mit deren Zusammensetzung in Zusammenhang stehen. Für Straßenaufbruch, der aus Bitumengemischen besteht und damit einen vergleichsweise homogenen Stoffbestand aufweist, werden die höchsten Recyclingquoten erzielt. Es folgt Bauschutt aus dem Hochbau, in dem mineralische Bestandteile dominieren, die rezyklierbar sind, wenn auch oftmals auf einem niedrigeren Niveau. Von der Bauabfallart Boden, Steine und Baggergut werden die daraus abgetrennten Steine verwertet. Baustellenabfälle bestehen zu einem erheblichen Teil aus organischen Bestandteilen und werden zum überwiegenden Teil einer sonstigen Verwertung zugeführt. Ob und wieviel davon zu Produkten verarbeitet wird, die im Bauwesen einsetzt werden, wird nicht ausgewiesen. Nach der oben angegebenen Definition kann eine Gesamtrecyclingquote berechnet werden, die allerdings wenig Aussagekraft hat, weil bestimmte Bestandteile wie beispielsweise Boden oder Baggergut kaum zu Recycling-Baustoffen mit definierten, herkunftsunabhängigen

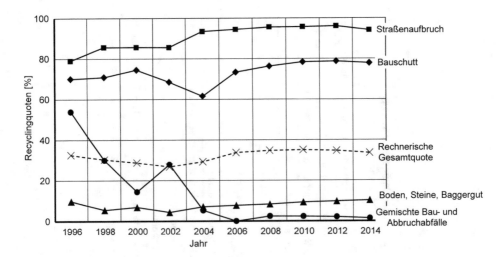

Abb. 2.17 Recyclingquoten für die verschiedenen Bauabfallarten

Eigenschaften verarbeitet werden können. Die Quoten verändern sich mit Ausnahme der für Baustellenabfälle über den betrachteten Zeitraum nur wenig. Eindeutige Entwicklungen sind nicht abzulesen.

Die Substitutionsquote gibt an, wie viel der in der Baubranche verbrauchten Rohstoffe durch Recycling-Baustoffe ersetzt werden. Sie bewegt sich zwischen 10 und 15 %, wobei als Bezugsbasis der Bedarf der Bauindustrie an Gesteinskörnungen eingesetzt wurde (Tab. 2.7). Für die Recycling-Baustoffe fand die Summe der Rezyklate, die aus Bauschutt, Straßenaufbruch, Baustellenabfällen und aus Boden, Steinen und Baggergut gewonnen wurden, Berücksichtigung. Aus der hypothetischen Überlegung, dass die gesamte Menge an Abbruchmaterial ohne Verluste zu Recycling-Baustoffen verarbeitet wird, kann ein theoretischer Grenzwert für die Substitutionsquote berechnet werden, der bei etwa 20 % liegt. Dieser relativ geringe Wert ergibt sich in erster Linie aus der Tatsache, dass infolge der Lagerbildung nur ein geringer Teil der verbrauchten Rohstoffe als Ressource zur Verfügung steht. Der größere Teil geht in das Baustofflager, das aus den verschiedensten Bauwerken gebildet wird, über.

Die aus statistischen Erhebungen entnommenen Bauabfallmengen bilden die Grundlage für die Berechnung des einwohnerspezifischen Bauabfallaufkommens. In Deutschland bewegt sich dieses Aufkommen zwischen 0,88 und 1,08 t/Einwohner*Jahr, wenn die Abfallart Steine, Boden und Baggergut ausgeklammert wird. Um diesen Wert international einordnen zu können, müssen Kennzahlen verfügbar sein, die auf den gleichen Definitionen für Bauabfälle beruhen und mit ähnlichen Erhebungsmethoden ermittelt werden. Das ist für die in Europa entstehenden Bauabfälle zumindest teilweise gegeben. Die Mengen, die in den Mitgliedsstaaten der Europäischen Union anfallen, werden nach den Abfallschlüsselnummern in Tab. 2.1 strukturiert und von der Statistikbehörde der Europäischen Union Eurostat zusammengestellt. Nach einer darauf aufbauenden Auswertung bewegt sich das mittlere Pro-Kopf-Aufkommen für Bauabfälle ohne Steine, Boden und Baggergut zwischen 0,04 und 1,95 t/Einwohner*Jahr (Abb. 2.18). Die große Spannweite wird zum einen durch die unterschiedliche Qualität der Datenerhebung verursacht. Zum anderen spielen die Dynamik der wirtschaftlichen Entwicklung, technische Aspekte wie die regional bevorzugten Materialarten und Konstruktionen oder das Alter und der Zustand des vorhandenen Bauwerksbestandes eine Rolle.

Über das Pro-Kopf-Aufkommen steht die Menge an Bau- und Abbruchabfällen, die in einem Land oder einer Region mit einer bestimmten Größe entsteht, mit der Bevölkerungsdichte in Zusammenhang:

$$\textit{Flächenbezogene Menge} = \textit{Pro-Kopf-Aufkommen} * \textit{Bevölkerungsdichte} \qquad \text{Gl. 2.4}$$

mit

> *Flächenbezogene Menge in t/km² * a*
> *Pro-Kopf-Aufkommen in t/E * a*
> *Bevölkerungsdichte in E/km²*

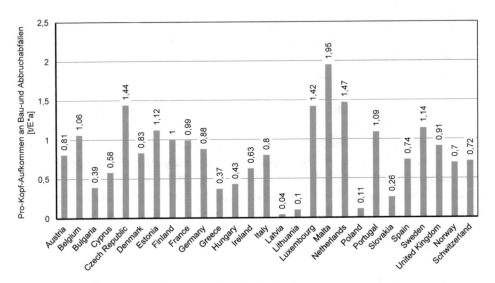

Abb. 2.18 Pro-Kopf-Aufkommen an Bauabfällen ohne Bodenaushub in europäischen Ländern als Mittelwert für die Jahre 2001 bis 2006. (Daten aus [49, 50])

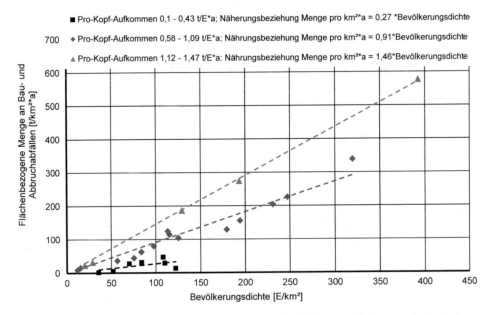

Abb. 2.19 Flächenbezogene Menge an Bau- und Abbruchabfällen ohne Bodenaushub als Funktion der Bevölkerungsdichte

Die Beziehung kann auf die Angaben in Abb. 2.18 angewandt werden, um diese zu systematisieren und empirische Abhängigkeiten abzuleiten. Drei Gruppen, die ein hohes, ein durchschnittliches bzw. geringes Aufkommen repräsentieren, werden gebildet (Abb. 2.19). Zumindest für das hohe und das mittlere Aufkommen ergeben sich brauchbare Korrelationen für die Abschätzungen der Menge an Bauabfällen ohne Berücksichtigung des Bodenaushubs anhand der Bevölkerungsdichte.

In Europa bleibt das Pro-Kopf-Aufkommen unter 2 t/Einwohner*Jahr. Werden höhere Werte angeben oder ermittelt, sollte unbedingt die Plausibilität geprüft werden. Nur in Regionen mit extrem hoher Bevölkerungsdichte und hohem Entwicklungsniveau kann ein höheres spezifisches Aufkommen an Bauabfällen auftreten. Als Beispiel dafür kann die Stadt Hong Kong genannt werden, deren spezifisches Bauabfallaufkommen im Jahr 2005 bei 3,1 t/Einwohner*Jahr lag [51].

Für den Umfang des Recyclings, das realisiert wird, sind die Verfügbarkeit von Baurohstoffen und die Möglichkeiten für die Deponierung ausschlaggebend. Außerdem spielen subjektive Faktoren wie der Stellenwert des Recyclings und Definitionsfragen eine Rolle. Die Spannweite, die für die Europäischen Länder angegeben wird [49], reicht von 10 % bis nahezu 100 %.

Literatur

1. Müller, A.: Aufbereiten und Verwerten von Bauabfällen – aktueller Stand und Ausblick. Bauhaus-Universität Weimar. Fachtagung Recycling. Weimar 2003.
2. DIN 277-1: Grundflächen und Rauminhalte von Bauwerken im Hochbau. Teil 1: Begriffe, Ermittlungsgrundlagen. Beuth-Verlag. Berlin 2005.
3. Deutscher Abbruchverband e. V.: Technische Vorschriften für Abbrucharbeiten (TV Abbruch). Düsseldorf 1997.
4. Verordnung über das Europäische Abfallverzeichnis (Abfallverzeichnis-Verordnung AVV) Ausfertigungsdatum: 10.12.2001. Zuletzt geändert durch Art. 5 Abs. 22 G v. 24.02.2012. http://www.gesetze-im-internet.de/bundesrecht/avv/gesamt.pdf
5. Doka, G.: Ökoinventar der Entsorgungsprozesse von Baumaterialien. Grundlagen zur Integration der Entsorgung in Ökobilanzen von Gebäuden. Laboratorium für Technische Chemie. Eidgenössiche Technische Hochschule. Zürich 2000.
6. Lipsmeier, K.: Abfallkennzahlen für Neubauleistungen im Hochbau – Hochbaukonstruktionen und Neubauvorhaben im Hochbau nach abfallwirtschaftlichen Gesichtspunkten. Dissertation. Technische Universität Dresden. Beiträge zu Abfallwirtschaft/Altlasten, Band 37. Dresden 2004.
7. Haeberlin, N.: Leitfaden für einen umweltgerechten und kostensparenden Umgang mit Bauabfällen. Gesellschaft zur Förderung des Deutschen Baugewerbes mbH im Auftrage des Zentralverbandes des Deutschen Baugewerbes. Bonn 1997.
8. Kohler, G.: Recyclingpraxis Baustoffe. Verlag TÜV Rheinland. Köln 1994.
9. Kreislaufwirtschaft in der Praxis Nr. 4: Baureststoffe. Herausgeber: ENTSORGA Gemeinnützige Gesellschaft mbH zur Förderung der Abfallwirtschaft und der Städtereinigung. Köln 1996.
10. Müller, A.: Materialbilanzen und Verwertungswege für Baustellenabfälle. Bauhaus-Universität Weimar. 7. Weimarer Fachtagung über Abfall- und Sekundärrohstoffwirtschaft. Weimar 1999.
11. Haeberlin, N.: Abfallarmer und recyclinggerechter Baustellenbetrieb – Gestaltung eines Abfallmanagementsystems im Kontext des Stoffstrommanagements im Bauwesen. Dissertation. Schriftenreihe Abfall-Recycling-Altlasten der RWTH Aachen, Band 17. Aachen 1999.

12. Subbe, K.: Baustellenentsorgung nach Plan. Beratende Ingenieure 1999, Mai, S. 62–65.

13. Ebel, G.: Entsorgungslogistik beginnt bereits auf der Baustelle. Baustoff-Recycling 2004, H.3, S. 43–46.

14. Pladerer, C.: Vermeidung von Baustellenabfällen in Wien. Endbericht – Teil 2/4. Österreichisches Ökologie-Institut für angewandte Umweltforschung. Wien 2004.

15. Scheibengraf, M.; Reisinger, H.: Abfallvermeidung und -verwertung: Baurestmassen. Detailstudie zur Entwicklung einer Abfallvermeidungs- und verwertungsstrategie für den Bundes-Abfallwirtschaftsplan 2006. REPORT REP-0009. Wien 2005.

16. Hessisches Ministerium für Wirtschaft, Verkehr und Landesentwicklung: Unternehmenskooperation am Beispiel des Recyclings gemischter Bau- und Abbruchabfälle. Band 4 der Schriftenreihe der Aktionslinie Hessen-Umwelttech. Wiesbaden 2007.

17. Krass, K.; Koch, C.: Anfall, Aufbereitung und Verwertung von industriellen Nebenprodukten und Recycling-Baustoffen im Jahr 1993. Straße + Autobahn 1995, H.12, S. 714–724.

18. Krass, K.; Kellermann, C.; Koch, C.: Anfall, Aufbereitung und Verwertung von Recycling-Baustoffen und industriellen Nebenprodukten im Wirtschaftsjahr 1995. Teil 1: Recycling-Baustoffe. Straße + Autobahn 1997, H. 2, S. 82–89.

19. Krass, K.; Kellermann, C.; Rohleder, M.: Anfall, Aufbereitung und Verwertung von Recycling-Baustoffen und industriellen Nebenprodukten im Wirtschaftsjahr 1997. Teil 1: Recycling-Baustoffe. Straße + Autobahn 1999, H. 8, S. 414–422.

20. Krass, K.; Jungfeld, I.; Trogisch, H.: Anfall, Aufbereitung und Verwertung von Recycling-Baustoffen und industriellen Nebenprodukten im Wirtschaftsjahr 1999. Teil 1: Recycling-Baustoffe. Straße + Autobahn 2002, H.1, S. 22–30.

21. Radenberg, M.; Cetinkaya, R.: Anfall, Aufbereitung und Verwertung von Recycling-Baustoffen und industriellen Nebenprodukten in den Wirtschaftsjahren 2005 und 2006. Fakultät für Bau- und Umweltingenieurwissenschaften der Ruhr-Universität Bochum, Lehrstuhl für Verkehrswegebau. Bochum 2007.

22. Andreä, H. P.; Schneider, R.: Recycling am Bau. Deutsche Bauzeitschrift 1994, H. 11, S. 144–151.

23. Hermann, R.: Eingliederung anfallender Baurestmassen in einem ökonomisch orientierten Planungs-, Bau- und Nutzungsprozess. Bauwirtschaft Vol. 31, 1977, Nr. 40.

24. Keßler, G.: Baustoffrecycling. Schutt und Asche. Baujournal 1993, H. 4, S. 30–35.

25. Harzheim, J.: Ausschreibung und Durchführung von Abbruchmaßnahmen. VDI-Gesellschaft Bautechnik: Stoffkreislauf im Bauwesen. VDI Berichte Nr. 1414, S. 77–93. Düsseldorf 1998.

26. Mettke, A.; Thomas, C.: Wiederverwendung von Gebäuden und Gebäudeteilen. Sächsisches Landesamt für Umwelt und Geologie. Dresden 1999.

27. Weber-Blaschke, G.; Faulstich, M.: Analyse, Bewertung und Management von Roh- und Baustoffstömen in Bayern. Schlussbericht Verbundprojekt Stofffflussmanagement Bauwerke. Technische Universität München. Freising 2005.

28. Schultmann, F.: Kreislaufführung von Baustoffen. Erich Schmidt Verlag. Berlin 1998.

29. Görg, H.: Entwicklung eines Prognosemodells als Baustein von Stoffstrombetrachtungen zur Kreislaufwirtschaft im Bauwesen. Dissertation. Schriftenreihe WAR der Technischen Universität Darmstadt, Heft 98. Darmstadt 1997.

30. Seemann, A.: Entwicklung integrierter Rückbau- und Recyclingkonzepte für Gebäude. Dissertation. Universität Fridericiana zu Karlsruhe (TH). Shaker Verlag. Aachen 2003.

31. Kloft, H.: Untersuchungen zu den Material- und Energieströmen im Wohnungsbau. Dissertation. Technische Universität Darmstadt. Institut für Statik. Darmstadt 1998.

32. Landesanstalt für Umweltschutz Baden-Württemberg: Abbruch von Wohn- und Verwaltungsgebäuden. Handlungshilfe. Karlsruhe 2001.

33. Korth, D.: Bauschuttmengen bei Wohngebäuden in Fertigteilbauweise. Baustoff Recycling 2004, Heft 2, S. 42–46.

34. Kleemann, F. et al.: A method for determining buildings' material composition prior to demolition. Building research & information. Wien 2014.

35. Gruhler, K. et al.: Stofflich-energetische Gebäudesteckbriefe – Gebäudevergleiche und Hochrechnungen für Bebauungsstrukturen. Institut für ökologische Raumentwicklung e. V. Dresden, IÖR-Schriften Band 38. Dresden 2002.

36. Somayeh Lotfi: C2CA Concrete Recycling Process: From Development To Demonstration. Dissertation. Technische Universiteit Delft. Delft 2016.

37. Hopfe, M.: Sprengung am Harter Plateau. Abbruch aktuell 2003, Heft 3, S. 1–7.

38. Platz schaffen für Senioren. Abbruch aktuell 2017, Heft 3, S. 18–19.

39. Zweiter Bauabschnitt. Volkswohl Bund Versicherungen Dortmund. Abbruch aktuell 2017, Heft 3, S. 25.

40. Toppel, C. O.: Technische und ökonomische Bewertung verschiedener Abbruchverfahren im Industriebau. Dissertation. Technische Universität Darmstadt. Fachbereich Bauingenieurwesen und Geodäsie. Darmstadt 2003.

41. Bilitewski, B.: Recycling von Baureststoffen. EF-Verlag für Energie- und Umwelttechnik. Berlin 1993.

42. Maurer, H.: Wirtschaftlichkeitsfragen beim mobilen Baustoffrecycling. Aufbereitungs Technik Vol. 43, 2002, H.12, S. 26–31.

43. Rommel, T. et al.: Leitfaden für die Erfassung und Bewertung der Materialien eines Abbruchobjektes. Deutscher Ausschuss für Stahlbeton e. V., Heft 493. Berlin 1999.

44. Abbruch von Zeitgeschichte. Abbruch aktuell 2017, Heft 3, S.14–15.

45. Umwelt. Zeitreihe zum Abfallaufkommen 1996 – 2011. Statistisches Bundesamt. Wiesbaden 2013.

46. Umwelt. Abfallbilanz 2006 – 2015 (Abfallaufkommen/-verbleib, Abfallintensität, Abfallaufkommen nach Wirtschaftszweigen). Statistisches Bundesamt. Wiesbaden 2017.

47. Monitoring-Bericht Bauabfälle. Erhebungen 1996, 1998, 2000, 2002, 2004. Arbeitsgemeinschaft Kreislaufwirtschaftsträger Bau (KWTB). Berlin/Düsseldorf/Duisburg 2000, 2001, 2003, 2005, 2007.

48. Mineralische Bauabfälle. Monitoring 2006, 2008, 2010, 2012, 2014. Bundesverband Baustoffe – Steine und Erden e.V. Berlin 2011, 2013, 2015, 2017.

49. Fischer, C.; Werge, M.: EU as a Recycling Society. European Topic Centre on Resource and Waste Management. Copenhagen 2009.

50. Bio Intelligence Service: Service Contract on Management of Construction and Demolition Waste – Final Report. Paris 2011.

51. Jaillon, L.; Poon, C.S.; Chiag, Y.H.: Quantifying the waste reduction potential of using prefabrication in building construction in Hong Kong. Waste Management Vol. 29, 2009, January, pp. 309–320.

Daten aus unveröffentlichten studentischen Arbeiten und Forschungsberichten

Hornfeck, C.: Iststandermittlung zur Baustoffverwendung in verschiedenen ausgewählten Gebäudetypen. Hochschule für Architektur und Bauwesen, Weimar 1996.

Wallrodt, K.: Bilanzierung der Stoffströme beim Gebäuderückbau. Diplomarbeit. Hochschule für Architektur und Bauwesen, Weimar 1995.

Regelungen für den Umgang mit Bauabfällen

3

3.1 Rechtliche Vorgaben

Der sachgerechte Umgang mit Bauabfällen verlangt die Beachtung einer Reihe von Gesetzen und Vorschriften, deren Ursprung von der Europäischen Ebene bis zur kommunalen Ebene reicht. Das zentrale Gesetz in Deutschland ist das „Gesetz zur Förderung der Kreislaufwirtschaft und Sicherung der umweltverträglichen Bewirtschaftung von Abfällen (KrWG)", das 2012 in Kraft getreten ist [1]. Mit diesem Gesetz werden Vorgaben der EU-Abfallrahmenrichtlinie 2008/98/EG in deutsches Recht umgesetzt [2]. Das Kreislaufwirtschaftsgesetz baut auf dem „Gesetz zur Förderung der Kreislaufwirtschaft und Sicherung der umweltverträglichen Beseitigung von Abfällen (KrW-/AbfG)" aus dem Jahre 1996 auf [3]. In der Neufassung des Gesetzes ist an die Stelle der „umweltverträglichen Beseitigung" die „umweltverträgliche Bewirtschaftung" getreten, worin bereits der neue Anspruch geschlossene Stoffkreisläufe aufzubauen, zum Ausdruck kommt. Das Gesetz enthält einige wichtige Definitionen und formuliert die Ziele der Kreislaufwirtschaft. Danach sind Abfälle bewegliche Sachen, deren sich der Besitzer entledigt, entledigen will oder entledigen muss und deren geordnete Entsorgung zur Wahrung des Wohls der Allgemeinheit geboten ist. Unter dem Begriff Entsorgung wird sowohl die stoffliche oder die energetische Verwertung als auch die Beseitigung verstanden. Der beim Abriss eines Gebäudes anfallende Abfall, der nach einer Aufbereitung als Tragschichtmaterial verwendet wird, ist Abfall zur Verwertung. Enthält er schädliche Verunreinigungen und kann deshalb nicht eingesetzt werden, ist er als Abfall zur Beseitigung einzustufen.

Das Kreislaufwirtschaftsgesetz fordert dazu auf, Abfälle in erster Linie zu vermeiden, insbesondere durch die Modifizierung von Herstellungsverfahren oder die Schaffung interner Kreisläufe. Nur wenn die Abfallvermeidung weder technisch möglich noch

© Springer Fachmedien Wiesbaden GmbH, ein Teil von Springer Nature 2018
A. Müller, *Baustoffrecycling*,
https://doi.org/10.1007/978-3-658-22988-7_3

wirtschaftlich zumutbar ist, soll bei der Abfallbewirtschaftung nach der folgenden Rang-
folge vorgegangen werden:

- Vorbereitung zur Wiederverwendung
- Recycling
- Sonstige Verwertung, insbesondere energetische Verwertung und Verfüllung
- Beseitigung.

Die Vorbereitung zur Verwendung bedeutet, dass Massenbaustoffe nach dem sorgfältigen
Rückbau im „Manufakturbetrieb" für den Wiedereinsatz vorbereitet werden. Eine solche
Aufarbeitung ist nur für einen geringen Anteil der anfallenden Bauabfälle möglich. Beim
Recycling ersetzen die Abfälle entweder einen Teil des Rohstoffs des ursprünglichen Pro-
dukts oder sie werden zu anderen Produkten mit definierten Eigenschaften aufbereitet. Die
energetische Verwertung kommt nur für die organischen Bestandteile von Bauabfällen in
Frage. Die Abfallbeseitigung wird dem Anspruch der Kreislaufführung nicht gerecht und
steht deshalb an letzter Stelle der Prioritätenfolge. Im Sinne des Kreislaufwirtschaftsgesetzes muss zwischen Abfällen zur Verwertung, die als Sekundärrohstoffe genutzt werden, und
Abfällen zur Beseitigung – den eigentlichen Abfällen – unterschieden werden. Im Abfallbe-
reich wird die Produktverantwortung durch die Verpflichtung von Herstellern und Händlern
zur Abfallvermeidung und -verwertung umgesetzt. Für Bauabfälle ist die Produktverantwortung wegen der Langlebigkeit der Produkte und der Vielzahl der beteiligten Unternehmen
schwierig zuzuordnen. Hier hat der Bauherr, wenn er als Eigentümer den Abbruch eines
auf seinem Grundstück befindlichen Bauwerkes anordnet, die unmittelbare Verantwortung
zu übernehmen. Er ist Besitzer und Erzeuger des Abfalls und somit verantwortlich für die
sachgerechte Entsorgung, auch wenn er andere damit beauftragt. Für nicht gefährliche Bau-
und Abbruchabfälle ist nach Kreislaufwirtschaftsgesetz die Vorbereitung zur Wiederverwendung, das Recycling und die sonstige stoffliche Verwertung anzustreben. Mit diesen Maßnahmen soll spätestens ab dem 1. Januar 2020 eine Recyclingquote von 70 % erzielt werden.

Der Hauptzweck der Verwertung muss die Nutzung der materialseitigen Potenziale
der Bauabfälle und nicht die Beseitigung schädlicher Inhaltsstoffe sein. Weitere Einschränkungen ergeben sich daraus, dass die Ressourcenschonung, die durch das Recycling erreicht wird, keinen unverhältnismäßig hohen Energieaufwand verursachen sollte.
Die Bewertung dieses Energieaufwands hängt allerdings davon ab, welche Bezugsbasis
gewählt wird. Bei einem Vergleich mit der Deponierung wird immer ein Mehraufwand
festzustellen sein. Bei einem Vergleich mit einem Primärprodukt, das durch das Sekundärprodukt ersetzt werden kann, ist das nicht zwangsläufig so.

In Ergänzung zum Kreislaufwirtschaftsgesetz existieren Landesabfallgesetze und
kommunale Satzungen, die die Vorgaben des Bundesgesetzes weiter untersetzen. Große
praktische Bedeutung kommt den kommunalen Abfallsatzungen zu. In ihnen werden Vorgaben zur Getrennthaltung, zu Verantwortlichkeiten, zu Anschluss- und Benutzungszwän-
gen sowie zu Entgelten und Gebühren für die kommunale Abfallentsorgung gemacht.
Die Aufbereitung von Bauabfällen erfordert die Berücksichtigung weiterer Gesetze und
Rechtsvorschriften. So sind bei der Planung, Errichtung und dem Betrieb von stationären

Anlagen, in denen Bauabfälle aufbereitet werden sollen, das Bundes-Immissionsschutzgesetz und die dazu erlassenen Verordnungen zu beachten [4]. Die genannten Rechtsvorschriften beziehen sich überwiegend auf den Umgang mit Abbruchmaterial als Abfall.
Daraus resultieren bestimmte Anforderungen, die entlang des Verwertungsweges einzuhalten sind. Gleichzeitig bedingt diese Herangehensweise die starke Betonung der Auswirkungen auf Umwelt, Boden und Wasser.

Wird Bauschutt als Teilstrom der Bauabfälle aufbereitet und erfüllen die erzeugten
Recycling-Baustoffe die vorgeschriebenen bau- und umwelttechnischen Gütekriterien,
stellen sie unter technischen Gesichtspunkten keine Abfälle mehr dar. Folgerichtig ordnet
die Verdingungsverordnung für Bauleistungen VOB/Teil C [5] Recycling-Baustoffe seit
einigen Jahren als Produkte ein. Darin ist unter 2.3.1 definiert, dass „Stoffe und Bauteile,
die der Auftragnehmer zu liefern und einzubauen hat, die also in das Bauwerk eingehen,
ungebraucht sein müssen. Wiederaufbereitete (Recycling-) Stoffe gelten als ungebraucht,
wenn sie für den jeweiligen Verwendungszweck geeignet und aufeinander abgestimmt
sind". Sollen Recycling-Baustoffe in diesem Sinne eingesetzt werden, müssen sie wie
Primärbaustoffe bestimmte bautechnische Anforderungen erfüllen. Bestandteil dieser
bautechnischen Anforderungen sind auch Grenzwerte für kritische Inhaltsstoffe, die bau-
technisch ohne Relevanz sind, deren Eintrag in Boden und Grundwasser aus umwelttechnischer Sicht aber verhindert werden muss. Damit wird dem Schutzgedanken für Grundwasser und Boden bereits in den bautechnischen Vorschriften Rechnung getragen.

3.2 Umwelttechnische Regelungen

Bauabfälle können Schadstoffe enthalten, deren Schädlichkeit bei der Errichtung des Bauwerks nicht bekannt war oder deren Anwendung aus bestimmten Gründen nicht umgangen werden konnte. Zusätzlich können weitere organische und anorganische Schadstoffe
wie Öle, Treibstoffe und andere Kohlenwasserstoffverbindungen oder Schwermetalle
während der Nutzung in das Baumaterial eingetragen worden sein. Davon sind hauptsächlich Bauabfälle, die aus industriell, gewerblich, landwirtschaftlich oder militärisch
genutzten Bauwerken wie Werkstätten, Produktionshallen, Tankstellen, militärische Lie-
genschaften stammen, betroffen. Auch Bauschutt aus Brandschäden oder Schornsteinen
ist mit Schadstoffen belastet. Zur Unterscheidung wird von „primären" und „sekundären"
Schadstoffen gesprochen. Für letztere ist der Begriff „Kontaminationen" im ursprünglichen Wortsinn zutreffend.

Die erste Kategorie von Schadstoffen stellen die als solche erkennbaren, demontier-
baren, „gegenständlichen" Schadstoffe wie Asbest, künstliche Mineralfasern mit geringer Biolöslichkeit und mit Holzschutzmitteln behandelte Hölzer dar. Auch Bauprodukte,
welche polychlorierte Biphenyle oder polycyclische aromatische Kohlenwasserstoffe
enthalten, können zum Teil erkannt und vor dem Abbruch entfernt werden. Merkmale
und Anwendungsbeispiele sind in Tab. 3.1 zusammengestellt. Bei der Entfernung dieser
gegenständlichen Schadstoffe vor dem Abbruch sind Vorschriften, die vom Arbeitsschutz
beim Rückbau bis zur sachgerechten Beseitigung reichen, zu beachten.

Tab. 3.1 Überblick über Schadstoffe im Bauwerksbestand

	Merkmale	Anwendungsbeispiele
Asbest	Natürlich vorkommendes, faserförmiges Magnesium-Hydrosilikat	Schwach gebundene Asbestprodukte, Rohdichte < 1000 kg/m³
	Bautechnisch günstige Eigenschaften wie Nichtbrennbarkeit, chemische Beständigkeit, hohe Hitzebeständigkeit, Isolierfähigkeit, hohe Elastizität und Zugfestigkeit	• Spritzasbest (Asbestgehalt 100 %) • Mörtel (ca. 40 %) • Putze (ca. 20 %) • Stopfmassen (ca. 40 %) • Leichtbauplatten (bis 60 %) • Pappen (ca. 40 %) • Gewebe, Matten, Schnüre (ca. 100 %)
	Hohes gesundheitsgefährdendes Potenzial	Fest gebundene Asbestprodukte, Rohdichte > 1400 kg/m³
	Schrittweises Verbot des Einsatzes von Asbest ab 1969 (Spritzasbest) bis 1995 (Druckrohre)	• Ebene und gewellte Asbestzementprodukte (Asbestgehalt ca. 15 %) als Dachabdeckung, Verkleidungen, Blumenkästen, Trennwände, Fensterbänke etc. • Geformte Asbestzementprodukte wie Rohre für Tiefbau, Abgas, Lüftung
Künstliche Mineralfasern	Industriell hergestellte, silikatische Fasern der Produktgruppen Glaswolle, Steinwolle, Schlackenwolle	Material für die Wärmedämmung von
	Gesundheitsgefährdendes Potenzial	• Fassaden • Dächern • als Rohrummantelung
	Unterscheidung zwischen „alter" Mineralwolle mit geringer Biolöslichkeit und „neuer" Mineralwolle mit verbesserter Biolöslichkeit; ab Juni 2000 Herstellungs- und Verwendungsverbot für alte Mineralwolle	
Holzschutzmittel	Ölige oder wässrige Substanzen mit Wirkstoffen gegen Insekten-, Schädlings- und Pilzbefall	• Holzbauteile im Außenbereich wie Fassadenbekleidungen, Terrassen, Wintergärten Pergolen, Holzfenster und Außentüren aus Holz
	Gesundheitsgefährdendes Potenzial bestimmter Bestandteile	• Konstruktionshölzer für tragende Teile • Teerölimprägnierte Bahnschwellen aus Holz

Tab. 3.1 (Fortsetzung)

	Merkmale	Anwendungsbeispiele
Polychlorierte Biphenyle (PCB)	Industriell hergestellte, organische Verbindungen; bestehen aus chlorierten, aromatischen Kohlenwasserstoffen, Chlorgehalt von 18 bis 75 Masse-%	• Dauerelastische Fugenmassen • In Farben und Lacken • Klebstoffe, Verguss- und Spachtelmassen, Dichtungsmassen, Kitte • Kabelummantelungen • Kühl- und Isolierflüssigkeiten von Kondensatoren und Transformatoren
	Sehr gute technische Eigenschaften wie Alters- und Oxidationsbeständigkeit, gute chemische Stabilität gegenüber Säuren und Basen, elektrische Isoliereigenschaften	
	Gesundheitsgefährdendes Potenzial, PCB-Anreicherung in der Raumluft, im Brandfall Entstehung von Dioxinen und Furanen	
	Verwendungsverbot ab 1989	
Polycyclische aromatische Kohlenwasserstoffe (PAK)	Sammelbezeichnung für Verbindungen aus linear, angular oder ringförmig miteinander verknüpften Benzolringen	• Teerkleber für Parkett und andere Fußbodenbeläge • Teerpappen • Teerkork zur Wärmedämmung • Schutzanstriche • Steinkohlenteeröl „Carbolineum" in Holzschutzmitteln • Straßenpech als Bindemittel von Bitumen
	Bestandteil der Stein- und Braunkohlenteerprodukte Pech und Teeröl	
	Können als sekundäre Schadstoffe nach Bränden auftreten	
	Gesundheitsgefährdendes Potenzial	
	Verwendungsverbot für Pech ab 1987	

Die zweite Kategorie von Schadstoffen sind solche, die nicht gegenständlich sind, sondern sich in eigentlich unkritischen Bestandteilen der Bauabfälle „verbergen" oder zwar sichtbar, aber nicht demontierbar sind. Diese bilden den Schwerpunkt der umwelttechnischen Anforderungen, weil sie zu Belastungen von Boden und Grundwasser führen können. In den Technischen Regeln der Länderarbeitsgemeinschaft Abfall LAGA [6] als der gegenwärtig gültigen Vorschrift sind Zuordnungswerte für kritische Inhaltsstoffe, die bei der Verwertung von Bodenaushub, unaufbereitetem Bauschutt bzw. Recycling-Baustoffen nicht überschritten werden dürfen, angegeben. Parallel dazu sind die Bedingungen für den ungebundenen Einbau dieser Materialien festgelegt. Die Zuordnungswerte beziehen sich auf die Gesamtgehalte an bestimmten organischen Bestandteilen und Schwermetallen (Tab. 3.2). Zusätzlich sind Grenzwerte für die Konzentrationen dieser Bestandteile sowie von Chlorid und Sulfat in einem Eluat einzuhalten (Tab. 3.3). Das Eluat stellt einen „wässrigen Auszug" mit einem Feststoff-Wasser-Verhältnis von 1:10 dar, das nach einer vorgeschriebenen Methode hergestellt und geprüft werden muss. Werden die Zuordnungswerte überschritten, muss das Material deponiert werden.

Tab. 3.2 Zuordnungswerte für die Feststoffgehalte umweltrelevanter Inhaltsstoffe von Boden, unaufbereitetem Bauschutt und Recycling-Baustoffen in Abhängigkeit von den Einbaubedingungen nach [6]

Zuordnungswerte Feststoff

		Boden				Recycling-Baustoffe Bauschutt
		Z 0	Z 1.1	Z 1.2	Z 2	Z 0
pH-Wert	[-]	5,5–8	5,5–8	5–9		–
EOX	[mg/kg]	1	3	10	15	1
Kohlenwasserstoffe	[mg/kg]	100	300	500	1000	100
Summe BTEX	[mg/kg]	< 1	1	3	5	–
Summe LHKW	[mg/kg]	< 1	1	3	5	–
Summe PAK	[mg/kg]	1	5	15	20	1
Summe PCB	[mg/kg]	0,02	0,1	0,5	1	0,02
Arsen	[mg/kg]	20	30	50	150	20
Blei	[mg/kg]	100	200	300	1000	100
Cadmium	[mg/kg]	0,6	1	3	10	0,6
Chrom (gesamt)	[mg/kg]	50	100	200	600	50
Kupfer	[mg/kg]	40	100	200	600	40
Nickel	[mg/kg]	40	100	200	600	40
Quecksilber	[mg/kg]	0,3	1	3	10	0,3
Thallium	[mg/kg]	0,5	1	3	10	–
Zink	[mg/kg]	120	300	500	1500	1210
Cyanide (gesamt)	[mg/kg]	1	10	30	100	–

Z 0: Einbau ohne Einschränkungen
Z 1.1, Z 1.2: Offener Einbau mit Einschränkungen
Z 2: Einbau mit definierten technischen Sicherungsmaßnahmen wie Überbauung mit nicht wasserdurchlässigen Schichten

Exemplarisch kann der Beitrag von Anstrichstoffen als sichtbare aber nur sehr aufwändig zu entfernende Schadstoffquelle für Blei, Cadmium, Chrom und Zink anhand einer Massenbilanz ermittelt werden. Wie das Rechenbeispiel in Tab. 3.4 zeigt, verursachen die Farbpigmente einen vernachlässigbar geringen Schwermetalleintrag, wenn das gesamte Abbruchmaterial betrachtet wird. Sie liegen deutlich unter den angegebenen Zuordnungswerten für die Gesamtgehalte. Das schließt nicht aus, dass einzelne Bauteile deutlich höher belastet sind. Besonders bei Leichtbaustoffen und Hölzern, die mit Farbanstrichen versehen sind, können infolge ihrer geringen Wandstärken und niedrigen Rohdichten deutliche höhere Anteile der Schwermetalle gegenüber der bauwerksbezogenen

Tab. 3.3 Zuordnungswerte für die Eluatgehalte umweltrelevanter Inhaltsstoffe von Boden, unaufbereitetem Bauschutt und Recycling-Baustoffen in Abhängigkeit von den Einbaubedingungen nach [6]

Zuordnungswerte Eluat

		Boden				Recycling-Baustoffe Bauschutt			
		Z 0	Z 1.1	Z 1.2	Z 2	Z 0	Z 1.1	Z 1.2	Z 2
pH-Wert	[-]	6,5–9	6,5–9	6–12	5–12	7,0–12,5			
Elektrische Leitfähigkeit	[µS/cm]	500	500	1000	1500	500	1500	2500	3000
Chlorid	[mg/l]	10	10	20	30	10	20	40	150
Sulfat	[mg/l]	50	50	100	150	50	150	300	600
Cyanid	[µg/l]	< 10	10	50	100	–	–	–	–
Phenolindex	[µg/l]	< 10	10	50	100				
Arsen	[µg/l]	10	10	40	60	10	10	40	50
Blei	[µg/l]	20	40	100	200	20	40	100	100
Cadmium	[µg/l]	2	2	5	10	2	2	5	5
Chrom (gesamt)	[µg/l]	15	30	75	150	15	30	75	100
Kupfer	[µg/l]	50	50	150	300	50	50	150	200
Nickel	[µg/l]	40	50	150	200	40	50	100	100
Quecksilber	[µg/l]	0,2	0,2	1	2	0,2	0,2	1	2
Thallium	[µg/l]	< 1	1	3	5	–	–	–	–
Zink	[µg/l]	100	100	300	600	100	100	300	400

Betrachtungsweise vorliegen. Diese Bauteile müssen also im Zuge des Rückbaus entfernt werden. Ein Entfernen von Farbanstrichen auf massiven Wänden ist dagegen nicht erforderlich.

Um die Verwertung von Bauabfällen und industriellen Nebenprodukten in Bezug auf die umwelttechnischen Anforderungen auf eine bundeseinheitliche Rechtsgrundlage zu stellen, wurde ab 2005 damit begonnen ein neues Regelwerk zu entwickeln, das die Belange von Boden- und Grundwasserschutz sowie die Verwertung von mineralischen Abfällen gemeinsam behandelt. Die umwelttechnischen Anforderungen des neuen Regelwerks wurden mit Hilfe eines komplexen Modells abgeleitet. Am Beginn stand die Prämisse, dass die Schadstoffkonzentration des Sickerwassers aus dem Recycling-Baustoff beim Eintritt in das Grundwasser bestimmte Schwellenwerte, die unter human- und ökotoxikologischen Gesichtspunkten festgelegt wurden, nicht überschreiten darf. Von dieser Konzentration aus wurde auf die Schadstoffkonzentration des Sickerwassers, das aus dem Recycling-Baustoff austritt, geschlossen. Für die erforderliche Rückrechnung war eine Vielzahl von Einflüssen zu berücksichtigen (Abb. 3.1). Rechenmodelle auf der Basis von

Tab. 3.4 Abschätzung zum Schwermetalleintrag für ein hypothetisches Durchschnittsgebäude. (Daten zu den Schwermetallgehalten und dem Farbanteil aus [7])

Gehalte ausgewählter Schwermetalle in Anstrichstoffen [kg/kg trocken]				
	Alkydharzfarbe	Anstrichstoff	Dispersionsfarbe	
Cd	$5,91*10^{-6}$	$5,06*10^{-6}$	$1,68*10^{-8}$	
Cr	$9,80*10^{-4}$	$1,04*10^{-3}$	$1,25*10^{-6}$	
Pb	$7,46*10^{-3}$	$1,52*10^{-2}$	$6,50*10^{-7}$	
Zn	$3,74*10^{-3}$	$3,25*10^{-3}$	$6,54*10^{-6}$	
Farbanteil: 0,00036 kg Farbe/kg Musterhaus				Vergleichswerte Feststoff LAGA
Resultierende Schwermetallgehalte [mg/kg Musterhaus]				[mg/kg]
Cd	0,002	0,002	< 0,000	0,6
Cr	0,353	0,375	< 0,000	50
Pb	2,684	5,481	< 0,000	100
Zn	1,348	1,171	0,002	120

Experimenten wurden entwickelt [8], um solche Grenzwerte für die Schadstoffkonzentration des Sickerwassers aus dem Recycling-Baustoff festlegen zu können, bei denen keine Überschreitungen der Schwellenwerte beim Eintritt in das Grundwasser zu erwarten sind. Die Methoden zur Güteüberwachung der Ersatzbaustoffe wurden angepasst. Die

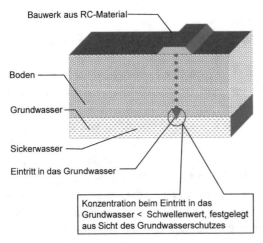

Abb. 3.1 Vereinfachte Darstellung zu den Einflüssen auf die Schadstofffreisetzung aus Recycling-Baustoffen und auf den Schadstofftransport bis zum Eintritt in das Grundwasser

Einhaltung der Grenzwerte ist an einem wässrigen Eluat zu prüfen, das dem Sickerwasser nachgebildet ist. Die Vorgaben für die Herstellung des Eluats wurden unter dem Gesichtspunkt entwickelt, dass der Austausch zwischen Baustoff und Eluat den tatsächlichen Abläufen möglichst nahekommt.

Die Grenzwerte für die Konzentration bestimmter Inhaltsstoffe im Eluat bilden zusammen mit den Bedingungen am Einbauort und der Art des Einbaus des Recycling-Baustoffs den Schwerpunkt der neuen umwelttechnischen Anforderungen, die im Entwurf vorliegen und an die Stelle der in Länderhoheit entwickelten Grenzwerte der LAGA treten sollen. Der Übergang zu den bundeseinheitlichen Werten ist aber noch nicht vollzogen [9].

3.3 Bautechnische Regelungen

Technische Produktnormen haben sich über einen langen Zeitraum entwickelt. Darin sind die Anforderungen festgehalten, welche die Sicherheit und die Gebrauchsfähigkeit gewährleisten. Für Nebenprodukte, die bei der Produktherstellung anfallen, oder für Produkte, die aus Abfällen am Ende der Produktnutzung hergestellt werden, wurde erst in jüngerer Zeit mit der Entwicklung von Vorschriften begonnen. Dieser Prozess ist noch nicht abgeschlossen.

Der erste Qualitätsstandard für Recycling-Baustoffe entstand nach dem Zweiten Weltkrieg. Bedingt durch den großen Baustoffbedarf einerseits und durch die vorhandenen großen Mengen an Trümmerschutt andererseits, der überwiegend aus Ziegeln bestand, wurde bereits 1945 ein Merkblatt zum Einsatz von Ziegelsplitt als Betonzuschlag herausgegeben. Daraus ging 1951 die DIN 4136 „Ziegelsplittbeton" hervor [10]. Gegenstand dieser Norm war die Herstellung, die Verarbeitung und die Eigenschaften von Beton aus Ziegelsplitt. Sie wurde 1960 zurückgezogen. Danach spielt der Bauschutt aus dem Hochbau für zwei Jahrzehnte keine Rolle mehr bei der Errichtung neuer Bauwerke. Gegenwärtig reichen die Einsatzgebiete von Recycling-Baustoffen vom Deponiebau, Erd- und Wegebau über den Unterbau des klassifizierten Straßenbaus bis zum Asphalt- und Betonstraßenbau. Der Einsatz als rezyklierte Gesteinskörnung im Beton findet in geringem Umfang ebenfalls statt. Vegetationstechnische Anwendungen kommen als weiteres Einsatzgebiet hinzu. Die wichtigsten Regelungen für die genannten Anwendungen sind in Tab. 3.5 zusammengestellt.

Die Vorschriften für die Einsatzgebiete im Erd- und Wegebau, im klassifizierten Straßenbau, beim Asphalt- und Betonstraßenbau sowie bei Flächenbefestigungen mit Pflaster werden von der Forschungsgesellschaft für Straßen- und Verkehrswesen (FGSV) entwickelt und herausgegeben. Die Normen für die Betonherstellung werden vom Normenausschuss Bauwesen im Deutschen Institut für Normung e. V. (DIN) erarbeitet. Zunehmend ist das Europäische Komitee für Normung CEN beteiligt. Die Vorschriften für die vegetationstechnischen Anwendungen werden von der Forschungsgesellschaft Landschaftsentwicklung Landschaftsbau e.V. (FLL) herausgegeben. Bei allen Vorschriften sind die laufenden Aktualisierungen zu beachten.

Tab. 3.5 Ausgewählte, bautechnische Vorschriften für den Einsatz von Recycling-Baustoffen in verschiedenen Sektoren

Einsatzgebiet	Vorschrift
Klassifizierter Erdbau	• TL BuB E-StB: Technische Lieferbedingungen für Böden und Baustoffe im Erdbau des Straßenbaus, Ausgabe 2009 • ZTV E-StB: Zusätzliche Technische Vertragsbedingungen und Richtlinien für Erdarbeiten im Straßenbau, Ausgabe 2017 • M BomF: Merkblatt über die Verwendung von Boden ohne und mit Fremdbestandteilen im Straßenbau, Ausgabe 2015
Klassifizierter Straßenbau	• TL SoB-StB: Technische Lieferbedingungen für Baustoffgemische und Böden zur Herstellung von Schichten ohne Bindemittel, Ausgabe 2004, Fassung 2007 • TL G SoB-StB: Technische Lieferbedingungen für Baustoffgemische und Böden zur Herstellung von Schichten ohne Bindemittel im Straßenbau, Teil: Güteüberwachung, Ausgabe 2004, Fassung 2007 • ZTV SoB-StB: Zusätzliche Technische Vertragsbedingungen und Richtlinien für Erdarbeiten im Straßenbau, Ausgabe 2004, Fassung 2007 • TL Gestein-StB: Technische Lieferbedingungen für Gesteinskörnungen im Straßenbau, Ausgabe 2004, Fassung 2007 • TP Gestein-StB: Technische Prüfvorschriften für Gesteinskörnungen im Straßenbau, Ausgabe 2008, Stand 2015 • RuA-StB: Richtlinien für die umweltverträgliche Anwendung von industriellen Nebenprodukten und Recycling-Baustoffen im Straßenbau, Ausgabe 2001 • M RC: Merkblatt über die Wiederverwertung von mineralischen Baustoffen als Recycling-Baustoffe im Straßenbau, Ausgabe 2002
Pflasterbauweisen	• TL Pflaster-StB: Technische Lieferbedingungen für Baustoffe für Pflasterdecken und Pflasterbeläge, Ausgabe 2006, Fassung 2015 • ZTV Pflaster-StB: Zusätzliche Technische Vertragsbedingungen und Richtlinien zur Herstellung von Pflasterdecken, Plattenbelägen und Einfassungen, Ausgabe 2006
Wegebau: Verkehrsflächen außerhalb des klassifizierten Erd- und Straßenbaus	• DWA-Regelwerk: Arbeitsblatt 904 Richtlinien für den ländlichen Wegebau • TL LW: Technische Lieferbedingungen für Gesteinskörnungen, Baustoffe, Baustoffgemische und Bauprodukte für den Bau Ländlicher Wege, Ausgabe 2016 • ZTV LW: Zusätzliche Technische Vertragsbedingungen und Richtlinien für den Bau Ländlicher Wege, Ausgabe 2016 • M ELW: Merkblatt für die Erhaltung Ländlicher Wege, Ausgabe 2009

Tab. 3.5 (Fortsetzung)

Einsatzgebiet	Vorschrift
Asphaltstraßenbau	• TL Asphalt-StB: Technische Lieferbedingungen für Asphalt-mischgut für den Bau von Verkehrsflächenbefestigungen, Ausgabe 2007, Fassung 2013 • TL AG-StB: Technische Lieferbedingungen für Asphaltgranulat, Ausgabe 2009 • M WA: Merkblatt für die Wiederverwendung von Asphalt, Ausgabe 2009 , Fassung 2013
Betonstraßenbau	• Merkblatt zur Wiederverwendung von Beton aus Fahrbahndecken, 1998 • Merkblatt für die Verwertung von Asphaltgranulat und pechhaltigen Straßenausbaustoffen in Tragschichten mit hydraulischen Bindemitteln, Ausgabe 2002
Konstruktionsbeton	• DIN EN 12620/2008-07: Gesteinskörnungen für Beton; Deutsche Fassung EN 12620:2002+ A1:2008 • DIN 4226-101/2017-08: Rezyklierte Gesteinskörnungen für Beton nach DIN EN 12620 – Teil 101: Typen und geregelte gefährliche Substanzen • DIN 4226-102/2017-08: Rezyklierte Gesteinskörnungen für Beton nach DIN EN 12620 – Teil 102: Typprüfung und Werkseigene Produktionskontrolle • Deutscher Ausschuss für Stahlbeton: DAfStb-Richtlinie Beton nach DIN EN 206-1 und DIN 1045-2 mit rezyklierten Gesteinskörnungen nach DIN 4226-100 – Teil 1: Anforderungen an den Beton für die Bemessung nach DIN 1045-1, Ausgabe 2010 • Deutscher Ausschuss für Stahlbeton: DAfStb-Richtlinie Vorbeugende Maßnahmen gegen schädigende Alkalireaktionen im Beton (Alkali-Richtlinie), Teil 3, Ausgabe 2007-02
Vegetationstechnik: Dachbegrünung, Schotterrasen, Baumsubstrate	• Dachbegrünungen – Dachbegrünungsrichtlinie • Empfehlungen für Bau und Pflege von Flächen als Schotterrasen • Empfehlungen für die Planung, Ausführung und Unterhaltung von Flächen aus begrünbaren Pflasterdecken und Plattenbelägen • Empfehlungen für Baumpflanzungen, Teil 2: Standortvorbereitungen für Neupflanzungen, Pflanzgruben und Wurzelraumerweiterung, Bauweisen und Substrate

Vorschriften des Straßenbaus Die neuere Geschichte der Vorschriften zum Baustoffrecycling beginnt 1985 mit einem Merkblatt der Forschungsgesellschaft für Straßen- und Verkehrswesen über die Verwendung von industriellen Nebenprodukten im Straßenbau, in welchem auch die Wiederverwendung von Baustoffen behandelt wird [11]. 2002 wurde diese Vorschrift durch eine aktuelle Fassung „Merkblatt über die Wiederverwertung von mineralischen Baustoffen als Recycling-Baustoffe im Straßenbau" ersetzt [12]. Technische Lieferbedingungen für Recycling-Baustoffe, die in Tragschichten ohne Bindemittel eingesetzt werden sollen, erschienen erstmals 1995 [13]. Darin wurden die generell für Mineralstoffe geltenden Anforderungen, wie Raumbeständigkeit, Bruchflächigkeit, Widerstand gegen Frost-Tau-Wechsel und Widerstand gegen Schlag für Recycling-Baustoffe spezifiziert. Zusätzliche Anforderungen wurden an die Materialzusammensetzung und an die umwelttechnischen Merkmale gestellt. Im gleichen Jahr wurden auch Recycling-Baustoffe als Mineralstoffe in die Zusätzlichen Technischen Vertragsbedingungen und Richtlinien für Tragschichten im Straßenbau aufgenommen und ihre Einsatzmöglichkeiten genannt [14].

1998 wurde ein Merkblatt für die Wiederverwertung von Beton aus Fahrbahndecken als Gesteinskörnung für neuen Fahrbahnbeton veröffentlicht [15]. Die Anforderungen an das Ausgangsmaterial, an die Aufbereitung, an die produzierten Recycling-Baustoffe sowie das Herstellen von Unter- aber auch von Oberbeton sind detailliert dargestellt. Im Jahr 2000 wurden die Technischen Lieferbedingungen für Mineralstoffe im Straßenbau, in welchen die Anforderungen bei ihrem Einsatz in Oberbauschichten definiert sind, für Sekundärbaustoffe geöffnet [16]. Die Recycling-Baustoffe wurden zusammen mit verschiedenen industriellen Nebenprodukten in diese Vorschrift aufgenommen. Die aktuelle Fassung der TL Gestein [17] gilt uneingeschränkt auch für Recycling-Baustoffe. In einigen wenigen Punkten bestehen aber veränderte bzw. zusätzliche Anforderungen. Letzteres gilt insbesondere für die Materialzusammensetzung. Nach den 2004 erschienenen Technischen Lieferbedingungen für Baustoffgemische und Böden zur Herstellung von Schichten ohne Bindemittel können Schottertragschichten und Frostschutzschichten aus Gemischen aus natürlichen und/oder rezyklierten Gesteinskörnungen hergestellt werden [18]. In diesen Recycling-Gemischen muss jede Komponente die entsprechenden Anforderungen erfüllen. Für die Zuordnung zu den Eigenschaftskategorien nach den Technischen Lieferbedingungen sind jeweils die ungünstigeren Werte ausschlaggebend. Mit der Formulierung der Anforderungen an Recycling-Baustoffe, die als Pflastersand eingesetzt werden sollen, wurde 2006 eine weitere Einsatzmöglichkeit eröffnet. Es gelten die Technischen Lieferbedingungen für Bauprodukte zur Herstellung von Pflasterdecken, Plattenbelägen und Einfassungen [19].

In den Vorschriften zur Asphaltherstellung [20–22] sind die Anforderungen an das aus Gesteinskörnungen und Bitumen bestehende Asphaltgranulat, die zulässigen Einsatzgebiete und die möglichen Zugabemengen zusammengestellt. Im Unterschied zu den mineralischen Recycling-Körnungen für Tragschichten ist ausdrücklich die Prüfung der Gleichmäßigkeit des Materials vorgeschrieben. Diese wird durch die Spannweite bestimmter Eigenschaften erfasst. Diese Spannweite wird bei der Ermittlung der maximal möglichen Zugabemenge an Asphaltgranulat berücksichtigt. Chargen, deren Merkmale in einem breiten Bereich streuen, dürfen dem herzustellenden Mischgut in deutlich geringeren Anteilen zugegeben werden als solche, die relativ konstante Eigenschaften mit geringer Spannweite aufweisen.

Vorschriften des Hochbaus Die Normung für rezyklierte Gesteinskörnungen, welche im Beton Einsatz finden sollen, wurde aufbauend auf den Ergebnissen des

Verbundforschungsprojektes „Baustoffkreislauf im Massivbau" [23] entwickelt und verknüpft mit der Einführung Europäischer Normen schrittweise vorangetrieben. 1998 erschien mit der DAfStb-Richtlinie „Beton mit rezykliertem Zuschlag" das erste Regelwerk, in welchem die Anforderungen an Rezyklate für die Betonherstellung und die zulässigen Zugabemengen formuliert wurden. Die Richtlinie ging von dem Grundgedanken aus, dass „ein Beton mit rezykliertem Zuschlag die gleichen Anforderungen zu erfüllen hat wie ein Beton mit dichtem Zuschlag" [24]. Bei Einhaltung dieser Anforderungen war der Einsatz der Rezyklate für Konstruktionsbeton ohne Änderungen der Bemessungsgrundlagen möglich. Die DAfStb-Richtlinie enthielt Anforderungen an die Betontechnik und an die Gesteinskörnung selbst. Es wurden Angaben zu den Anteilen an rezyklierten Zuschlägen, zur maximalen Festigkeitsklasse und zu den erlaubten Anwendungsgebieten gemacht. Die größte Zugabemenge von 35 Vol.-% Betonsplitt > 2 mm zuzüglich 7 Vol.-% Betonbrechsand ≤ 2 mm war bei Innenbauteilen bis zur Festigkeitsklasse B 25 möglich. Betone, die im Außenbereich eingesetzt werden sollten und dadurch höheren Beanspruchungen ausgesetzt waren, durften maximal 20 Vol.-% rezyklierte Zuschläge > 2 mm enthalten. Bei der Materialzusammensetzung bestanden strikte Anforderungen an drei Stoffgruppen:

- Betonsplitt, natürlicher Zuschlag ≥ 95 Masse-%
- Mineralische Bestandteile, Asphalt ≤ 5 Masse-%
- Nichtmineralische Bestandteile ≤ 0,2 Masse-%.

Die Richtlinie wurde durch Erläuterungen ergänzt, in denen u. a. ein zweistufiger Zerkleinerungsprozess und eine nasse Sortierung empfohlen wurden, um eine gute Qualität der Rezyklate zu erreichen. 2002 wurde die DIN 4226 „Gesteinskörnungen für Beton und Mörtel, Teil 100 Rezyklierte Gesteinskörnungen" veröffentlicht [25]. Die rezyklierten Gesteinskörnungen wurden anhand der Hauptbestandteile in 4 Typen eingeteilt. Für die Herstellung von konstruktiven Betonen einsetzbar waren:

- Typ 1 Betonsplitt/Betonbrechsand: Körnungen, die zu mehr als 90 Masse-% aus Beton und natürlichen Gesteinskörnungen bestehen
- Typ 2 Bauwerksplitt/Bauwerkbrechsand: Körnungen, in welchen Beton und natürliche Gesteinskörnungen mit mehr als 70 Masse-% dominieren.

Bei der Materialzusammensetzung wurde zwischen den Bestandteilen Beton und Gesteinskörnungen (1), Klinker und nicht porosierter Ziegel (2), Kalksandstein (3), anderen mineralischen Bestandteilen (4), Asphalt (5) sowie Fremdbestandteilen (6) unterschieden. Weitere Qualitätsparameter, die für rezyklierte Gesteinskörnungen im Unterschied zu natürlichen Gesteinskörnungen ermittelt werden mussten, waren die Rohdichte und die Wasseraufnahme. Als chemische Parameter waren die einzuhaltenden Gehalte an wasserlöslichem Chlorid und Sulfat explizit angegeben. Der Chloridgehalt durfte einen Wert von 0,04 Masse-% nicht überschreiten. Der Gehalt an wasserlöslichem Sulfat musste unter 0,8 Masse-% liegen. Für alle anderen Parameter galten die gleichen Anforderungen wie für natürliche Gesteinskörnungen. Die DIN 4226-100 wurde 2008 durch die aktuelle Europäische Norm für Gesteinskörnungen DIN EN 12620 [26] ersetzt, in der auch die Anforderungen an rezyklierte Gesteinskörnungen enthalten sind. Eine Modifizierung in Bezug auf die Bestandteile, mit welchen die Zusammensetzung beschrieben wird, wurde vorgenommen. Es werden die Materialgruppen Beton, Mörtel und Betonwaren (1), natürliche Gesteinskörnungen (2), Mauersteine ohne Betonsteine (3), Asphalt (4), Sonstiges wie bindiges Material, Metalle, Holz, Kunststoff, Gummi, Gips (5), Glas (6) und Schwimmendes Material (7) unterschieden.

Die DAfStb-Richtlinie wurde in den vergangenen Jahren mehrfach überarbeitet und mit der letzten Fassung von 2010 an die Regelungen der DIN EN 12620 angepasst [27]. In diese Fassung wurden auch einige Regelungen und Prüfverfahren der DIN 4226-100 übernommen. Nach wie vor wird von der Prämisse ausgegangen, dass bei der Herstellung und Nutzung von Betonen aus rezyklierten Gesteinskörnungen keine Unterschiede zu herkömmlichen Betonen auftreten dürfen. Daraus folgt, dass Recyclingsande, in welchen in der Regel der Zementstein und andere leichter zerkleinerbare Bestandteile mit geringerer Rohdichte und Festigkeit angereichert sind, von der Verwertung für die Betonherstellung ausgeschlossen werden. Aus groben rezyklierten Gesteinskörnungen der Typen 1 und 2, bei denen die Anforderungen an die Zusammensetzungen gegenüber früheren Vorschriften etwas verändert wurden, dürfen Betone bis zur Festigkeitsklasse C 30/37 hergestellt werden. Der zulässige Anteil der groben Rezyklate an der Gesteinskörnung bewegt sich zwischen 45 Vol.-% für Bauteile in Innenräumen und 25 Vol.-% für stärker beanspruchte Betone. Rezyklierte Gesteinskörnungen müssen entsprechend der Alkalirichtlinie von 2007 [28] auf alkaliempfindliche Bestandteile, die aus der primären Gesteinskörnung stammen können, untersucht werden. Daraus folgt eine Einstufung in Alkaliempfindlichkeitsklassen, von der wiederum die Einsatzmöglichkeiten abhängen. Unterbleibt die Untersuchung auf Alkaliempfindlichkeit, werden die Rezyklate als empfindlich eingestuft. Ihr Einsatz ist dann nur unter trockenen Bedingungen bzw. bei Begrenzung des Zementgehalts des Betons auf 350 kg/m³ oder der Verwendung eines alkaliarmen Zementes möglich.

Die in der aktuellen Gesteinskörnungsnorm DIN EN 12620 fehlende Umweltbewertung ist in zwei zusätzlichen Vorschriften enthalten. In der DIN 4226-101 sind die umwelttechnischen Parameter der beiden für die Herstellung von konstruktivem Beton zulässigen Materialtypen enthalten [29]. Zusätzlich wird die einzuhaltende Materialzusammensetzung angegeben. Die DIN 4226-102 macht Angaben zur Überprüfung dieser Parameter und zur werkseigenen Produktionskontrolle [30].

Literatur

1. Gesetz zur Förderung der Kreislaufwirtschaft und Sicherung der umweltverträglichen Bewirtschaftung von Abfällen (Kreislaufwirtschaftsgesetz - KrWG). Februar 2012.
2. Richtlinie 2008/98/EG des Europäischen Parlaments und des Rates vom 19. November 2008 über Abfälle und zur Aufhebung bestimmter Richtlinien.

3. Gesetz zur Förderung der Kreislaufwirtschaft und Sicherung der umweltverträglichen Beseitigung von Abfällen. (Kreislaufwirtschafts- und Abfallgesetz KrW-/AbfG). September 1994.

4. Gesetz zum Schutz vor schädlichen Umwelteinwirkungen durch Luftverunreinigungen, Geräusche, Erschütterungen und ähnlichen Vorgängen. Bundes-Immissionsschutzgesetz BImSchG. März 1974.

5. Vergabe- und Vertragsordnung für Bauleistungen, Teil C "Allgemeine Technische Vertragsbedingungen für Bauleistungen" VOB/C. 2002.

6. LAGA-Mitteilung 20: Anforderungen an die stoffliche Verwertung von mineralischen Abfällen – Technische Regeln. Bund/Länder-Arbeitsgemeinschaft Abfall (LAGA). Magdeburg 2003.

7. Doka, G.: Ökoinventar der Entsorgungsprozesse von Baumaterialien. Grundlagen zur Integration der Entsorgung in Ökobilanzen von Gebäuden. Laboratorium für Technische Chemie. Eidgenössische Technische Hochschule. Zürich 2000.

8. Susset, B., Leuchs, W.: Ableitung von Materialwerten im Eluat und Einbaumöglichkeiten mineralischer Ersatzbaustoffe. Abschlussbericht. Umsetzung der Ergebnisse des BMBF-Verbundes „Sickerwasserprognose" in konkrete Vorschläge zur Harmonisierung von Methoden. Forschungsprojekt im Auftrag des Umweltbundesamtes. Dessau 2008.

9. Entwurf: Verordnung zur Festlegung von Anforderungen für das Einbringen oder das Einleiten von Stoffen in das Grundwasser, an den Einbau von Ersatzstoffen und für die Verwendung von Boden und bodenähnlichem Material. Kabinettsfassung/Bundestagsdrucksache 18/12213. Berlin 05.05.2017.

10. DIN 4136: Ziegelsplittbeton, Bestimmungen für die Herstellung und Verwendung. 1951 (zurückgezogen).

11. Merkblatt über die Verwendung von industriellen Nebenprodukten im Straßenbau, Teil Wiederverwendung von Baustoffen. Forschungsgesellschaft für Straßen- und Verkehrswesen. FGSV-Verlag. Köln 1985.

12. Merkblatt über die Wiederverwertung von mineralischen Baustoffen als Recycling-Baustoffe im Straßenbau M RC. Forschungsgesellschaft für Straßen- und Verkehrswesen. FGSV-Verlag. Köln 2002.

13. Technische Lieferbedingungen für Recycling-Baustoffe TL RC-ToB. Forschungsgesellschaft für Straßen- und Verkehrswesen. FGSV-Verlag. Köln 1995.

14. Zusätzliche Technische Vertragsbedingungen und Richtlinien für Tragschichten im Straßenbau ZTV T-StB. Forschungsgesellschaft für Straßen- und Verkehrswesen. FGSV-Verlag. Köln 1995.

15. Merkblatt zur Wiederverwendung von Beton aus Fahrbahndecken. Forschungsgesellschaft für Straßen- und Verkehrswesen. FGSV-Verlag. Köln 1998.

16. Technische Lieferbedingungen für Mineralstoffe im Straßenbau TL-Min. Forschungsgesellschaft für Straßen- und Verkehrswesen. FGSV-Verlag. Köln 2000.

17. Technische Lieferbedingungen für Gesteinskörnungen im Straßenbau TL Gestein-StB. Forschungsgesellschaft für Straßen- und Verkehrswesen. FGSV-Verlag. Köln 2004/Fassung 2007.

18. Technische Lieferbedingungen für Baustoffgemische und Böden zur Herstellung von Schichten ohne Bindemittel im Straßenbau TL SoB-StB. Forschungsgesellschaft für Straßen- und Verkehrswesen. FGSV-Verlag. Köln 2004.

19. Technische Lieferbedingungen für Bauprodukte zur Herstellung von Pflasterdecken, Plattenbelägen und Einfassungen TL Pflaster-StB. Forschungsgesellschaft für Straßen- und Verkehrswesen. FGSV-Verlag. Köln 2006.

20. Technische Lieferbedingungen für Asphaltmischgut für den Bau von Verkehrsflächenbefestigungen TL Asphalt-StB. Forschungsgesellschaft für Straßen- und Verkehrswese. FGSV-Verlag. Köln 2007.

21. Technische Lieferbedingungen für Asphaltgranulat TL AG-StB. Forschungsgesellschaft für Straßen- und Verkehrswesen. FGSV-Verlag. Köln 2009.

22. Merkblatt für die Verwertung von Asphaltgranulat M VAG. Forschungsgesellschaft für Straßen-
    und Verkehrswesen. FGSV-Verlag. Köln 2009.

23. Baustoffkreislauf im Massivbau. http://www.b-i-m.de/

24. Deutscher Ausschuss für Stahlbeton: DAfStb-Richtlinie Beton mit rezykliertem Zuschlag.
    Deutscher Ausschuss für Stahlbeton im DIN Deutsches Institut für Normung. Beuth-Verlag.
    Berlin 1998.

25. DIN 4226-100: Gesteinskörnungen von Beton und Mörtel, Teil 100: Rezyklierte Gesteinskör-
    nungen. DIN Deutsches Institut für Normung. Beuth-Verlag. Berlin 2002.

26. DIN EN 12620: Gesteinskörnungen für Beton. DIN Deutsches Institut für Normung. Beuth-
    Verlag. Berlin 2008.

27. Deutscher Ausschuss für Stahlbeton: DAfStb-Richtlinie Beton nach DIN EN 206-1 und DIN
    1045-2 mit rezyklierten Gesteinskörnungen nach DIN EN 12620 - Teil 1: Anforderungen an den
    Beton für die Bemessung nach DIN EN 1992- 1-1.Beuth-Verlag. Berlin 2010.

28. Deutscher Ausschuss für Stahlbeton: DAfStb-Richtlinie Vorbeugende Maßnahmen gegen schä-
    digende Alkalireaktionen im Beton (Alkali-Richtlinie). Beuth-Verlag. Berlin 2007.

29. DIN 4226-101: Rezyklierte Gesteinskörnungen für Beton nach DIN EN 12620 - Teil 101:
    Typen und geregelte gefährliche Substanzen. DIN Deutsches Institut für Normung. Beuth-
    Verlag. Berlin 2017.

30. DIN 4226-102: Rezyklierte Gesteinskörnungen für Beton nach DIN EN 12620 -Teil 102: Typ-
    prüfung und Werkseigene Produktionskontrolle. DIN Deutsches Institut für Normung. Beuth-
    Verlag. Berlin 2017.

Aufbereitung von Bauabfällen

4

Die Aufbereitung hat die Aufgabe, aus dem Sekundärrohstoff Bauabfall einen Recycling-Baustoff mit definierten Eigenschaften zu erzeugen. Das betrifft zum einen die Partikel-größenzusammensetzung, die den Anforderungen für das jeweilige Einsatzgebiet entsprechen muss. Zum anderen müssen die Materialzusammensetzung und bestimmte physikalische Merkmale eingehalten werden, insbesondere wenn die Gesteinskörnung im klassifizierten Straßenoberbau oder im Betonbau angewandt werden soll. Die Qualität der erzeugten Recycling-Baustoffe hängt von dem jeweiligen Ausgangsmaterial und der eingesetzten Aufbereitungstechnologie ab. Bei homogenem Ausgangsmaterial kann mit einem geringen technologischen Aufwand ein qualitätsgerechter Recycling-Baustoff erzeugt werden. Ist das Ausgangsmaterial sehr heterogen, muss der Aufbereitungsprozess deutlich aufwändiger sein, um dieses Ziel zu erreichen. Die für die Bauabfallaufbereitung zu wählende Technologie wird also durch die Merkmale des Ausgangsmaterials und die angestrebte Produktqualität bestimmt. Die Grundoperationen der mechanischen Verfahrenstechnik, die für die Bauabfallaufbereitung genutzt werden, sind in Tab. 4.1 zusammengestellt. Darüber hinaus ist es erforderlich, dass Material zu lagern und zu fördern. Werden spezielle Baustoffgemische hergestellt, müssen zusätzliche Aggregate zur Dosierung und Mischung vorhanden sein. Weitere Verfahrensschritte bei der Bauabfallaufbereitung sind die Entstaubung der Abluftströme sowie die Entwässerung der Produkte und die Aufbereitung des Prozesswassers, sofern nasse Sortierverfahren zum Einsatz kommen.

Die Aufbereitung von Bauabfällen kann in mobilen oder stationären Anlagen erfolgen. Bei der einfachsten technologischen Variante, wie sie in mobilen Brechanlagen realisiert wird (Abb. 4.1 links), wird das Aufgabematerial zunächst durch die Vorabsiebung in zwei Fraktionen getrennt. Das Grobgut wird dem Brecher zugeführt und zerkleinert. Ein nach dem Brecher angeordneter Überbandmagnet entfernt die Eisenteile. Als Produkte entstehen bei dieser Aufbereitungstechnologie das sogenannte Vorsiebmaterial und der eigentliche Recycling-Baustoff. Das Vorsiebmaterial besteht aus den wenig festen Bestandteilen

© Springer Fachmedien Wiesbaden GmbH, ein Teil von Springer Nature 2018
A. Müller, *Baustoffrecycling*,
https://doi.org/10.1007/978-3-658-22988-7_4

Tab. 4.1 Grundoperationen bei der Bauabfallaufbereitung und deren Ziele

Grundoperation	Ziele
Zerkleinern	Herabsetzung der oberen Korngröße
Zerteilen eines Festkörpers durch Einwirken mechanischer Kräfte bis zum Bruch	Erzeugung polydisperser Partikelgemische Aufschließen von „Verwachsungen", d. h. Freilegen der Einzelkomponenten aus Stoffverbunden
Klassieren	Begrenzung der oberen Korngröße
Trennung eines körnigen Haufwerks nach geometrischen Abmessungen in Kornfraktionen	Erzeugung bestimmter Korngrößenverteilungen für die nachfolgende Verwertung
	Abtrennen von Grobanteilen zum Schutz nachgeschalteter Brecher vor Überlastung und Beschädigung
	Abtrennen von Feinanteilen zur Entlastung von Zerkleinerungsanlagen, zum Schutz vor Verschleiß, zum Vermeiden von Verstopfungen
	Vorbereitung der Sortierung, wenn diese nur bei engem Kornband möglich ist
	Ggf. Sortierung selbst, wenn in bestimmten Kornfraktionen, bestimmte Stoffe angereichert sind
Sortieren	Entfernung von Schad- und Störstoffen
Trennen eines Materialgemisches nach Stoffarten unter Nutzung physikalischer Merkmale	Trennung von gemischten Bauabfällen in ihre mineralischen Bestandteile

der Bauabfälle und aus Bodenpartikeln. Es wird für Verfüllungen eingesetzt. Die Zusammensetzung des Recycling-Baustoffs entspricht im Wesentlichen der der groben Bestandteile des Aufgabematerials, da mit dieser Variante nur die Korngröße beeinflussbar ist und eine direkte Einflussnahme auf den Materialbestand nicht möglich ist.

Anspruchsvollere Technologien für die Aufbereitung von Bau- und Abbruchabfällen sind in stationären Anlagen realisierbar. Als Beispiel ist im Abb. 4.1 rechts eine Technologie mit den folgenden, zusätzlichen Aufbereitungsschritten dargestellt:

- Zweistufige Zerkleinerung: Prallbrecher im Anschluss an einen Backenbrecher
- Aussortieren von Störstoffen am Sortierband
- Herstellung von Korngruppen mittels Vibrationssiebung
- Abtrennung von leichten Störstoffen mittels Windsichtung.

Zusätzlich zu der händischen Sortierung und der Windsichtung, mit denen Störstoffe abgetrennt werden, können in stationären Anlagen nasse Sortierprozesse in den Verfahrensablauf

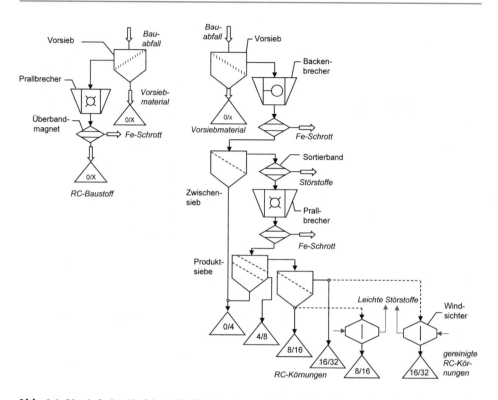

Abb. 4.1 Vereinfachte Verfahrensfließbilder einer mobilen Aufbereitungsanlage für mineralische Bauabfälle (links) und einer stationären Aufbereitungsanlage (rechts)

integriert werden. Diese ermöglichen die Trennung eines Baustoffgemisches nach der Dichte. Eine Beeinflussung des Materialbestandes ist somit in bestimmten Grenzen möglich.

Das Sortiment an Recycling-Baustoffen umfasst nach der Partikelgröße eingeteilte Recycling-Gesteinskörnungen und Korngemische, bei denen die gleichen Siebschnitte wie bei natürlichen Gesteinskörnungen gelten (Tab. 4.2). Werden die Recycling-Baustoffe mit anderen Gesteinskörnungen gemischt, wird von RC-Gemischen gesprochen. Zusätzlich entsteht bei der Aufbereitung das Vorsiebmaterial. Es kann nicht in die Kategorie der klassifizierten Recycling-Baustoffe eingeordnet werden.

Mit den Korngruppen 8/16 mm und 16/32 mm können Anwendungsgebiete wie beispielsweise die Betonherstellung bedient werden. Die Korngemische, die entweder ausschließlich aus Rezyklaten bestehen oder auch Gesteinskörnungen anderer Herkunft enthalten können, sind im Straßen- und Wegebau anwendbar. Die Recycling-Brechsande lassen sich als Pflastersande oder zum Verfüllen von Kabelkanälen einsetzen. Recycling-Schroppen, worunter sehr grobe rezyklierte Gesteinskörnungen von 45 mm und darüber verstanden werden, eignen sich zur Untergrundverbesserung.

Tab. 4.2 Einteilung von rezyklierten Gesteinskörnungen und RC-Gemischen nach der
Partikelgröße

	Definition	Beispiele für Korngruppen
Rezyklierte bzw. Recycling-Gesteinskörnungen		
Feine Gesteinskörnungen	D ≤ 4 mm	0/1 mm
		0/2 mm
		0/4 mm
Grobe Gesteinskörnungen	d ≥ 2 mm	2/8 mm enggestuft
	D ≥ 4 mm	4/8 mm enggestuft
		8/16 mm enggestuft
		8/22 mm weitgestuft
		4/32 mm weitgestuft
		16/32 mm enggestuft
Korngemische	d = 0	0/22 mm
	D ≤ 45 mm	0/32 mm
RC-Gemische aus Recycling-Gesteinskörnungen und natürlichen und/oder industriell herge-stellten Gesteinskörnungen		
Feine Gesteinskörnungen	Partikelgrenzen analog zu Recycling-Gesteinskörnungen	
Grobe Gesteinskörnungen		
Korngemische		

D: Maximaler Partikeldurchmesser

d: Minimaler Partikeldurchmesser

4.1   Zerkleinerung

4.1.1   Grundbegriffe

Zerkleinerung Die Zerkleinerung ist die Zerlegung eines Festkörpers in Bruchstücke durch
das Einwirken mechanischer Kräfte. Dazu müssen die Bindungskräfte in seinem Inneren
überwunden werden, damit Risse entstehen, die sich dann durch den Feststoff ausbreiten.
Das Ergebnis ist eine gegenüber dem Ausgangszustand größere Partikelanzahl, eine Reduzierung der Partikelabmessungen und eine Zunahme der spezifischen Oberfläche.

Bruchvorgänge Der Bruch eines Festkörpers tritt ein, wenn sowohl bestimmte Kraft- als
auch Energiebedingungen erfüllt sind. Die Kraftbedingungen bestehen darin, dass die ört-
lichen Zug- oder Scherspannungen größer als die Bindungskräfte sein müssen. Für die
Energiebedingung gilt, dass die Oberflächenenergie der neu entstehenden Bruchflächen aus
der elastischen Verformungsenergie gedeckt werden muss. Die Energiebedingung bildet

eine der Grundlagen der Bruchmechanik, die sich mit der Rissentstehung und – ausbreitung in Festkörpern beschäftigt. Auf der Basis einer Energiebilanz mit dem Spannungsfeld als Energiequelle und den Bruchflächen als Energiesenke entwickelte Griffith 1920 eine Gleichung zur Bestimmung der theoretischen Bruchfestigkeit. Sie gilt unabhängig davon, ob ein Bruch erzeugt werden soll, wie es bei der Zerkleinerung der Fall ist, oder ob ein Versagen verhindert werden soll, wie es bei Bauwerken erforderlich ist. In späteren Überlegungen und Untersuchungen wurde von Rumpf [1] die Energiebilanz um zusätzliche Quellen- und Senkenterme erweitert. Damit wurde dem Sachverhalt Rechnung getragen, dass die elastische Verformungsenergie nur zu einem geringen Teil in Oberflächenenergie der Bruchflächen umgesetzt wird. Ein Großteil geht in mikroplastischen Verformungen und weiteren Vorgängen wie Schall- und Wärmeentwicklung verloren.

Der eigentliche Bruchvorgang wird durch die Beanspruchung des Partikels mit Hilfe des Zerkleinerungswerkzeugs ausgelöst. Übersteigt die dadurch erzeugte Spannung eine materialabhängige Grenze, kommt es zur Rissentstehung. Ausgangspunkt für Risse sind dabei die in realen Feststoffen immer vorhandenen Inhomogenitäten, die zum einen eine Schwächung der Struktur bewirken und zum anderen lokale Spannungsüberhöhungen verursachen. Bei spröden Materialien folgt eine Rissausbreitung mit Schallgeschwindigkeit bis zum plötzlichen Bruch, ohne dass vorher eine sichtbare Verformung stattgefunden hat. Voraussetzung ist, dass ständig genügend Energie nachgeliefert wird. Anderenfalls bleibt der Bruch stehen. Die Folge sind Anrisse im Material aus unvollendeten Bruchvorgängen. Im Unterschied dazu treten bei Materialien mit duktilem Verhalten zunächst starke plastische Verformungen auf, bevor es zum Bruch kommt. Glas sowie vereinfachend auch Ziegel und Beton sind den spröden Werkstoffen zuzurechnen, während Metalle Werkstoffe mit hoher Duktilität sind. Beim Abbruch von Stahlbetonbauwerken kann mit einer Druckbeanspruchung nur der Beton zerkleinert werden. Der Bewehrungsstahl übersteht diese Beanspruchung und wird lediglich verformt (Abb. 4.2). Er kann nur mit einer Schneidbeanspruchung, wie sie mit hydraulischen Scheren realisiert wird, zerkleinert werden.

Abb. 4.2 Rest eines rückgebauten Stahlbetonschonsteins mit zerkleinertem Beton und verformtem Bewehrungsstahl

Der Bruchflächenverlauf ist ausschlaggebend für die Partikelgrößenverteilung des Zerkleinerungsprodukts. Bei spröden Materialien entstehen neben groben Bruchstücken immer auch feine Partikel. In der schematischen Darstellung im Abb. 4.3, die anhand der Prallzerkleinerung von Glaskugeln entwickelt wurde, treten vier Partikelspezies unterschiedlicher Größe nebeneinander auf. Modellversuche, bei welchen Betonkugeln mit einem Durchmesser von 150 mm mit einer bestimmten Geschwindigkeit gegen eine Prallplatte geschossen wurden, bestätigten diesen Bruchflächenverlauf. Im Histogramm der Partikelanteile (Abb. 4.4) treten vier Maxima auf, die den verschiedenen Partikelspezies von Abb. 4.3 zugeordnet werden können.

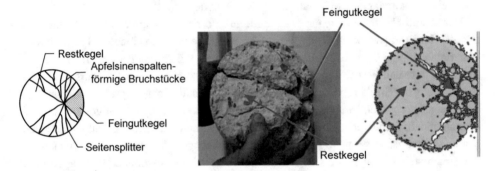

Abb. 4.3 Bruchflächenverlauf bei der Prallbeanspruchung einer Glas- bzw. einer Betonkugel
Links: Schematischer Bruchflächenverlauf einer Glaskugel, nachgezeichnet nach Rumpf [2]
Mitte: Bruchflächen in einer Betonkugel bei einer Beanspruchungsgeschwindigkeit von 15 m/s
Rechts: Simulation der Zerkleinerung der Betonkugel [3]

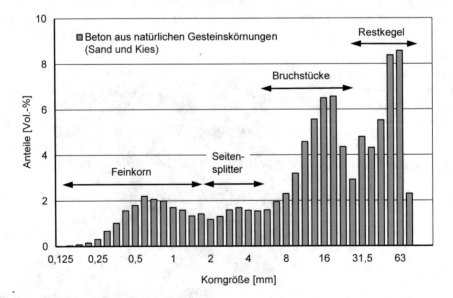

Abb. 4.4 Anteile der durch die Prallzerkleinerung einer 150 mm-Betonkugel erzeugten Partikel unterschiedlicher Größe [4]

Beanspruchungen In technischen Zerkleinerungsaggregaten werden je nach Bauart unterschiedliche Beanspruchungsarten und – intensitäten realisiert. Auswahlkriterien für die jeweils geeignete Beanspruchungsart sind das Verformungsverhalten sowie die Festigkeit und die Härte des zu zerkleinernden Materials. Die angestrebte Produktfeinheit ist ausschlaggebend für die erforderliche Beanspruchungsintensität. Im Fall der Bauabfallaufbereitung dominiert die Grobzerkleinerung in Brechern. Das Ausgangsmaterial enthält verschiedene Materialarten wie Beton, Mörtel, Mauerwerkbaustoffe und Naturstein als Hauptbestandteile sowie Dämmstoffe, Holz, Kunststoffe, Asphalt, Bewehrungsstahl und Nichteisen-Metalle als Nebenbestandteile. Diese weisen unterschiedlichste Zerkleinerungseigenschaften auf. Beispielsweise treten folgende Unterschiede auf

- Verformungsverhalten: Glas → spröde, Metall → duktil, Dichtungsmaterial → gummielastisch
- Druckfestigkeit: Dämmstoffe → 0 MPa, Leichtziegel, Porenbeton → 2 MPa, Beton → 100 MPa
- Zugfestigkeit: Mineralische Baustoffe → 0 MPa, Baustahl → 800 MPa, Spannstahl → 2000 MPa
- Härte: Gleisschotter → hart, Betonbruch, Mauerwerkbruch → mittelhart, Kalkmörtel, Gipsputz → weich.

Die Zusammenstellung in Tab. 4.3 zeigt die Stoffeigenschaften und die jeweils für die Zerkleinerung geeigneten Beanspruchungsarten. Mineralische Bauabfälle wie Beton, Ziegel, mineralisch gebundene Wandbaustoffe und Gesteinskörnungen, die ein näherungsweise elastisches Verformungsverhalten aufweisen, sowie Glas und Keramik, können mittels Druck-, Prall oder Schlagbeanspruchungen zerkleinert werden. Für nichtmineralische Abfälle mit inelastischem Verformungsverhalten kann die Zerkleinerung durch Scher- und Schneidbeanspruchungen erfolgen. Metalle als duktile Materialien müssen ebenfalls durch Schneidbeanspruchungen zerkleinert werden. Da sich die Auswahl der geeigneten Beanspruchungsart und – intensität nach den Hauptbestandteilen richten muss, kann nicht vermieden werden, dass bestimmte Bestandteile die Beanspruchung unzerkleinert oder nur verformt „überstehen", während andere wiederum zu stark zerkleinert werden.

Partikelgrößenverteilungen Durch die Zerkleinerung von Bauabfällen entstehen polydisperse Partikelgemische, in welchen Partikel mit Größen vom Mikrometer- bis in den Dezimeterbereich in unterschiedlichen Anteilen nebeneinander vorliegen. Die Charakterisierung dieser Gemische erfolgt mit Hilfe von Partikelgrößenverteilungen. Die Verteilungen können als Verteilungssumme Q_3 oder als Verteilungsdichte q_3 angegeben werden. Der Index 3 zeigt an, dass es sich um massebezogene Verteilungen handelt. Die Verteilungssumme entspricht der Siebdurchgangslinie, die aus den durch Siebung ermittelten Massenanteilen der einzelnen Kornklassen hervorgeht. Die Verteilungsdichte ist der Differentialquotient der Verteilungssumme. Anstelle der Verteilungsdichte werden häufig die relativen Häufigkeiten der einzelnen Kornklassen in Form von Histogrammen dargestellt (Abb. 4.5).

Tab. 4.3 Überblick über Materialverhalten und Beanspruchungsarten bei der Bauabfallaufbereitung

Stoffeigenschaften	Beanspruchungsart / Material	Druck	Prall	Schlag	Scherung	Schnitt
Spröde	Glas, Keramik	+ +	+ +	+ +	-	-
Duktil	Metalle	-	-	-	+	+ +
Hart	Naturstein, Gesteinskörnungen in Asphalt und Beton	+ +	+ +	+	-	-
Mittelhart	Beton, Ziegel, Kalksandstein	+ +	+ +	+ +	-	-
Weich	Gips, Porenbeton, Holz, Thermoplaste	+	+ +	+	+ +	+ +
Faserig	Holz, Papier, Pappe, Textilien	-	+	+	+	+ +
Wärmeempfindlich	Asphalt	-	+ +	-	-	-
Wärmeempfindlich	Thermoplaste	-	+ +	-	-	+

F: Kraft   + + Gut geeignet

v: Geschwindigkeit   + Bedingt geeignet

                                   - Nicht geeignet

Für die analytische Beschreibung der Siebdurchgangslinien in dem für Brechprodukte relevanten Grobkornbereich eignet sich die Verteilungsfunktion nach Gates, Gaudin und Schuhmann, kurz GGS-Verteilung:

$$Q_3 = 100 * \left(\frac{x}{x_{max}} \right)^m \qquad \text{Gl. 4.1}$$

mit

Q₃: *Verteilungssumme in Masse-%*

Q_3: *Verteilungssumme in Masse-%*

x: Partikelgröße

x_{max}: *Größtkorn des Partikelgemischs*

m: Verteilungsparameter

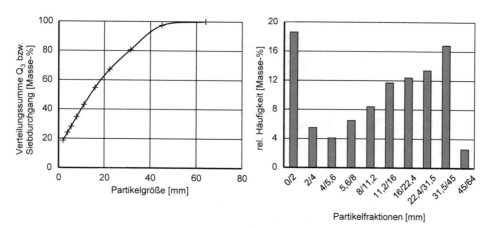

Abb. 4.5 Verteilungssummenkurve bzw. Siebdurchgangslinie (links) und relative Häufigkeiten der Partikelfraktionen (rechts) eines Recycling-Baustoffs 0/45 mm

Korngemische, deren Korngrößenverteilungen der GGS-Verteilung entsprechen, lassen sich mit zwei einfachen Parametern beschreiben. Sie sind umso gröber, je größer das Größtkorn x_{max} ist. Ihr Kornband ist umso schmaler je größer der Verteilungsparameter m ist.

Aus den Siebdurchgangslinien von Aufgabematerial und Produkt kann das Zerkleinerungsverhältnis n als Kennwert für die bei der Zerkleinerung erreichte Korngrößenreduktion ermittelt werden. Es ist der Quotient aus einer charakteristischen Korngröße des Aufgabematerials zu der des Produkts:

$$n = \frac{Aufgabekorngröße}{Produktkorngröße}[-] \qquad\qquad \text{Gl. 4.2}$$

mit

n: Zerkleinerungsverhältnis

Aufgabekorngröße: Mittlere Partikelgröße oder

Partikelgröße bei 80 % Siebdurchgang des Aufgabematerials

Produktkorngröße: Mittlere Partikelgröße oder

Partikelgröße bei 80 % Siebdurchgang des Zerkleinerungsprodukts

Mittlere Partikelgröße als gewichtetes Mittel aus der Partikelgrößenverteilung

Zerkleinerungsarbeit Die für die Zerkleinerung benötigte technische Zerkleinerungsarbeit wird nur zu einem sehr geringen Teil zur Korngrößenreduktion und zur Erzeugung neuer Oberflächen als dem eigentlichen Ziel der Zerkleinerung genutzt. Vielmehr müssen entlang der gesamten Energieflusskette (Abb. 4.6) zum einen die nur indirekt mit der

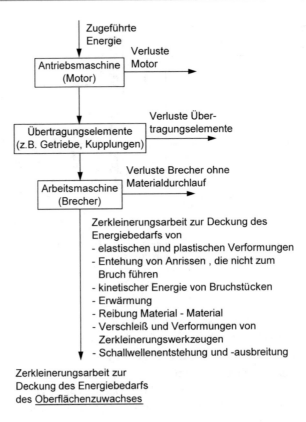

Abb. 4.6 Energieflusskette für die Grobzerkleinerung in einem Brecher

Zerkleinerung in Zusammenhang stehenden Verluste des Motors, des Getriebes und des Brechers ohne Materialdurchlauf aufgebracht werden. Zum anderen müssen die direkt mit der Zerkleinerung in Zusammenhang stehenden Prozesse, die von Verformungen bis zur Schallwellenentstehung und – ausbreitung reichen, gedeckt werden.

Die Nutzarbeit zur Erzeugung neuer Oberflächen ist nur ein Bruchteil der insgesamt aufgebrachten technischen Zerkleinerungsarbeit. Anhand der Ergebnisse von Modellversuchen zur Prallzerkleinerung von Betonkugeln unterschiedlicher Zusammensetzung kann das Verhältnis von eingetragener Energie zu erreichtem Zuwachs der Oberflächenenergie beispielhaft deutlich gemacht werden (Abb. 4.7). Die erreichte Zunahme der Oberflächenenergie beträgt weniger als 0,1 % der aufgewandten kinetischen Energie.

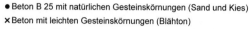

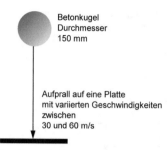

Betonkugel
Durchmesser
150 mm

Aufprall auf eine Platte
mit variierten Geschwindigkeiten
zwischen
30 und 60 m/s

Berechnung der Zunahme der
Oberflächenenergie anhand der
Partikelgrößenverteilungen unter
Annahme einer Oberflächenenergie von
0,3 J/m²

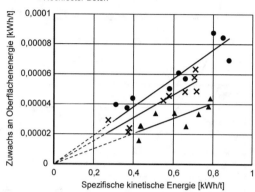

Abb. 4.7 Zuwachs an Oberflächenenergie in Abhängigkeit von der kinetischen Energie bei Prall-versuchen mit Betonkugeln entsprechend dem links dargestellten Schema [4]

Die technische Zerkleinerungsarbeit kann mit Hilfe der empirischen Beziehung von Bond und Wang, die aus der Auswertung zahlreicher Zerkleinerungsversuche in Brechern und Mühlen hervorging, abgeschätzt werden. In Abhängigkeit von den Partikelgrößen des Aufgabematerials und des Produkts gilt für unterschiedliche, nicht näher definierte Materialhärten folgende Beziehung:

$$W = c_{BW} * \left(\frac{\sqrt{x_{A80} / x_{P80}}}{x_{P80}} \right)^{0,5}$$

Gl. 4.3

mit

W: Spezifische Zerkleinerungsarbeit in kWh/t

x_{A80}: *Partikelgröße des Aufgabematerials bei einem Siebdurchgang von 80 % in cm*

x_{P80}: *Partikelgröße des Produkts bei einem Siebdurchgang von 80 % in cm*

c_{BW}: *Materialbeiwert*

Weiches Material $c_{BW} \approx 0,3 \dfrac{kWh * cm^{1/2}}{t}$

Hartes Material $c_{BW} \approx 1,3 \dfrac{kWh * cm^{1/2}}{t}$

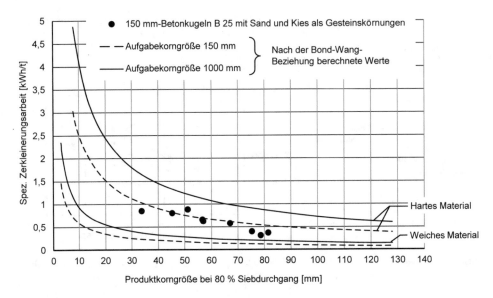

Abb. 4.8 Für die Grobzerkleinerung erforderliche spezifische technische Zerkleinerungsarbeit in Abhängigkeit von der Produktkorngröße bei einem Siebdurchgang von 80 %

Die Gegenüberstellung der berechneten Werte mit den Ergebnissen aus den Prallversuchen zeigt, dass Betone als hartes Material im Sinne der Bond-Wang-Beziehung eingestuft werden können (Abb. 4.8). Anhand der Beziehung lassen sich folgende Fragestellungen abschätzend beantworten:

- Welche Zerkleinerungsarbeit muss pro Tonne Aufgabematerial zum Erreichen einer bestimmten 80 %-Produktpartikelgröße aufgebracht werden?
- Welche Unterschiede in der Produktpartikelgröße entstehen in Abhängigkeit von der Größe des Aufgabematerials?
- Welche Unterschiede ergeben sich, wenn hartes und weiches Material zusammen zerkleinert werden?

Wenn beispielsweise eine spezifische Zerkleinerungsarbeit von 1 kWh/t aufgewandt wird, beträgt die für hartes Material bei einer Aufgabekorngröße von 1000 mm berechnete 80 %-Produktkorngröße 66 mm. Sie geht um etwa die Hälfte auf 35 mm zurück, wenn auf 150 mm vorzerkleinertes Material aufgegeben wird. Bei einer einheitlichen Aufgabekorngröße von 150 mm ergeben sich Produktkorngrößen von 35 mm für hartes und 5 mm für weiches Material. Die Materialhärten scheinen das Zerkleinerungsergebnis stärker zu beeinflussen als die Aufgabekorngrößen. Offen ist allerdings, welchen Kategorien die verschiedenen Bauabfallbestandteile zuzuordnen sind.

4.1.2 Funktionsweise und Parameter von Brechern für die Bauabfallaufbereitung

Bei der Aufbereitung von Bauabfällen nimmt die Zerkleinerung eine Schlüsselstellung ein. Sie hat die Aufgabe, nach der Größe abgestufte Körnungen oder Kornfraktionen zu erzeugen, die als Tragschichtmaterial für den Straßenbau oder als Gesteinskörnung für die Betonherstellung eingesetzt werden können. Weiter dient sie der Trennung von Verbundmaterialien, um anschließend eine Sortierung vornehmen zu können. Zum Einsatz kommen hauptsächlich Backenbrecher und Prallbrecher, in welchen das Material durch Druck oder Prall beansprucht wird. Die Zuführung des Aufgabematerials erfolgt über einen Rollenrost oder ein Plattenband. Der Austrag für das Brechprodukt muss so gestaltet sein, dass sperriges Austragsgut keine Verstopfungen bzw. Beschädigungen des unter dem Brecherauslauf angeordneten Austragsbandes hervorruft. Backenbrecher können problemlos sehr große Aufgabestücken zu einem groben Brechprodukt zerkleinern. Prallbrecher erzeugen ein feineres Brechprodukt. Für eine einstufige Zerkleinerung sind grundsätzlich beide Brechertypen mit bestimmten Einschränkungen geeignet. Bei einer zweistufigen Zerkleinerung werden in der Regel Backenbrecher als Vorbrecher und Prallbrecher als Nachbrecher eingesetzt. Weitere bei der Bauabfallaufbereitung eingesetzte Brechertypen sind der Schlagwalzenbrecher, der Kegelbrecher und der Fräsbrecher.

Backenbrecher können als technische Umsetzung des Nussknackerprinzips angesehen werden. Das Material fällt in die Aufgabeöffnung. Die Zerkleinerung findet zwischen einer festen und einer beweglichen Brechbacke statt. Durch das Schließen des Brechmauls wird ein Formzwang ausgeübt, das Material wird „zerdrückt". Danach rutscht das Material in eine tiefere Position und wird erneut beansprucht. Dieser Vorgang wiederholt sich so oft, bis das Material den Austragsspalt passieren kann. Der erste Backenbrecher wurde von Blake im Jahr 1858 für die Gesteins- und Erzaufbereitung entwickelt. Nach der Art der Kraftübertragung wird zwischen Kniehebel- und Einschwingenbackenbrecher unterschieden. In Bauabfallaufbereitungsanlagen wird bevorzugt der Einschwingenbrecher – auch als Kurbelschwingenbrecher bezeichnet – eingesetzt. Bei dieser Bauform wird die bewegliche Brechbacke im oberen Aufhängungspunkt direkt angetrieben (Abb. 4.9). Dadurch beschreibt sie am Einlauf des Brechers eine Kreisbewegung, in der Nähe des Austragsspalts eine ellipsenförmige Bewegung. Das Förderverhalten im Brechspalt wird dadurch verbessert.

Backenbrecher wurden ursprünglich für die Grobzerkleinerung von hartem, sehr druckfestem Gestein entwickelt. Für die Zerkleinerung von Beton- und Mauerwerkbruch arbeiten sie in Bezug auf die Materialparameter wie Festigkeit und Härte zum Teil deutlich unterhalb ihrer Leistungsgrenze. Besonderes Merkmal von Backenbrechern ist der vergleichsweise geringe Verschleiß, der an den Brechwerkzeugen auftritt. Für die Zerkleinerung von Stahlbeton ist eine Trennung von Bewehrung und Beton vor der Aufgabe in den Brecher vorteilhaft, um Störungen des Materialflusses durch den Brecher zu vermeiden.

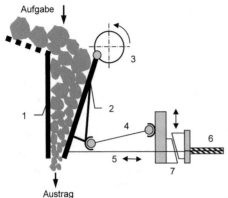

1: Feste Brechbacke
2: Bewegliche Brechbacke, im oberen Aufhängungspunkt
mittels Exzenter (3) direkt angetrieben
4: Druckplatte, gegen die die bewegliche Brechbracke im
unteren Teil abgestützt ist
5, 6: Rückholstange und Feder für die kraftschlüssige
Verbindung der gelenkigen Teile der Druckplatte
7: Spaltregulierung durch Hydraulik oder
höhenverstellbaren Keil

Abb. 4.9 Prinzipskizze eines Einschwingenbackenbrechers

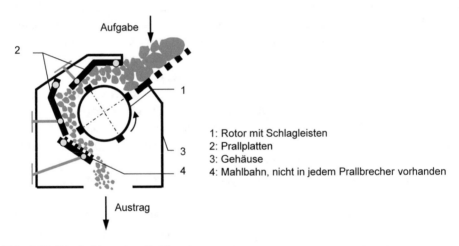

1: Rotor mit Schlagleisten
2: Prallplatten
3: Gehäuse
4: Mahlbahn, nicht in jedem Prallbrecher vorhanden

Abb. 4.10 Prinzipskizze eines Prallbrechers

Prallbrecher bestehen aus dem Gehäuse und dem Rotor. Beide sind mit Prallelementen ausgerüstet (Abb. 4.10). Die Zerkleinerung des Materials erfolgt durch das Auftreffen des Materials auf die am Rotor befestigten Schlagleisten, durch den Aufprall des beschleunigten Materials auf die Prallplatten im Brechergehäuse und durch die Beanspruchung der Partikel untereinander. Die Schlagleisten übertragen beim Kontakt mit dem Material einen Teil ihrer kinetischen Energie auf das Material. Spannungen werden aufgebaut, welche die Zerkleinerung bewirken. Zusätzliche Beanspruchungen werden durch den Aufprall des Materials auf die Prallplatten und den Prall der Bruchstücke untereinander verursacht. Das Material wird so lange beansprucht bis es den Austragsspalt zwischen der unteren Prallplatte und der Schlagleiste des Rotors passieren kann. Prallbrecher können zusätzlich mit einer Mahlbahn ausgestattet sein, an der eine weitere Zerkleinerung stattfindet.

Prallbrecher werden für die Zerkleinerung von Natursteinen mittlerer Festigkeit eingesetzt. Im Recycling von Bauabfällen haben sie breite Anwendung gefunden. Bei Prallbrechern tritt ein vergleichsweise hoher Verschleiß auf. Davon sind besonders die Kanten der
Schlagleisten betroffen. Die Schlagleisten sind deshalb schnell auswechselbar und so ausgebildet, dass alle vier Kanten nacheinander als Verschleißkante eingesetzt werden können.
Die Prallplatten sind schwenkbar aufgehängt, um Beschädigungen durch nicht zerkleinerbare Fremdstoffe zu vermeiden.

Brecher gibt es in den unterschiedlichsten Baugrößen. Die Auswahl der benötigten Bau-
größe erfolgt anhand der Größe des Aufgabematerials und des gewünschten Durchsatzes:

- Aus der Größe des Aufgabematerials, die im Interesse eines störungsfreien Betriebs
  nicht überschritten werden sollte, folgt die erforderliche Maulweite, aus der wiederum
  auf die Größe der Aufgabeöffnung geschlossen werden kann.
- Der gewünschte Durchsatz folgt aus der geplanten Anlagenkapazität. Der technisch
  mögliche Durchsatz ergibt sich aus dem Volumenstrom, der den Brecher bei gegebener
  Größe der Aufgabeöffnung und Kinematik durchlaufen kann.
- Als weitere Einflussgröße ist der Zerkleinerungswiderstand des Materials zu berücksichtigen, wenn eine bestimmte Korngrößenverteilung des Produkts erreicht werden soll.

Für Backenbrecher sind die geometrischen Parameter der Aufgabeöffnung und des Austragsspalts im Abb. 4.11 dargestellt. Nach der angegebenen Näherungsbeziehung darf die
größte Abmessung des Aufgabematerials ca. 80 % der Weite der Aufgabeöffnung nicht
übersteigen. Das gilt ebenfalls für Prallbrecher. Die Maulweite steht in enger Beziehung
zur Querschnittsfläche der Aufgabeöffnung, wobei die Unterschiede zwischen den Brechertypen relativ gering sind (Abb. 4.12). Die Größe der Aufgabeöffnung stellt die Leitgröße für den möglichen Durchsatz dar. Durchsätze um 200 t/h, wie sie in Bauabfallrecy-
clinganlagen typischerweise realisiert werden, sind bei einem Eintrittsquerschnitt von 0,5
bis 1 m² möglich, unabhängig davon, ob der Brecher mobil oder stationär betrieben wird.
Um trotz größerer Abmessungen des Aufgabematerials nicht zu Baugrößen zu kommen,
die deutlich über den Kapazitätserfordernissen liegen, wird das Ausgangsmaterial durch
eine Vorzerkleinerung mit hydraulischen Zangen oder anderen Werkzeugen an den Eintrittsquerschnitt angepasst.

Die maximale Partikelgröße des Produktes hängt beim Backenbrecher von der Spaltweite des Austrags und dem Hub der Brechbacke ab. Ihre Abschätzung aus diesen geometrischen Parametern (Abb. 4.11) gibt aber lediglich eine Orientierung, weil die Eigenschaften des zu zerkleinernden Materials einen zusätzlichen, wichtigen Einfluss auf die
Produktkorngröße ausüben. Das scheinbare Zerkleinerungsverhältnis w/s, das sich aus
der Brechmaulweite und der Spaltweite ergibt, bewegt sich zwischen 4 für Grobbrecher
und 20 für Feinbrecher. Beim Prallbrecher beeinflusst die Rotorumfangsgeschwindigkeit
die erzielte Produktkorngröße. Mit steigender Umfangsgeschwindigkeit nimmt die Produktfeinheit zu und der Sandanteil der erzeugten Körnung steigt. Der Austragsspalt ist
für die Austragskorngröße nicht entscheidend, sollte aber so groß gewählt werden, dass

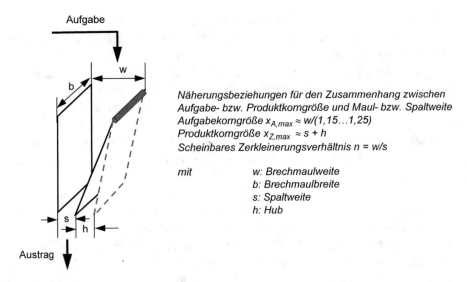

Abb. 4.11 Geometrie von Brechereinlauf und -austritt beim Backenbrecher

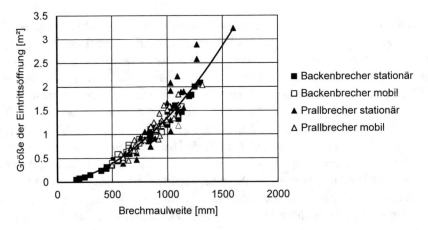

Abb. 4.12 Zusammenhang zwischen Brechmaulweite und Größe der Aufgabeöffnung. (Daten aus [5])

das zerkleinerte Gut ungehindert austreten kann. Eine Gegenüberstellung der wichtigsten Kenngrößen von Backen- und Prallbrechern zeigen Abb. 4.13 und Tab. 4.4.

Der Durchsatz, die erforderliche Antriebsleistung und die Brechermasse steigen mit zunehmender Größe der Aufgabeöffnung an. Bei stationären Brechern sind die als typisch geltenden Unterschiede erkennbar: Der Backenbrecher ist bei gleichem Durchsatz schwerer als der Prallbrecher, erfordert aber eine geringere Antriebsleistung. Mobile Brecher benötigen bei gleichem Durchsatz eine höhere Antriebsleistung als stationäre. Die Brechermasse mobiler Anlagen ist größer, weil zusätzliche Ausrüstungen erforderlich sind.

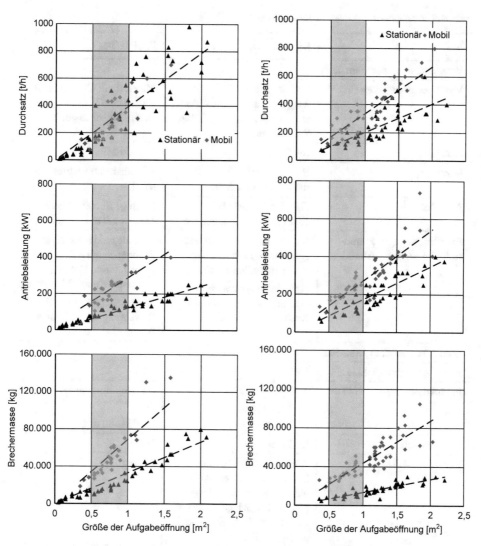

Abb. 4.13 Durchsatz, Antriebsleistung und Brechermasse für Backenbrecher (links) und Prallbrecher (rechts) in Abhängigkeit von der Größe der Aufgabeöffnung. (Daten aus [5])

Weitere, in einigen Anlagen für die Bauabfallzerkleinerung eingesetzte Brecher sind der Schlagwalzenbrecher, der Kegelbrecher und der Fräsbrecher. Der Schlagwalzenbrecher ist ein horizontal arbeitender Brecher ohne Materialumlenkung (Abb. 4.14). Er ist besonders für Aufgabegut wie Bahnschwellen, Lichtmaste und Wandelemente geeignet. Das zu zerkleinernde Gut wird mittels Kratzkettenförderer der Schlagwalze zugeführt und durch Schlag, Druck und Prall zerkleinert. Die Geschwindigkeit des Förderers und die Umlaufgeschwindigkeit der Schlagwalze müssen aufeinander abgestimmt sein. Die Korngröße

Tab. 4.4 Auswahl- und Einsatzkriterien für Brecher [6, 7]

	Backenbrecher	Prallbrecher
Verarbeitbares Aufgabematerial		
Verformungsverhalten	Sprödes Material mit überwiegend elastischem Verhalten wie Gleisschotter, Beton, Wandbaustoffe	Material mit überwiegend elastischem Verhalten wie Beton, Wandbaustoffe
Festigkeit	Bis 500 MPa	Bis 300 MPa
Härte	Hartes bis sehr hartes Material z. B. Gleisschotter	Mittelhartes bis hartes Material
Aufgabekorngröße	Flächige Bauteile bis ca. 1,0 m x 1,0 m Kantenlänge	Flächige Bauteile bis ca. 1,0 m x 1,0 m Kantenlänge
Anfälligkeit gegen Fremdstoffe im Aufgabematerial	Asphalt kann zu Verklebungen führen. Holz und Kunststoffe unproblematisch. Freigelegte oder vorstehende Bewehrungsstähle können Austrag behindern.	Asphalt zerkleinerbar, ausgenommen bei hohen Außentemperaturen. Holz und Kunststoffe unproblematisch. Freigelegte oder vorstehende Bewehrungsstähle können Austrag behindern.
Erreichbare Produktparameter		
Zerkleinerungsverhältnis	10:1	20:1
Produktkorngröße	= f(Spaltweite) ca. 0 bis 150 mm	= f (Rotorumfangsgeschwindigkeit) ca. 0 bis 80 mm
Feingutanteil	Geringer	Höher
Überkornanteil	Kann hoch sein, besonders bei plattenförmigem Aufgabegut wie z. B. Gehwegplatten, Dachziegeln, die unzerkleinert in das Endprodukt gelangen können.	Gering
Kornform des Produkts	Eher plattig bis splittrig	Kubisch
Maschine/Anlage		
Beanspruchungsart	Druck	Prall
Kinematische Parameter	Hubzahl 270 … 400 min^{-1}	Rotorumfangsgeschwindigkeit 20 … 45 m/s
Aufgabehöhe	Rampe erforderlich	Rampe erforderlich
Standzeit der Verschleißteile	Hoch, ca. 300.000 t gebrochenes Material	Geringer, 3000 t als Hauptbrecher, 10.000 t als Nachbrecher

Tab. 4.4 (Fortsetzung)

	Backenbrecher	Prallbrecher
Umweltauswirkungen	Geringe Staub- und Lärm-emission	Lärm- und Staubemission, Bedüsung mit Wasser erforderlich
Einsatzempfehlungen	In zweistufigen Anlagen: als Vorbrecher	In zweistufigen Anlagen: als Nachbrecher
	In einstufigen Anlagen: bei geringen Endproduktanforderungen	In einstufigen Anlagen: bei hohen Anforderungen an das Endprodukt

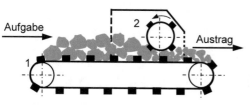 

1: Kratzkettenförderer
2: Schlagwalze

Abb. 4.14 Prinzipskizze (links) und Aufgabeöffnung eines Schlagwalzenbrechers (rechts)

des zerkleinerten Produkts hängt von der Umfangsgeschwindigkeit der Schlagwalze ab. Schlagwalzenbrecher werden meist als Vorbrecher eingesetzt.

Beim Kegelbrecher (Abb. 4.15) findet die Zerkleinerung zwischen dem äußeren Brechmantel und dem Brechkegel statt. Der Brechkegel führt eine schnelle Taumel- und Schlagbewegung aus, die durch die Neigung der Kegelachse und den exentrischen Antrieb erreicht wird. In den Kegelbrecher kann nur vorzerkleinerter Bauabfall aufgegeben werden. Er eignet sich als Sekundärbrecher und erzeugt ein kubisches Brechkorn.

Der Fräsbrecher ist ein Einwellenwalzenbrecher, der speziell für die Zerkleinerung von Asphaltbruch entwickelt wurde. Die Asphaltschollen, die sich im Aufgabetrichter des Brechers befinden, werden mittels eines aktiven Zuführsystems der mit Fräszähnen bestückten Fräswalze zugeführt. Die Zerkleinerung des Materials findet zwischen den Fräszähnen und einem Brechkamm statt. Es entsteht ein vergleichsweise grobes Brechprodukt. Die Kornzertrümmerung der Primärgesteinskörnung im Asphalt ist gering. Mit Fräsbrechern können auch Glas, Faserzementplatten, Ziegel, Porenbeton und Leichtbeton zerkleinert werden. Der Sandgehalt < 4 mm des Brechprodukts bleibt unter 20 Masse - %.

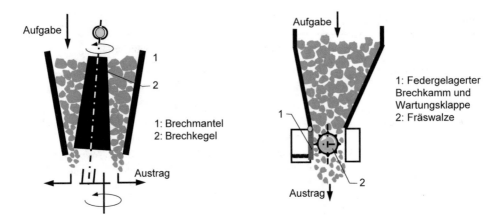

Abb. 4.15 Prinzipskizze eines Kegelbrechers (links) und eines Fräsbrechers. (rechts, in Anlehnung an [8])

4.1.3 Auswirkungen der Zerkleinerung

Im Ergebnis der Zerkleinerung werden folgende Partikeleigenschaften gegenüber dem Ausgangszustand verändert:

- Korngröße und Kornform
- Aufschlussgrad und
- Gefüge der erzeugten Partikel.

Die Korngrößenveränderungen sind bei der Aufbereitung von Bauabfällen am augenscheinlichsten (Abb. 4.16).

Abb. 4.16 Aufgabematerial Betonbruch (links) und daraus hergestellter Recycling-Baustoff 0/45 mm (rechts)

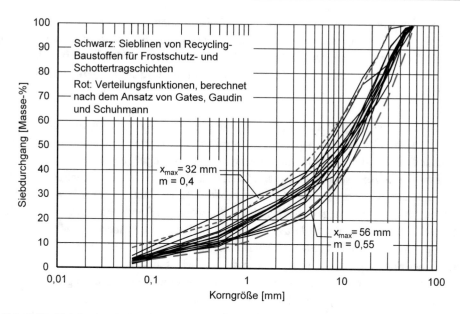

Abb. 4.17 Siebdurchgangslinien von Recycling-Baustoffen und berechnete GGS-Verteilungsfunktionen. (Daten aus Güteüberwachungsprotokollen)

Die Veränderungen des Aufschlussgrades und des Gefüges sind von untergeordneter Bedeutung, solange die Recycling-Baustoffe in erster Linie über die Korngrößenverteilung definiert sind. Bisher wird lediglich bei der Freilegung der Bewehrung während der Aufbereitung von Stahlbeton ein Aufschluss realisiert.

Korngröße und Kornform Siebdurchgangslinien von aus Betonbruch hergestellten Recycling-Baustoffen zeigt Abb. 4.17. Die Körnungen stammen aus verschiedenen Aufbereitungsanlagen und bestehen zum überwiegenden Anteil aus Beton und Naturstein, was die relativ geringe Streubreite erklärt. Die Siebdurchgangslinien bestätigen, dass die GGS-Verteilung (vgl. Gl. 4.1) zur Beschreibung der Partikelgrößenverteilung grober Brechprodukte geeignet ist. Sie lassen sich mit GGS-Parametern mit x_{max} = 56 mm und m = 0,55 im gröberen Bereich sowie x_{max} = 32 mm und m = 0,4 im feineren Bereich umschließen.

Werden die verschiedenen Anlagen und Materialarten in ihrem Einfluss auf die erzeugten Partikelgrößenverteilungen miteinander verglichen, lassen sich folgende Auswirkungen feststellen:

- Brecherart und Brechereinstellungen: Mit dem Backenbrecher werden in der Regel gröbere Körnungen erzeugt als mit dem Prallbrecher. Die Austrittsspaltweite beim Backenbrecher bzw. die Rotorumfangsgeschwindigkeit beim Prallbrecher beeinflussen die Produktfeinheit. Prallleisten mit abgerundeten Kanten können zu einem gröberen Zerkleinerungsprodukt führen als solche ohne Verschleißerscheinungen.

- Materialrohdichte und Materialart: Vereinfachend kann davon ausgegangen werden, dass sich die Korngrößenverteilung mit abnehmender Rohdichte des Materials in den feineren Bereich verschiebt, weil der Zerkleinerungswiderstand des Materials abnimmt. Daraus folgt, dass spezifisch leichtere Baustoffe stärker zerkleinert werden als schwerere.

Der Nachweis des o.g. Materialeinflusses gelingt nur bei Verwendung von Aufgabematerial, das im Wesentlichen aus einer Baustoffart besteht, eine bekannte Aufgabekorngröße aufweist und unter definierten Beanspruchungsbedingungen zerkleinert wird. Wie das Beispiel im Abb. 4.18 zeigt, ist ein Material- und Dichteeinfluss erkennbar, wenn die Zerkleinerung der verschiedenen Mauerwerkbaustoffe im Backenbrecher jeweils separat erfolgt. Das Zerkleinerungsverhältnis nimmt zu, wenn die Rohdichte geringer wird. Die Rohdichte kann wiederum als Leitgröße für den Zerkleinerungswiderstand gelten.

In der Recyclingpraxis lassen sich nur noch Tendenzen nachweisen (Abb. 4.19). Der Anteil der Fraktion < 4 mm nimmt zu, wenn der Gehalt an Ziegeln, deren Rohdichte in der Regel unter der von Beton liegt, im Aufgabematerial steigt. Eine Angabe des Zerkleinerungsverhältnisses stößt hier auf methodische Schwierigkeiten, weil die für dessen Berechnung notwendige Aufgabekorngröße nicht bekannt ist. Sie kann sich im Bereich zwischen der Maschenweite der Vorabsiebung als unterer Korngröße und der Geometrie des Brechereinlaufs als oberer Korngröße bewegen.

Die Kornform hängt von geometrischen Parametern und von Texturparametern des Aufgabematerials sowie vom gewählten Brechertyp ab. Bei plattigem Aufgabematerial wie Gehwegplatten, Dachziegeln, Dachsteinen, Faserzementplatten, Fliesen oder Flachglas ebenso wie bei Hohlkörpern mit geringen Wandstärken wie Sanitärkeramikartikeln oder

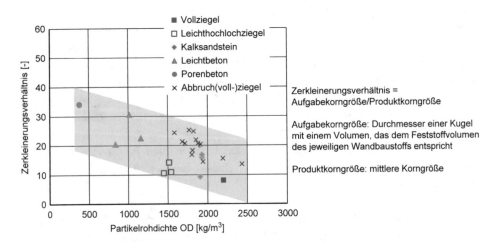

Abb. 4.18 Einfluss der Rohdichte des Aufgabematerials auf das erreichte Zerkleinerungsverhältnis bei der Zerkleinerung im Backenbrecher. (Daten aus [9, 10]) Partikelrohdichte OD: Rohdichte auf ofentrockener Basis nach der Definition im Kap. 7, Abb. 7.20

Abb. 4.19 Einfluss des Gehaltes an Ziegeln im Aufgabematerial auf den Anteil der Fraktion < 4 mm im Brechprodukt. (Daten aus Güteüberwachungsprotokollen)

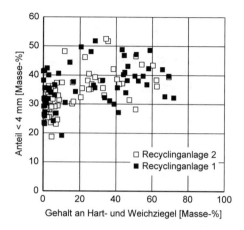

bei Wandbaustoffen mit ausgeprägtem Lochbild wie Hochlochziegeln entstehen kubische Partikel erst unterhalb einer Grenzkorngröße, die sich aus der Platten- oder Wandstärke bzw. der Stärke der Stege zwischen den Hohlkammern ergibt (Abb. 4.20). Beispielsweise können kubische Körnungen aus Dachziegeln mit einer Materialstärke von 20 mm nur dann hergestellt werden, wenn bis auf ein Größtkorn unter etwa 15 mm herunter gebrochen wird. Unterhalb dieser vom Ausgangsmaterial abhängigen Grenzkorngröße liefert der Prallbrecher kubischere Kornformen als der Backenbrecher, bei welchem im ungünstigsten Fall plattiges Ausgangsmaterial unzerkleinert in den Austrag gelangen kann.

Sanitärkeramikartikel haben Wandstärken um 20 mm. Folglich liegen in der Fraktion 16/32 mm hohe Anteile von ungünstig geformten Partikeln mit einem Länge- Breite-Verhältnis > 3 : 1 vor. Bei Biberschwanzdachziegeln liegt die Wandstärke in der gleichen Größenordnung. Auch hier sind die Körner ab der Fraktion 16/32 mm ungünstig geformt (Abb. 4.21).

Texturparameter gehen auf den Herstellungsprozess des Primärprodukts zurück. Weist das Primärprodukt in seinen Eigenschaften eine deutliche Richtungsabhängigkeit auf – ist also nicht isotrop – beeinflusst das die Kornform des Brechprodukts. Als Beispiel sind im Abb. 4.22 die Kornformen der Brechprodukte von Ziegeln, deren Formgebung mittels Strangpressung erfolgte, gegenübergestellt. Bei der Körnung aus dem Backenbrecher spiegelt sich der Textureinfluss in der Kornform wider. Die Partikel sind länglich und splittrig. Die Körnung aus dem Prallbrecher weist diese Merkmale kaum noch auf. Der entstehende Feinkornanteil ist höher.

Aufschluss Unter Aufschluss wird bei der Aufbereitung von Rohstoffen, die aus mehreren Komponenten bestehen, die Trennung des Wertstoffs von den Verwachsungen – der sogenannten Gangart – verstanden. Der Aufschluss ist die Voraussetzung für die nachfolgende Separation des Wertstoffes durch Sortierprozesse. Der Aufschlussgrad ist jener Anteil des Wertstoffes, der unverwachsen, also frei von Anhaftungen eines anderen Minerals vorliegt.

Abb. 4.20 Beispiele für Bauprodukte,
die ungünstige Kornformen verursachen
können. (**a**) Faserzementplatten als Beispiel
für plattiges Aufgabematerial. (**b**) Ziegel
bzw. Leichtbetonsteine mit ausgeprägtem
Lochbild. (**c**) Sanitärkeramikscherben entstanden aus Hohlkörpern mit geringen
Wandstärken [11]

$$Aufschlussgrad = \frac{Frei\,vorliegender\,Wertstoff}{Insgesamt\,enthaltener\,Wertstoff}[-] \qquad \text{Gl. 4.4}$$

In den häufigsten Fällen wird der Aufschluss durch eine Zerkleinerung herbeigeführt. Die
Partikelgröße, die für einen hohen Aufschlussgrad erforderlich ist, hängt von der Partikelgröße des Wertstoffs und den Verwachsungsverhältnissen ab. Generell wird mit einer
Abnahme der Partikelgröße des Zerkleinerungsprodukts ein zunehmender Aufschluss
erreicht wie vereinfacht im Abb. 4.23 dargestellt ist. Bei der groben Zerkleinerung kann
kein Wertstoff ohne Anhaftungen erzeugt werden. Dagegen ergeben sich bei der feineren
Zerkleinerung drei anhaftungsfreie Partikel.

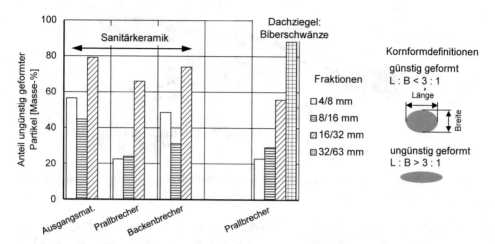

Abb. 4.21 Anteil ungünstig geformter Partikel in den Zerkleinerungsprodukten verschiedener Brechertypen bei dünnwandigem bzw. plattigem Aufgabematerial [11]

Abb. 4.22 Brechprodukte aus Ziegeln gleicher Herkunft, links Backenbrecher, rechts Prallbrecher [12]

Abb. 4.23 Schematische Darstellung zum Aufschluss in Abhängigkeit von der durch ein Raster dargestellten Partikelgröße nach der Zerkleinerung

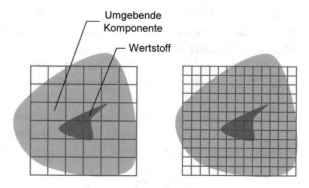

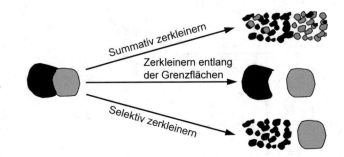

Abb. 4.24 Prinzipielle Möglichkeiten des Aufschlusses von Stoffverbunden. (In Anlehnung an [13])

Zusätzliche Einflüsse ergeben sich aus dem Zerkleinerungsverhalten der verbundenen Komponenten und dem Zerkleinerungswiderstand der Grenzfläche zwischen den Verbundpartnern. Es kann zwischen drei Zuständen unterschieden werden (Abb. 4.24):

- Wenn sich die Verbundpartner in ihrem Zerkleinerungswiderstand nicht unterscheiden und auch die Phasengrenzfläche keine Schwachstelle darstellt, erfolgt die Zerkleinerung summarisch. Im Zerkleinerungsprodukt liegen Verbundpartikel und freigelegte Partikel nebeneinander vor. Stoffspezifische Unterschiede in den Partikelgrößen bestehen nicht.
- Unterscheiden sich die Zerkleinerungswiderstände, kommt zu einer selektiven Zerkleinerung. Die leichter zerkleinerbare Komponente reichert sich in den feinen Fraktionen an.
- Ist die Grenzfläche das „schwächste Kettenglied" des Verbundes, erfolgt die Trennung dort.

In Bezug auf die nachfolgende Sortierung ist die selektive Zerkleinerung oder die Trennung entlang der Phasengrenzfläche vorteilhaft. Die summarische Zerkleinerung ist ungünstiger, weil der Aufschluss die Zerkleinerung auf geringere Partikelgrößen als in den Fällen 2 und 3 erfordert und trotzdem nicht aufgeschlossene Partikel zurückbleiben können. Für die anschließende Sortierung stehen wesentlich weniger Methoden zur Verfügung, die geeignet sind.

Bei der Errichtung von Bauwerken ist es erforderlich, Baustoffe stoffschlüssig miteinander zu verbinden. Das können Mauersteine bei Mauerwerkbauten oder Gesteinskörnungen bei Massivbauten aus Beton sein. Zunehmend werden auch Verbundwerkstoffe eingesetzt. Insbesondere für letztere bestehen keine adäquaten Möglichkeiten der Verwertung nach dem Rückbau, wenn sie nicht in ihre Bestandteile aufgeschlossen werden können. In Abb. 4.25 dargestellt sind phänotypische, stoffschlüssige Verbindungen wie

- Beton als Beispiel für einen Verbundbaustoff mit (näherungsweise) isotropem Gefüge
- Gipsputz bzw. Fliesen als Beispiel für eine Oberflächenbeschichtung
- Mauerwerk als Beispiel für einen Schichtenverbundwerkstoff.

Werkstoff mit isotropem Gefüge

Schichtenverbundwerkstoff Oberflächenbeschichtung Dämmstofffüllung

Stoffschlüssige Verbindungen

Formschlüssige
Verbindung

Abb. 4.25 Beispiele für Verbundbaustoffe im Abbruchmaterial

Daneben treten formschlüssige Verbindungen beispielsweise Ziegel, deren Lochungen mit Dämmstoff gefüllt sind, auf.

Wie bei den natürlichen Rohstoffen wird auch bei den Verbundbaustoffen vom mechanischen Aufschluss durch Zerkleinerung Gebrauch gemacht. Dabei nimmt die für einen bestimmten Aufschlussgrad erforderliche Partikelgröße des Zerkleinerungsprodukts mit zunehmender Größe der Grenzfläche zwischen den Verbundpartnern ab. Bei den natürlichen Rohstoffen muss in der Regel eine Zerkleinerung bis in den Mikrometerbereich erfolgen. Für die Trennung zwischen Wandbaustoffen und dem anhaftenden Mörtel und Putz werden hohe Aufschlussgrade bereits bei Partikelgrößen im Millimeterbereich erzielt (Abb. 4.26), weil die Grenzfläche zwischen den Mauersteinen und den aufgetragenen Schichten gering ist. Bei einem Beton werden bei diesen Partikelgrößen deutlich geringere Aufschlussgrade erreicht, weil die Grenzfläche zwischen den Gesteinskörnungen und dem Zementstein beträchtlich größer ist als die bei den vermörtelten und verputzen

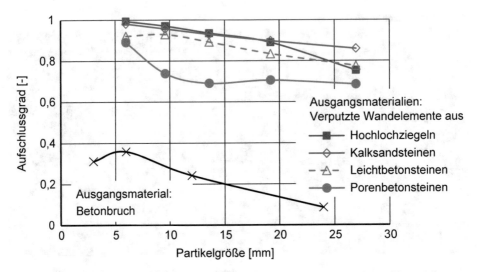

Abb. 4.26 Abhängigkeit des Aufschlussgrades von der Partikelgröße. (Daten aus [9] und eigene Daten)

Tab. 4.5 Verbundpartikel in den Fraktionen eines auf einem Recyclingplatz aufbereitetem Mauerwerkbruchs [14]

Fraktion	Gesamtanteil an Ziegel und Mörtel	Ungetrennte Ziegel und Mörtel, bezogen auf Gesamtanteil
[mm]	[Masse-%]	[Masse-%]
8/16	38,8	4,9
16/32	46,0	3,9
32/45	46,6	11,5

Wandbaustoffen. Eine Sortieranalyse von Rezyklaten aus Mauerwerkbruch bestätigt den hohen Aufschlussgrad für Ziegel und die Abhängigkeit des Aufschlussgrades von der Partikelgröße (Tab. 4.5).

Gefüge Als weiteres Merkmal kann das Gefüge durch die Zerkleinerung verändert werden. Von natürlichen Gesteinskörnungen, die durch Brechprozesse hergestellt wurden, ist die Bildung von Anrissen bekannt, die auf eingeleitete, aber nicht abgeschlossene Bruchereignisse zurückzuführen sind und die von der Art und der Intensität der Beanspruchung abhängen. Solche Gefügestörungen können durch eine zweistufige Zerkleinerung aufgehoben werden, indem die Anrisse, die während des ersten Brechvorgangs entstehen, in einem zweiten Zerkleinerungsvorgang bis zum tatsächlichen Bruch fortgeführt werden. Bei Rezyklaten aus Betonbruch wird als zusätzlicher Effekt einer zweistufigen Zerkleinerung eine Verringerung des Zementsteingehaltes der groben Fraktionen erreicht.

Beide Vorgänge bewirken Qualitätsverbesserungen wie eine Zunahme der Rohdichte und der Kornfestigkeit sowie eine Verringerung der Wasseraufnahme. Eine Differenzierung, welcher der beiden Effekte – der Abbau der Gefügestörungen oder der Verringerung des Zementsteingehaltes – stärker zu den Qualitätsverbesserungen beigetragen hat, ist nicht möglich. Zu beachten ist auch, dass die erreichten Qualitätsverbesserungen einen höheren Anteil an feinen Gesteinskörnungen nach sich ziehen.

4.2   Siebklassierung

4.2.1 Grundbegriffe

Siebklassierung Bei der Siebklassierung werden polydisperse Partikelgemische nach geometrischen Abmessungen in Fraktionen getrennt. Die Trennung erfolgt mittels eines Siebbodens, in welchem sich geometrisch gleiche Öffnungen befinden. Die lichten Abmessungen der Sieböffnungen geben näherungsweise die Trennkorngröße vor. Der Aufgabestoffstrom wird in Siebdurchgang/Feingut und Siebrückstand/Grobgut getrennt.

Bewertung von Siebvorgängen Die Bewertung von Siebungen erfolgt auf der Basis von Massenbilanzen und daraus abgeleiteten Parametern wie Massenausbringen, Trennkorngröße und Trennschärfe. Die Massenbilanzen gelten sowohl für den Gesamtstoffstrom als auch für die Fraktionen, aus welchen diese Stoffströme bestehen (Abb. 4.27).

Für technische Siebungen gilt, dass keine ideale Trennung ohne Überschneidung der Sieblinien von Grob- und Feingut erreicht werden kann. Vielmehr ergibt sich ein Überlappungsbereich, welcher die Fehlkornanteile in den beiden Produkten widerspiegelt (Abb. 4.28).

Als Maß für den Trennerfolg kann der Siebgütegrad verwendet werden. Er gibt das Verhältnis der Feinkornanteile im Siebdurchgang/Feingut zu den Feinkornanteilen im Aufgabegut an:

$$Siebgütegrad = \frac{Feinkonanteil\ im\ Siebdurchgang}{Feinkornanteil\ im\ Aufgabematerial}[-] \qquad \text{Gl. 4.5}$$

Der Siebgütegrad bewegt sich zwischen 0,7 und 0,95 und hängt davon ab, ob das Feingut ausreichend Gelegenheit hat, sich unmittelbar über den Sieböffnungen einzuordnen und anschließend die Trennfläche zu passieren. Bei technischen Siebprozessen muss während des Materialtransports über den Siebboden, welcher durch die Neigung des Siebbodens und/oder durch seine Bewegung erreicht wird, ein ständiger Vergleich zwischen den Abmessungen der Partikel und den Abmessungen der Siebmaschen stattfinden können. Um die Fehlkornanteile gering zu halten, sind eine gleichmäßige Materialaufgabe und eine ausreichende Verweilzeit erforderlich. Beides muss der zur Verfügung stehenden

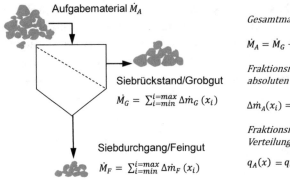

Gesamtmassenbilanz

$$\dot{M}_A = \dot{M}_G + \dot{M}_F$$

Fraktionsmassenbilanz anhand der absoluten Massen der Fraktionen

$$\Delta \dot{m}_A(x_i) = \Delta \dot{m}_G(x_i) + \Delta \dot{m}_F(x_i)$$

Fraktionsmassenbilanz anhand der Verteilungsdichten q(x)

$$q_A(x) = q_G(x) * \frac{\dot{M}_G}{\dot{M}_A} + q_F(x) * \frac{\dot{M}_F}{\dot{M}_A}$$

Abb. 4.27 Massenbilanzen der Materialtrennung durch Siebung

Abb. 4.28 Verteilungsdichtekurven von Aufgabegut, Grobgut und Feingut einer technischen Siebung und Fehlkornbereich

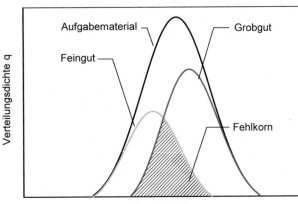

Siebfläche und den Merkmalen des Siebgutes angepasst sein. Außerdem kann die umgekehrte Proportionalität zwischen Durchsatz und Trennschärfe genutzt werden, um das Siebergebnis an die technologischen Erfordernisse anzupassen. Wenn eine hohe Trennschärfe erreicht werden muss, kann es erforderlich sein, den Durchsatz zu reduzieren. Ist dagegen ein hoher Durchsatz erforderlich, kann das zu Lasten der Trennschärfe gehen.

Siebguteigenschaften Die Feinheit des zu trennenden Siebgutes ist ausschlaggebend für die Auswahl der Siebmaschine und die erreichte Trenngüte. Andere Faktoren wie die Grenzkorngehalte, d. h. die Fraktionsanteile im Bereich der Siebmaschenweite, die Kornform, die Oberflächenfeuchte und die Schüttdichte beeinflussen die Effektivität der Siebung zusätzlich. Ein Material mit hohen Fraktionsanteilen im Bereich der Siebmaschenweite, mit ungünstig geformten, plattigen oder stängligen Körnern, mit einer hohen Oberflächenfeuchte und einer geringen Schüttdichte muss als siebschwierig eingestuft werden.

4.2.2 Bauarten von Siebmaschinen

In Recyclinganlagen für Bauabfälle dient die Siebung

- Dem Abtrennen von Grobanteilen zum Schutz der nachgeschalteten Brecher vor Überlastung und Beschädigung
- Dem Abtrennen von Feinanteilen zur Entlastung der Zerkleinerungsanlagen, zum Schutz vor Verschleiß und zum Vermeiden von Verstopfungen
- Der Begrenzung der oberen Korngröße oder der Erzeugung bestimmter Kornfraktionen für die nachfolgende Verwendung, z. B. als Tragschichtmaterial 0/32 mm oder als rezyklierte Gesteinskörnung 8/16 mm
- Der Vorbereitung der Sortierung, wenn diese nur bei einem engen Kornband möglich ist
- Ggf. der Sortierung selbst, wenn in bestimmten Kornfraktion bestimmte Stoffe angereichert sind.

In Abhängigkeit von der Aufgabe kommen unterschiedliche Bauformen von Siebmaschinen zum Einsatz. Sie sind entweder vor oder nach der Zerkleinerung in den technologischen Ablauf der Bauabfallaufbereitung eingeordnet (siehe Abb. 4.1). Von den in der Übersicht (Abb. 4.29) angegeben Bauformen werden die Roste für die Vorabsiebung vor dem Eintritt des Materials in den Brecher eingesetzt. Schwingsiebe und zum Teil auch Trommelsiebe sind nach der Zerkleinerung in den Verfahrensablauf eingeordnet, um bestimmte Produkte zu erzeugen bzw. eine nachfolgende Sortierung vorzubereiten. Nasssiebungen spielen bei der Aufbereitung von Bauabfall in stationären Anlagen vereinzelt eine Rolle.

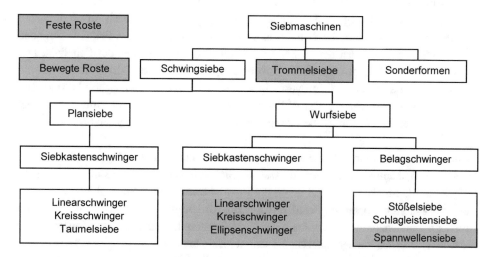

Abb. 4.29 Überblick zu Bauformen von Siebmaschinen, in der Bauabfallaufbereitung eingesetzte Maschinen grün hervorgehoben

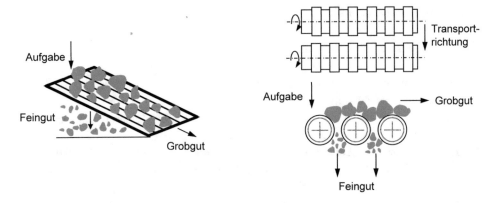

Abb. 4.30 Prinzipskizzen eines festen Rostes und eines Rollenrostes

Roste Bei Rosten wird die Trennfläche durch parallele Profilstäbe oder Walzen gebildet (Abb. 4.30). In Abhängigkeit davon, wie der Transport des Siebgutes erfolgt, können verschiedene Bauformen unterschieden werden:

- Feste Roste: Der Guttransport erfolgt unter Wirkung der Schwerkraft. Die notwendige Neigung der Stangen liegt zwischen 35° bis 50°. Der Abstand der Roststäbe ist i.d.R. größer als 50 mm.
- Bewegte Roste: Dazu zählen Stangen- und Schwingroste. Die Stangenroste bestehen aus zwei ineinander greifende Roste mit geringer Neigung, die langsame Bewegungen ausführen und so den Materialtransport bewirken. Bei den Schwingrosten werden die den Siebboden bildenden Stangen mit einem Exzenter in Schwingungen versetzt.
- Rollenroste: Der Guttransport erfolgt durch die Elemente des Siebbodens, der aus rotierenden Wellen mit aufgesteckten Scheiben besteht. Diese sind je nach Anwendungsfall unterschiedlich ausgebildet. Die Öffnungen für den Durchgang des Feingutes ergeben sich aus den Abständen der Wellen und den seitlichen Abständen der Scheiben. Der Wellenabstand beträgt etwa 50 bis 150 mm. Spezielle Bauarten der Rollenroste sind Sternsiebe, bei welchen die aufgesteckten Scheiben sternförmig ausgebildet sind, und Diskscheider, bei welchen die Wellen mit den Scheiben kaskadenförmig angeordnet sind. Letztere werden in Aufbereitungsanlagen für Bauabfälle eingesetzt (Abb. 4.31).

Roste finden Anwendung für die Trennung im Grob- und Mittelkornbereich. Sie können feuchtes Aufgabematerial, das ein Zusetzen des Siebbodens verursachen kann, verarbeiten. Eingeklemmte Stücke lösen sich durch die Relativbewegung der Siebstäbe bzw. Rollen. Bei der Bauabfallaufbereitung werden Roste zur Förderung des Aufgabematerials in den Brecher bei gleichzeitiger Abtrennung des Vorsiebmaterials eingesetzt. Die Korngröße für die Abtrennung des Vorsiebmaterials ist sehr verschieden (siehe Kap. 5, Tab. 5.4).

Abb. 4.31 Diskscheider
in einer stationären
Recyclinganlage

Trommelsiebe Bei Trommelsieben wird die Trennfläche durch ein leicht geneigtes, rotierendes, zylindrisches Sieb gebildet. Die Materialaufgabe erfolgt am höheren Ende. Der Transport durch die Trommel ist mit einer ständigen Materialumwälzung verbunden, wodurch das Siebgut fortlaufend aufgelockert und vermischt wird. Das Feinkorn tritt durch die Öffnungen des Trommelmantels aus. Das Grobkorn verlässt die Trommel axial am unteren Ende (Abb. 4.32).

Trommelsiebe finden Anwendung für die Trennung im Mittelkornbereich von 10 bis 80 mm. Sie zeichnen sich durch eine einfache Konstruktion und einen erschütterungsfreien Lauf aus. Ihr Vorteil, dass eine Abdeckung der Sieböffnungen durch flächige Bestandteile wie Folien durch die ständige Umwälzung und Vermischung des Siebgutes vermieden wird, macht sie für die Siebung von Leichtverpackungen oder Baustellenabfällen besonders geeignet. Ihr Nachteil, dass eine Selbstreinigung des Siebbelages nur in begrenztem Umfang stattfindet, ist bei diesen Siebgütern weniger relevant. Außerdem kann der Erblindungsneigung durch die Ausstattung der Trommelsiebe mit Reinigungsbürsten entgegengewirkt werden. Dadurch sind sie auch für die Klassierung von mineralischen Bauabfällen tauglich.

Abb. 4.32 Prinzipskizze eines Trommelsiebes

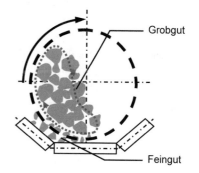

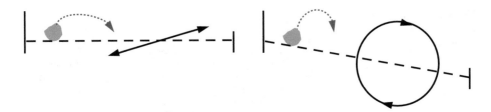

Abb. 4.33 Schematische Darstellung der Siebboden- und Siebgutbewegung bei Linear- und Kreisschwingern. (In Anlehnung an [15])

Schwingsiebe Bei den Schwingsieben kann zwischen Plansieben, welche in der Ebene des Siebbelags schwingen, und Wurfsieben, welche senkrecht dazu schwingen, unterschieden werden. Bei Plansieben wird das Siebgut parallel zur Trennfläche hin und her bewegt, ohne dass es dabei abhebt. Die Partikel bewegen sich über die Siebfläche. Das Feingut passiert die Sieböffnungen. Plansiebe finden für die Siebung von mineralischen Bauabfällen keine Anwendung, werden aber beispielsweise in der Altholzaufbereitung eingesetzt.

Für die Klassierung von zerkleinertem Bauschutt werden Wurfsiebmaschinen bevorzugt. Bei den indirekt erregten Siebmaschinen wird der Siebkasten, auf welchem der Siebbelag fixiert ist, mittels Exzenterantrieben, Unwuchtmotoren oder Magnetvibratoren in lineare, kreisförmige oder ellipsenförmige Schwingungen versetzt (Abb. 4.33). Die Partikel des Siebgutes bewegen sich in Mikrowürfen der Neigung des Siebbodens folgend vom Ort der Materialaufgabe zum Austrag. Infolge der auf das Siebgut wirkenden Beschleunigungskräfte, die ein Vielfaches der Erdbeschleunigung betragen, kommt es

- Zur Auflockerung des Materialbetts
- Zur Schichtung und Anreicherung der feinen Partikel über dem Siebboden
- Zum Durchgang der feinen Partikel durch den Siebboden.

Bei den Belagschwingern wird der Siebbelag selbst beispielsweise durch Schlagleisten oder einen Stößel in Schwingungen versetzt (Abb. 4.34). Eine andere Möglichkeit, die bei Spannwellensieben realisiert wird, besteht darin, den Siebbelag mittels Querträgern abwechselnd glatt zu ziehen bzw. durchzubiegen. Die eingeleiteten Beschleunigungen bewirken die Materialauflockerung, den Transport des Siebgutes und den Durchgang der feinen Partikel durch die Trennfläche. Durch Sekundärschwingungen des Siebbelags bzw. den ständigen Wechsel zwischen Straffung und Durchbiegung des Siebbelags wird ein „Trampolin-Effekt" erreicht. Dieser verbessert die Siebwirkung und bewirkt eine Selbstreinigung des Siebbelages.

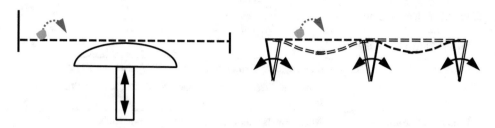

Abb. 4.34 Schematische Darstellung der Siebboden- und Siebgutbewegung bei Stößelsieben und Spannwellensieben. (In Anlehnung an [15])

4.2.3 Auswahl der geeigneten Siebmaschine

Bei der Aufbereitung von Bauabfällen werden Roste, Trommelsiebe und Wurfsiebe eingesetzt. Die Aufgabekorngrößen des Siebguts sind von der Einordnung der Siebung in den Verfahrensablauf abhängig und liegen im Dezimeterbereich für das Aufgabematerial in den Brecher und im Millimeterbereich nach der Zerkleinerung. Es werden Siebschnitte im Bereich von etwa 2 mm bis 80 mm realisiert. Innerhalb dieses Bereichs richtet sich die Auswahl der geeigneten Siebmaschine nach

- Den Eigenschaften des Siebgutes wie obere Aufgabekorngröße, Korngrößenverteilung, Grenzkornanteil, Kornform, Oberflächenfeuchte, Schüttdichte
- Den Produktparametern wie geforderte Partikelgröße oder tolerierbarer Fehlkornanteil
- Den technologischen Anforderungen wie Durchsatz, Anzahl der Fraktionen, Einbindung in den Prozessablauf, Art der Beschickung, benötigter Flächenbedarf und Bauhöhe sowie Aufstellungsort.

Die Auswahl des jeweils geeigneten Siebmaschinentyps richtet sich nach den Materialparametern des Aufgabematerials und den Zielen der Siebung (Tab. 4.6). Für Wurfsiebmaschinen kann der erreichbare Durchsatz anhand des spezifischen Siebgutstroms abgeschätzt werden, welcher den Durchsatz pro verfügbare Siebfläche in m³ Siebgut pro m² Siebfläche und Stunde angibt. Der spezifische Siebgutstrom hängt von der Bauart der Siebmaschine, insbesondere von der Intensität der Materialbewegung auf dem Sieb, von der Siebmaschenweite sowie von den Siebguteigenschaften ab. Für die Siebung von Rundkorn wird folgende Beziehung angegeben [16]:

Tab. 4.6 Kriterien für die Auswahl von Siebmaschinen

Eigenschaften des Siebgutes	
Obere Aufgabekorngröße	→ Bauschutt/Straßenaufbruch im Ausgangszustand: Roste
	→ Bauschutt/Straßenaufbruch nach der Zerkleinerung: Wurfsieb-maschinen
Hoher Grenzkornanteil	→ Wurfsiebmaschinen geeigneter als Trommelsiebe
Oberflächenfeuchte	→ Hoch: Belagschwinger, insbesondere Spannwellensiebmaschi-nen, Erblindungsgefahr bei Trommelsieben
Kornform	→ Kubische Partikel: alle Typen
	→ Plattige, flächige Partikel: Trommelsiebe
Schüttdichte	→ Im Bereich mineralischer Bestandteile von 0,6 bis 1,6 kg/dm³: alle Typen einsetzbar
	→ Im Bereich von Leichtstoffen: Trommelsiebe
Eigenschaften des erzeugten Produktes	
Partikelgröße	
< 4 mm	Wurfsiebmaschinen
3–10 mm	Wurfsiebmaschinen, Trommelsiebe, Vibrationsroste
30–80 mm	Wurfsiebmaschinen, Trommelsiebe, Vibrations-, Stufenspalt- und Rüttelroste
> 80 mm	Trommelsiebe, Roste
Angestrebte Trenngüte	→ Hoch: Wurfsiebmaschinen, Roste
	→ Umgekehrt proportional zum Durchsatz

$$\dot{V}_{spez} = 4 * w^{0,57}$$
$$\dot{M}_{spez} = 4 * \rho_{Schütt} * w^{0,57}$$

Gl. 4.6

mit

$\dot{V}_{spez}$: *Spezifischer Siebgutstrom in m³ Siebgut/(m²Siebfläche * h)*

$\dot{M}_{Spez}$: *Spezifischer Siebgutstrom in t Siebgut/(m²Siebfläche * h)*

$\rho_{Schütt}$: *Schüttdichte des Siebgutes in t/m³*

w: *Siebmaschenweite in mm*

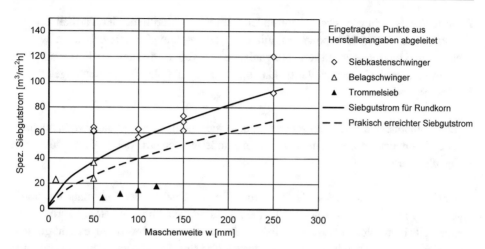

Abb. 4.35 Abhängigkeit des spezifischen Siebgutstroms von der Siebmaschenweite, berechnete Abhängigkeiten nach Gl. 4.6

Die nach dieser Beziehung berechneten spezifischen Durchsätze sind zusammen mit in der Praxis erreichbaren Durchsätzen im Abb. 4.35 dargestellt. Daraus ergibt sich:

- Der spezifische Durchsatz nimmt mit zunehmender Siebmaschenweite zu.
- Die nach der o.g. Beziehung berechneten Werte liegen über den in der Praxis erreichten Durchsätzen und können deshalb nur eine Orientierung geben. Die Abhängigkeit zwischen der Trennschärfe und dem Durchsatz wird nicht berücksichtigt.
- Für Belagschwinger, die geringere Siebmaschenweiten als indirekt erregte Siebmaschinen aufweisen, sind geringere Durchsätze typisch.

Der spezifische Siebgutstrom, der mit Trommelsieben realisiert werden kann, liegt deutlich unter den Werten für Wurfsiebmaschinen. Dieser vergleichsweise geringe Wert ergibt sich daraus, dass bei Trommelsieben immer nur etwa ein Drittel der Siebfläche tatsächlich als Trennfläche genutzt werden kann.

4.3 Sortierung

4.3.1 Grundbegriffe

Sortierung Unter Sortierung wird die Trennung eines Materialgemisches nach Stoffarten unter Nutzung typischer Stoffmerkmale verstanden. Der Schüttgutstrom, der aus mehreren Komponenten besteht, wird in das Sortieraggregat aufgegeben und durch die Schwerkraft, durch Strömungskräfte oder durch Konstruktionselemente der Maschine zum Austrag gefördert. Während des Durchlaufs durch die Maschine muss eine ausreichende

Zerteilung des Schüttgutstroms stattfinden, damit die Merkmale der Partikel erkannt werden können. Die Komponenten mit den gewünschten Sortiermerkmalen werden separiert und ausgetragen. In Recyclinganlagen dient die Sortierung der Entfernung von Störstoffen oder der Trennung der Bestandteile von Bauabfällen. Voraussetzungen für die Sortierung sind:

- Die Komponenten sind aufgeschlossen, d. h., sie sind nicht miteinander verbunden.
- Die Komponenten unterscheiden sich in mindestens einem Merkmal, das technisch handhabbar ist.

Die Sortierung hat entscheidende Bedeutung für die Qualität der Recycling-Baustoffe. Auch bei einem selektiven Rückbau bleiben Störstoffe im Abbruchmaterial zurück, entweder weil sie in solchen Größen vorliegen, die für die Abbruchwerkzeuge nicht greifbar sind, oder weil sie Bestandteil von Verbundbaustoffen sind. Der Aufwand für die Sortierung wird durch die Art des Abbruchmaterials und die angestrebte Produktqualität bestimmt.

Sortiermerkmale Materialeigenschaften, in welchen sich die Bestandteile eines Bauabfallgemisches unterscheiden und die in einem technischen Sortierprozess „erkannt" werden können, werden als Sortiermerkmale bezeichnet. Bei der Massenstromsortierung werden Partikelkollektive anhand von gemeinsamen physikalischen Merkmalen getrennt. Die Einzelkornsortierung beruht auf der Erfassung physikalischer oder chemischer Merkmale jedes einzelnen Partikels. Anhand dieser Merkmale erfolgt die Trennung des Partikelstroms.

Das wichtigste Merkmal für die Trennung der nichtmetallischen Bestandteile von Bauabfällen ist die Rohdichte. Sie bewegt sich zwischen 30 kg/m³ für Dämmstoffe bis 3000 kg/m³ für bestimmte natürliche Gesteine (Tab. 4.7), wenn von einem trockenen Zustand der Partikel ausgegangen wird. Dieser Zustand wird allerdings nur bei den trockenen Sortierverfahren wirksam. Bei den nassen Verfahren ist die Dichte im teilweise bis vollständig wassergesättigten Zustand der Partikel ausschlaggebend. Als weitere Sortiermerkmale kommen die Kornform und die Korngröße in Frage. Bei mineralischen Bestandteilen mit stark unterschiedlichen Zerkleinerungswiderständen oder Verformungsverhalten kann die Zerkleinerung dazu führen, dass sich das leichter zerkleinerbare Material bzw. das sprödere Material im Feingut anreichert und durch eine Siebung abgetrennt werden kann. Die metallischen Bestandteile können anhand der magnetischen Eigenschaften bzw. der elektrischen Leitfähigkeit sortiert werden.

Unterscheiden sich die Komponenten in mehreren, für die Sortierung geeigneten Merkmalen, richtet sich die Auswahl des genutzten Merkmals zusätzlich nach der Zielstellung der Sortierung. Abb. 4.36 zeigt beispielhaft ein Gemisch aus Ziegel, Beton und Naturstein. Die Komponenten unterscheiden sich in der Dichte, der Kornform und der Farbe, wobei Überlappungen auftreten. Alle drei Eigenschaften kommen als Sortiermerkmale

Tab. 4.7 Zusammenstellung von Sortiermerkmalen für Bestandteile von Bauabfällen

	Partikelrohdichte OD [kg/m³]	Kornform	Farbe
Natürliche Gesteinskörnung	> 2500	kubisch	variabel
Beton	2100–2500	kubisch	grau
Asphalt	2500	kubisch	schwarz
Klinker, nicht porosierte Ziegel, porosierte Ziegel	1500–2400	variabel: von kubisch bis plattig	rot, orange
Kalksandstein	1600–2400	kubisch	weiss bis grau
Porenbeton	500–900	kubisch	weiss bis grau
Gefügedichter und haufwerksporiger Leichtbeton	600–1900	kubisch	grau
Mörtel, Putz	< 1500–2000	k.A.	variabel
Bims	500–2050		
Mineralische Dämmstoffe	< 150	plattig, faserig	variabel
Extrudiertes Polystyrol	30	plattig	weiss, grau
Glas	≥ 2500	plattig	transparent
Gipsbaustoffe	600–2000	kubisch	weiß bis grau
Kunststoffe	900–1400	plattig, splittrig, flächig	variabel
Holz	400–600		grau bis braun
Pflanzenreste	k.A.	k.A.	variabel
Papier/Pappe	500–1200	flächig	
Boden/Abschlämmbares	2500	k.A.	variabel

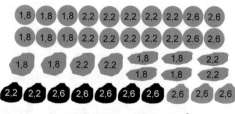

Partikelrohdichten OD in g/cm³

Gemisch aus
20 Betonpartikeln
+ 10 Ziegelpartikeln
+ 10 Natursteinpartikeln

Vereinfachte Zusammensetzung (Anzahl-% ≈ Masse-%): 50 % Beton + 25 % Ziegel + 25 % Naturstein

Abb. 4.36 Schematische Darstellung eines Gemischs aus Beton, Ziegel und Naturstein mit den Sortiermerkmalen Partikelrohdichte, Kornform und Farbe

Tab. 4.8 Ergebnisse der Sortierung des Gemisches aus Abb. 4.36 nach unterschiedlichen Merkmalen

Sortiermerkmal Partikelrohdichte	
Produkte bei einer Trenndichte von 2000 kg/m³	
Leichtgut < 2000 kg/m³	6 × Beton + 6 × Ziegel + 0 × Naturstein
	50 % Beton + 50 % Ziegel
Schwergut > 2000 kg/m³	14 × Beton + 4 × Ziegel + 10 × Naturstein
	50 % Beton + 14 % Ziegel + 36 % Naturstein
Sortiermerkmal Kornform	
Kubische Partikel	20 × Beton + 4 × Ziegel + 10 × Naturstein
	59 % Beton + 12 % Ziegel + 29 % Naturstein
Plattige Partikel	6 × Ziegel
	100 % Ziegel
Sortiermerkmal Farbe	
Orange Partikel	10 × Ziegel
	100 % Ziegel
Graue + schwarze Partikel	20 × Beton + 10 × Naturstein
	67 % Beton + 33 % Naturstein

in Frage (Tab. 4.8). Wenn das Gemisch zu einer rezyklierten Gesteinskörnung Typ 1 für die Betonherstellung aufbereitet werden soll, ist die Dichtesortierung nicht geeignet. Der Ziegelgehalt im Schwergut übersteigt den zulässigen Gehalt von 10 Masse-% (siehe Kap. 7, Tab. 7.5). Gleiches gilt für die Sortierung nach der Kornform. Die günstigste Variante ist die Farbsortierung. Neben einer nur aus Beton und Natursteinpartikeln bestehenden Fraktion, die sich für die Betonherstellung eignet, wird eine sortenreine Ziegelfraktion erzeugt. Da für diese ebenfalls Verwertungsmöglichkeiten bestehen, bleibt kein Sortierrest zurück.

Sinkgeschwindigkeit von Partikeln in Luft oder Wasser Auf Partikel, die sich in einem Fluid befinden, wirken die Schwerkraft F_G, die Auftriebskraft F_A und die Widerstandkraft F_W. In einem ruhenden Fluid stehen sich die Auftriebskraft und die Schwerkraft gegenüber. Wenn die Dichte der Partikel geringer als die des Fluids ist, schwimmen die Partikel auf. Ist die Partikeldichte größer, sinken die Partikel ab. Dieser Sachverhalt wird bei der Schwimm-Sink-Sortierung genutzt. Die Geschwindigkeit, mit der sich die Partikel absetzen, wird zusätzlich von der Widerstandskraft beeinflusst (Abb. 4.37). Die stationäre Sinkgeschwindigkeit stellt sich ein, wenn das Kräftegleichgewicht

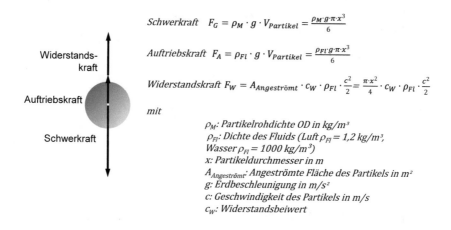

$$\text{Schwerkraft} \quad F_G = \rho_M \cdot g \cdot V_{Partikel} = \frac{\rho_M \cdot g \cdot \pi \cdot x^3}{6}$$

$$\text{Auftriebskraft} \quad F_A = \rho_{Fl} \cdot g \cdot V_{Partikel} = \frac{\rho_{Fl} \cdot g \cdot \pi \cdot x^3}{6}$$

$$\text{Widerstandskraft} \quad F_W = A_{Angeströmt} \cdot c_W \cdot \rho_{Fl} \cdot \frac{c^2}{2} = \frac{\pi \cdot x^2}{4} \cdot c_W \cdot \rho_{Fl} \cdot \frac{c^2}{2}$$

mit

ρ_M: Partikelrohdichte OD in kg/m³
ρ_{Fl}: Dichte des Fluids (Luft ρ_{Fl} = 1,2 kg/m³,
Wasser ρ_{Fl} = 1000 kg/m³)
x: Partikeldurchmesser in m
$A_{Angeströmt}$: Angeströmte Fläche des Partikels in m²
g: Erdbeschleunigung in m/s²
c: Geschwindigkeit des Partikels in m/s
c_W: Widerstandsbeiwert

Abb. 4.37 Kräfte an einer Kugel in einem Fluid

$F_A + F_W = F_G$ erfüllt ist. Befinden sich die Partikel in einer aufwärts gerichteten Strömung, werden sie von dieser mitgenommen, wenn die stationäre Sinkgeschwindigkeit kleiner als die Strömungsgeschwindigkeit ist. Sie stellen das Leichtgut dar. Partikel, deren Sinkgeschwindigkeit größer als die Strömungsgeschwindigkeit ist, folgen der Schwerkraft. Sie bilden das Schwergut. Die stationäre Sinkgeschwindigkeit für ein einzelnes Partikel kann anhand des Kräftegleichgewichts berechnet werden. Einflussgrößen sind die Partikelgröße, -dichte und -form sowie die Dichte des Fluids. Soll die Sinkgeschwindigkeit als Sortiermerkmal für eine Dichtesortierung dienen, sollten die Größe und Form der Partikel möglichst gleich sein, um eine hohe Trennschärfe zu erreichen. In technischen Prozessen bewegen sich die Partikel im Schwarm. Es treten Wechselwirkungen auf, die mit dem Ein-Partikel-Modell nicht erfasst werden können.

Sinkgeschwindigkeit in Luft (Vereinfachung: Auftriebskraft wird vernachlässigt)

$$\text{Für kugelförmige Partikel} \quad c = \sqrt{\frac{4 \cdot g \cdot \rho_M \cdot x}{3 \cdot c_w \cdot \rho_{Fl}}} \qquad \text{Gl. 4.7}$$

$$\text{Für plattige, flächige bzw. splittrige Partikel} \quad c = \sqrt{\frac{2 \cdot g \cdot \rho_M \cdot V_{Partikel}}{c_W \cdot \rho_{Fl} \cdot A_{Angeströmt}}} \qquad \text{Gl. 4.8}$$

Sinkgeschwindigkeit in Wasser für kugelförmige Partikel

$$c = \sqrt{\frac{4 \cdot g \cdot x}{3 \cdot c_W \cdot \rho_{Fl}} \cdot \left(\frac{\rho_M}{\rho_{Fl}} - 1\right)}$$

Gl. 4.9

$$\text{Widerstandsbeiwert } c_W = f\left(Re\right) = f\left(\frac{c \cdot x}{v}\right)$$

Gl. 4.10

mit

$A_{Angeströmt}$: *Angeströmte Fläche des Partikels in m²*

$V_{Partikel}$: *Volumen des Partikels in m³*

v: *Kinematische Zähigkeit*

Wasser v = 15,1·10⁻⁶ m²/s

Luft v = 1·10⁻⁶ m²/s

Die Sinkgeschwindigkeit in Luft ist für kugelförmige Partikel in Abhängigkeit von ihrer Rohdichte im Abb. 4.38 dargestellt. Wird von 10 mm-Partikeln und einer Strömungsgeschwindigkeit von 10 m/s ausgegangen, dürften nur die Partikel mit Dichten unter 400 kg/m³ von dem Luftstrom mitgenommen werden. Bei den 1 mm-Partikeln spielt die Dichte bei

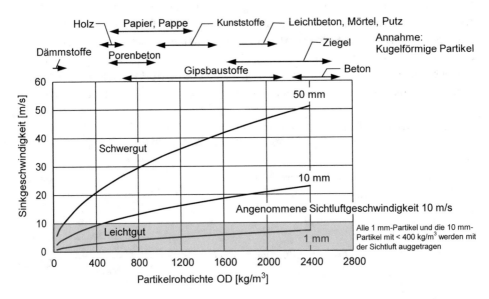

Abb. 4.38 Sinkgeschwindigkeit von Baustoffen und sonstigen Bestandteilen von Bauabfällen in Luft in Abhängigkeit von der Partikelrohdichte OD und der Partikelgröße der als kugelförmig angenommenen Partikel

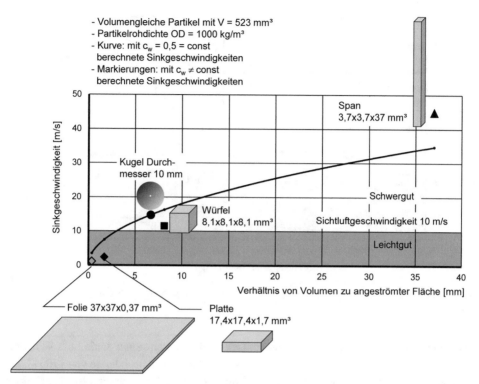

- Volumengleiche Partikel mit V = 523 mm³
- Partikelrohdichte OD = 1000 kg/m³
- Kurve: mit c_w = 0,5 = const
  berechnete Sinkgeschwindigkeiten
- Markierungen: mit $c_w \neq$ const
  berechnete Sinkgeschwindigkeiten

Abb. 4.39 Sinkgeschwindigkeit von Bestandteilen von Bauabfällen in Luft in Abhängigkeit vom Verhältnis vom Volumen zu angeströmter Oberfläche und von Tendenzen durch veränderte Widerstandsbeiwerte

der angenommenen Geschwindigkeit keine Rolle mehr. Alle Partikel werden mit dem Luftstrom ausgetragen. Die Aussage zu den 10 mm-Partikeln steht im Gegensatz zu der tatsächlichen Leistungsfähigkeit von Windsichtern. So weisen Kunststoffe höhere Dichten auf und werden trotzdem von dem Luftstrom mitgenommen und ausgetragen. Längliche Holzpartikel werden dagegen oftmals nicht abgetrennt und gelangen in das Schwergut. Eine Ursache dafür ist die Tatsache, dass die Kornform der nicht mineralischen Bestandteile von Bauabfällen meist deutlich von der Kugelform abweicht. Das führt zu Veränderungen des Verhältnisses von Volumen V zu angeströmter Fläche A sowie zu Veränderungen des Widerstandsbeiwertes c_w gegenüber kugelförmigen Partikeln. Die Auswirkungen sind beispielhaft im Abb. 4.39 dargestellt:

- Folien und Platten haben ein geringeres V/A-Verhältnis und einen höheren c_w-Wert als Kugeln. Beides führt zur Abnahme der Sinkgeschwindigkeit gegenüber volumengleichen Kugeln. Der Austrag mit dem Sichtluftstrom wird dadurch begünstigt.
- Längliche, als „Span" bezeichnete Partikel haben ein höheres V/A-Verhältnis, aber einen geringeren c_w-Wert als Kugeln. Die Sinkgeschwindigkeit kann zunehmen. Der Austrag wird erschwert.

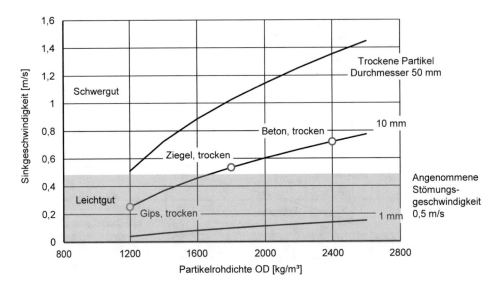

Abb. 4.40 Sinkgeschwindigkeit von Baustoffen in Wasser in Abhängigkeit von der Partikelrohdichte OD

Die Sinkgeschwindigkeit in Wasser liegt um eine Zehnerpotenz unter der in Luft. Wird von 10 mm-Partikeln ausgegangen, erreichen diese bei einer Partikelrohdichte von 1700 kg/m³ eine stationäre Sinkgeschwindigkeit von 0,5 m/s (Abb. 4.40). In einem Fluidstrom mit einer Strömungsgeschwindigkeit von 0,5 m/s werden die Partikel mit Dichten < 1700 kg/m³ mit der Strömung transportiert und als Leichtgut ausgetragen. Die spezifisch schwereren Partikel sinken ab und bilden das Schwergut.

Die meisten Bauabfallbestandteile weisen eine offene Porosität auf und nehmen während des Sortierprozesses Wasser auf. Dadurch kann sich die bei der Sortierung wirksame Dichte besonders bei leichten Partikeln deutlich erhöhen (Abb. 4.41). Beispielsweise haben Partikel mit einer Rohdichte auf ofentrockener Basis von 800 kg/m³ und einer Reindichte von 2650 kg/m³ im wassergesättigten Zustand eine Dichte von 1500 kg/m³. Bei schwereren Partikeln mit einer Rohdichte von 2400 kg/m³ liegt die Dichte im wassergesättigten Zustand bei 2500 kg/m³. Weil die Unterschiede der Sinkgeschwindigkeiten zwischen den zu trennenden Partikeln geringer werden, nimmt die Effektivität der Sortierung ab.

Einordnung der Sortierung in den Verfahrensablauf Als erste Sortierstufe im Verlauf der Vorbereitung der Bauabfälle für die Verwertung kann der selektive Rückbau auf der Abbruchbaustelle angesehen werden. Mit Baggern greifbare Fremdstoffe werden aussortiert und getrennt gelagert. Im Zuge der Aufbereitung ist die Sortierung vor oder nach der Zerkleinerung in den Verfahrensablauf eingeordnet. Mit den Upstream-Verfahren vor

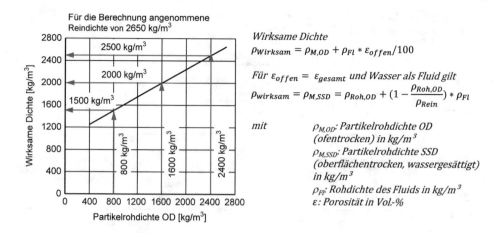

$$\text{Wirksame Dichte}$$
$$\rho_{Wirksam} = \rho_{M,OD} + \rho_{Fl} * \varepsilon_{offen}/100$$

$$\text{Für } \varepsilon_{offen} = \varepsilon_{gesamt} \text{ und Wasser als Fluid gilt}$$
$$\rho_{wirksam} = \rho_{M,SSD} = \rho_{Roh,OD} + (1 - \frac{\rho_{Roh,OD}}{\rho_{Rein}}) * \rho_{Fl}$$

mit

$\rho_{M,OD}$: Partikelrohdichte OD
(ofentrocken) in kg/m³
$\rho_{M,SSD}$: Partikelrohdichte SSD
(oberflächentrocken, wassergesättigt)
in kg/m³
ρ_{Fl}: Rohdichte des Fluids in kg/m³
ε: Porosität in Vol.-%

Abb. 4.41 Abhängigkeit der bei der Sortierung in Wasser wirksamen Dichte bei vollständiger Wassersättigung von der Partikelrohdichte OD

der Zerkleinerung können Fremdstoffe per Hand oder mechanisch entfernt werden. Bei den nach der Zerkleinerung angeordneten Downstream-Verfahren kommen mechanische Massen- oder Einzelkornsortierverfahren zum Einsatz. Durch die vorgelagerte Zerkleinerung werden zum einen sortierbare Partikelgrößen erzeugt. Zum anderen erfolgt der erforderliche Aufschluss von Stoffverbunden. Dadurch besteht bei der Downstream-Sortierung – im Unterschied zu den Sortierstufen vor der Zerkleinerung – die Möglichkeit ursprünglich nicht zugängliche Fremdstoffe oder Fremdstoffe, die als Teil eines Stoffverbundes vorlagen, zu entfernen.

Der Downstream-Sortierung ist eine Klassierung vorgeschaltet, die auf das nachfolgende Sortierverfahren abgestimmt sein muss (Abb. 4.42). Die untere Partikelgröße der Materialströme, die durch Windsichtung gereinigt werden können, liegt günstigstenfalls bei 4 mm, in der Regel aber bei 8 mm oder darüber. Werden die in Abb. 4.17 dargestellten Sieblinien zugrunde gelegt, kann bei Betonbruch und einer unteren Aufgabekorngröße von 4 mm 60 bis 80 % des Materials gereinigt werden. Bei einer Aufgabekörnung von 8 mm verringern sich die gesichteten Stoffströme auf 50 bis 70 %. Bei der Aufgabe von Mauerwerkbruch sind die mittels Windsichtung behandelbaren Teilströme noch geringer. Bei der Windsichtung als trockenem Verfahren sollte das Verhältnis von größtem zu kleinstem Partikel den Faktor 4 nicht übersteigen. Die nassen Verfahren sind robuster. Aufgabekorngrößen ab 4 mm sind möglich. Das Partikelgrößenverhältnis kann doppelt so hoch wie bei den trockenen Verfahren sein. Mit einigen Nasssortierverfahren ist auch eine Sortierung der Sandfraktionen möglich, wenn die Sortieraggregate in bestimmten konstruktiven und technologischen Parametern angepasst werden.

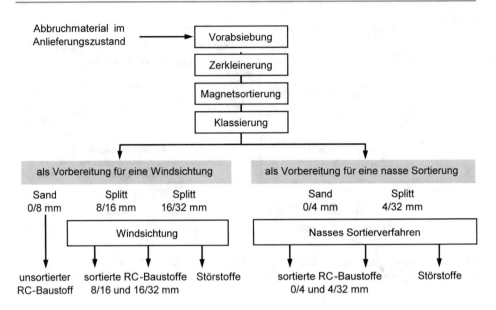

Abb. 4.42 Einordung der Sortierung in den Ablauf der Aufbereitung von Bauabfällen

Bei speziellen Aufgabenstellungen der Bauabfallaufbereitung wie der Herstellung von Dachbegrünungsmaterial aus Abbruchziegeln kann die Sortierung am Anfang der Aufbereitungskette stehen. Zunächst werden durch eine Klaubung die gewünschten Bestandteile händisch aus dem Bauabfall ausgelesen. Anschließend erfolgt die Zerkleinerung und Klassierung.

Bewertung von Sortiervorgängen Die Bewertung von Sortiervorgängen beruht wie die Klassierung auf Massenbilanzen. Das Aufgabematerial wird in zwei Teilströme aufgetrennt, die sich in dem für die Sortierung genutzten Merkmal unterscheiden. Sowohl die Gesamtmassenbilanz als auch die Massenbilanzen für die einzelnen Komponenten müssen erfüllt sein (Abb. 4.43). Für technische Sortierungen gilt, dass keine ideale Trennung erreicht werden kann. Das Produkt kann unerwünschte Störstoffreste enthalten. Im Abprodukt können Wertstoffpartikel enthalten sein und „verloren" gehen. Die Qualität des Produkts kann mit der Sortenreinheit oder dem Störstoffgehalt beschrieben werden. Diese Kenngrößen müssen den Anforderungen, die sich aus der Verwertung ergeben, genügen.

$$Sortenreinheit = \frac{Wertstoff\ im\ Produkt}{Wertstoff + Störstoff\ im\ Produkt}[-] \qquad \text{Gl. 4.11}$$

$$Störstoffgehalt = \frac{Störstoff\ im\ Produkt}{Wertstoff + Störstoff\ im\ Produkt}[-] \qquad \text{Gl. 4.12}$$

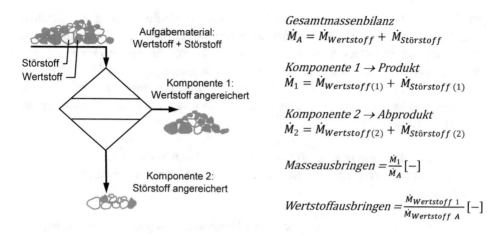

Abb. 4.43 Massenbilanzen der Materialtrennung durch Sortierung

Das Masseausbringen gibt an, wie viel von dem Aufgabemassenstrom in das Produkt übergeht. Aus dem Wertstoffausbringen kann der Anteil des Wertstoffs, der sich im Produkt wiederfindet, abgelesen werden.

Bei der Bauabfallsortierung sollte das Masseausbringen möglichst hoch sein, weil das Abprodukt in der Regel kostenintensiv beseitigt werden muss. Das Wertstoffausbringen hat dagegen eine geringere Bedeutung, weil Wertstoffverluste im Abprodukt von geringerer betriebswirtschaftlicher Relevanz sind. Analog zur Klassierung kann auch bei der Sortierung eine Trennschärfe angeben werden, welche ein Maß für die Fehlgutanteile in den Trenngütern darstellt.

4.3.2 Trockene Sortierverfahren

Händische Sortierung Bei der händischen Sortierung werden aus dem Aufgabematerial zunächst die feinen Körnungen, z. B. < 45 mm abgesiebt. Das Grobgut wird auf ein Sortierband aufgegeben, dass eine ausreichende Breite hat, damit die Bestandteile vereinzelt werden können. Die Störstoffe werden dem Massenstrom entnommen und in die dafür vorgesehenen Behälter abgeworfen. Als Weiterentwicklung der händischen Sortierung wurde bereits in den 1990er Jahren ein Sortierroboter entwickelt, der über einen Touchscreen gesteuert wurde und Störstoffe aus Bauabfällen aussortieren konnte [17]. Heute sind sensorgesteuerte Sortierroboter für die Trennung von gemischten Kunststoff- und Papierabfällen im Einsatz und für die Sortierung von Bauabfällen in der Erprobung.

Windsichtung Die Dichtesortierung mit Luft als fluidem Medium wird in Windsichtern realisiert. In Abhängigkeit von der Strömungsrichtung der Sichtluft werden Aufstrom-, Querstrom und Zick-Zack-Sichter unterschieden. Bei den häufig verwendeten Querstromsichtern wird der zu sortierende Bauabfallstrom senkrecht von der Sichtluft durchströmt. Die leichten Partikel werden von der Sichtluft mitgenommen, während die schweren Partikel entgegen dem Sichtluftstrom nach unten fallen. Voraussetzungen für gute Trennergebnisse sind:

- Das Material muss in einer ausreichend engen Kornfraktion vorliegen.
- Spätestens dort, wo der Sichtluftstrom auf das Material trifft, müssen die Partikel vereinzelt sein.

Bei den peripheren Vorgängen wie der Art der Materialzuführung oder der Abführung der Leichtstoffe bestehen Unterschiede zwischen den Bauformen der Sichter. Zwei Beispiele sind im Abb. 4.44 schematisch dargestellt. Das zu sortierende Material wird mittels Gurtförderer dem Beschleunigungsband aufgegeben. An der Abwurfkante, über die die Partikel möglichst „Stück für Stück" abgeworfen werden sollten, wird das Material von einem gerichteten Luftstrom aus einer Schlitzdüse durchströmt. Das Leichtgut wird von dem Luftstrom mitgenommen. Eine als Trennscheitel wirkende rotierende Trommel kann diesen Vorgang unterstützen. Das Schwergut fällt unbeeinflusst von dem Luftstrom auf ein Austragsband. Das Leichtgut wird entweder pneumatisch abtransportiert und mittels Aerozyklon aus der Sichtluft abgetrennt oder es setzt sich in einem nachgeschalteten Expansionsraum ab. Um der Betriebspraxis entgegenzukommen, kann der Expansionsraum durch eine Abdeckhaube und einen Container, der gewechselt werden kann, gebildet werden. Ein Teil der Sichtluft wird einem Ventilator und von dort der Schlitzdüse wieder zugeführt. Durch diese Kreislaufführung wird die Abluftmenge verringert. Die Abluft muss mittels Zyklon und/oder Tuchfilter gereinigt werden. Rezyklate, die eine Windsichtung durchlaufen haben, bestehen überwiegend aus mineralischen Bestandteilen. Lediglich die spanförmigen Holzpartikel verbleiben ab einer gewissen Länge im Schwergut (Abb. 4.45).

Neben den mit Transportbändern ausgerüsteten Windsichtern finden auch Windsichter, bei welchen der Materialtransport durch Schwingsiebe oder Vibrorinnen realisiert wird, Anwendung. Parallel zum Transport kann dadurch eine Abtrennung des Feinkorns und eine Auflockerung des Materialbetts erreicht werden. Windsichter gibt es in unterschiedlichen Baugrößen, die eine Anpassung an die jeweilige Anlagenkapazität ermöglichen (Tab. 4.9).

Windsichter werden in stationären Bauabfallaufbereitungsanlagen ebenso wie in mobilen Anlagen eingesetzt. In mobilen Anlagen können sie eine autarke Einheit – beginnend mit dem Beschleunigungsband bis zur Abluftreinigung – darstellen. Alternativ dazu gibt es auch Anlagen, die direkt unter einem Siebaustragsband aufgestellt werden können. Für die Partikelvereinzelung muss in diesem Fall ein kurzes Beschleunigungsband ausreichen. Die ausgeblasenen Leichtstoffe werden in einem Sammelcontainer aufgefangen. Die Schwerfraktion wird mittels eines zweiten Förderbands ausgetragen.

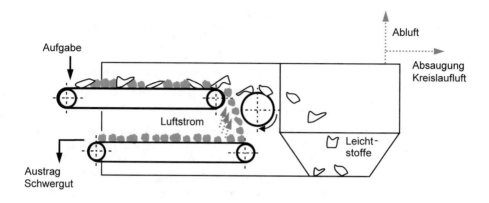

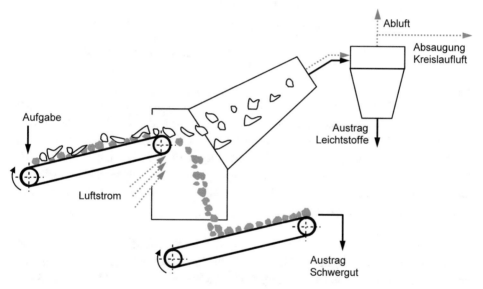

Abb. 4.44 Prinzipskizzen von Windsichtern unterschiedlicher Bauart

Abb. 4.45 Leichtgut- (links)
und Schwergutaustrag
(rechts) aus einem Wind-
sichter für Baustellenabfälle.
(Bildquelle: Dirk Jensen, Otto
Dörner Entsorgung GmbH)

Tab. 4.9 Parameter und Ausführungsbeispiele von Windsichtern

Beispiele für Parameter von Windsichtern in Bauweisen entsprechend Abb. 4.44	Arbeitsbreite ab 500 bis 3000 mm
	Durchsätze ab 100 bis 400 m³/h
	Störstoffgehalte im Produkt bis < 1 M.-% erreichbar
	Spezifische Sichtluftmenge 50 bis 70 m³/m³ Material
	Abluftmenge bis 40 % der Sichtluft
Beispiele für Windsichter mit modifizierten Bauweisen	Mobile Aufstromwindsichtanlage für die Körnungen von Recycling-Baustoffen 4/16 mm und 16/45 mm mit Durchsätzen von 40–50 t/h je Körnung und Luftmengen von 7500 m³/h [17]
	Sortierer bestehend aus Siebmaschine mit Störstoffausblasung für Körnungen 8/16 mm und 16/32 mit einem Durchsatz von 1000 m³/d [18]
	Sortierer bestehend aus Siebmaschine mit Störstoffausblasung für Aufgabekorngrößen von 15 bis 150 mm mit einem Durchsatz von 40 bis 60 m³/h bei einem Leistungsbedarf von 50 kW [19]

Rezyklate, die eine Windsichtung durchlaufen haben, bestehen überwiegend aus mineralischen Bestandteilen. Leichte Störstoffe wie organische und mineralische Dämmstoffe, aber auch flächige Störstoffe wie Papier und Folien können effektiv abgetrennt werden (Abb. 4.45). Mit ansteigender Dichte der Störstoffe wird die Trennung schlechter. Insbesondere ungünstig geformte Bestandteile wie spanförmige Holzpartikel verbleiben ab einer gewissen Länge im Schwergut. Eine Trennung der mineralischen Bestandteile wie Beton und Ziegel ist nicht möglich.

Trenntische oder Luftherde als weitere trockene Sortierapparate sind von unten durchströmte, geneigte Schwingsiebe. Das in der Mitte des Siebes aufgegebene Material wird durch die Luftströmung und gleichzeitig durch die Bewegung des Siebbodens fluidisiert. Die Partikel, bei welchen die Widerstandskraft größer als die Schwerkraft ist, bewegen sich in der Partikelschicht nach oben. Sie gelangen der Siebneigung folgend und getragen von der Luftströmung zum Leichtgutaustrag. Die Partikel, bei welchen die Schwerkraftkraft größer als die Widerstandskraft ist, bleiben in Kontakt mit der Siebfläche. Sie werden entgegen der Siebneigung zum höheren Siebende gefördert und dort als Schwergut ausgetragen. Auf Trenntischen kann bei gleichen Partikelformen nach der Materialdichte getrennt werden. Ist die Materialdichte etwa gleich, stellt die Partikelform das Sortierkriterium dar.

Schrägbandscheider sind flache Förderbänder, die in Förderrichtung leicht und senkrecht dazu deutlich geneigt sind. Das zu trennende Material wird am höchsten Punkt aufgegeben. Kugelförmige und ggf. auch kubische Partikel rollen der starken Querneigung folgend zur unteren Kante des Bandes und werden hier ausgetragen. Plattige Partikel bleiben auf dem Band liegen und werden zur Abwurfkante transportiert. Bei der Sortierung von Bauabfall weisen beispielsweise Betonpartikel eine eher kubische Kornform auf, während Bruchstücke von Fliesen oder Glas plattig sind. Holz ist z. T. spanförmig ausgebildet. Ob die Betonpartikel ausreichend rollfähig sind, um mit dem Schrägbandscheider aussortiert zu werden, bedarf der experimentellen Überprüfung.

3D-Sortiertrommeln bestehen aus einer inneren Siebtrommel, die sich in einer zweiten Trommel ohne Öffnungen befindet. Die Größe der Partikel, die die Öffnungen der Siebtrommel passieren können, hängt von der Siebmaschenweite und der Spaltweite zwischen innerer und äußerer Trommel ab. Während kubische Partikel ohne Behinderung durch die Sieböffnungen hindurchtreten, können stängel- oder spanförmige Partikel nicht passieren und verbleiben im Inneren der Siebtrommel.

Luftsetzmaschinen eignen sich zur trockenen Abtrennung von Leichtstoffen. Setzmaschinen, die mit einem fluidisierten Sandbett als Trennmedium arbeiten, stellen eine weitere Möglichkeit zur Abtrennung von leichten Bestandteilen dar. Partikel, deren Dichte größer als die der „Sandsuspension" ist, sinken ab. Partikel mit geringerer Dichte steigen nach oben. Gegenüber den Luftsetzmaschinen ohne Sandbett wird eine höhere Trenndichte von 1500 kg/m³ und eine bessere Trennschärfe erreicht.

4.3.3 Nasse Dichtesortierverfahren

Die nassmechanische Sortierung basiert auf den Kräften, die auf Partikel in einer Flüssigkeit wirken. Bei der Schwimm-Sink-Sortierung in ruhenden Flüssigkeiten sind das die Schwerkraft und die Auftriebskraft. Das Sortierkriterium ist das Verhältnis aus Flüssigkeitsdichte zu wirksamer Materialdichte. Bei strömenden Flüssigkeiten wirkt zusätzlich die Widerstandskraft. Das Sortierkriterium ist die Sinkgeschwindigkeit. Die Flüssigkeitsströmung unterstützt außerdem das Aufschwimmen und den Transport der Leichtstoffe.

Schwimm-Sink-Sortierung Das zu trennende Gemisch, das Partikel mit Dichten zwischen ρ_{M1} und ρ_{M2} enthält, wird in eine Trennflüssigkeit gegeben, deren Dichte zwischen ρ_{M1} und ρ_{M2} liegt. Die spezifisch leichteren Partikel schwimmen auf, die schweren setzen sich ab. Korngröße und Kornform sind weitgehend ohne Einfluss. Als Trennflüssigkeit wird in der Bauabfallaufbereitung Wasser verwendet. Durch die mit dem Aufgabematerial eingetragenen Feinanteile entsteht eine Autogentrübe, die Dichten von 1200 bis 1400 kg/m³ aufweist. Die technische Umsetzung der Schwimm-Sink-Sortierung erfolgt mittels Schrägradscheider oder Leichtstoffabscheider unterschiedlicher Bauart (Abb. 4.46, 4.47). Beim Schrägradscheider wird das zu sortierende Material in das mit Arbeitstrübe gefüllte Becken aufgegeben. Das Leichtgut schwimmt auf und wird am Überlauf mit Hilfe eines rotierenden Stabkorbs ausgetragen. Das Schwergut setzt sich am Beckenboden ab und wird von dem umlaufenden Schrägrad, das durch radial angeordnete Lochbleche in einzelne Kammern unterteilt ist, ausgetragen. Beim Leichtstoffabscheider mit Förderbandaustrag wird das zu trennende Material in den kastenförmig

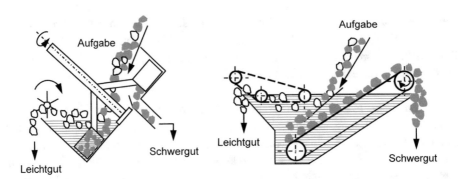

Abb. 4.46 Prinzipskizzen eines Schrägradscheiders (links) und eines Leichtstoffabscheiders mit Schwergutförderband (rechts)

ausgeführten Behälter aufgegeben, in dem sich die Trübe befindet. Das aufschwimmende Leichtgut wird mit Hilfe eines Bürstenbandes ausgetragen. Das Schwergut sammelt sich am Boden des Behälters und wird durch ein Förderband ausgetragen.

Bei dem Leichtstoffabscheider mit Schneckenaustrag befindet sich die Trübe in einem Trog. Das Schwergut sinkt auf den Boden des Trogs ab und wird mit Hilfe der Schnecke zum Austrag gefördert. Das Leichtgut wird mittels eines Bürstenbandes ausgetragen. Die Frischwasserzufuhr beschränkt sich auf das mit dem Material ausgetragene Wasser (Abb. 4.47).

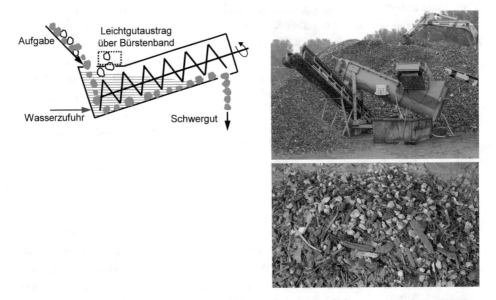

Abb. 4.47 Prinzipskizze eines Leichtstoffabscheider mit Schneckenaustrag, Ausführungsbeispiel und abgetrennte leichte Bestandteile. (Bildquelle: Jürgen Beermann Moerschen Mobile Aufbereitung GmbH)

Bei allen Varianten der Schwimm-Sink-Aggregate befindet sich der Schwergutaustrag oberhalb des Wasserbades, so dass eine Teilentwässerung des Materials erfolgt. Das mit dem Material ausgetragene Wasser muss nachdosiert werden. Ein Wasserkreislauf ist nicht erforderlich, so dass keine Brauchwasserreste entstehen.

Aufstromsortierung Zusätzlich zu der Schwerkraft und der Auftriebskraft wirkt die durch einen Aufstrom verursachte Widerstandskraft. Sie unterstützt das Aufschwimmen der leichten Bestandteile und deren Transport zum Austrag. In die Gruppe der Aufstromsortierer können der Schnecken-Aufstromsortierer (Abb. 4.48) und die Hydrotrommel (Abb. 4.49) eingeordnet werden. Beim Schnecken-Aufstromsortierer wird der Bauabfall

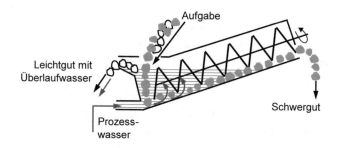

Abb. 4.48 Prinzipskizze eines Schnecken-Aufstromsortierers

Abb. 4.49 Prinzipskizze einer Hydrotrommel, Ausführungsbeispiel und abgetrennte leichte Bestandteile. (Bildquelle: Uwe Drews, BBW Recycling Mittelelbe GmbH)

in einen schräg aufsteigenden Wassertrog gegeben und durch die Schneckenwelle des-
agglomeriert. Das im unteren Bereich zugegebene Prozeßwasser erzeugt einen Aufstrom,
von dem das Leichtgut mitgenommen und zusammen mit einem Teil des Prozesswassers über ein Wehr ausgetragen wird. Das Schwergut sammelt sich am Boden des Trogs
und wird mit der Schnecke ausgetragen. Die Hydrotrommel besteht aus einer konischen,
rotierenden Waschtrommel mit spiralförmigen Leitsegmenten und einer anschließenden
Austragskammer. An der Stirnseite der Austragskammer und am Trommelmantel befinden sich Düsen, mit denen das Prozesswasser zugeführt wird. Das Aufgabegut wird an
der Seite, die der Austragskammer gegenüberliegt, aufgegeben. Durch die Rotation und
mit Hilfe der Leitsegmente wird es bis zu einer bestimmten Höhe angehoben und dann
abgeworfen. Während dieses Vorgangs wird das Leichtgut von der Strömung erfasst und
mit dem Prozesswasser ausgetragen. Das Schwergut gelangt in das mit Hubelementen
versehene Segment am Ende der Trommel und verlässt die Trommel oberhalb des Wasser-
spiegels. Bei den Aggregaten zur Aufstromsortierung wird zusammen mit dem Leichtgut
ein Teil des Prozesswassers ausgetragen. Dieses Wasser wird nach einer Aufbereitung dem
Prozess wieder zugeführt.

Betriebsergebnisse für die Abscheidung von leichten Fremdbestandteilen wie Porenbeton, Gips, Holz, Dachpappe, Kunststoff und Pappe/Papier aus Mauerwerkbruch, die
mit einer Hydrotrommel erreicht wurden, belegen, dass der Gehalt an leichten Fremdbestandteilen zurückgeht (Abb. 4.50). Der Gehalt an mineralischen Bestandteilen ändert
sich kaum. Damit einher geht eine – allerdings geringe – Zunahme der Rohdichte. Systematische Veränderungen der chemischen Zusammensetzung der Produkte aus der Hydrotrommel gegenüber dem Ausgangsmaterial konnten nicht festgestellt werden. Lediglich der Feinsand, der aus dem Überlaufwasser nach der Zugabe eines Flockungsmittels
zurückgewonnen wird und Partikelgrößen bis maximal 1 mm aufweist, unterscheidet sich

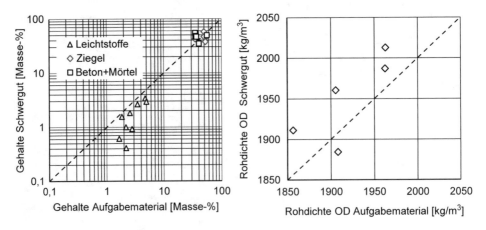

Abb. 4.50 Veränderungen des Gehaltes an Leichtstoffen und der Rohdichten OD von Mauerwerkbruch in der Hydrotrommel. (Daten aus [14])

in seiner Zusammensetzung deutlich von dem aufgegebenen Material bzw. dem Produkt. Beispielsweise steigt der Sulfatgehalt an.

Filmschichtsortierung Auf dem Prinzip der Filmschichtsortierung beruht der unter der Bezeichnung „Aquamator" seit den 1980er Jahren bei der Aufbereitung von Bauabfällen verwendete Hydrobandscheider [20]. Er besteht aus einem gemuldeten Förderband mit seitlicher Wellenkantenbegrenzung, auf dem sich ein Trennwaschbett ausbilden kann (Abb. 4.51). Der Bauabfall wird zusammen mit dem Wasser in dieses Waschbett aufgegeben. Das Waschwasser strömt in Richtung der tiefer gelegenen Spanntrommel aus und nimmt dabei die leichten Bestandteile mit. Dieser Transport wird durch eine zusätzliche Wasserzufuhr durch Brauserohre unterstützt. Die schweren Bestandteile werden entgegen der Wasserströmungsrichtung über die Antriebstrommel ausgetragen, weil sie infolge der größeren Reibungskräfte stärker auf der Unterlage haften. Bei den Hydrobandscheidern wird zwischen Anlagen für die Sortierung von feinen und solchen für die Sortierung von groben Gesteinskörnungen unterschieden. In den „Sandaquamatoren" wird das Aufgabegut in den gereinigten Sand, die Verunreinigungen und den Feinsand getrennt. In „Kies/Splittaquamatoren" wird eine Säuberung der groben Gesteinskörnungen von Verunreinigungen vorgenommen. Die Verweilzeit des Materials in Aquamatoren beträgt nur wenige Sekunden. Die Veränderung der Dichte infolge der Wasseraufnahme ist somit gering, was einen Vorteil für die Aufbereitung

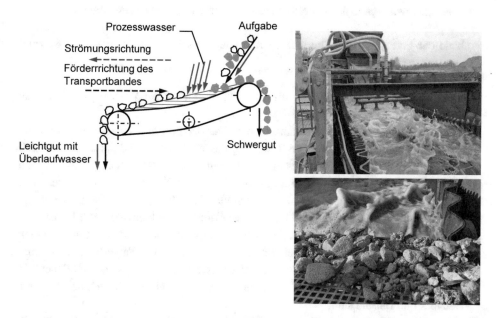

Abb. 4.51 Prinzipskizze eines Hydrobandscheiders, Ausführungsbeispiel und abgetrennte leichte Bestandteile. (Bildquelle: Wolfgang Rohr, Rohr-Aufbereitungstechnik)

Abb. 4.52 Prinzipskizze des Setzvorgangs

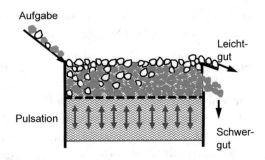

von Bauabfall darstellt. Die Abtrennung von organischen Bestandteilen und die von mineralischen Bestandteilen wie Porenbeton, Bims oder Leichtbeton geringer Rohdichteklassen sind möglich.

Setzsortierung Bei der Setzsortierung wird durch einen pulsierenden Aufstrom eine Fluidisierung des Materialbetts erreicht (Abb. 4.52). In diesem Zustand erfolgt eine wiederholte Beschleunigung der leichteren Partikel in Strömungsrichtung und gleichzeitig ein Absinken der schwereren Partikel entgegen der Strömungsrichtung. Das Ergebnis ist eine Schichtung des Materials nach der Dichte. Die spezifisch leichteren Körner ordnen sich über den spezifisch schwereren Körnern an. Die leichteren Körner werden über ein Wehr ausgetragen. Die Schwereren können im unteren Teil des Setzbettes beispielsweise durch ein mit einer Zellradschleuse verschlossenes Austragsrohr abgezogen werden. Die Wehrhöhe und die Austragsgeschwindigkeit der Zellradschleuse werden durch einen Schwimmer gesteuert.

Anhand der Erzeugung der Fluidpulsation können verschiedene Bauarten von Setzmaschinen unterschieden werden:

- Stauchsetzmaschinen: Der Setzgutträger wird im stehenden Wasserbad auf und ab bewegt.
- Membran- bzw. Kompensatorsetzmaschinen: Der Setzgutträger ist starr in den oberen Teil des Setzfasses eingebaut. Die Bewegung des Wasserbads wird durch die Auf- und Abbewegung des unteren Teils des Fasses, das durch Membranen oder Kompensatoren mit dem oberen verbunden ist, erzeugt. Durchsätze bis 270 t/h werden realisiert. Die Anwendung erfolgt in der Kies- und Bauabfallaufbereitung, in der Bimsaufbereitung, beim Recycling von Kunststoffen und bei der Aufbereitung kontaminierter Böden.
- Seitengepulste Setzmaschinen: In das U-förmig ausgebildete Setzfass ist in den einen Schenkel der Setzgutträger starr eingebaut. Die Pulsation des Wasserbads wird durch die periodische Zufuhr von Druckluft auf die Wasseroberfläche des anderen Schenkels erzeugt. Durchsätze bis zu 250 t/h werden realisiert, wobei diese Maschinen auch für Bauabfall im Einsatz sind.
- Unterbettgepulste Setzmaschinen: Die Pulsation des Wasserbads wird durch unterhalb des Setzgutträgers eingebaute Luftkammern erzeugt. Bei der Steinkohle- und Eisenerzaufbereitung werden Durchsätze bis zu 700 t/h mittels unterbettgepulster Maschinen sortiert.

Der Setzvorgang wird durch die Eigenschaften des Aufgabeguts wie Dichte, Korngröße sowie Kornform und durch Prozessparameter wie Setzbetthöhe, Viskosität des Fluids, Hubfrequenz, Hubhöhe etc. beeinflusst. Die Prozessparameter dienen zur Steuerung des Setzvorgangs. Eine Abschätzung, welche Dichteunterschiede für eine Setzsortierung in Wasser erforderlich sind, lässt sich nach Taggart anhand des folgenden Quotienten vornehmen:

$$q = \frac{\rho_S - \rho_{Fl}}{\rho_L - \rho_{Fl}} [-]$$

Gl. 4.13

mit

ρ_S: *Dichte der spezifisch schweren Komponente*

ρ_L: *Dichte der spezifisch leichteren Komponente*

ρ_{Fl}: *Dichte des Fluids*

Für $q < 1,25$ ist keine Trennung möglich. Ab $q > 1,5$ ist die Trennung für Korngrößen ab etwa 1,5 mm möglich. Die Trennschärfe nimmt mit zunehmendem Quotienten zu, feinere Korngemische können getrennt werden. Durch die Wasseraufnahme der Partikel verschlechtert sich die Sortierbarkeit. Die nach der o.g. Gleichung berechneten Sortier-quotienten nehmen ab, wenn anstelle der Rohdichte auf ofentrockener Basis die Dichte im wassergesättigten Zustand wirksam ist (Tab. 4.10). In diesem Fall ist nur für das Beton-Porenbeton-Gemisch eine trennscharfe Sortierung zu erwarten. Die anderen Gemische lassen sich nicht oder nur mit mäßigem Erfolg trennen. Ein weiterer Einfluss geht von der Oberflächenbeschaffenheit der Partikel aus. Partikel mit rauer Oberfläche, die für Recyc-ling-Baustoffe typisch sind, lassen sich schwieriger sortieren.

Setzmaschinen werden bei der Bauabfallsortierung bereits in einigen Fällen verwendet, um eine Abscheidung von Leichtstoffen [21, 22] zu erreichen. Die Ergebnisse zur Tren-nung von mineralischen Bestandteilen wie Ziegel und Beton, die mit einer seitengepulsten Setzmaschine bei einem Durchsatz von 50 t/h an den Körnungen 4/10 mm und 10/32 mm

Tab. 4.10 Sortierquotienten für Mischungen aus Beton und anderen Baustoffen

	Rohdichte [kg/m³]			Sortierquotient [-]	
	Ofentrocken OD	Wassergesättigt, oberflächen-trocken SSD	Trennung	OD	SSD
Beton	2400	2490			
Ziegel	1800	2120	Beton-Ziegel	1,75	1,33
Porenbeton	600	1370	Beton-Poren-beton	-	4,03
Gips	1200	1680	Ziegel-Gips	4,00	1,65

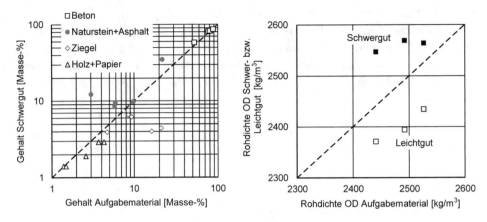

Abb. 4.53 Veränderungen des Gehaltes an Leichtstoffen und Ziegeln sowie der Rohdichte OD bei Behandlung von Betonbruch in einer seitengepulsten Setzmaschine. (Daten aus [23, 24])

erzielt wurden, sind im Abb. 4.53 dargestellt. Im Schwergut findet eine Anreicherung von Naturstein einschließlich Asphalt statt. Im Leichtgut waren das Ziegelmaterial und die Leichtstoffe in höheren Anteilen als im Ausgangsmaterial vorhanden. Die Betongehalte verändern sich nur wenig. Parallel zur Veränderung des Stoffbestandes nimmt die Rohdichte des Produktes zu. Das bewirkt eine Verbesserung der mechanischen Eigenschaften wie des Schlagzertrümmerungswerts oder des Frostwiderstands.

Die Sortierung von Betonsanden 0/4 mm in zementsteinreiche Partikel und solche mit geringem Zementsteingehalt wurde in einer seitengepulsten Sandsetzmaschine untersucht. Der Zementsteingehalt nahm von 19,6 bis 23,9 Masse-% im Aufgabegut auf 15,0 bis 18,3 Masse-% im Schwergut ab (Abb. 4.54). Im Leichtgut wurde der Zementsteingehalt bis auf 40 Masse-% angereichert. Die Zementsteinabreicherung spiegelt sich in der Zunahme der Dichte des Schwergutes und der Verbesserung der baustofftechnischen Eigenschaften wider.

Versuche zur Abtrennung von Gips aus Betonbruch waren Gegenstand von Untersuchungen in einer Membransetzmaschine. Es wurde nachgewiesen, dass der Gipsgehalt des Schwerguts gegenüber dem des Ausgangsmaterials abnimmt. Neben Gips werden auch andere mineralische Bestandteile geringerer Dichte ausgetragen, was zu einer deutlichen Zunahme der Rohdichte des Schwerguts führt (Abb. 4.55). Die Verbesserung der Rohdichte geht allerdings zu Lasten des Masseausbringens als Verhältnis der Masse an Schwergut zur Masse des Aufgabematerials. Selbst bei sehr geringen Gipsgehalten im Aufgabematerial von unter 1 Masse-% Gips stehen sich ein Schwergutausbringen von 0,85 kg Produkt pro kg Aufgabematerial und ein Leichtgutausbringen von 0,15 kg/kg gegenüber. Bei Gipsgehalten von 10 Masse-% beträgt das Schwergutausbringen 0,75 kg/kg, das Leichtgutausbringen 0,25 kg/kg. Das Leichtgut wird in der Regel nicht verwertet, sondern muss kostenintensiv beseitigt werden. Die erreichte Produktverbesserung wird kaum vergütet. Deshalb wird der Einsatz der Setztechnik für diese Aufgabenstellung wenig lohnenswert sein.

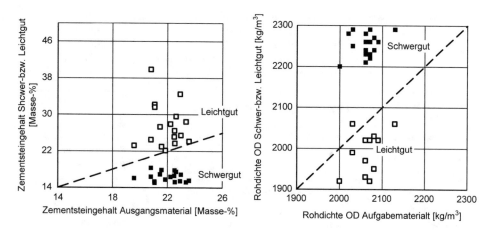

Abb. 4.54 Veränderungen des Zementsteingehaltes und der Rohdichte OD von Betonsanden nach der Behandlung in einer seitengepulsten Setzmaschine. (Daten aus [25])

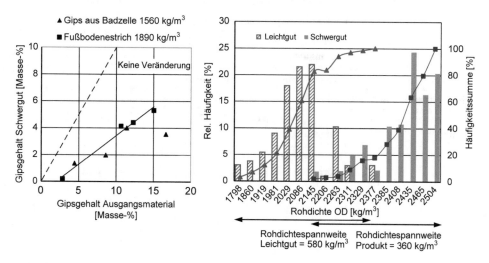

Abb. 4.55 Veränderungen des Gipsgehaltes und der Rohdichteverteilung von Recycling-Baustoffen nach der Behandlung in einer Membransetzmaschine. (Daten aus [26, 27])

Arbeitsbereiche von nassen Dichtesortierverfahren Die Trenndichten der Nasssortierer bewegen sich in Abhängigkeit von der Wirkungsweise, der Bauart und den Anlagenparametern jeweils in einem bestimmten Bereich. Mit Ausnahme der Setztechnik eignen sich die Nasssortierer zur Abtrennung von Störstoffen mit geringen bis mittleren Dichten. Mit der Setztechnik können auch mineralische Komponenten getrennt werden. Im Vergleich zur Trockensortierung sind die nassen Sortierverfahren weniger korngrößenabhängig. Es können breitere Kornfraktionen behandelt werden. I.d.R. reicht eine Trennung in feine und grobe Gesteinskörnungen aus. Weitere Parameter von nassen Sortierverfahren sind in der Tab. 4.11 zusammengefasst.

Tab. 4.11 Betriebsparameter von Anlagen zur Nasssortierung von Bauabfall [16, 28]

	Behandelbares Kornspektrum	Durchsatzbereich	Spezifischer Wasserbedarf
	[mm]	[t/h]	[m³/h]
Schwimm-Sink-Sortierung	Trenndichte 1000 bis 1300 kg/m³		
Schrägradscheider	8 bis 300	Bis 350	Ersatz des mit dem Schwergut ausgetragenen Wassers
Leichtstoffscheider mit Schneckenaustrag	10 bis 150	140 bis 210	
Aufstromsortierung	Trenndichte 1000 bis 1400 kg/m³		
Schnecken-Aufstrom-Sortierer	4 bis 32	50 bis 150	50 bis 100
Hydrotrommelscheider	< 80	Max 200	90
Filmschichtsortierung	Trenndichte 1000 bis 1500 kg/m³		
Hydrobandscheider	Feine Gesteinskörnungen	Min 40–80	ca. 80–120
		Max 180–250	ca. 200–270
	Grobe Gesteinskörnungen	Min 10–30	< 80
		Max 120–180	< 180
Setzsortierung	Trenndichte 1800 bis 2400 kg/m³		
Stauchsetzmaschine	0 bis 40	160	~ 100
Luftgepulste Setzmaschine	Feine Gesteinskörnungen 0/8	Min 25 Max150	k.A.
	Grobe Gesteinskörnungen 8/63	Bei 2/32 mm Min 35 Bei 2/32 mm Max 250	290 bei 120 t/h Durchsatz

Durch die Wasseraufnahme der Bauabfallpartikel wird die Wirksamkeit der Nasssortierung beeinflusst. Dies wird bei der Gegenüberstellung der Rohdichteverteilungen eines Rezyklats, das aus verschiedenen Baustoffarten besteht, mit den Trenndichten der unterschiedlichen Verfahren deutlich (Abb. 4.56). Im trockenen Zustand würden beispielsweise mit der Aufstromsortierung der Porenbeton, der überwiegende Anteil der Gipsbaustoffe und die leichteren Fraktionen der Ziegel und Leichtbetone im Leichtgut angereichert werden. In das Schwergut würden die Ziegel- und Leichtbetonpartikel mit Dichten über 1800 kg/m³ und der Beton übergehen. Im wassergesättigten Zustand werden nur der Porenbeton und ein Teil der Gipsbaustoffe mit dem Leichtgut ausgetragen. Ob der wassergesättigte Zustand erreicht wird, hängt von der Verweilzeit des Materials im Wasserbad der Sortiermaschine ab. Bei kurzen Verweilzeiten, wie sie für Leichtstoffscheider mit

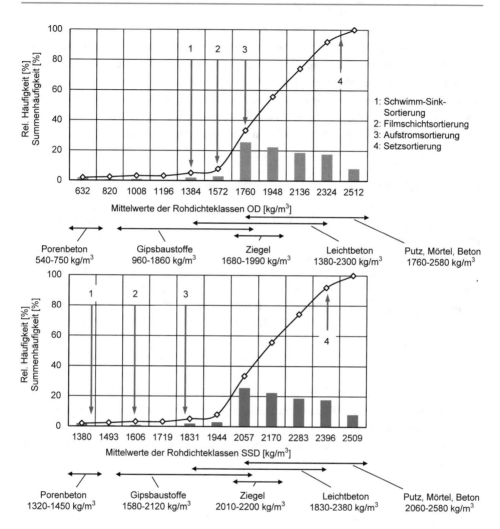

Abb. 4.56 Anwendung der Trenndichten der nassen Sortierverfahren auf Recycling-Baustoffe mit unterschiedlichen Bestandteilen im trockenen (oben) und wassergesättigten Zustand (unten)

Schneckenaustrag, Hydrobandscheider oder Hydrotrommeln typisch sind, sind die Wasseraufnahme und die Dichtezunahme gering. Das Trennergebnis wird wenig beeinflusst. Bei der Setzsortierung verbleibt das Material länger im Setzbett, so dass sich die Wasseraufnahme auf das Ergebnis auswirkt.

Beim Einsatz von nassen Sortierverfahren in stationären Bauabfallaufbereitungsanlagen müssen das ausgetragene Schwergut und das Leichtgut über Siebe entwässert werden. Das Waschwasser kann nach einer Aufbereitung im Kreislauf geführt werden. Lediglich die mit dem Material ausgetragene Wassermenge muss durch eine Frischwasserzufuhr ersetzt werden. Das Absetzen der feinen Bestandteile im Waschwasser wird durch die

Zugabe von Flockungsmitteln erreicht. Die abgetrennten Feinsande können deutliche Unterschiede in der chemischen und mineralogischen Zusammensetzung gegenüber dem Schwer- und Leichtgut aufweisen, wie bei Untersuchungen mit der Hydrotrommel und bei den Setzversuchen mit den Betonbrechsanden nachgewiesen wurde [14, 25]. Das erzeugte Schwergut enthält Wasser. Schließt sich eine direkte Verarbeitung als Tragschichtmaterial oder als rezyklierte Gesteinskörnung für die Betonherstellung an, kann die gegebenenfalls erforderliche Befeuchtung dadurch entfallen oder verringert werden.

4.3.4 Sortierverfahren für Eisen und NE-Metalle

In der Bauabfallaufbereitung zählt die Magnetsortierung zu den Standardverfahren, mit denen Bewehrungsstahl, Kleineisenteile usw. aussortiert werden. Als Sortiermerkmal wird die Magnetisierbarkeit von Eisen, Stahl oder auch Weißblech genutzt. Das benötigte magnetische Feld wird durch Elektro- oder Permanentmagneten erzeugt. Die Wirksamkeit der Trennung hängt von der Feldstärke des Magnetfeldes im Bereich des Materialstromes ab. Weitere Einflussgrößen sind die Fördergeschwindigkeit des Materials, die Schütthöhe des Materials auf dem Förderband und die Stückgrößen und Formen des auszusortierenden Materials. Von den beiden Bauarten – Überbandmagnet und Trommelmagnetscheider – wird der Überbandmagnet am häufigsten bei der Bauabfallaufbereitung angewandt.

Der Überbandmagnetscheider ist ein mit einem Aushebemagneten versehenes Förderband, das senkrecht zur Förderrichtung angeordnet ist (Abb. 4.57). Der Magnet hebt größere magnetisierbare Bestandteile aus dem Schüttgutstrom heraus. Bei dem Trommelmagnetscheider ist ein Magnetsegment feststehend in einer Förderbandumlenktrommel

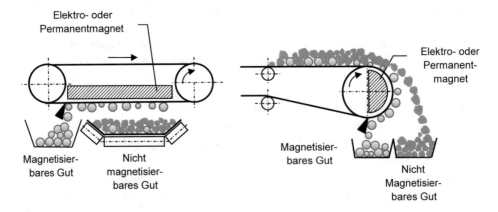

Abb. 4.57 Prinzipskizzen eines Überbandmagnetscheiders (links) und eines Trommelmagnetscheiders (rechts)

angebracht. Die nicht magnetisierbaren Bestandteile des Materialstromes werden in einer Wurfparabel vom Band abgeworfen. Das magnetisierbare Gut bleibt haften, passiert einen Abstreifer und fällt in einen Behälter.

Zur Abtrennung von nicht magnetisierbaren, aber elektrisch leitfähigen Materialien wie Edelstahl, Aluminium und Kupfer kommt die Wirbelstromsortierung zur Anwendung. Bei der Wirbelstromsortierung wirkt ein magnetisches Wechselfeld auf den Materialstrom. Dadurch wird in elektrisch leitfähigen Materialien ein Wirbelstrom induziert, der seinerseits ein Magnetfeld erzeugt. Letzteres ist dem verursachenden Feld entgegen gerichtet, so dass die leitfähigen Materialien abgestoßen werden. Die Trennergebnisse der Wirbelstromsortierung hängen von der elektrischen Leitfähigkeit und der Dichte des jeweiligen Metalls ab. Metalle mit hoher Leitfähigkeit und geringer Dichte wie Aluminium lassen sich leicht abtrennen. Dagegen sind Metalle mit geringer Leitfähigkeit und hoher Dichte wie Blei kaum separierbar.

Literatur

1. Rumpf, H.: Grundlegende physikalische Probleme bei der Zerkleinerung. Chemie-Ingenieur-Technik Vol. 34, 1962, Nr. 11, S. 731–741.
2. Rumpf, H.: Die Einzelkornzerkleinerung als Grundlage einer technischen Zerkleinerungswissenschaft. Chemie-Ingenieur-Technik Vol. 37, 1965, Nr. 3, S. 187–202.
3. Schubert, W.; Khanal, M.; Tomas, J.: Simulation der Aufschlußzerkleinerung eines Partikelverbundstoffes mittels Diskrete-Elemente-Methode. Vortrag zur GVC-Fachausschußsitzung „Zerkleinern". Freiburg 2003.
4. Müller, A.: Qualitätskriterien. Prallzerkleinerung von Betonen mit definierten Eigenschaften. AT Mineral Processing Vol. 51, 2010, H. 9, S. 44–63.
5. Comprehensive technical data of crushers for a wide range of applications. AT Mineral Processing. Bauverlag Gütersloh 2018.
6. Hanisch, J.: Stand und Probleme bei der Zerkleinerung von Baureststoffen. Aufbereitungs-Technik Vol. 35, 1994, Nr. 8, S. 423–432.
7. Kohler, G.: Recyclingpraxis Baustoffe. Verlag TÜV Rheinland. Köln 1994.
8. Schober, K.: Asphalt-Seminar. Willingen 2009.
9. Müller, A.; Landmann, M.; Palzer, U.: Rückgewinnung sortenreiner Baustofffraktionen aus Mauerwerk. Mauerwerk Vol. 17, 2013, S. 357–364.
10. Kurkowski, H.: Persönliche Mitteilung. 2011.
11. Lander, S.; Müller, A.: Sanitärkeramik - wenig beachteter Bauabfall mit großem Potential. Vortrag auf der Fachtagung „Recycling 2003" Forschungsprojekte zum Recycling. Weimar 2003.
12. Stark, U.: Korngröße und Kornform von Recyclingbaustoffen - schnelle und effektive Methode zur Beurteilung. Vortrag auf der Fachtagung „Recycling 2003" Forschungsprojekte zum Recycling. Weimar 2003.
13. Loehr, K.; Melchiorre, M.: Liberation of composite waste from manufactured products. International Journal of Mineral Processing Vol. 44–45, 1996, pp. 143–153.
14. Winkler, A.: Herstellung von Baustoffen aus Baurestmassen. Forschungsbericht, Bauhaus-Universität Weimar. Shaker-Verlag. Aachen 2001.
15. Stieß, M.: Mechanische Verfahrenstechnik Band 1. Springer-Verlag. Berlin Heidelberg 1995.

16. Böhringer, P.; Höffl, K.: Baustoffe wiederaufbereiten und verwerten. AVS-Institut GmbH. Unterhaching 1995.

17. Hanisch, J.: Aktueller Stand der Bauabfallsortierung. Aufbereitungs-Technik Vol. 39, 1998, Nr. 10, S. 485–492.

18. Frische Brise aus der Schweiz. BR vor Ort. Baustoff-Recycling + Deponietechnik 1996, Heft 7/8, S. 61–62.

19. Kellerwessel, H.: Sortieren mit Luft im Recycling-Bereich - Verfahren, Apparate, Möglichkeiten, Grenzen. Aufbereitungs-Technik Vol. 34, 1993, Nr. 3, S. 144–150.

20. Rohr, W.: Entwicklung und Betriebsergebnisse auf dem Gebiet der Sortierung und Klassierung mit dem Aquamator. Aufbereitungs-Technik Vol. 28, 1987, H. 1, S. 32–40.

21. Jungmann, A.: Bauabfallaufbereitung mit alljig-Setzmasrhinen in Europa und USA. Aufbereitungs-Technik Vol. 38, 1997, Nr. 10, S. 543–549.

22. Derks, J.W.; Moskala, R.; Schneider-Kühn, U.: Naßaufbereitung von Bauabfall mit Schwingsetzmaschinen. Aufbereitungs-Technik Vol. 38, 1997, Nr. 3, S. 139–143.

23. Mesters, K.; Kurkowski, H.: Dichtesortierung von Recycling-Baustoffen mit Hilfe der Setzmaschinentechnik. Aufbereitungs-Technik Vol. 38, 1997, Nr. 10, S. 536–542.

24. Hanisch, J.; Kurkowski, H.: Aktueller Stand der Bauabfallsortierung. EP 3/2000, S. 11–15.

25. Weimann, K.: Untersuchungen zur Nassaufbereitung von Betonbrechsand unter Verwendung der Setzmaschinentechnik. BAM-Dissertationsreihe, Band 51. Berlin 2009.

26. Müller, A.; Schnellert, T.; Kehr, K.: Gips im Griff. AT Mineral Processing Vol. 51, 2010, H. 6, S. 34–43.

27. Müller, A.; Schnellert, T.; Kehr, K.: Gips reduziert. AT Mineral Processing Vol. 51, 2010, H. 07/08, S. 54–69.

28. Petit, E.: Entwicklung eines neuen Verfahrens zur Naßaufbereitung von Bauabfall. Aachener Beiträge zur Angewandten Rechnertechnik, Band 22. Aachen 1997.

„Eigene" Daten aus unveröffentlichten studentischen Arbeiten und Forschungsberichten

Walter, Ch.: Die „BBW Recycling Mittelelbe GmbH" — Reportage über ein erfolgreiches Recyclingunternehmen. Diplomarbeit. Bauhaus-Universität, Weimar 2006.

Anlagen zur Aufbereitung von Bauabfällen 5

5.1 Anlagentypen

Aufgrund der ganz unterschiedlichen Zusammensetzung der unter dem Begriff Bauabfälle zusammengefassten Spezies bestehen auch bei den Anlagen, die für ihre Aufbereitung eingesetzt werden, Unterschiede. Die Differenzierung zwischen den Anlagen für die Aufbereitung mineralischer Bauabfälle und denen für Baustellenabfälle ist wegen des andersgearteten Stoffbestandes zwingend. Darüber hinaus findet zunehmend eine weitere Spezialisierung statt. Angepasste Aufbereitungstechniken für Ausbauasphalt, Boden-Bauschutt-Gemische aber auch für Gipskartonplatten stehen zur Verfügung.

Anlagen für die Bauschuttaufbereitung Im Bauschutt einschließlich Straßenaufbruch aus Beton dominieren die mineralischen Bestandteile. Zu seiner Aufbereitung werden mobile oder stationäre Anlagen eingesetzt, die aus den im Kap. 4 beschriebenen Ausrüstungen bestehen. Die technischen Möglichkeiten der mobilen Anlagen sind in der Regel eingeschränkter als die der stationären Anlagen (Tab. 5.1). Inzwischen gibt es aber auch für die Klassierung ebenso wie für die Windsichtung mobile Technik, sodass bei mobiler Aufbereitung ebenfalls in Fraktionen klassierte, von leichten Störstoffen befreite Recycling-Baustoffe hergestellt werden können. In stationären Anlagen kann zusätzlich eine nasse Sortierung realisiert werden. Mobile Anlagen werden meist am Standort der Abbruchmaßnahme betrieben. Möglich ist aber auch, dass Lagerplätze für Bauabfälle angelegt werden, auf denen mobile Anlagen zum Einsatz kommen, wenn ausreichend Material vorhanden ist. Stationäre Anlagen kommen dort zum Einsatz, wo das Aufkommen an Bauabfällen hoch ist, z. B. in Großstädten oder Ballungsgebieten. Zum Teil werden stationäre Anlagen auch parallel zur Gewinnung und Aufbereitung von natürlichen Gesteinskörnungen in Steinbrüchen betrieben.

© Springer Fachmedien Wiesbaden GmbH, ein Teil von Springer Nature 2018
A. Müller, *Baustoffrecycling*,
https://doi.org/10.1007/978-3-658-22988-7_5

Tab. 5.1 Merkmale von mobilen und stationären Bauschuttaufbereitungsanlagen

Mobile Anlagen	Aufgabemenge bis ca. 250 t/h
	Einsatz ab einer Gesamtabbruchmenge von etwa 5000 t pro Standort bis hin zu Abbruchbaustellen mit großem Aufkommen an Abbruchmaterial, z. B. bei der grundhaften Erneuerung von Autobahnen oder dem Rückbau von Industrieanlagen
	Alle Anlagenaggregate auf Sattelaufliegern, Tiefladern oder Hängern gruppiert, dadurch schnell und leicht versetzbare Anlage
	Verfahrenstechniken von der Minimalvariante „Vorabsiebung und Zerkleinerung" bis zu Varianten mit zusätzlicher mobiler Produktsiebung und Windsichtung möglich
	Geringer Aufwand für die Vorbereitung des Aufstellungsortes, kein Erwerb des Betriebsgeländes erforderlich
	Kein Aufwand für Genehmigungsverfahren, sofern Betriebsdauer an einem Standort bestimmte Grenze nicht übersteigt
	Herstellung von meist nur einem oder zwei Produkten
	Endproduktqualität über Qualität des Aufgabematerials und den technologischen Aufwand in Grenzen steuerbar, Güteüberwachung in Abhängigkeit vom Einsatzgebiet erforderlich
	Direkte Wiederverwertung möglich
Stationäre Anlage	Kapazitäten bis zu 1.000.000 t/a realisiert
	Einsatz in Aufbereitungszentren in Ballungsräumen
	Aufkommen an Bauschutt und Absatz der Recycling-Baustoffe müssen innerhalb eines begrenzten Gebietes längerfristig gesichert sein
	Im Hinblick auf die Verfahrenstechnik Maximalvariante möglich
	Zusätzlicher Aufwand für Erwerb und Einrichtung des Betriebsgeländes
	Hoher Aufwand für Genehmigungsverfahren
	Steuerbare Produktqualität auch bei inhomogenem Aufgabematerial durch gezielte Annahme, Kontrolle, Upstream-Sortierung, Zwischenlagerung, mehrstufige Zerkleinerung und Downstream-Sortierung
	Regelmäßige Güteüberwachung erforderlich, wenn qualifizierte Einsatzgebiete wie der Straßenbau oder die Betonherstellung beliefert werden
	Größere Produktvielfalt

Anlagen für die Sortierung von Baustellenabfällen Anlagen zur Sortierung von Baustellenabfällen bestehen aus Siebanlagen und Sortierstufen. Eine Zerkleinerung kann vorgeschaltet sein. Kernstück der Anlagen ist die Sortierung, bei der Holz, Papier, Kunststoffe, Folien, mineralische Leichtstoffe und Metalle aus dem Stoffstrom aussortiert werden. Mineralische Bestandteile bleiben zurück. Bei Anlagen, die ausschließlich

Baustellenabfälle verarbeiten, erfolgt die Sortierung oftmals händisch an Sortierbändern. Anlagen, in denen Baustellenabfälle und Gewerbeabfälle gemeinsam aufbereitet werden, sind mit verschiedenen Sortieraggregaten bis hin zur sensorbasierten Sortierung ausgerüstet, um den heterogenen Materialstrom zu trennen. Trotzdem kann auf eine händische Sortierung meist nicht vollständig verzichtet werden.

Anlagen für die Aufbereitung von Ausbauasphalt Schollenförmiger Ausbauasphalt kann in Anlagen, die sich von den üblichen Bauschuttaufbereitungsanlagen unterscheiden, für den Wiedereinsatz aufbereitet werden. Die Zerkleinerung erfolgt in sogenannten Granulatoren, die mit rotierenden Fräswalzen bestückt sind. Das Aufgabematerial durchläuft zwei Zerkleinerungsstufen. In der Ersten werden die Asphaltschollen, die Kantenlängen bis zu 1,8 m aufweisen können, mit zwei hydraulisch angetriebenen Stampfern gegen eine rotierende Fräswalze gedrückt. Die Zerkleinerung findet zwischen den Fräszähnen der Walze und einem verstellbaren Brechkamm statt. Nach der ersten Zerkleinerungsstufe liegt das Material in Korngrößen unter 60 mm vor. Mit Hilfe eines Steigebands, über welchem ein Überbandmagnet zum Entfernen von Eisenteilen angeordnet ist, gelangt das Material zu einer Zwei-Deck-Schwingsiebmaschine und wird in die Fraktionen 0/8, 8/22 und > 22 mm klassiert. Das Überkorn wird einem Doppelwalzenbrecher zugeführt und nachzerkleinert. Das Zerkleinerungsprodukt gelangt über ein Rückführband erneut zu der Siebmaschine.

Durch das Zerkleinerungsprinzip – einem Fräsvorgang mit gegenüber Brechvorgängen reduzierter Kornzertrümmerung – entsteht in Granulatoren vergleichsweise wenig Feinkorn. Die Überkornabsiebung bewirkt, dass die für den erneuten Einsatz des Granulats als Asphaltbestandteil erforderliche obere Korngröße eingehalten wird. Die Asphaltaufbereitung ist in der Regel so organisiert, dass der Ausbauasphalt zunächst auf Lagerplätzen – meist am Standort einer Asphaltmischanlage – gesammelt wird. Wenn eine ausreichende Menge von etwa 5000 t vorhanden ist, wird die auf einem Sattelauflieger montierte Anlage angefordert und die Aufbereitung durchgeführt.

Anlagen für die Aufbereitung von Boden-Bauschutt-Gemischen Die Aufbereitung von Böden oder Boden-Bauschutt-Gemischen kann in Aufbereitungsanlagen für Bauschutt erfolgen. Zu besseren Ergebnissen – besonders wenn der Boden aus bindigem, zu Verklebungen neigendem Material besteht – führt aber die Behandlung in speziellen Nassaufbereitungsanlagen. Eine Variante ist es, den Boden mittels Schwertwäsche aufzubereiten. Dabei werden folgende Schritte durchlaufen:

- Vorabsiebung: Im Unterschied zu der Vorabsiebung vor dem Brechprozess werden das Überkorn und das Unterkorn aus dem Boden-Bauschutt-Gemisch entfernt, weil sie zu Beschädigungen bzw. hohem Verschleiß führen können. Für die anschließende Wäsche wird ein Gemisch mit einer definierten oberen Partikelgröße von etwa 30 bis 50 mm und einer unteren Partikelgröße von 2 bis 4 mm benötigt.

- Schwertwäsche: Das Material wird am unteren Ende eines aufsteigenden Trogs mit einer oder zwei sich gegenläufig drehenden Wellen, die mit Schwertern bestückt sind, aufgegeben. Durch die Umwälz-, Reib- und Schervorgänge werden Agglomerate zerkleinert und oberflächlich anhaftende Partikel abgerieben. Im Ergebnis entstehen ein Grobgut, das oberhalb des Wasserbades ausgetragen wird, und eine Suspension, welche die abgeriebenen Partike enthält. Die Leichtstoffe schwimmen auf und werden über ein Entwässerungssieb ausgetragen.
- Nassklassierung des Grobgutes: Das Grobgut wird in Fraktionen klassiert und dabei entwässert. Die Fraktionen werden als Produkte aufgehaldet.
- Die Suspension aus der Schwertwäsche und der Unterlauf der Nassklassierung werden zu einem Entwässerungssieb bzw. einem Zyklon geleitet. Die Sandfraktion wird abgetrennt.
- Der Zyklonüberlauf, der die feinsten Partikel enthält, wird der Abwasseraufbereitung zugeleitet. In mehreren Schritten erfolgt eine Reinigung des Wassers, das im Kreislauf geführt wird. Der enthaltene Feststoff wird mit einer Kammerfilterpresse oder einer Bandpresse abgetrennt und liegt als Filterkuchen mit einer Feuchte von etwa 40 Masse-% vor.

Als Hauptprodukte der Schwertwäsche fallen die gereinigten, groben Körnungen und ein aus dem Waschwasser abgetrennter Sand an. Als Nebenprodukte entstehen das Über- und das Unterkorn aus der Vorabsiebung und der aus der Reinigung des Waschwassers stammende Schlamm. Die groben Körnungen und das Überkorn können als Recycling-Baustoffe im Straßenbau oder in der Betonherstellung verwertet werden. Voraussetzungen sind, dass das Überkorn auf die geforderten Partikelgrößen zerkleinert wurde und dass beide Baustoffe die Qualitätsparameter erfüllen. Der Sand ist für ungebundene Anwendungen einsetzbar. Der Schlamm stellt bei der Nassaufbereitung in der Regel die Schadstoffsenke dar und weist erhöhte Sulfatgehalte auf, was bei seiner Verwertung oder Beseitigung zu berücksichtigen ist.

Anlagen zur Aufbereitung von Gipskartonplattenabfällen Weil der Verbleib von Gipskartonplattenabfällen in Bauabfällen zu Beeinträchtigungen der Verwertbarkeit führt, werden diese zunehmend getrennt gesammelt. Außerdem kann Gips aus dem Rückbau als Rohstoff für die erneute Gipsproduktion eingesetzt werden, wenn er bestimmte Qualitätskriterien erfüllt. Die Gipskartonplattenabfälle werden in speziellen, zweistufigen Anlagen mit einer Schraubenmühle zur Vorzerkleinerung und einer Walzenmühle zur Nachzerkleinerung aufbereitet. In der ersten Zerkleinerungsstufe wird zusätzlich zur Korngrößenreduktion der Karton vom Gipskörper abgetrennt, ohne dass dabei der Karton zu stark zerkleinert wird. Die Korngrößen- und Kornformunterschiede zwischen dem flächig ausgebildeten Karton und dem Gips, der kleinere, kubische Partikel bildet, machen die Aussortierung des Papiers mittels Siebung möglich. In der anschließenden zweiten Zerkleinerungsstufe wird der Gips auf die Feinheit, die für die Verwertung erforderlich ist, zerkleinert. Als Recyclingprodukte entstehen die pulverförmige Gipsfraktion (90 bis 95 Masse-%) und eine Fraktion aus Papierflakes (5 bis 10 Masse-%).

Die Erfassung der Plattenabfälle erfolgt meist an mehreren Standorten. Die Verarbeitung kann unterschiedlichen Szenarien folgen:

- Das Material wird bis zum Erreichen einer ausreichenden Menge unter Dach zwischengelagert. Die Aufbereitung wird von mobilen Recyclinganlagen übernommen.
- Die Plattenabfälle werden zunächst an mehreren Standorten gesammelt und von dort zu einem Aufbereitungszentrum transportiert. Das Zentrum verfügt über eine stationäre Anlage, in der die Abfälle aufbereitet werden.

Weil das Inputmaterial oftmals nicht die notwendige Sortenreinheit aufweist, wird der eigentlichen Aufbereitung eine Vorsortierung per Hand oder unterstützt durch Sortiergreifer vorgeschaltet. Holz, Metalle, Kunststoffe und mineralische Bestandteile werden separiert.

5.2 Bauschuttaufbereitungsanlagen

Für die Verarbeitung von Bauschutt existiert in Deutschland ein dichtes Netz von stationären und mobilen Recyclinganlagen (Abb. 5.1). 2012 wurden 779 stationäre und semimobile sowie 1393 mobile Anlagen betrieben. In den Anlagen wurde insgesamt mehr als 60 Mio. t Bauschutt verarbeitet, wobei die mobil und stationär aufbereiteten Mengen etwa gleich groß waren. Die stationären Anlagen wurden in der Mehrzahl bereits in den 1980er Jahren in Westdeutschland bzw. in den 1990er Jahren in Ostdeutschland errichtet. Ihre Kapazitäten sind nur zum Teil ausgeschöpft. Größere Mengen könnten angenommen und verarbeitet werden.

5.2.1 Stationäre Anlagen

Standort und Flächenbedarf Stationäre Anlagen werden dort errichtet, wo ausreichende Mengen an Bauschutt verfügbar sind. Gleichzeitig sollten die regionalen Bedingungen dem Absatz der Recycling-Baustoffe nicht zuwiderlaufen. Günstige Voraussetzungen bestehen an Standorten, wo das verfügbare Aufkommen an natürlichen Gesteinskörnungen gering und die Bedingungen für die Deponierung ungünstig sind. Weitere bei der Standortauswahl zu berücksichtigende Gesichtspunkte sind:

- Größe, Form, Bodenbeschaffenheit des Grundstücks, auf dem die Anlage errichtet werden soll
- Lage, insbesondere die Entfernung zu Wohngebieten unter Berücksichtigung meteorologischer Verhältnisse wie der Vorzugswindrichtung
- Anbindung an das öffentliche Straßennetz und/oder das Wasserstraßen- und Schienennetz

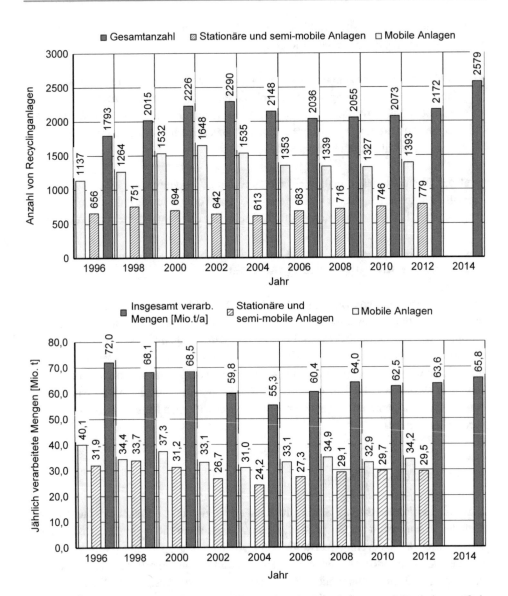

Abb. 5.1 Überblick über die Anzahl an mobilen und stationären Anlagen und die darin verarbeiteten Mengen an Bauabfällen (Daten aus [1]); Bis 2004: Unterscheidung zwischen stationären Anlagen sowie mobilen + semi-mobilen Anlagen, ab 2006: Unterscheidung zwischen stationären + semi-mobilen Anlagen und mobilen Anlagen

- Erschließungsmöglichkeiten für Strom, Trink- und Brauchwasser, Möglichkeiten der Abwasserentsorgung und der Deponierung von Aufbereitungsresten
- Entwicklungsmöglichkeiten wie Erweiterungen der Technologien und Kapazitäten
- Politische Gesichtspunkte, Bevölkerungsakzeptanz, behördliche Auflagen und Vorschriften, Steuergesetze etc.

Stationäre Bauschuttaufbereitungsanlagen können beispielsweise auf ehemaligen Industriestandorten betrieben werden. Die Anlagen verbleiben im Anschluss an die Aufbereitung des dort anfallenden Abbruchmaterials und werden für den stationären Betrieb eingerichtet. Aktive oder nicht mehr betriebene Sand- und Kiesgruben bzw. Steinbrüche sowie Deponien sind weitere Standortbeispiele.

Um eine ausreichende Bauschuttmenge generieren zu können, ist ein Einzugsgebiet von bestimmter Größe und eine möglichst gute Verkehrsanbindung erforderlich. Die statistische, mittlere Größe des Einzugsgebietes von stationären Anlagen als Quotient aus der Fläche Deutschlands und der Anzahl der stationären Anlagen beträgt 580 km². Um daraus die Transportentfernung ohne Überlappungen oder nicht erfasste Bereiche zu ermitteln, wird ein Raster von quadratischen Einzugsgebieten dieser Größe über Deutschland gelegt. Bei einer Anordnung der Bauschuttquelle und der Recyclinganlage entsprechend Abb. 5.2 ergibt sich eine statistische Entfernung für die Bauschuttanlieferung von 17 km. Bei einer differenzierteren Betrachtungsweise sind die Bevölkerungsdichte und das Pro-Kopf-Aufkommen an Bauabfällen als vereinfachtem Parameter für die Bebauungsdichte zu berücksichtigen. Aus dem im Kap. 2 dargestellten Zusammenhang zwischen flächenbezogenem Aufkommen und Bevölkerungsdichte folgt, dass eine umgekehrte Proportionalität zwischen der Größe des Einzugsgebiets und der Bevölkerungsdichte besteht:

$$Einzugsgebiet = \frac{Jahreskapazität}{Bevölkerungsdichte * Pro\text{-}Kopf\text{-}Aufkommen}$$

Gl. 5.1

mit

Einzugsgebiet in km²

Jahreskapazität in t

Bevölkerungsdichte in E/km²

Pro-Kopf-Aufkommen in t/E·a

Bei einer Aufschlüsselung der in Deutschland anfallenden Bauschuttmengen auf den Maßstab der Bundesländer bzw. einer bestimmten Region wird dieser Zusammenhang bestätigt (Abb. 5.2). Die Größe des Einzugsgebietes für die Erzielung einer ausreichenden

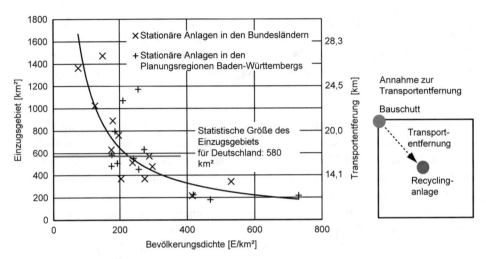

Abb. 5.2 Einzugsgebiet und Transportentfernung für Bauschuttrecyclinganlagen, berechnet anhand der Anlagenanzahl. (Daten aus [1, 2] für die Jahre 2004 bzw. 2006) Zusammenfassung der Stadtstaaten mit den umgebenden Bundesländern

Bauschuttmenge und damit die Transportentfernung sind in Gebieten mit geringer Bevölkerungsdichte größer als in solchen mit hoher Bevölkerungsdichte.

Als vereinfachtes Beispiel soll das erforderliche Einzugsgebiet für eine stationäre Recyclinganlage in zwei Regionen mit unterschiedlichen Bevölkerungsdichten berechnet werden. Ausgangspunkt ist das spezifische Bauabfallaufkommen für Deutschland von 0,9 t/Einwohner*Jahr. Als Bevölkerungsdichte werden beispielhaft Werte von 500 Einwohnern/km² bzw. 50 Einwohnern/km² angenommen. Diese Werte sind typisch für Städte bzw. ländliche Regionen. Wenn die Kapazität der Recyclinganlage 150.000 t/a betragen soll, ergeben sich die in Tab. 5.2 gegenübergestellten Flächen der Einzugsgebiete, aus welchen die maximalen Transportentfernungen für die Anlieferung berechnet werden können. Bei einem quadratischen Einzugsgebiet ergibt sich im Fall der Anlage in der Region mit der hohen Bevölkerungsdichte eine maximale Transportentfernung von 13 km. Im Fall der Anlage in der Region mit niedrigerer Bevölkerungsdichte beträgt

Tab. 5.2 Beispiel für die Kapazitätsplanung von Recyclinganlagen in Gebieten mit unterschiedlicher Bevölkerungsdichte

Bevölkerungsdichte	[E/km²]	500	50
Flächenbezogenes Aufkommen	[t/km²]	450	45
Geplante Anlagenkapazität	[t/a]	150.000	
Einzugsgebiet	[km²]	333	3333
Maximale Transportentfernung	[km]	13	41

die Transportentfernung 41 km. Als wirtschaftlich werden Transportentfernungen bis zu 25 km angesehen.

Der Flächenbedarf einer stationären Anlage setzt sich aus der Fläche für das Aufstellen der Ausrüstungen, den Fahrwegen für Transportfahrzeuge sowie den Lagerflächen für das angelieferte Material und die Produkte zusammen. Nach Auswertung mehrerer Fallbeispiele für Anlagen mit Jahresdurchsätzen von 100.000 bis 1.000.000 t/a bewegt sich die Gesamtfläche zwischen 8000 und 130.000 m². Der spezifische Gesamtflächenbedarf beträgt im Mittel ca. 0,17 m²/t/a mit 0,04 m²/t/a und 0,33 m²/t/a als Extremwerten. Er kann durch Kennwerte für die Lagerflächen und die Flächen für die Ausrüstungen untersetzt werden (Tab. 5.3). Der größte Anteil von etwa 85 % wird für die Lagerung des angelieferten Materials und der hergestellten Produkte sowie für Fahrwege benötigt. Die eigentliche Anlage benötigt ca. 15 % der Gesamtfläche.

Die Lagerung des angelieferten Materials erfolgt üblicherweise auf Längshalden, wobei zumindest die Inputstoffströme Betonbruch und Mauerwerkbruch getrennt gelagert werden (Abb. 5.3). Die Lagerung der Recycling-Baustoffe erfolgt in Freilagern und/oder Boxen. Die Produktlagerung in Silos ist eher selten anzutreffen. Die Kennzeichnung der

Tab. 5.3 Flächenbedarf für eine stationäre Bauschuttaufbereitungsanlage und Beispielrechnung. (Spezifischer Flächenbedarf nach [3])

	Spez. Flächenbedarf		Berechnete Flächen für die Jahreskapazität von 150.000 t/a		Kapazitätsberechnung
	Material	Ausrüstungen	Flächenbedarf	Anteil	
	[m²/t]	[m²/t/h]	[m²]	[%]	
Lagerfläche für Aufgabematerial und Produkte einschließlich Abstands- und Verkehrsflächen	0,5		21.429	85	Angenommene Jahreskapazität: 150.000 t/a Arbeitstage: 210 d/a Arbeitsstunden: 7,1 h/d
Brecheranlage (auch mobil)		10–15	1250	5	Betriebsstunden: 1500 h/a
Einfache Nachsiebanlage		1	100	0,5	Durchsatz 100 t/h Vorrat Aufgabematerial für 40 Tage: 28.400 t
Doppeldeckersiebanlage		4,5	450	2	Zwischenlager für Recycling-Produkte aus einer 20-tägigen Produktion: 14.200 t
Entstaubung		7,5	750	3	
Sichteranlage		12	1200	5	
Summe			25.179		

Abb. 5.3 Freilager für angelieferten Beton- (links) bzw. Mauerwerkbruch (rechts)

Abb. 5.4 Freilager von Recycling-Baustoffen; Recycling-Korngemisch 0/45 mm aus Betonbruch (links) und Ziegelkörnungen (rechts)

gelagerten Baustoffe im Hinblick auf Materialart, Lieferkörnung und eine gegebenenfalls bestehende Fremdüberwachung ist erforderlich. Bei Freilagern werden die Recycling-Baustoffe in Form von Einzelschüttkegeln bzw. Längshalden oder nierenförmigen Halden gelagert (Abb. 5.4). Die Aufhaldung erfolgt durch Förderbänder. Die Aufbereitungsanlage befindet sich auf dem gleichen Geländeniveau wie die Lager selbst. Die Weiterverladung erfolgt mittels Radladern. Bei Großanlagen werden dafür auch Abzugskanäle, Austrags-apparate und Förderbänder genutzt. Die Freilageranlagen haben einen hohen spezifischen Platzbedarf und eine hohe Anpassungsfähigkeit bei sich ändernden Bedingungen.

Bei der Lagerung in Boxen werden die Recycling-Baustoffe zwischen Stellwänden aus Beton oder Holzbohlen gelagert (Abb. 5.5). Die Siebstationen können über den Boxen angeordnet sein, sodass die Förderung der klassierten Recycling-Baustoffe durch die Schwerkraft erfolgt und Bänder für die Aufhaldung des Materials entfallen. Die Boxen können aber auch mittels Förderbändern oder Radladern beschickt werden. Die Boxenan-lagen sind im Vergleich zu Freilageranlagen kompakter und haben einen geringen spezifi-schen Platzbedarf. Die spezifischen Investitionskosten und die Anpassungsfähigkeit liegen im mittleren Bereich.

Abb. 5.5 Boxenlager von Recycling-Baustoffen und Kennzeichnung. (Bildquelle: Walter Feeß, Heinrich Feeß GmbH & Co. KG)

Die Lagerung von Recycling-Baustoffen in Silos aus Stahl oder Stahlbeton ist eine weitere Variante. Oberhalb der Silos können Siebmaschinen und Sortiermaschinen beispielsweise Hydrobandscheider angeordnet sein. Nach einer einmaligen Förderung auf die Ebene oberhalb der Silos mit Hilfe ansteigender Förderbandbrücken kann die weitere Förderung mittels Schwerkraft erfolgen. Die Silos können unterfahrbar sein, sodass eine direkte Verladung aus den Silos in die Transportfahrzeuge erfolgen kann. Der Materialabzug kann auch mittels Förderbändern erfolgen. So können Mischungen aus mehreren Körnungen oder Materialarten erzeugt werden, wie z. B. für die Herstellung von Beton mit rezyklierten Gesteinskörnungen. Die sehr kompakten Siloanlagen haben einen geringen spezifischen Platzbedarf aber hohe spezifische Investitionskosten. Ihre Anpassungsfähigkeit bei sich ändernden Bedingungen ist gering.

Anlagenkomponenten und -konfigurationen Die Aufbereitung von mineralischem Bauschutt umfasst den Brechprozess sowie vorgelagerte und nachgeschaltete Verfahrensschritte. Die jeweils eingesetzten Techniken sind vielfältig. In Tab.5.4 sind mehrere Beispiele für stationäre Recyclinganlagen zusammengefasst.

Die Aufbereitung der Bauabfälle beginnt mit der Zuführung des dem Freilager entnommenen Ausgangsmaterials in den Aufgabebunker der Anlage. Von dort gelangt es zur Vorabsiebung als vorgelagertem Verfahrensschritt. Diese wird mit robusten Siebmaschinen mit einem oder zwei Decks realisiert. Bei beiden Varianten gelangt das Überkorn zum Brecher. Das Unterkorn wird als Vorsiebmaterial aufgehaldet oder weiter klassiert. Bei einer Vorabsiebung mit einer Zwei-Deck-Siebmaschine entsteht zusätzlich eine Zwischenkörnung, die am Brecher vorbeigeführt und dem Brechgut zugegeben werden kann. Die weitere Klassierung des Unterkorns erfolgt mit Spannwellensiebmaschinen. In diesem Fall stellt die abgetrennte Fraktion 0/4 mm das Vorsiebmaterial dar. In Abhängigkeit von der Qualität des Aufgabematerials kann das Überkorn der Spannwellensiebung als Körnung vermarktet werden. So wird eine höhere Produktausbeute erzielt.

Tab. 5.4 Fallbeispiele für stationäre Anlagen für die Aufbereitung von Beton- und Mauerwerkbruch. (Angaben aus [4] bis [12])

Vorabsiebung	Zerkleinerung	Zwischen- und Produktsiebung	Sortierung	Produkte
Beispiel A: Anlagendurchsatz 230.000 t/a				
Aufgabebunker Exzenterschwingsieb mit 2 Decks • Überkorn > 80 mm → Vorbrecher • Zwischenkörnung 22/80 mm → Zusammenführung mit Vorbrechgut • Unterkorn < 22 mm → ggf. Trennung mit Spannwellensieb in Fraktionen 2/22 und 0/2 mm	Vorbrecher: Prallbrecher Einlauföffnung von 1500 × 1360 mm² Nachbrecher: Prallbrecher	Freischwingsieb mit 2 Decks • Fraktion > 45 mm → Leichtstoffabtrennung → Nachbrecher • Fraktion 22/45 mm → Dosiersilo • Fraktion < 22 mm → weitere Klassierung Freischwingsieb mit 1 Deck • Fraktionen 0/12 und 12/22 mm → Dosiersilos	Diverse Überband-Magnete Fraktion > 45 mm → mechanische Abtrennung von Leichtstoffen	Vorsiebmaterial 0/2 und 2/22 mm Körnungen 0/12, 12/22 und 22/45 mm Korngemische 0/45 mm
Beispiel B: Anlagendurchsatz 150.000 bis 200.000 t/a				
Schwerlastsiebmaschine mit 1 Deck • Überkorn > 45 mm → Brecher • Unterkorn < 45 mm → Trennung mit Spannwellensieb in • Fraktion 4/45 mm → Zusammenführung mit Brechgut • Fraktion 0/4 mm → Halde	Prallbrecher Einlauföffnung von 1200 × 1200 mm² Durchsatz 200 t/h	Kontrollsieb mit 1 Deck • Fraktion > 45 mm → Rückführung zum Brecher • Fraktion 0/45 mm → weitere Klassierung Siebstation mit 4 Decks • Fraktionen 4/8, 8/16, 16/32 und 32/45 mm • Fraktion 0/4 mm → Halde	Diverse Überband-Magnete Fraktionen 4/8, 8/16, 16/32, 32/45 mm → Windsichtung	Vorsiebmaterial 0/4 mm Körnungen 4/8, 8/16, 16/32 und 32/45 mm Korngemisch 0/45 mm

Tab. 5.4 (Fortsetzung)

Vorabsiebung	Zerkleinerung	Zwischen- und Produktsiebung	Sortierung	Produkte
Beispiel C				
Diskscheider als Vorabsiebung für den Prallbrecher • Überkorn > 45 mm → händische Sortierung → Prallbrecher • Unterkorn < 45 mm → Sichtung	Vorbrecher: Schlagwalzenbrecher Nachbrecher: Prallbrecher Durchsatz 100 t/h	Kontrollsieb mit 1 Deck nach Prallbrecher • Fraktion < 45 mm → Halde oder → weitere Klassierung Vibrationssiebmaschine mit 2 Decks • Fraktionen 0/5, 5/16 und 16/45 mm → Halden	Diverse Überband-Magnete Händische Sortierung Vertikalwindsichter	Vorsiebmaterial 0/45 mm Körnungen 0/5, 5/16 und 16/45 mm Korngemisch 0/45 mm
Beispiel D				
Aufgabebunker 10 m³ Eindeckvorsieb • Überkorn > 32 mm → Brecher • Unterkorn < 32 mm → Zusammenführung mit Brechgut oder → Halde	Prallbrecher Durchsatz 200 t/h	Vibrationssiebmaschine mit 2 ½ Decks • Fraktion > 32 mm → Rückführung zum Brecher • Fraktionen 8/16 und 16/32 mm → Windsichter • Fraktion 0/8 mm → Halde	Diverse Überband-Magnete Aufgabematerial → händische Sortierung Fraktionen 8/16 und 16/32 mm → Windsichtung	Vorsiebmaterial 0/32 mm Ungesichtete Korngemische 0/8 und 0/32 mm Körnungen 8/16 und 16/32 mm

Tab. 5.4 (Fortsetzung)

Vorabsiebung	Zerkleinerung	Zwischen- und Produktsiebung	Sortierung	Produkte
Beispiel E: Anlagendurchsatz 200.000 t/a				
Sturzbunker 15 m³ Stufenrost • Überkorn > 120 mm → Vorbrecher • Unterkorn < 120 mm → weitere Vorabsiebung • Fraktion > 12 mm → Zusammenführung mit Brechgut • Fraktion < 12 mm → Halde	Vorbrecher: Einschwingenbackenbrecher Einlauföffnung von 1400 × 900 mm² Durchsatz 250 t/h Nachbrecher: Prallbrecher	Zwischensieb mit 2 Decks • Fraktion 45/120 mm → händische Sortierung → Nachbrecher • Fraktion 8/45 mm → Waschtrommel • Fraktion 0/8 mm → Halde Endsieb mit 2 Decks • Fraktionen 8/16, 16/32 und 32/45 mm	Diverse Überband-Magnete Händische Sortierung Fraktion 8/45 mm → Körnungswaschanlage mit Hydrotrommel Feinsandrückgewinnung 0/8 mm	Vorsiebmaterial 0/12 mm Körnungen 8/16, 16/32, 32/45 mm Korngemische 0/8, 0/45 mm
Beispiel F				
Aufgabetrichter Ellipsenschwinger, 1 Deck • Überkorn > 50 mm → Brecher • Unterkorn < 50 mm →weitere Vorabsiebung • > 10 mm → Zusammenführung mit Brechgut • Fraktion < 10 mm → Halde	Vorbrecher: Einschwingenbackenbrecher Einlauföffnung von 1800 × 900 mm² Nachbrecher: Backenbrecher Einlauföffnung von 1000 × 200 mm²	Zwischenlagerung von Brechgut 0/100 mm auf Halde mit Tunnelabzug Zwischensieb mit 2 Decks • Fraktion > 45 mm → Nachbrecher • Fraktion 8/45 mm → Körnungswaschanlage • Fraktion 0/8 mm → Sandsiebanlage Sandsiebanlage mit 2 Decks • Fraktionen 3/8, 0/3 mm → Halden	Diverse Überband-Magnete Fraktion 8/45 mm → Körnungswaschanlage mit Hydrobandabscheider	Vorsiebmaterial 0/10 mm Brechsande 0/3 und 3/8 mm Körnungen 8/45 mm

Tab. 5.4 (Fortsetzung)

Vorabsiebung	Zerkleinerung	Zwischen- und Produktsiebung	Sortierung	Produkte
Beispiel G: Anlagendurchsatz 40.000 t/a				
Bunker Freischwingsieb mit 2 Decks • Überkorn > 80 mm → händische Sortierung → Brecher • Zwischenkörnung 12/80 mm → Zusammenführung mit Brechgut • Unterkorn < 12 mm → Halde	Prallbrecher Durchsatz 200 t/h	Erstes Kreisschwingsieb mit 2 Decks • Fraktion > 32 mm → Brecher • Fraktion 16/32 mm → Sichter • Fraktion 0/16 mm → weitere Klassierung Zweites Kreisschwingsieb mit 2 Decks • Fraktionen 8/16 und 4/8 mm → Sichter • Fraktion 0/4 mm → Halde	Diverse Überband-Magnete Fraktion > 80 mm → händische Sortierung Fraktionen 4/8, 8/16, 16/32 mm → Vertikalwindsichtung	Bei Aufbereitung von Betonbruch: Vorsiebmaterial 0/12 mm Körnungen 4/8, 8/16 und 16/32 mm Korngemische Andere Körnungen bei Ausbauasphalt
Beispiel H: Anlagendurchsatz 1.000.000 t/a				
Aufgabetrichter Vorsieb • Überkorn > 40 mm → Brecher • Unterkornkorn < 40 mm → Zusammenführung mit Brechgut	Prallbrecher Durchsatz 1000–1500 t/h	Zwischensieb mit 1 Deck • Fraktion < 80 mm → Endsieb • Fraktion > 80 mm → händische Sortierung → Brecher Endsieb mit 2 Decks • Fraktion 0/20 → Halde • Fraktionen 20/40 und 40/80 mm → Sichter	Diverse Überband-Magnete Fraktionen 20/40 und 40/80 mm → Windsichtung	Ungesichtete Körnung 0/20 mm Körnungen 20/40 und 40/80 mm Korngemische

Tab. 5.4 (Fortsetzung)

Vorabsiebung	Zerkleinerung	Zwischen- und Produktsiebung	Sortierung	Produkte
Beispiel I: Anlagendurchsatz 1.000.000 t/a				
Aufgabetrichter 25 m³ Freischwingsieb mit 2 Decks • Überkorn Oberdeck → Vorbrecher • Zwischenkörnung → Zusammenführung mit Vorbrechgut • Fraktion < 20 mm → Trennung mit Spannwellensieb • Fraktion 4/20 mm → Zusammenführung mit Brechgut des Prallbrechers • Fraktion 0/4 mm → Halde	Vorbrecher: Einschwingenbackenbrecher Einlauföffnung von 1400 × 1100 mm² Durchsatz 700 t/h Nachbrecher: Prallbrecher	Kontrollsieb mit 1 Deck nach Backenbrecher • Fraktion > 40 mm → händische Sortierung → Prallbrecher Siebmaschinen in Doppel- und Dreideckerausführung • Trennung in 6 Fraktionen 0/4, 4/8,8/16, 16/32, 32/40 und 40/x mm	Diverse Überbandmagnete Fraktion > 40 mm → händische Sortierung Fraktionen , 4/8, 8/16, 16/32, 32/40 und 40/x → Windsichtung	Vorsiebmaterial 0/4 mm Körnungen 4/8, 8/16, 16/32, 32/40 und 40/x mm Korngemisch 0/40 mm

An die Vorabsiebung schließt sich die ein- oder zweistufige Zerkleinerung an. Bei einer einstufigen Zerkleinerung werden Prallbrecher bevorzugt. Erfolgt die Zerkleinerung zweistufig, werden Backenbrecher als Vorbrecher und Prallbrecher als Nachbrecher eingesetzt. Abweichend davon gibt es auch Anlagen, die ausschließlich mit Backenbrechern ausgerüstet sind. Nach dem Brechen erfolgt als erster nachgeschalteter Verfahrensschritt eine Kontroll- oder Zwischensiebung. Das Brechgut wird bei der gewünschten oberen Produktkorngröße – oftmals bei 45 mm – getrennt. Die Körnungen, die gröber als die gewünschte obere Produktkorngröße sind, werden entweder dem Brecher erneut aufgegeben oder der zweiten Brechstufe zugeführt. Das Unterkorn < 45 mm wird in der Produktsiebstation in Fraktionen getrennt und entweder direkt als Produkt aufgehaldet oder der Sortierung zugeführt.

Für die Herstellung von störstofffreien Recycling-Baustoffen ist die Einbeziehung von Sortiertechniken in den Verfahrensablauf unabdingbar. Überbandmagnete sind an verschiedenen Stellen integriert. Windsichter und nasse Sortierverfahren benötigen ein klassiertes Aufgabematerial und sind deshalb immer downstream nach der Produktsiebung angeordnet. Mit Windsichtern können im günstigsten Fall Körnungen ab 4 mm gereinigt werden. Mit Nasssortierern lassen sich auch Sandkörnungen reinigen, was bislang aber nur vereinzelt realisiert wird. Trotz der Verfügbarkeit von mechanischen Sortierverfahren kann auf die händische Sortierung durch Klauben immer noch nicht vollständig verzichtet werden. Die sogenannten „Lesestationen" können entweder vor oder nach der Zerkleinerung angeordnet sein.

Zur Anlieferung der Bauabfälle und zur Abholung der hergestellten Recycling-Baustoffe werden Lastkraftwagen eingesetzt. Gelegentlich erfolgt der Transport auch per Schiff oder Bahn. Für die Transporte des Aufgabematerials zum Brecher, das Umsetzen von Halden und das Verladen der Recycling-Produkte werden Radlader und Greifbagger verwendet. Letztere übernehmen auch die maschinelle Vorsortierung und – ausgerüstet mit Hydraulikzangen und -hämmern – die gegebenenfalls erforderliche Vorzerkleinerung. Der Transport zu den einzelnen Aufbereitungsaggregaten erfolgt mittels Kratz- und Plattenbandförderern für das angelieferte Material und mittels Gurtförderern für die Zwischen- und Endprodukte. Die Transport- und Umschlagprozesse und die eigentliche Aufbereitung sind besonders bei trockener Witterung mit einer Staubentwicklung verbunden. An diffusen Quellen wie Übergabe- und Abwurfstellen kann diese durch die Befeuchtung des Materials reduziert werden. An örtlich eingrenzbaren Emissionsquellen wie Brechern, Siebmaschinen und/oder Sichtern sind Absaugungen der staubbeladenen Luft und eine anschließende Staubabscheidung erforderlich.

Zur Infrastruktur einer Bauschuttrecyclinganlage gehören Fahrzeugwaage, Versorgung mit Elektroenergie, Trink- und Brauchwasser, Platzbefestigung mit Entwässerung sowie Sozialeinrichtung für die Beschäftigten. Im Bereich der Fahrzeugwaage müssen Büroflächen für die Erfassung und Dokumentation der ein- und ausgehenden Stoffströme vorhanden sein. Ferner werden ein Betriebslabor, in dem die Eigenüberwachung der Recycling-Baustoffe vorgenommen werden kann, und eine Werkstatt benötigt. Um Verschmutzungen der Zufahrtsstraßen zu vermeiden, kann eine Reifenwaschanlage erforderlich sein.

Der Energieaufwand für die Aufbereitung von mineralischen Bauabfällen setzt sich zusammen aus dem Energieaufwand

- der mobilen Geräte zum Vorzerkleinern, Beschicken, Umsetzen von Halden und Verladen
- der Maschinen für die Zerkleinerung, Klassierung und Sortierung
- der Aufgabeeinrichtungen, Dosiervorrichtungen, Förderbänder und ggf. vorhandener Entstaubungsanlagen.

Nach Recherchen ergibt sich für den kumulierten Energieaufwand, der in ökologische Betrachtungen eingeht, ein Bereich von 18 bis 84 MJ/t (Abb. 5.6). Die Ursachen für die große Spannweite können beispielsweise darin liegen, dass unterschiedliche Anlagen-konfigurationen betrachtet wurden. Des Weiteren ergeben sich deutliche Unterschiede in Abhängigkeit davon, ob das Aufgabematerial oder ausgewählte Zielprodukte als Bezugs-basis gewählt werden. Gravierend hängt der Energieverbrauch auch vom Umfang des Ein-satzes mobiler Geräte für die Vorzerkleinerung und den Transport sowie von der Anzahl der Gurtförderer ab. Sie können mehr als die Hälfte des gesamten Energieverbrauchs für die Aufbereitung verursachen.

Im Vergleich zu natürlichen Gesteinskörnungen liegt der kumulierte Energieauf-wand für die Rezyklatherstellung in dem Bereich der Bausande und -kiese bis hin zum Kalksteinsplitt.

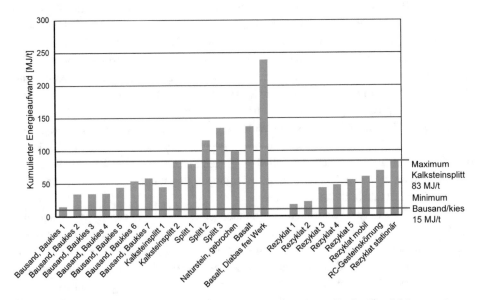

Abb. 5.6 Energieaufwand für die Herstellung von Recycling-Baustoffen im Vergleich zu natür-lichen Gesteinskörnungen. (Daten aus [13] bis [19])

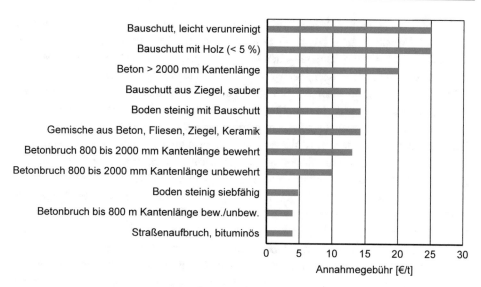

Abb. 5.7 Beispiele für die Annahmegebühren einer Bauschuttrecyclinganlage

Betreiben von Recyclinganlagen Die Herstellung von Recycling-Baustoffen mit einer Qualität, die einen hochwertigen Einsatz erlaubt, beginnt mit einer sorgfältigen Eingangskontrolle. Dafür werden eine Fahrzeugwaage und eine Überwachungskabine, die nach Möglichkeit einen Blick auf das anliefernde Fahrzeug erlaubt, benötigt. Die Herkunft, der Anlieferer, die Materialart, der Grad der Verunreinigungen durch Störstoffe, die Stückgröße und die angelieferte Menge werden festgestellt und dokumentiert. Ungeeignetes Material muss erkannt und abgewiesen werden. Nach der Materialart einschließlich dem Störstoffgehalt und der Stückgröße richtet sich die zu entrichtende Annahmegebühr (Abb. 5.7). Bei großen Abbruchbaustellen kann eine Bestandsaufnahme bereits vor dem Abbruch erforderlich sein. Darin müssen Abschätzungen zu Stoffarten und Mengen, Angaben zur früheren Nutzung des Gebäudes, zu Störfällen als möglichen Ursachen von Kontaminationen sowie Maßnahmen zum sicheren Aushalten kontaminierter Bereiche enthalten sein, um eine sachgerechte Entsorgung aller entstehenden Stoffströme zu gewährleisten. Günstige Voraussetzungen für diese Vorgehensweise sind gegeben, wenn der Abbruch und die Aufbereitung in einer Hand liegen.

Mit den Annahmegebühren können die angelieferten Stoffströme in gewissem Umfang gesteuert werden. Die Arten von Bauabfällen, aus denen sich mit vergleichsweise geringem Aufwand verkaufsfähige Produkte herstellen lassen, werden mit geringen Annahmegebühren belegt. Ein Beispiel dafür ist Betonbruch in solchen Größen, die ohne Vorzerkleinerung dem Brecher aufgegeben werden können. Sehr großformatige und stark bewehrte Teile bedürfen einer Vorzerkleinerung, was zu höheren Annahmegebühren führt. Gleiches gilt für mit Störstoffen verunreinigten Bauschutt aus dem Hochbau, bei welchem die Aufbereitung aufwendiger und der Verkauf schwierig ist. Das angelieferte Material wird nach Arten getrennt gelagert. Zusätzlich zu den Halden für Betonbruch, Mauerwerkbruch und Asphalt können Lager für bestimmte sortenreine Baustoffarten oder für mit Störstoffen wie Holz oder mineralischen Leichtbaustoffen vermischte Bauabfälle vorhanden sein. Auch sehr große oder sperrige Betonteile werden getrennt gelagert.

Die Produkte, die in einer Recyclinganlage erzeugt werden, stehen hinsichtlich der Materialzusammensetzung in unmittelbarem Bezug zum Inputmaterial. Beton- und mauerwerkstämmige Recycling-Baustoffe dominieren. Daneben werden auch sortenreine Ziegelrezyklate angeboten. Das Vorsiebmaterial, in dem typischerweise Bodenpartikel und Partikel von Baustoffen mit geringer Festigkeit angereichert sind, steht für die Verwertung im Erdbau zur Verfügung, wenn es die erforderliche umwelttechnische Güte aufweist. In Bezug auf die Partikelgröße werden Korngemische und Körnungen hergestellt, bei denen die gleichen Siebschnitte wie bei natürlichen Gesteinskörnungen gelten. Bei der Anwendung der Recycling-Baustoffe im Straßenoberbau bzw. als rezyklierte Gesteinskörnung ist eine Eigen- und Fremdüberwachung hinsichtlich der bautechnischen Parameter erforderlich. Zusätzlich sind für alle Produkte die umwelttechnischen Parameter zu bestimmen. Recycling-Baustoffe müssen im Vergleich zu ungebrauchten Baustoffen häufiger geprüft werden. So wird ihrer größeren Heterogenität Rechnung getragen. Die Produktpreise richten sich nach dem Aufwand für die Herstellung und den Absatzchancen (Abb. 5.8). Der geringste Preis wird für das Vorsiebmaterial festgelegt, weil hier der Absatz wichtiger als der Verkaufserlös ist.

Die Wirtschaftlichkeit von Recyclinganlagen wird durch das Verhältnis der Kosten für die Herstellung der Recycling-Baustoffe zu den Erlösen für die Bauschuttannahme und den Verkauf der Produkte bestimmt. Fixe Kosten entstehen für Abschreibungen,

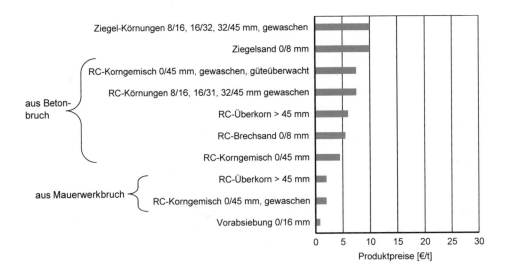

Abb. 5.8 Beispiele für die Produktpreise einer Bauschuttrecyclinganlage

Grundstück, Versicherung, Personal, Fremd- und Eigenüberwachung, Vertrieb und Verwaltung. Variable Kosten entstehen für Energie, Verschleiß und Wartung, Verladung und Aufhaldung. Von entscheidender Bedeutung für eine positive Bilanz ist einerseits ein ausreichender Materialinput. Andererseits muss ein ausreichender Absatz der Produkte gesichert sein. Beide Faktoren werden auch von der Unternehmensstruktur bzw. der Vernetzung des Anlagenbetreibers beeinflusst. Wenn der Materialinput und der Output durch „hauseigene" Abteilungen für Abbruch, Transportbetonherstellung sowie Hoch- und/oder Tiefbau gesteuert werden können, liegen günstige Bedingungen vor. Sind solche Bedingungen weder von der Input- noch von der Outputseite her gegeben, muss durch eine entsprechende Lagerhaltung zumindest ein ausreichender Vorrat an Bauabfall vorgehalten werden. Um die Inputlager aufzufüllen, kann auch eine Senkung der Preise für die Materialannahme in Betracht kommen, was sich aber ungünstig auf das Betriebsergebnis auswirkt. Die zu deponierende Menge an Restabfällen muss unbedingt möglichst gering sein, weil sie das Betriebsergebnis negativ beeinflusst.

Der Umfang der Aufträge zur Lieferung von Recycling-Baustoffen, die von Recyclingunternehmen realisiert werden können, steht mit der Jahreskapazität im Zusammenhang. Große Baumaßnahmen beispielsweise im Autobahnbau können in ihrem Materialbedarf deutlich über der Jahreskapazität einer einzelnen Anlage liegen. Durch entsprechende Lagerkapazitäten und/oder die Kooperation mehrerer Unternehmen kann dieses Ungleichgewicht ausgeglichen werden.

5.2.2 Mobile Anlagen

Mobile Anlagen werden auf Abbruchbaustellen mit geringen Bauschuttmengen ebenso eingesetzt wie auf solchen, auf denen einmalig sehr große Mengen zu verarbeiten sind. Voraussetzungen sind, dass der benötige Platz zur Verfügung steht und keine unzumutbaren Belästigungen für die Anlieger entstehen. Die Anlagen können auf Tiefladern, Sattelaufliegern oder Hängern transportiert werden und sind nach kurzer Rüstzeit einsatzbereit. Besonders vorteilhaft ist ihr Einsatz an Standorten, wo das aufbereitete Material unmittelbar wieder eingebaut werden kann. Beispiele dafür sind die Verfüllung von nach dem Rückbau verbleibenden Hohlräumen oder das Anlegen von Sauberkeitsschichten für eine nachfolgende Bebauung. Die untere Grenze für einen wirtschaftlichen Einsatz an einem Standort liegt bei etwa 5000 t. Für diesen Fall werden vergleichsweise kleine, kompakte Brecher mit geringer Masse bevorzugt. Das Umsetzen dieser Maschinen ist wenig aufwändig. Wenn sehr große Mengen zu verarbeiten sind, werden Maschinen mit hohen Durchsätzen verwendet, die deutlich größer und schwerer sind. Dies ist jedoch von geringerer Bedeutung, weil die Maschine länger an einem Standort verbleibt. Ein Beispiel ist ein knapp acht Kilometer langer Streckenabschnitt einer Autobahn, wo 38.000 m³ Fahrbahnbeton und 4500 m³ Brückenbeton aufzubereiten waren [20]. Die Aufbereitung erfolgte zweistufig mit einem Backenbrecher als Vorbrecher und einem Kegelbrecher als Nachbrecher. Die Anlagen wechselten auf ihren Raupenfahrwerken zwar mehrmals ihren Standort entlang der Trasse, eine Verladung und ein Transport waren erst nach Abschluss des etwa 6 Monate dauernden Einsatzes erforderlich. Ein Teil des aufbereiteten Betons wurde als Frostschutzmaterial in der erneuerten Autobahn eingesetzt. Durch die zweistufige Aufbereitung konnten die erforderlichen Qualitätsanforderungen erfüllt werden.

Werden mobile Anlagen an Standorten betrieben, wo wenig Fläche zur Verfügung steht, muss trotzdem ausreichend Platz für die eigentlichen Maschinen, für das Beschicken und den Transport durch Bagger und Radlader aber auch für die Lagerung des Aufgabematerials und der Produkte vorhanden sein. Nach Firmenangaben reicht eine Fläche für die Maschinenaufstellung und die Fahrwege von 15 × 20 m² aus, wenn die Anlage nur aus einem Brecher besteht. Sollen ein Brecher und eine nachgeschaltete Siebanlage betrieben werden, ist eine Fläche von 25 × 35 m² erforderlich. Die benötigte Gesamtfläche beträgt etwa 3000 m², wovon 70 % als Fläche für die Lagerung des Aufgabematerials und der Produkte zur Verfügung stehen. Im Abb. 5.9 ist beispielhaft eine Aufteilung der Gesamtfläche dargestellt. Die Lagerfläche reicht aus, um gleichzeitig etwa 5000 t Ausgangsmaterial und 5000 t Produkt zu lagern. Reserven für die Produktlagerung sind vorhanden, wenn das Ausgangsmaterial nicht kontinuierlich nachgeliefert wird, sodass die dafür benötigte Lagerfläche durch die laufende Verarbeitung stetig abnimmt. Für die erzeugten Recycling-Baustoffe stehen dann deutlich größere Lagerflächen zur Verfügung. Die Halden können flacher sein. Eine Lagerung nach Korngruppen ist möglich. Wird das Ausgangsmaterial kontinuierlich nachgeliefert, muss auf der Produktseite für einen Abfluss des Materials gesorgt werden, um mit der zur Verfügung stehenden Fläche auszukommen.

Die Kosten der mobilen Aufbereitung liegen unter denen der stationären, weil bestimmte fixe Kosten wie Grundstückskosten, Kosten für Fremd- und Eigenüberwachung sowie Vertrieb und Verwaltung geringer sind oder entfallen. Wenn keine Abstriche bei der Produktqualität gemacht werden müssen, kann das zu einer günstigeren Wirtschaftlichkeit führen.

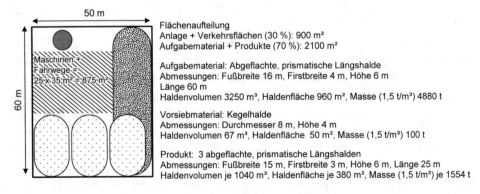

Abb. 5.9 Beispielhafte Darstellung für die Flächenaufteilung bei der Bauschuttaufbereitung mit einer mobilen Anlage

Literatur

1. Umwelt. Abfallentsorgung. Statistisches Bundesamt. Wiesbaden 1996, 1998, 2000, 2002, 2004, 2006, 2008, 2010, 2012, 2014.
2. Büringer, H.: Aufbereitung und Verwertung von Bauabfällen in Baden-Württemberg. Statistisches Monatsheft Baden-Württemberg 2008, H. 6, S. 38–41.
3. Schmidt, H.-J.: Gedanken zur Wirtschaftlichkeit im Baustoffrecycling. Recycling in der Bauwirtschaft. EF-Verlag für Energie- und Umwelttechnik GmbH, S. 219–235. Berlin 1987.
4. Guntermann, P.: CRG Cottbus - eine anpassungsfähige, vielseitige Bauschutt-Recyclinganlage nach modernstem Konzept. Aufbereitungs-Technik Vol. 33, 1992, H. 2, S. 93–96.
5. An Widerständen gewachsen. remex Dresden zeigt neue Perspektiven im Baustoffrecycling. Baustoff-Recycling + Deponietechnik. 1994, Heft 8/9.
6. Bauschutt-Recycling und Baustellenmischabfallsortierung. Schüttgut Vol. 2, 1996, Nr. 2, S. 316–317.
7. Innovative Unterstützung von Bauvorhaben in Berlin durch den Remex-Logistik-Verbund. Aufbereitungs-Technik Vol. 36, 1995, Nr. 1.
8. Reinhardt, B.: Vorstellung der BBW Recycling Mittelelbe GmbH. 2. Klausur Steigerung von Akzeptanz und Einsatz mineralischer Sekundärrohstoffe. Potsdam 2007.
9. Schütze, H.J.: Naßaufbereitung von Bauschutt im Aquamator. Aufbereitungs-Technik Vol. 28, 1987, Nr. 8, S. 463–469.
10. Lehner, R.: Flexibles Anlagenkonzept zur wirtschaftlichen Aufbereitung von Bauschutt. Aufbereitungs-Technik Vol. 37, 1996, Nr. 10, S. 501–503.
11. Heijkoop, D.: Sauberer Teer. Recycling Magazin 2015, H. 11, S. 46–47.
12. Der Welt größte Bauschuttrecyclinganlage. Baustoff-Recycling + Deponietechnik. 1995, Heft 4, S. 17–19.
13. Marmé, W. Seeberger, J.: Der Primärenergieinhalt von Baustoffen. Bauphysik Vol. 4, 1982, Heft 5, S. 155–160.
14. Kümmel, J.: Ökobilanzierung von Baustoffen am Beispiel des Recyclings von Konstruktionsleichtbeton. Dissertation. Institut für Werkstoffe im Bauwesen der Universität Stuttgart. Stuttgart 2000.
15. Weil, M.: Ressourcenschonung und Umweltentlastung bei der Betonherstellung durch Nutzung von Bau- und Abbruchabfällen. Dissertation. Schriftenreihe WAR der Technischen Universität Darmstadt, Heft 160. Darmstadt 2004.
16. Stengel, T.; Schießl, P.: Der kumulierte Energieaufwand (KEA) ausgewählter Baustoffe für die ökologische Bewertung von Betonbauteilen. TU München, Centrum Baustoffe und Materialprüfung, Wissenschaftlicher Kurzbericht Nr. 13. München 2007.
17. https://www.ffe.de/images/stories/Berichte/Gabie/baustoff.htm
18. Spyra, W; Mettke, A; Heyn, S.: Ökologische Prozessbetrachtungen - RC-Beton. Projektbericht, Brandenburgische Technische Universität. Cottbus 2010.
19. Quattrone, M.; Angulo, S.C.; John, V.M.: Energy and CO_2 from high performance recycled aggregate production. Resources, Conservation and Recycling Vol. 90, 2014, pp 21–33.
20. Recycling-Baustelle am Rande der A 4-Ostwest-Verkehrsader. Steinbruch und Sandgrube 2002, H. 1, S.16–17.

Verwertung von Ausbauasphalt

6

6.1 Grundbegriffe

Asphalt Der Werkstoff Asphalt hat sein Vorbild in dem natürlichen, aus Erdöl entstandenen „Erdpech". Solche Naturasphalte wurden bereits vor rund 5000 Jahren von den Babyloniern und Sumerern zur Bauwerksabdichtung verwendet. Künstliche Asphalte traten ab Mitte des 19. Jahrhunderts auf den Plan, nachdem Bitumen aus Erdöl hergestellt werden konnte. Sie fanden schnell Eingang und breite Verwendung im Straßenbau. Heute wird unter Asphalt ein Kompositbaustoff aus dem Bindemittel Bitumen sowie aus groben und feinen Gesteinskörnungen einschließlich von Füllern und ggf. weiteren Zusätzen verstanden. Die Eigenschaften von Asphalt ergeben sich aus den Eigenschaften der Komponenten und der jeweiligen Rezeptur. Sie werden zusätzlich von den Herstellungsbedingungen beeinflusst. Haupteinsatzgebiet dieses Baustoffs ist der Bau von Straßen und Verkehrsflächen. Daneben gibt es auch Anwendungen im Wasserbau und im Hochbau.

Bitumen Bitumen wird durch Vakuumdestillation aus Erdöl hergestellt. Es ist ein schwer flüchtiges, dunkelfarbiges Gemisch aus hochsiedenden und nichtsiedenden Erdölkomponenten. Bitumen ist ein kolloidal aufgebautes Bindemittel aus ketten- oder ringförmigen Kohlenwasserstoffen verschiedener Größe. Die disperse Phase wird durch Asphaltene und Harze gebildet. Das sind Makromoleküle mit Molekularmassen bis 100.000 g/mol. Die kohärente Phase, in welcher diese Makromoleküle eingebettet sind, besteht aus Maltenen, die Molekularmassen unter 1000 g/mol aufweisen. Die Eignung von Bitumen als Bindemittel, beruht auf seinem thermoviskosen Verhalten. Bei normalen Gebrauchstemperaturen ist es fest. Durch Erwärmung auf Temperaturen von 150 bis 200 °C wird es flüssig und kann dann mit Gesteinskörnungen vermischt werden und diese umhüllen. Nach der

© Springer Fachmedien Wiesbaden GmbH, ein Teil von Springer Nature 2018
A. Müller, *Baustoffrecycling*,
https://doi.org/10.1007/978-3-658-22988-7_6

Abkühlung liegt das Bitumen als feste Matrix vor, welche die Gesteinskörnungen verbindet. Bitumen ist praktisch wasserunlöslich. Es ist als nicht wassergefährdend eingestuft.

Als Standardbindemittel kommen im Asphaltstraßenbau Straßenbaubitumen und Polymermodifizierte Bitumen zum Einsatz. Die Sorten des Straßenbaubitumens werden anhand ihrer Konsistenz unterschieden. Weichere Sorten sind für Straßen und Wege mit geringer Belastung geeignet, sehr harte Sorten kommen in hochbelasteten Straßen zum Einsatz. Polymermodifizierte Bitumen sind Mischungen aus Bitumen und einem Elastomer. Sie haben gegenüber Straßenbaubitumen einen breiteren Verarbeitungsbereich und eine verbesserte Haftung an der Gesteinskörnung. Sie kommen in hoch beanspruchten Verkehrsflächen oder besonderen Asphaltsorten zum Einsatz.

Straßenpech Ausgangsstoffe für die Herstellung von Straßenpech (früher Straßenteer) sind Steinkohle oder Braunkohle, die zunächst durch Pyrolyse in Rohteer überführt werden. Danach erfolgt eine fraktionierte Destillation, bei welcher Teerpech als Destillationsrückstand zurückbleibt. Im Unterschied zu bitumengebundenem Asphalt gehen von Asphalten mit Straßenpech als Bindemittel Gefahren für die Umwelt und das bearbeitende Personal aus, die bei der Wiederverwendung zu berücksichtigen sind. Das carbostämmige Bindemittel enthält im Unterschied zu Bitumen als petrostämmiges Bindemittel gesundheits- und umweltbedenkliche Substanzen wie polycyclische aromatische Kohlenwasserstoffe (PAK) und Phenole (Tab. 6.1). Sowohl die PAK als auch die Phenole leiten sich vom Benzol ab. Folgende Merkmale sind charakteristisch:

- Bei den polycyclischen aromatischen Kohlenwasserstoffen sind mehrere Benzolringe über Ecken oder Kanten miteinander verknüpft. Von den mehr als hundert, heute bekannten PAK sind fast alle Verbindungen, die aus mehr als 4 Benzolringen bestehen, karzinogen. Als Leitkomponente für die PAK-Belastung dient das Benzo(a) pyren, welches aus 5 Benzolringen besteht. Bei der Angabe von PAK-Gehalten wird die Summe von 16 ausgewählten PAK zugrunde gelegt, wie die Environmental Protection Agency der USA (EPA) es vorschlägt.
- Bei den Phenolen sind ein oder mehrere Wasserstoffatome des Benzols durch Hydroxylgruppen ersetzt. Einfachste Verbindung ist das Phenol selbst mit einer Hydroxylgruppe. Weitere im Straßenpech auftretende Phenole sind Kresol und Xylenol. Phenol ist giftig und ätzend, also direkter in seiner Wirkung und abschätzbarer hinsichtlich der Folgen.

In pechgebundenem Asphalt betragen die Gehalte an PAK ca. 2500 bis 12.500 mg PAK/kg Asphalt, während bitumengebundener Asphalt lediglich 2,5 bis 5 mg PAK/kg Asphalt enthält. Trotzdem stellen die in pechhaltigen Straßenbelägen vorliegenden PAK keine unmittelbare Gefährdung der Umwelt dar, weil sie zum einen nahezu wasserdicht

Tab. 6.1 Gegenüberstellung von Merkmalen der Bindemittel Bitumen und Straßenpech

	Gehalt an Benzo (a) pyren	Gehalt an PAK nach EPA	Gehalt an Phenolen, Kresolen
	[mg/kg]		
Bitumen: Fraktionierte Destillation von Erdöl. Destillationsrückstand: Bitumen	0,2 bis 1,8	10 bis 40	0,3 bis 2
Straßenpech: Verkokung von Steinkohle/Braunkohle → Rohteer, fraktionierte Destillation. Rückstand: Steinkohlen-, Braunkohlenteerpech	9000 bis 12.500	100.000 bis 300.000	4400 bis 5000

eingebunden und zum anderen schwer löslich sind. Erst wenn diese Beläge beim Ausbau und der Wiederverwendung bearbeitet werden, kann es zu einer Freisetzung kommen. Um das zu verhindern, bestehen Vorschriften, wie mit diesem Material umzugehen ist. Im Straßenbau fand aus Stein- oder Braunkohle hergestelltes Pech bis in die 1980er Jahre Anwendung. Seit 1987 ist die Verwendung nicht mehr zugelassen.

Gesteinskörnungen Die im Asphalt eingesetzten Gesteinskörnungen sichern die Tragfähigkeit des Baustoffs, indem sie ein mineralisches Gerüst bilden. Sie sind bei der Asphaltherstellung, beim Einbau und bei der anschließenden Nutzung hohen Belastungen ausgesetzt und müssen deshalb z. T. erhöhte und zusätzliche Anforderungen verglichen mit Betonzuschlägen erfüllen. Die Gesteinskörnungen müssen witterungsbeständig, schlagfest, druckfest und polierresistent sein. Während der Asphaltherstellung werden sie auf Temperaturen von bis zu etwa 300 °C erwärmt, was zu keinen Veränderungen führen darf. Weitere Anforderungen bestehen in Bezug auf die Bruchflächigkeit und die Affinität zum Bindemittel. Für die am meisten belasteten, oberen Schichten des Straßenaufbaus wird gebrochenes Felsgestein, z. B. Splitte und Sande aus Diabas, Basalt oder Gabbro verwendet. Die verwendeten Füller sind Gesteinsmehle der Kornklasse 0/0,063 mm. Sie können sowohl aus der Entstaubung der Asphaltmischanlage selbst (Eigenfüller) als auch aus der Natursteinaufbereitung (Fremdfüller) stammen. Die Füller bilden zusammen mit dem Bitumen den Mörtel, der die Hohlräume des von den groben Körnungen gebildeten Gerüstes ausfüllt. Die Füller binden einen Teil der Klebkraft des Bitumens. Gleichzeitig wirken sie versteifend auf das Bitumen.

Mischgut Aus den getrockneten und erwärmten Gesteinskörnungen, dem erhitzten Bitumen sowie dem Füller wird in weitgehend automatisierten Mischanlagen das Mischgut hergestellt. Das Mischgut wird mit Temperaturen von 130–180 °C zur Baustelle transportiert und dort verarbeitet.

Straßenaufbau Asphaltstraßen bestehen aus mehreren Schichten, die unterschiedliche Aufgaben übernehmen. Auf die Tragschichten, die auf das Planum aufgebracht werden (siehe Kap. 7, Abb. 7.27), folgen die Binderschicht und die Deckschicht. Asphalt kann in allen Schichten eingesetzt werden, wobei sich die Asphaltart nach der Funktion, welche die jeweilige Schicht übernehmen muss, richtet. Grundsätzlich treten in vertikaler Richtung von der Fahrbahnoberfläche aus folgende Eigenschaftsänderungen auf: Abnahme des Bindemittelgehalts, Zunahme des Größtkorns der Gesteinskörnung und Zunahme der Schichtdicke (Abb. 6.1).

Die Standardbauweise für die Deckschicht ist heiß eingebauter Asphaltbeton. Die eingesetzten Gesteinskörnungen dürfen nicht polierfähig und sollten möglichst hell sein. Es werden Körnungen 0/5, 0/8, 0/11 oder 0/16 mm verwendet. Die Bindemittelgehalte bewegen sich zwischen 5 und 8 Masse-%, die Einbaudicken zwischen 2 und 6 cm. In besonders hoch belasteten Bereichen werden oft Splittmastixasphalt oder Gussasphalt als weitere Asphaltarten eingesetzt.

Die Binderschicht muss die größten Schubspannungen aus den Brems- und Anfahrvorgängen der Fahrzeuge aufnehmen. Sie bildet den Übergang zwischen der grobkörnigen Tragschicht und der feinkörnigen Deckschicht, mit der sie schubfest verbunden sein muss. In der Regel werden Körnungen 0/11, 0/16 oder 0/22 mm mit ausreichenden Anteilen an

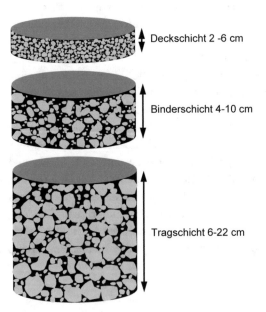

Abb. 6.1 Schematische Darstellung der Schichten einer Straße in Asphaltbauweise

Deckschicht 2 -6 cm

Binderschicht 4-10 cm

Tragschicht 6-22 cm

Splitt und Brechsand verwendet. Die Bindemittelgehalte bewegen sich zwischen 4,0 und 6,5 Masse-%, die Einbaudicken zwischen 4 und 10 cm.

Die oberen Tragschichten übernehmen die Aufgabe, die Verkehrslasten auf ein für den Untergrund bzw. Unterbau verträgliches Maß zu verteilen. Sie bestehen aus Kies-Sand-Gemischen oder Schotter-Splitt-Sand-Gemischen unter Zugabe von Bitumen oder Zement als Bindemittel. Für Asphalttragschichten werden Körnungen von 0/16 bis zu 0/32 mm verwendet bei Bindemittelgehalten zwischen 3,3 und 4,3 Masse-% und Einbaudicken zwischen 6 und 22 cm. Eine besondere Ausführung sind Tragdeckschichten, die eine Kombination aus Asphalttrag- und Asphaltdeckschichten darstellen. Sie weisen relativ geringe Gesamtdicken von 8 bis 10 cm auf und eigenen sich für weniger belastete Straßen und Wege wie Rad- und Gehwege oder landwirtschaftliche Wege.

Asphaltarten Die in den verschiedenen Schichten einer Straße eingesetzten Asphaltarten werden nach bestimmten Vorgaben für die Korngrößenverteilung der Gesteinskörnungen, das Verhältnis Brechsand zu Natursand, die Bitumensorte und -menge sowie den Hohlraumgehalt von verdichteten Probekörpern hergestellt. In Tab. 6.2 sind die wichtigsten Asphaltarten und die Funktion, die sie im Straßenaufbau übernehmen, zusammengefasst.

Tab. 6.2 Übersicht von wichtigen, im Straßenbau eingesetzte Asphaltarten

Asphaltarten	Funktion im Straßenaufbau	Max. Schichtdicke [mm]	Max. Korngröße [mm]	Bitumen-gehalt [Masse-%]
Asphaltbeton	• In Deckschichten eingesetzt • Unterliegt der Abnutzung durch den Verkehr • Muss in regelmäßigen Abständen erneuert werden	60	16	5,2–8,0
Splittmastix-asphalt	• Spezielle Sorte des Asphaltbetons für hohe Verkehrbelastungen • Im Vergleich zu Asphaltbeton höherer Bitumen- und Splittgehalt, ggf. weitere Zusätze wie Fasern	40	11	6,6–7,4
Gussasphalt	• Asphalt mit hohem Anteil von Bitumen und Füller für Deckschichten hochbeanspruchter Straßen • Wegen seiner Wasserdichtigkeit häufig auch für Brücken	40	11	6,5–8,5

Tab. 6.2 (Fortsetzung)

Asphaltarten	Funktion im Straßenaufbau	Max. Schichtdicke [mm]	Max. Korngröße [mm]	Bitumen-gehalt [Masse-%]
Asphaltbinder	• Wird in der unter der Deck-schicht folgenden Binder-schicht verwendet • Überträgt die Lasten von der Deckschicht auf die Tragschicht	100	22	4,0–6,5
Tragschichtas-phalt	• Asphalt in der direkt auf den Untergrund/Unterbau auf-gebrachten Schicht	drei- bis vierfacher Durchmesser von der max. Korngröße	32	3,3–4,3
Tragdeck-schichtasphalt	• Übernimmt die Funktionen von Asphaltbeton und As-phalttragschicht • Für Straßen mit geringem Ver-kehrsaufkommen, z. B. land-wirtschaftlichem Wegebau	100	16	≥ 5,2
Asphaltmastix	• Oberflächenschutzschicht • Überzug auf Pflaster- oder Zementbetondecken, alten Asphaltdeckschichten, Stra-ßen und Wegen aller Art	–	2	13–18

Die Bindemittelgehalte bewegen sich zwischen 2 und 10 Masse-%. Bei Asphaltmastix beträgt der Gehalt sogar 13 bis 18 Masse-%.

Ausbauasphalt Ausbauasphalt ist die Sammelbezeichnung für aus Straßen- und Ver-kehrsflächen zurückgewonnenen Asphalt, der keine weitere Aufbereitung durchlaufen hat. Unterschieden wird zwischen (Abb. 6.2)

• Fräsgut, d. h. Asphalt, der durch Fräsen gewonnen wird und deshalb kleinstückig vor-liegt und
• Aufbruchasphalt, d. h. durch Aufbrechen und Aufnehmen von Fahrbahnschichten ent-stehende Schollen von Asphalt.

Als Asphaltgranulat wird der für den Wiedereinsatz vorbereitete Ausbauasphalt bezeich-net. Im Falle des Aufbruchasphalts müssen die Schollen einer weiteren Zerkleinerung unterzogen werden.

Abb. 6.2 Fräsgut (links) und Aufbruchasphalt (rechts) auf Zwischenlagern

Wiederverwertung/Wiederverwendung Bereits seit den 1930er Jahren wurde anfallender Asphaltbruch gelegentlich wieder zur Herstellung von neuem Asphalt verwendet, ohne dass dieser Wiedereinsatz auf systematischen Untersuchungen und daraus abgeleiteten Konzepten basierte [1, 2]. Ab den 1970er Jahren begannen gezielte technologische Entwicklungen, die zu den heute angewandten Verfahren führten. Asphalt bietet von seinen Stoffeigenschaften her günstige Voraussetzungen für eine Kreislaufführung. Es kann vereinfacht als Komposit aus Gesteinskörnungen und dem thermoviskosen Bindemittel Bitumen betrachtet werden. Letztes kann wieder reaktiviert werden, was bei anderen Bindemitteln beispielsweise dem Zementstein im Beton nicht möglich ist. Die Reaktivierung erfolgt durch eine Erwärmung des Ausbauasphalts. Dadurch wird das Bindemittel ähnlich einer Thermoplaste wieder formbar. Das Mischgut kann dann – in der Regel gemischt mit frischem Mischgut – erneut eingebaut und verdichtet werden. Nach der Abkühlung liegt der Asphalt in fester, gebrauchstauglicher Form vor (Abb. 6.3).

Einschränkungen der Rezyklierbarkeit von Asphalt ergeben sich daraus, dass es durch die Beanspruchungen beim Ausbau und bei der Zerkleinerung zu einer Verfeinerung der Gesteinskörnungen kommt. Zusätzlich nimmt die Leistungsfähigkeit des Bindemittels durch die Alterung während der Nutzung und bei der Verarbeitung ab. Begünstigt wird die Kreislaufführung durch die Tatsache, dass das Abbruchmaterial überwiegend aus deutlich homogeneren Bauwerken stammt als beispielsweise Mauerwerkbruch. Wird der Ausbauasphalt durch Fräsen gewonnen, ist es möglich, die in verschiedenen Schichten vorliegenden Asphaltarten getrennt zurückzugewinnen. In diesem Fall ist eine niveaugleiche Verwertung möglich, wenn die stofflichen Anforderungen eingehalten werden und die erforderliche Technologie der Mischgutherstellung vorhanden ist.

Abb. 6.3 Vereinfachter
Materialkreislauf für Asphalt

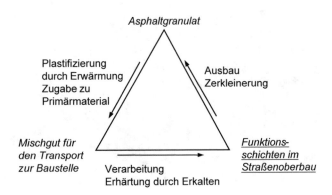

6.2   Statistiken zum Verbrauch an Primärmaterial und zur Abfallentstehung

Die Menge an produziertem Mischgut in Deutschland ist im Abb. 6.4 dargestellt. Zwischen 1982 und 1990 war die Produktionsmenge mit jährlich ca. 41 Mio. t nahezu konstant. Das entspricht einem Pro-Kopf-Verbrauch von 670 kg pro Einwohner und Jahr, der als Richtwert für die zukünftige Produktionsmenge betrachtet werden kann. Nachdem zwischen 1990 und 2000 ein überdurchschnittlich hoher Verbrauch zu verzeichnen war, stellt sich dieser Wert ab 2010 in etwa wieder ein. Der Einsatz von Ausbauasphalt für die Mischgutherstellung ist seit 1982 dokumentiert. Für 1987 wird die Menge an Ausbauasphalt, die jährlich zur Verfügung steht, mit 7,5 Mio. t angegeben, wovon 3 Mio. t für die erneute Mischgutproduktion oder in anderen Sektoren verwertet wurden. Gegenwärtig beträgt das Aufkommen an Ausbauasphalt ca. 12 Mio. t bei einer Gesamtproduktion an Mischgut von ca. 41 Mio.t. Die insgesamt verwertete Menge beträgt 10,5 Mio. t. Über 60 % des Ausbauasphalts werden in die Mischgutproduktion für Tragschichten zurückgeführt. In ungebundenen und sonstigen Anwendungen wird etwa 10 % eingesetzt [3]. Die Recyclingquoten stiegen von 40 % im Jahr 1987 auf gegenwärtig fast 90 % an. Die Substitutionsquote, die nach der im Kap. 1 gegebenen Definition als Quotient aus der für die erneute Mischgutproduktion eingesetzten Rezyklatmenge zu der Mischgutmenge aus ungebrauchten Ausgangsstoffen berechnet wird, stieg von 8 % auf 35 % an.

Im Vergleich zu anderen Feldern des Baustoffrecyclings sind sowohl die Recycling- als auch die Substitutionsquote bereits sehr hoch, stoßen aber zunehmend an ihre Grenzen. So können aus Stadtstraßen mit vielen Flickstellen gewonnene Rezyklate auf Grund ihrer Heterogenität kaum für die erneute Asphaltherstellung eingesetzt werden. Für diesen Anteil des Ausbauasphalts besteht deshalb häufig nur die Möglichkeit der sonstigen Verwertung, beispielsweise im Wegebau. Gravierender ist das Ungleichgewicht zwischen den

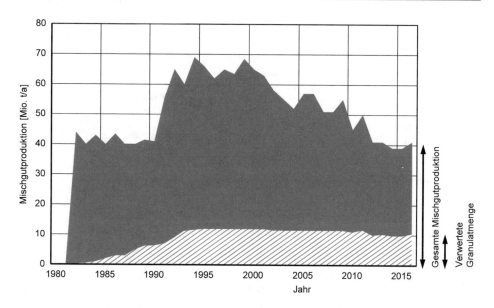

Abb. 6.4 Jährlich hergestellte Menge an Asphaltmischgut. (Daten aus [4])

anfallenden und den benötigten Mengen. Der Schwerpunkt der Aktivitäten im Straßenbau in Deutschland liegt auf der Erhaltung des vorhandenen, gut ausgebauten Straßennetzes. Weil beim Einsatz von Rezyklaten in Binder- und Deckschichten die Zugabemenge aus Qualitätsgründen auf 33 % begrenzt ist, entsteht zwangsläufig ein Überschuss an Ausbauasphalt, der auf anwachsenden Zwischenlagern vorgehalten wird. Wenn eine Intensivierung des Straßenneubaus ausgeschlossen wird, ist ein Abbau dieser Lager nur durch eine Erhöhung der Zugabemengen oder das Erschließen neuer Verwertungswege möglich. Beides erfordert technologische Neuentwicklungen einschließlich der Weiterentwicklung der Vorschriften.

6.3 Eigenschaften von Ausbauasphalt

Die Gesamtverformung von Bitumen besteht aus einem elastischen und einem viskosen Anteil (Abb. 6.5). Mit zunehmender Temperatur steigt der viskose Anteil bis zum Vorliegen einer Flüssigkeit an. Kühlt das Bitumen ab, geht der viskose Anteil zurück. Das Bindemittel geht zunächst in den elastischen, bei weiterer Temperaturabsenkung in den spröden Zustand über. Die Temperatur des Übergangs in den plastischen Zustand wird durch den Erweichungspunkt Ring und Kugel, die Übergangstemperatur zum spröden Körper durch den Brechpunkt nach Fraaß beschrieben. Der Temperaturbereich zwischen diesen beiden Punkten wird als Plastizitätsspanne bezeichnet. Beim Recycling muss der

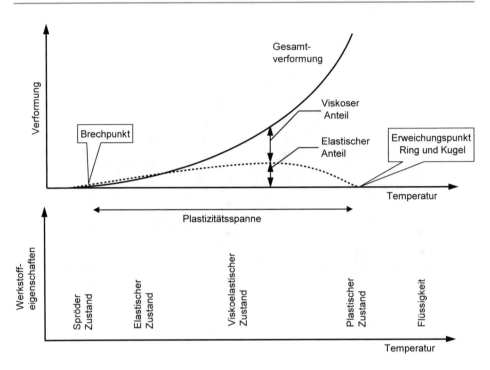

Abb. 6.5 Verformungsverhalten von Bitumen in Abhängigkeit von der Temperatur

Ausbauasphalt soweit über den Erweichungspunkt erwärmt werden, dass das Bitumen wieder ausreichend plastisch wird und erneut als Bindemittel wirken kann. Als Richtwert für den noch zu akzeptierenden Erweichungspunkt von Bindemitteln aus Asphaltgranulat gilt 70 °C. Höhere Werte bergen die Gefahr in sich, dass das Granulat nicht ausreichend plastifiziert werden kann.

Entgegengesetzt zu der guten Rezyklierbarkeit auf Grund des thermoviskosen Verhaltens wirkt die Alterung des Bindemittels. Sie wird durch chemische und physikalische Vorgänge hervorgerufen. Die Oxidation durch Luftsauerstoff bewirkt die chemische Alterung, die allerdings sehr langsam verläuft. Die Verdunstung der leichtflüchtigen Ölanteile ruft die physikalische Alterung hervor. Hinzu kommt die Strukturalterung infolge der Vergrößerung der Asphaltene. Über die Nutzungsdauer des Asphalts sind dadurch Qualitätseinbußen des Bindemittels, die sich in einer Verhärtung und Versprödung äußern, unvermeidlich. Da die Alterung insgesamt mit zunehmenden Temperaturen beschleunigt wird, führt jede im Recyclingprozess notwendige Erwärmung des Asphalts zu einem negativen Effekt. Dieses für Recyclingprozesse typische Phänomen der Degradation lässt durch die Zugabe von Rejuvenatoren zumindest teilweise kompensieren. Diese „Verjüngungsmittel" wirken der Versprödung des Asphalts, die auf die Oxidation des Bindemittels zurückzuführen ist, entgegen. Der Erweichungspunkt kann abgesenkt werden, sodass eine Verarbeitung des Asphalts ohne Überhitzung möglich ist. Dadurch kann Ausbauasphalt mit stärker oxidiertem Bindemittel wieder rezyklierbar gemacht werden bzw. die Zugabemenge erhöht werden.

Von Asphaltgranulat, welches erneut für die Mischgutherstellung verwendet werden soll, müssen ausgewählte Eigenschaften des darin enthaltenen Bindemittels und der Gesteinskörnung sowie deren Schwankungsbreiten bekannt sein. In Bezug auf das Bindemittel sind die Bindemittelmenge sowie der Erweichungspunkt Ring und Kugel von Interesse. Von der Gesteinskörnung muss die Korngrößenverteilung bekannt sein. Weitere für das Recycling wichtige Qualitätsmerkmale sind der Wassergehalt, der Gehalt an Fremdstoffen sowie die Umweltverträglichkeit.

Bindemittelgehalte von Asphaltgranulat Nach den Vorschriften des Straßenbaus hat Asphaltbinder Bitumengehalte von 4,0 bis 6,5 Masse-%, im Asphaltbeton beträgt der Gehalt 5,2 bis 8,0 Masse-%. In diesen Bereichen bewegen sich auch die an Asphaltgranulat gemessenen Gehalte. Die im Abb. 6.6 exemplarisch dargestellte Verteilung von 186 Messwerten für den Bindemittelgehalt reicht von 2 bis 7,5 Masse-% mit zwei Häufigkeitsmaxima. Diese korrelieren etwa mit den Bindemittelgehalten in Binderschichten einerseits und Deckschichten andererseits. Bei Untersuchungen von Ausbauasphalt aus unterschiedlichen Frästiefen ergeben sich für die obere Schicht höhere Bindemittelgehalte als für die untere Schicht.

Plastizitätsspanne Bitumen aus Asphaltgranulat ist in der Regel gegenüber dem ursprünglichen Zustand etwas verhärtet (Abb. 6.7). Die Erweichungspunkte, die an Bitumen aus Asphaltgranulat gemessen wurden, sind dem Bereich gegenübergestellt, der von ungebrauchtem Straßenbaubitumen eingehalten werden muss. Die eingetretene Zunahme des Erweichungspunktes beträgt im Mittel ca. 8 K. Der Erfahrungswert für den Erweichungspunkt von 70 °C, der im Interesse einer guten Verarbeitbarkeit nicht überschritten werden

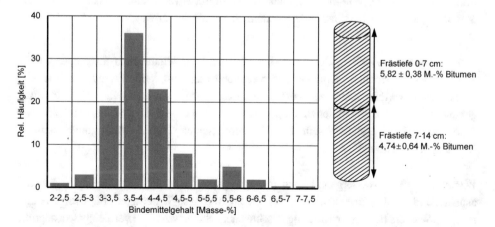

Abb. 6.6 Bindemittelgehalte von Asphaltgranulat; Relative Häufigkeit des Bindemittelgehaltes von 186 Proben nach [5], Bindemittelgehalte in verschiedenen Frästiefen nach [6]

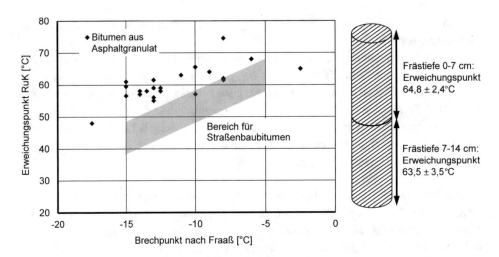

Abb. 6.7 Plastizitätsspannen von extrahierten Bindemitteln aus Asphaltgranulat; Erweichungspunkte Ring und Kugel nach [5, 7–9] im Vergleich zu ungebrauchtem Straßenbaubitumen (hinterlegter Bereich), Erweichungspunkte Ring und Kugel in verschiedenen Frästiefen nach [6]

sollte, kann größtenteils eingehalten werden. Die Erweichungspunkte für die Ausbauasphalte aus unterschiedlichen Frästiefen sind nahezu identisch.

Korngrößenverteilung Bei Ausbauasphalt muss zwischen dem Stück, d. h. dem Agglomerat aus Bindemittel plus Gesteinskörnung, und dem Korn, d. h. der Gesteinskörnung ohne Bindemittel, unterschieden werden (Abb. 6.8). Durch die mechanischen Beanspruchungen infolge der Aufbereitung kann es zu Veränderungen der Korngrößenverteilung der Gesteinskörnung in Richtung feinerer Korngrößen kommen. Bei Rezepturberechnungen für Mischgut mit Recyclingmaterial muss die Korngrößenverteilung, die nach der Extraktion des Bindemittels bestimmt werden kann, zugrunde gelegt werden.

Verunreinigungen Asphalt, der durch Fräsen oder Schollenaufbruch ausgebaut wurde, enthält bei sachgerechtem Umgang und geeigneter Lagerung keine Fremdbestandteile in nennenswerten Mengen. Im Asphaltgranulat dürfen keine Bestandteile aus hydraulisch gebundenen oder ungebundenen Fahrbahnbefestigungen sowie andere Baustoffe wie Beton oder Ziegel enthalten sein. Die Zusammensetzung von Asphaltgranulat wird an Körnungen > 8 mm nach Augenschein bestimmt.

Wassergehalt Der Wassergehalt kann in Abhängigkeit von der Stückgröße des Ausbauasphalts und den Lagerungsbedingungen bis zu 10 Masse-% betragen. Für die Verdampfung des Wassers bei der Erwärmung des Ausbauasphalts wird eine vergleichsweise große Energiemenge benötigt. Deshalb wird empfohlen die Wasseraufnahme von Ausbauasphalt durch eine geschützte Lagerung zu verhindern.

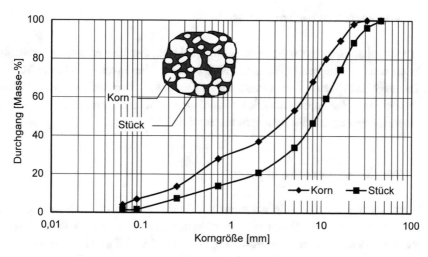

Abb. 6.8 Korn- und Stückgrößenverteilung von Asphaltgranulat

Tab. 6.3 Verwertungsklassen von Straßenaufbruch gemäß [10]

Verwertungs-klasse	Art der Ausbaustoffe		Gesamtgehalt an PAK nach EPA [mg/kg]	Phenolindex im Eluat [mg/l]
A	Ausbauasphalt		≤ 25	≤ 0,1
B	Ausbaustoffe mit teer-/pech-typischen Be-standteilen	Vorwiegend steinkohlenteer-typisch	> 25	≤ 0,1
C		Vorwiegend braunkohlen-teertypisch	Wert ist anzu-geben	< 0,1

Umweltverträglichkeit Bitumengebundener Asphalt ist umweltverträglich und unter diesem Aspekt uneingeschränkt wiederverwendbar. Es ist nach Gefahrstoffverordnung nicht kennzeichnungspflichtig. In den Vorschriften zu wassergefährdenden Stoffen ist Bitumen als nicht wassergefährdender Stoff eingeordnet. Die analytische Unterscheidung zwischen bitumengebundenem und pechgebundenem Asphalt erfolgt anhand der Gehalte an polycyclischen aromatischen Kohlenwasserstoffen im Feststoff und den Gehalten an Phenolen im Eluat (Tab. 6.3). Bei PAK-Gehalten unter 25 mg/kg liegt bitumengebundenes Asphaltgranulat der Verwertungsklasse A vor, das mittels Heißmischverfahren verarbeitet werden darf. Die Granulate der Verwertungsklassen B und C dürfen nur kalt verarbeitet werde, wobei der PAK-Gehalt im Eluat 0,03 mg/l nicht überschreiten darf.

6.4   Verwertungstechnologien

Für Ausbauasphalt bestehen verschiedene Möglichkeiten der Verwendung in Straßenbau, von denen bereits umfassend Gebrauch gemacht wird. Zum einen besteht die Möglichkeit, das ausgebaute Material vor Ort wieder zu verwenden. Zum anderen kann ein Rücktransport zu einem Asphaltmischwerk erfolgen, wo das Sekundärmaterial zusammen mit Primärmaterial zu neuem Mischgut verarbeitet wird.

6.4.1   Wiederverwertung in place

Bei Instandsetzungsarbeiten, die aufgrund von Verformungen der Fahrbahnoberfläche durch Schub, Spurrinnen, Wellen usw. erforderlich geworden sind, können Verfahren angewandt werden, bei denen der Ausbauasphalt an Ort und Stelle behandelt wird. Bei allen Rückformverfahren wird die Asphaltoberfläche mit einer mobilen Anlage bis zu einer Tiefe von wenigen Zentimetern erwärmt, aufgelockert, aufgenommen und unmittelbar weiterverarbeitet. In Abhängigkeit von den Schritten, die bei dieser Bearbeitung durchlaufen werden, wird zwischen den folgenden Verfahren unterschieden:

- Das Reshape-Verfahren, das ohne die Zugabe von zusätzlichem Material auskommt, eignet sich, um die Ebenheit der Fahrbahnoberfläche im Querprofil zu verbessern, wenn kein merklicher Materialverlust durch Verschleiß vorliegt.
- Mit dem Regrip-Verfahren kann zusätzlich zur Ebenheit auch die Griffigkeit verbessert werden, indem neuer Splitt auf die heiße Fahrbahnoberfläche aufgestreut und eingewalzt wird. Es erfolgt also zusätzlich eine Veränderung der Oberflächenstruktur.
- Beim Remix-Verfahren wird das Material der aufgeheizten, aufgelockerten Schicht aufgenommen, mit Ergänzungsmischgut versetzt und danach sofort wieder eingebaut. Eine „heiß auf heiß" Überbauung mit einer neuen Asphaltdeckschicht kann sich unmittelbar anschließen. So lassen sich zusätzlich zur Ebenheit und Griffigkeit auch Substanzmängel wie Netzrisse, Ausmagerungen, Mörtel- und Splittverluste sowie Ausbrüche beseitigen.

Die Anwendung der Rückformverfahren setzt voraus, dass lediglich die Oberfläche der Straße verschlissen ist, sie aber den mechanischen Beanspruchungen durch die Verkehrsbelastung weiterhin genügt. Weitere Voraussetzungen sind

- Ausreichende Homogenität der auszubauenden Schichten, ggf. vorheriger Ausbau von Flickstellen
- Begrenzung der Plastifizierungstiefen auf ca. 40 mm, um Überhitzungen an der Oberfläche zu vermeiden
- Keine extremen Verhärtungen des Bitumens infolge Alterung
- Keine Vermischung mit Tragschichtmaterial, d. h. nur für Straßenaufbau mit Binderschichten geeignet.

Bei Straßen mit vielen Einbauten, Flickstellen, ungleichmäßiger Breite und kurvigem Verlauf kann die Anwendung von in place Verfahren auf Grund der Größe der Baugeräte problematisch sein. Bei allen Rückformverfahren besteht eine starke Witterungsabhängigkeit. Sie sollten deshalb nur bei warmem und trockenem Wetter ausgeführt werden. Die Lufttemperaturen sollten nicht unter 10 °C liegen.

6.4.2 Wiederverwertung in plant

Wenn eine grundhafte Erneuerung einer Straße erfolgen muss bzw. der anstehende Asphalt aus technischen oder wirtschaftlichen Gründen nicht vor Ort verwendet werden kann, wird eine Rückführung in die Asphaltmischanlagen vorgenommen. Dort erfolgt eine anteilige Verarbeitung mit neuem Mischgut, das anschließend heiß eingebaut wird. In Abb. 6.9 ist angegeben, welche Kombinationen zwischen der ausgebauten Asphaltart und der herzustellenden Asphaltart zu bevorzugen sind. Die günstigste Variante der Wiederverwertung ist immer die, bei der das zurückgewonnene Material in einer Schicht mit vergleichbarer Rezeptur und Funktion wieder eingesetzt wird, beispielsweise wenn Walzasphalt aus einer Deckschicht wieder als Walzasphalt in einer Deckschicht Verwendung findet. Einem aufwertenden Einsatz sind technische Grenzen gesetzt. Bei einer Abwertung des Materials, indem z. B. Deckschichtmaterial in Tragschichten eingebracht wird, werden die Potenziale des zurückgewonnenen Materials nicht vollständig ausgeschöpft.

++	Vorrangig				
+	Bedingt möglich; keine vollständige Ausnutzung des Potenzials				
+/–	Bedingt möglich nach Prüfung				
–	Nicht möglich				
Asphaltgranulat aus	Zugabemöglichkeit zu Mischgut für				
	Gussasphalt	Walzasphalt-deckschicht	Asphalt-binderschicht	Asphalttrag-schicht	Asphalttrag-deckschicht
Gussasphalt	++	+/–	+/–	+	+/–
Walzasphalt-deckschicht	–	++	++	+	+
Deck- und Binderschicht	–	+/–	++	+	+
Binderschicht	–	+/–	++	+	+
Trag- oder Tragdeckschicht	–	–	–	++	+/–

Abb. 6.9 Zugabemöglichkeiten von Asphaltgranulat in Abhängigkeit von der Herkunft und dem vorgesehenen Einsatz nach [11]

Bei der Wiederverwendung von Ausbauasphalt hängen die Anforderungen, die an das Material und die Technologie gestellt werden, von dem vorgesehenen Einsatz ab. Soll Mischgut für eine Deckschicht hergestellt werden, ist nur durch Kaltfräsen gewonnenes Asphaltgranulat mit geringer Schwankungsbreite der Eigenschaften geeignet. Für Tragschichten eignet sich Material, das aus einem schichtübergreifenden Aufbruch stammt. Grundsätzlich gilt, dass Asphalt, der unter Einsatz von Asphaltgranulat hergestellt wird, die gleichen Qualitätsanforderungen erfüllen muss, wie Asphalt, der ausschließlich aus Primärmaterial hergestellt wird. Für das Bindemittel und die Gesteinskörnungen als Hauptbestandteile des Asphaltgranulats gelten folgende Anforderungen:

- Der Erweichungspunkt des Bindemittels, das aus frischen und rezyklierten Anteilen besteht, muss innerhalb der Sortenspanne des für das jeweilige Projekt geforderten Bindemittels liegen. Er wird als gewichteter Mittelwert aus den Werten des Bindemittels aus dem Asphaltgranulat und des frischen Bindemittels berechnet.
- Die Gesteinskörnungen müssen zur Asphaltherstellung geeignet sein. Da diese Eignung bereits in der Erstverwendung nachgewiesen werden musste, kann eine nochmalige Prüfung in der Regel entfallen. Die obere Korngröße des im Asphaltgranulat enthaltenen Gesteinskörnungsgemisches darf die obere Korngröße des Asphaltmischgutes nicht überschreiten.

Falls erforderlich, kann der Erweichungspunkt gesenkt werden, indem ein Bitumen mit einer um eine Sortenspanne weicheren Konsistenz eingesetzt wird. Eine weitere Möglichkeit bietet der Einsatz von Rejuvenatoren auf Pflanzen- oder Mineralölbasis. Diese Zusätze beeinflussen die Plastizität deutlich effizienter als weiche Bindemittel. Zusätzlich zu den grundsätzlichen Anforderungen an das Bindemittel und die Gesteinskörnungen hängt die Zugabemenge zum einen davon ab, in welcher Schicht der aufbereitete Ausbauasphalt eingesetzt werden soll. Zum anderen begrenzen die Schwankungsbreiten der Eigenschaften Erweichungspunkt, Bindemittelgehalt und Kornanteil in bestimmten Fraktionen die mögliche Zugabemenge. Aus Gl. 6.1 geht hervor, dass die maximalen Mengen 50 Masse-% bei der Verwendung in Asphalttragschichten sowie -tragdeckschichten und 33 Masse-% bei der Verwendung in Asphaltdeckschichten sowie -binderschichten betragen. Diese maximalen Zugabemengen können nur ausgeschöpft werden, wenn die Merkmalsschwankungen a_{max} des Asphaltgranulats die zulässigen Gesamttoleranzen T_{zul} (Tab. 6.4) nicht übersteigen. Je stärker die Eigenschaften schwanken, desto geringer sind die möglichen Zugabemengen (Abb. 6.10). Bei der Mischungsberechnung wird auf diese Weise die Heterogenität des Ausbauasphalts berücksichtigt, um zu erreichen, dass mit Asphaltgranulat hergestelltes Mischgut eine ausreichende Gleichmäßigkeit aufweist.

Tab. 6.4 Gesamttoleranzen der für die Zugabe von Asphaltgranulat relevanten Merkmale nach [12]

Zulässige Gesamttoleranz T_{zul}		Asphaltmischgut für Deck-, Binder- und Tragdeckschichten	Asphaltmischgut für Tragschichten
Erweichungspunkt Ring und Kugel	[K]	8	8
Bindemittelgehalt	[Masse-%]	0,8	1,0
Kornanteil < 0,063 mm	[Masse-%]	6,0	10,0
Kornanteil 0,063 bis 2 mm	[Masse-%]	16,0	16,0
Kornanteil > 2 mm	[Masse-%]	16,0	18,0

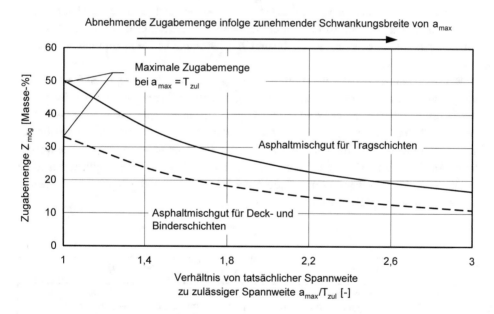

Abb. 6.10 Zugabemenge an Asphaltgranulat für Tragschichten bzw. für Deck- und Binderschichten in Abhängigkeit von der bezogenen Spannweite

$$Z_{mög} = const * \frac{T_{zul}}{a_{max}} * 100 \qquad \text{gültig für } a_{max} \geq T_{zul} \qquad \text{(Gl. 6.1)}$$

mit

$Z_{m\ddot{o}g}$: *Mögliche Zugabemenge in Masse-%*

*const: Faktor zur Berücksichtigung der Schicht, in welcher das
Asphaltgranulat verwendet wird*
          const = 0,5 für Trag- und Tragdeckchichten
          const = 0,33 für Deck- und Binderschichten

T_{zul}: *Zulässige Gesamttoleranz entsprechend TL Asphalt-StB 07*

α_{max}: *Spannweite der Merkmale*

Die Zugabemenge hängt ferner von der Technologie der Mischgutherstellung ab, die in Deutschland überwiegend in Chargenmischanlagen erfolgt. Für den Einsatz von Asphaltgranulat werden diese Anlagen mit bestimmten Zusatzeinrichtungen versehen. Bei der Verarbeitung des Asphaltgranulats kann zwischen Kalt- oder Warmzugabe unterschieden werden (Abb. 6.11). Kaltzugabe bedeutet, dass das Asphaltgranulat durch die heißen Gesteinskörnungen erwärmt wird. Dagegen erfolgt bei der Warmzugabe eine parallele, voneinander unabhängige Erwärmung des Asphaltgranulats und der Gesteinskörnungen.

Bei der Kaltzugabe besteht ein direkter Bezug zwischen den erwärmten Gesteinskörnungen als Energielieferant und dem Asphaltgranulat als Energieverbraucher. Einerseits ist die Temperatur, auf welche die Gesteinskörnungen ohne Folgen für ihre Eigenschaften erwärmt werden können, begrenzt. Andererseits darf das fertige Mischgut eine bestimmte Temperatur nicht unterschreiten, um den Einbau und die Verdichtung nicht zu beeinträchtigen. Anhand einer Bilanz (Gl. 6.2 und 6.3) kann der bei Kaltzugabe mögliche Anteil an Asphaltgranulat in Abhängigkeit von dessen Feuchte und der Temperatur der Gesteinskörnungen abgeschätzt werden (Abb. 6.12).

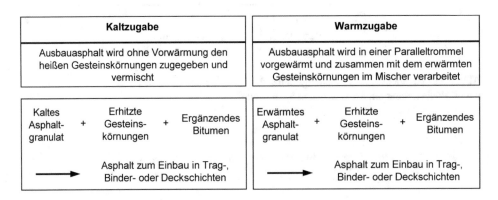

Abb. 6.11 Verfahren zur Verwendung von Ausbauasphalt in neuem Mischgut

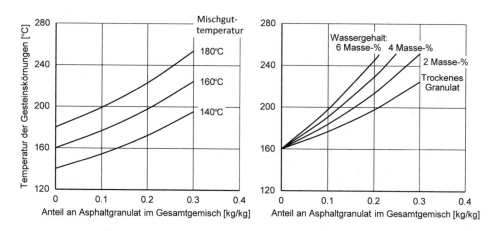

Abb. 6.12 Abhängigkeit zwischen dem Anteil an Asphaltgranulat bei Kaltzugabe und der erforderlichen Temperatur der Gesteinskörnungen (Materialkennwerte aus [13]); Links: Einfluss der angestrebten Mischguttemperatur, Rechts: Einfluss der Feuchte des Granulats bei einer Mischguttemperatur von 160 °C

$$m_{GK} * c_{GK} * (t_{GK} - t_{Misch}) = m_{RCtr} * c_{RCtr} * (t_{Misch} - t_{Aufgabe})$$

für trockenes Asphaltgranulat

(Gl. 6.2)

$$m_{GK} * c_{GK} * (t_{GK} - t_{Misch}) = m_{RCtr} * c_{RCtr} * (t_{Misch} - t_{Aufgabe})$$
$$+ m_{H20fl} * c_{H20fl} * (t_{Verdampfung} - t_{Aufgabe}) + m_{H20fl} * \Delta h_{Verdampfung}$$

für feuchtes Asphaltgranulat

(Gl. 6.3)

mit

$$a_{RCtr} = \frac{m_{RCtr}}{m_{RCtr} + m_{Gk}} : \text{Anteil an Ashaltgranulat in kg/kg}$$

$$a_{H2Ofl} = \frac{m_{H2Ofl}}{m_{RCtr}} : \text{Feuchte des Asphaltgranulats, bezogen auf Trockenmasse in kg/kg}$$

$c_{GK} = 0{,}82 \ kJ/kg*K$: Spez. Wärmekapazität der Gesteinskörnungen

$c_{Bitumen} = 2{,}09 \ kJ/kg*K$: Spez. Wärmekapazität von Bitumen

$c_{RCtr} \ 0{,}95*c_{GK} + 0{,}05*c_{Bitumen} = 0{,}884 \ kJ/kg*K$: Spez. Wärmekapazität des Asphaltgranulats

$c_{H2OFl} = 4{,}182 \ kJ/kg*K$: Spez. Wärmekapazität des Wassers

$\Delta h_{Verdampfung} = 2257 \ kJ/kg$: Spez. Verdampfungsenthalpie

Bei beiden Zugabeverfahren muss die Energiezufuhr ausreichen, um das Asphaltgranulat schonend zu erwärmen und zu trocknen. Eine homogene Durchmischung von Recycling- und Neumaterial muss durch eine verlängerte Verweildauer der Komponenten im Zwangsmischer gewährleistet werden. Dadurch wird gleichzeitig sichergestellt, dass das

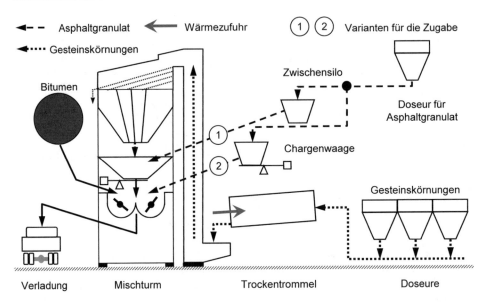

Abb. 6.13 Schema einer Asphaltmischanlage mit chargenweiser Zugabe von Asphaltgranulat

Bitumen des Asphaltgranulats aufgeschlossen wird und zum Verbund der Gesteinskörnungen beiträgt.

Kaltzugabeverfahren Bei den Kaltzugabeverfahren kann zwischen der chargenweisen und der kontinuierlichen Zugabe des Asphaltgranulats unterschieden werden. Bei der chargenweisen Zugabe wird das Granulat diskontinuierlich in den Mischer dosiert und dort von den auf 260 bis 290 °C erhitzten Gesteinskörnungen erwärmt (Abb. 6.13). Wenn der Wärmeaustausch erfolgt ist, wird frisches Bitumen zugesetzt. Die Mischdauer ist gegenüber der Herstellung ohne Asphaltgranulat verlängert. Bei der beschriebenen Vorgehensweise entsteht bei der Zugabe von feuchtem Asphaltgranulat schlagartig Wasserdampf, der durch Absaugvorrichtungen oder durch Überdruckklappen abgeleitet werden muss. Die Zugabemenge liegt maximal bei ca. 30 Masse- %.

Bei der kontinuierlichen Zugabe wird das Asphaltgranulat über eine Dosierbandwaage geführt und in die Siebumgehungstasche, den Heißelevator oder den Bereich des Auslaufes der Trockentrommel für die Gesteinskörnungen aufgegeben (Abb. 6.14). Auch die Zugabe in die Mitte der Trockentrommel ist möglich. Da die Zugabe in kleineren Mengen über einen längeren Zeitraum geschieht, erfolgt keine schlagartige Freisetzung von Wasserdampf. Die bei der Mischgutherstellung ohne Asphaltgranulat gebräuchliche Heißabsiebung der Gemische kann nicht vorgenommen werden, da die Siebe verkleben würden. So wird die Sieblinie ausschließlich anhand der Zusammensetzung der Lieferkörnungen und der Einstellung der Doseure gewährleistet. Zugabemengen von 40 Masse -% sind erreichbar.

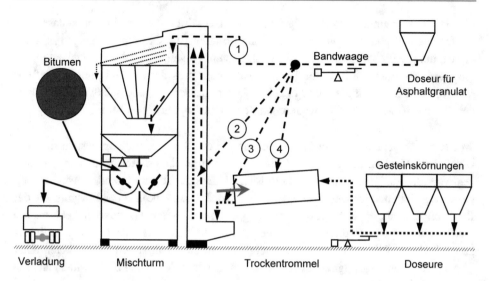

Abb. 6.14 Fließschema einer Chargenmischanlage mit kontinuierlicher Zugabe von Asphaltgranulat

Warmzugabeverfahren Bei den Warmzugabeverfahren wird das Asphaltgranulat in einer separaten Trommel auf Temperaturen von maximal 130 °C aufgeheizt und dabei getrocknet (Abb. 6.15). Im Mischer wird es mit den erhitzen Gesteinskörnungen zusammengebracht. Die Paralleltrommel wird im Unterschied zu der Trommel für die Gesteinskörnungen im Gleichstrom betrieben. Vorteil dieses Verfahrens ist, dass das Granulat und

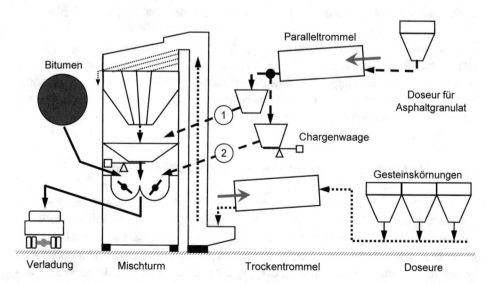

Abb. 6.15 Schema einer Chargenmischanlage mit kontinuierlicher Zugabe von in einer Paralleltrommel erwärmtem Asphaltgranulat

die Gesteinskörnungen unabhängig voneinander erwärmt werden können, sodass auch bei feuchtem Asphaltgranulat keine extreme Erhitzung der Gesteinskörnungen notwendig ist, um die Einbautemperatur zu gewährleisten. Wegen der höheren Zugabemengen, die bis zu 80 Masse-% betragen können, ist der Einfluss des Asphaltgranulats auf das Mischgut stärker. Es muss daher in seiner Zusammensetzung und seiner Gleichmäßigkeit für den vorgesehenen Verwendungszweck unbedingt geeignet sein.

Wegen der Verschiebung vom Straßenneubau hin zur Straßenerhaltung besteht die Notwendigkeit, Material aus Deck- und Binderschichten in eben diesen Schichten einzusetzen. Voraussetzung für einen solchen Einsatz ist, dass der zu verwertende Ausbauasphalt gezielt aus der entsprechenden Schicht gefräst wird. Die Merkmale des Fräsguts wie der Bindemittelgehalt, die Korngrößenverteilung und der Erweichungspunkt sind ebenso wie die Schwankungsbreite dieser Merkmale als Entscheidungsbasis für den Wiedereinsatz zu ermitteln. Als die wichtigsten Einflussgrößen auf die Qualität von Asphaltbeton unter Verwendung von Asphaltgranulat werden die Konsistenz des neuen Bindemittels und die Nachmischzeit genannt [14]:

- Liegt in dem Asphaltgranulat ein verhärtetes Bindemittel mit einem Erweichungspunkt nahe 70 °C vor, kann durch die Zugabe eines weichen Bindemittels eine Kompensation erreicht werden. Umgekehrt könnte auch bei einem sehr weichen Bindemittel über die Zugabe einer entsprechenden Bitumensorte eine härtere Konsistenz erzielt werden.
- Die Nachmischzeit ist die dominierende Einflussgröße für alle mechanischen Eigenschaften von Asphaltbeton mit Anteilen von Asphaltgranulat. Sie muss lang genug sein, um einen Aufschluss des Granulats zu erzielen. Dadurch werden sowohl das alte als auch das neue Bitumen als Bindemittel wirksam. Eine Doppelumhüllung wird vermieden.

Bei einer konsequenten Einhaltung aller Vorgaben bei der Gewinnung des Asphaltgranulats, bei der Ermittlung der Eigenschaften und dem darauf aufbauenden Mix Design sowie bei angepasster Herstellungstechnologie ist der erneute, anteilige Einsatz von Asphaltgranulat aus Deckschichten in Deckschichten ohne nachteilige Beeinflussung der mechanischen Eigenschaften möglich.

6.4.3 Wiederverwertung von pechhaltigem Ausbaumaterial

Wenn pechhaltige Straßenbeläge saniert werden müssen, können durch die mechanische Bearbeitung und die Vergrößerung der Oberfläche in Kombination mit dem Zutritt von Wasser die polycyclischen aromatischen Kohlenwasserstoffe ausgewaschen werden. Bei einer thermischen Behandlung werden ebenfalls Schadstoffe freigesetzt. Um solche Auswirkungen zu vermeiden, gelten beim Umgang mit pechhaltigem Material besondere Vorschriften [10]. Eingebaute Straßenbeläge führen dagegen, auch wenn sie Pech enthalten, zu keinen Gefährdungen.

Sofern sich aus den Bauunterlagen oder aus anderen Quellen Hinweise ergeben, dass pechhaltiges Material vorliegen kann, ist zunächst zu klären, wie hoch der PAK-Gehalt in dem Ausbaumaterial ist. Dazu stehen verschiedene Analyseverfahren zur Verfügung [15]:

- Für einen qualitativen Nachweis eignet sich das Schnellverfahren, bei welchem die Probe mit einem farblosen Lack angesprüht und anschließend anhand der Fluoreszenz unter UV-Licht beurteilt wird. Die Nachweisgrenze liegt bei 1000 mg PAK/kg Bindemittel bzw. bei 50 mg PAK/kg Ausbauasphalt, wenn von einem Bindemittelgehalt von 5 % ausgegangen wird.
- Als halbquanitatives Verfahren kann die Dünnschichtchromatographie mit Fluoreszenzdetektion eingesetzt werden. Die Nachweisgrenze liegt bei 500 mg PAK/kg Bindemittel bzw. bei 25 mg PAK/kg Ausbauasphalt.
- Für die quantitative Bestimmung muss die Hochleistungs-Flüssigkeitschromatographie (HPLC) eingesetzt werden.

Für die Unterscheidung zwischen pechhaltig oder pechfrei gilt nach den Vorschriften des Straßenbaus ein Grenzwert von 25 mg PAK nach EPA/kg Ausbauasphalt (Tab. 6.3). Bei Gehalten von ≤ 25 mg PAK/kg liegt pechfreies Material vor, darüber ist das Material als pechhaltig einzustufen. Für das pechhaltige Material gelten bestimmte Vorschriften für die Verwertung. So dürfen diese Granulate nur im Kaltmischverfahren verarbeitet werden, um die Entstehung schädlicher Dämpfe und Stäube bei der Verarbeitung auszuschließen. Um einen Schadstoffaustrag während der Nutzung zu verhindern, ist der gebundene Einbau unter dichten Deckschichten für stärker pechhaltige Ausbaustoffe zwingend vorgeschrieben. Das Einbinden der pechhaltigen Stoffe kann mit Bitumenemulsion, hydraulischen Bindemitteln, Schaumbitumen oder Kombinationen erfolgen. Dadurch wird der Hohlraumgehalt der fertigen Schicht minimiert. Der Wasserzutritt als Voraussetzung für den unerwünschten Übergang der Schadstoffe in Wasser und Boden wird unterbunden.

Zunehmend besteht das Bemühen, pechhaltige Asphalte vollständig aus dem Stoffkreislauf zu eliminieren, ohne eine Deponierung vornehmen zu müssen. Geeignet dafür ist die thermische Verwertung, bei welcher das Pech verbrannt wird und die Gesteinskörnungen zurückgewonnen werden. Nach dem Verfahrensschema (Abb. 6.16) einer realisierten Anlage (Abb. 6.17 und 6.18) wird das Aufgabegut in einem gasbefeuertem Drehrohrofen bis auf Temperaturen von 850 bis 950 °C erwärmt. Das Pech verbrennt. Die heißen Rauchgase werden zur Erzeugung von Elektroenergie, die heißen Gesteinskörnungen zur Vorwärmung der Verbrennungsluft genutzt. In einer mehrstufigen Rauchgasreinigung werden die Stäube abgeschieden. Die Stickoxide werden in einer Denox-Anlage durch Zugabe von Ammoniak zu Stickstoff reduziert. Die im Rauchgas vorhandenen Schwefeloxide werden mittels Kalkwäsche in Gips umgewandelt.

Die Produkte der thermische Verwertung – grobe und feine Gesteinskörnungen und Füller – können für die erneute Asphaltherstellung ebenso wie für die Herstellung von Beton eingesetzt werden. Der Rauchgasentschwefelungsgips kann in der Zement- oder der Gipsindustrie Verwendung finden.

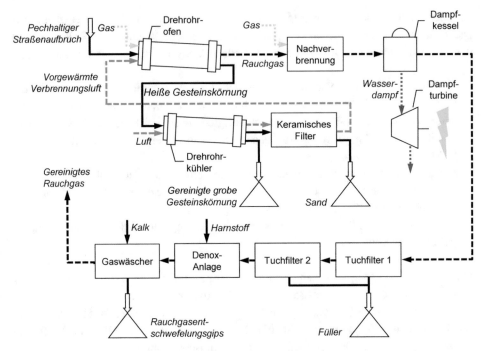

Abb. 6.16 Schema einer Anlage für die thermische Verwertung von pechhaltigem Ausbauasphalt nach [16]

Abb. 6.17 Gesamtansicht der thermischen Verwertungsanlage für pechhaltigen Ausbauasphalt (Bildquelle: David Heijkoop, Recycling Kombinatie Reko)

Abb. 6.18 Ansicht des Drehrohrkühlers der thermischen Verwertungsanlage

Literatur

1. Reinboth, K.: Die Wiederverwendung von Asphalt – Technologie, Ökonomie, Ökologie – Teil 1. Straße + Autobahn 2001, H. 11, S. 616-622.
2. Caprez, M.; Rabaiotti, C.: Forschungspaket Recycling von Ausbauasphalt in Heissmischgut: Synthesebericht. Eidgenössische Technische Hochschule Zürich (ETH), Institut für Geotechnik. Zürich 2017.
3. Dröge, C.: Ausbauasphalt in Deckschichten. Straße + Autobahn 2001, H. 5, S. 251-255.
4. Deutscher Asphaltverband: Asphaltproduktion in Deutschland, Stand März 2016. http://www.asphalt.de/
5. Bellin, P.; Rode, F.: Qualitätssicherung bei der Wiederverwendung von Asphalt. Straße + Autobahn 1985, H. 7, S. 273-276.
6. Roggenbuck, H.; Neumann, G.; Heide, W.: Grunderneuerung eines Autobahnabschnitts unter vollständiger Wiederverwendung der ausgebauten Straßenbaustoffe. Straße + Autobahn 1986, H. 4, S. 131-139.
7. Bellin, P.; Tappert, A.: Materialtechnische Aspekte bei der Vorbereitung und Ausführung eines umfassenden Konzeptes der Wiederverwendung von Baustoffen im Straßenbau. Straße + Autobahn 1988, H. 8, S. 300-306.
8. Junker, W.; Damm, K.-W.: Ausbau der Bundesbahn A 2 Berlin- Helmstedt. Straße + Autobahn 1993, H. 10, S. 589-603.
9. Ruwenstroth, H.-F.: Auswirkungen von wiederverwendeten Fräsasphalten mit polymermodifizierten Bitumen und stabilisierenden Zusätzen auf Asphalteigenschaften. Dissertation. Technische Universität Darmstadt. Fachbereich Bauingenieurwesen und Geodäsie. Darmstadt 2003.
10. Richtlinien für die umweltverträgliche Verwertung von Ausbaustoffen mit teer-/pechtypischen Bestandteilen sowie für die Verwertung von Ausbauasphalt im Straßenbau, Ausgabe 2001, Fassung 2005 (RuVA-StB 01). FGSV-Verlag. Köln 2005.

11. Merkblatt für die Wiederverwendung von Asphalt, Ausgabe 2009/Fassung 2013. FGSV-Verlag. Köln 2013.

12. Technische Lieferbedingungen für Asphaltmischgut für den Bau von Verkehrsflächenbefestigungen, Ausgabe 2007/Fassung 2013. FGSV-Verlag. Köln 2013.

13. Schellenberger, W.; Vetter, U.: Asphalt mit Zusatz von Asphaltgranulat – kalt und heiß – Einfluss auf die Eigenschaften. Bitumen Vol. 65, 2003, H. 2, S. 69-78.

14. Leutner, R.; Renken, P.; Lobach, T.: Wirksamkeit der Zugabe von Asphaltgranulat auf die mechanischen Eigenschaften von Asphaltdeckschichten. Forschung Straßenbau und Verkehrstechnik, Heft 908. Bremen 2005.

15. Wasserwirtschaftliche Beurteilung der Lagerung, Aufbereitung und Verwertung von bituminösem Straßenaufbruch (Ausbauasphalt und pechhaltiger Straßenaufbruch) Bayerisches Landesamt für Wasserwirtschaft, Merkblatt Nr. 3.4/1 vom 20.03.2001/Fassung2013.

16. Heijkoop, D.: Sauberer Teer. Recycling Magazin 2015, H. 11, S. 46-47.

„Eigene" Daten aus unveröffentlichten studentischen Arbeiten und Forschungsberichten

Chwalek, M.: Wiederverwertungsmöglichkeiten straßenpechhaltigem Aufbruchmaterial bei Verwendung von Hydraulischen Bindemitteln unter besonderer Beachtung der Umweltverträglichkeit, insbesondere des Gewässerschutzes.
Diplomarbeit Hochschule für Architektur und Bauwesen Weimar 1995.

Verwertung von Betonbruch

7

7.1 Grundbegriffe

Beton Unter dem Begriff „Beton" wird sowohl ein Werkstoffprinzip als auch ein konkreter Baustoff verstanden. Unter dem Werkstoffprinzip „Beton" werden alle die Materialien zusammengefasst, die aus einem Schüttgut bestehen, dessen Partikel durch ein Bindemittel verkittet und dadurch verfestigt sind. Im Baustoff Beton ist dieses Prinzip durch die Kombination einer Gesteinskörnung als partikulärer Komponente mit dem Zement als Bindemittel verwirklicht. Durch die Hydratation erhärtet der Zement zu Zementstein und verbindet die Gesteinspartikel zu einem stabilen Festkörper. Haupteinsatzgebiete von Beton sind der Hochbau ebenso wie der Tiefbau, der Straßen- und Verkehrsbau, der Wasserbau sowie der Bau von Ver- und Entsorgungseinrichtungen. Der Betonverbrauch in den Sektoren Wohnbau, Nicht-Wohnbau und Tiefbau beträgt in Deutschland jeweils ca. ein Drittel. Beton kann als ausgesprochener Infrastrukturbaustoff bezeichnet werden. Moderne Bauten sind in diesem Sektor ohne den Einsatz von Beton kaum realisierbar.

Betonbestandteile Beton besteht aus feinen und groben Gesteinskörnungen sowie einem ggf. zugegebenen feinpartikulären Zusatzstoff und Zement. Die verfestigende Wirkung des Zementes entwickelt sich im Ergebnis der als Hydratation bezeichneten Reaktion mit dem zugegebenen Wasser. Sie führt zur Bildung von Zementstein. Die Eigenschaften von Betonen ergeben sich aus den Eigenschaften der Komponenten, deren Wechselwirkungen sowie den Bedingungen bei der Herstellung, Erhärtung und Nutzung.

Zement und Zementstein Portlandzement besteht aus CaO, SiO_2, Al_2O_3 und Fe_2O_3 als den chemischen Hauptbestandteilen, gebunden in Calciumsilikaten und Calciumaluminaten sowie Calciumferriten. Zusätzlich ist $CaSO_4$ als Di- und/oder Halbhydrat bzw. Anhydrit zur Regelung des Erstarrens vorhanden. Der Sulfatgehalt von Zementen liegt bei maximal

© Springer Fachmedien Wiesbaden GmbH, ein Teil von Springer Nature 2018
A. Müller, *Baustoffrecycling*,
https://doi.org/10.1007/978-3-658-22988-7_7

3,5 Masse-% SO$_3$. Bei der Reaktion der Zementbestandteile mit dem zugegebenen Wasser entsteht Zementstein, der aus kristallinen und amorphen Hydratphasen unterschiedlicher Größe und chemischer Stabilität besteht. Festigkeitswirksam sind vor allem die Calcium-silikathydrate, die aus nadelförmigen Partikeln mit Abmessungen im Nanometerbereich bestehen. Durch das Entstehen von interpartikulären Bindungen zwischen den Bestand-teilen bewirken sie den Übergang vom plastischen Zustand während der Verarbeitung in den festen Zustand bei der Nutzung. Daneben treten Calciumhydroxid in Form tafelförmi-ger Kristalle sowie sulfatfreie und sulfathaltige Aluminathydrate auf. Weitere Bestandteile sind Gelporen als immanenter Teil der Hydratphasen mit Größen im Nanometerbereich sowie Kapillarporen. Letztere gehen auf das bei der Hydratation nicht verbrauchte Wasser zurück. Sie weisen Größen im Mikrometerbereich auf (Abb. 7.1). Die Hydratphasenbil-dung bewirkt eine Volumenzunahme der reagierenden Zementteilchen (Abb. 7.2). Die Gesteinskörnungen werden durch den Zementstein miteinander verbunden. Die Grenz-flächen dieser Verbindungen unterscheiden sich in ihrer Zusammensetzung und Struktur von dem „normalen" Zementstein. Sie können eine Schwachstelle im Gefüge sein. Bei der Aufbereitung von Betonbruch führt das Vorhandensein von Calciumhydroxid zu dem typischen Geruch nach frischem Kalk.

In den letzten Jahren werden vermehrt Zemente mit latent hydraulischen oder puzzo-lanischen Zusatzstoffen hergestellt. Dadurch werden zum einen die Eigenschaften modifi-ziert, zum anderen die CO$_2$–Bilanz der Zementherstellung verbessert. Die Veränderungen der Hydratphasenbildung hinsichtlich der Zusammensetzung, Struktur und Geschwindig-keit sind zum Teil noch Gegenstand der Forschung.

Betoneigenschaften Im Anschluss an die Dosierung und Mischung der Betonbestand-teile einschließlich des Wassers muss die als Frischbeton bezeichnete Mischung in einem bestimmten Zeitfenster verarbeitbar sein. Das wird durch die Abbinderegelung des

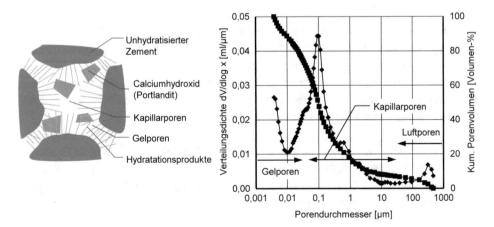

Abb. 7.1 Vereinfachte Darstellung zur Struktur und zur Porengrößenverteilung von Zementstein

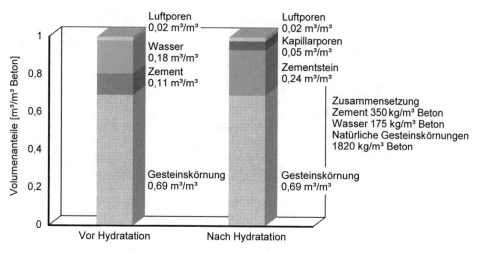

Abb. 7.2 Betonzusammensetzung im Ausgangszustand und nach der Hydratation

Zementes mit dem Sulfatträger erreicht. Beim Einbringen des Frischbetons in eine Form oder Schalung ist eine bestimmte Konsistenz erforderlich, die von „(sehr) steif", über „plastisch", „weich" und „sehr weich" bis hin zu „(sehr) fließfähig" reichen kann. Die Konsistenz kann durch den Wasserzementwert und durch die Zugabe von chemischen Zusatzmitteln beeinflusst werden. Infolge der Hydratation des Zementes entwickelt der Beton seine Festigkeit gegenüber Druckbeanspruchung. Auf dieser beruht zusammen mit anderen mechanischen Eigenschaften wie dem Elastizitätsmodul die Standsicherheit von Bauwerken. Die Druckfestigkeit wird als Klassifizierungsmerkmal verwendet. Die aktuellen Druckfestigkeitsklassen erstrecken sich von C 8/10 bis C 100/115 (MPa).

Im Nutzungsstadium ist eine ausreichende Dauerhaftigkeit des Betons, d. h. eine Widerstandsfähigkeit gegenüber äußeren Einflüssen von entscheidender Bedeutung. Wie bei Naturstein bewirken diese Einflüsse auch beim Beton eine „Verwitterung", die bis zur Gebrauchsuntauglichkeit führen kann. Nach der Art der Beanspruchung werden folgende Kategorien der Dauerhaftigkeit unterschieden:

- Dauerhaftigkeit gegenüber physikalischen Einflüssen wie Frostbeanspruchung oder Beanspruchung durch mechanischen Verschleiß
- Dauerhaftigkeit gegenüber chemischen Einflüssen wie dem Eindringen sulfathaltiger Wässer
- Dauerhaftigkeit gegenüber kombinierten Einflüssen wie Frostbeanspruchung bei gleichzeitigem Einwirken von Salzen.

Darüber hinaus können Bakterien, z. B. in Abwasserrohren, auf Beton wirken und ihn zerstören. Bei Stahlbeton muss die Bewehrung in die Dauerhaftigkeit einbezogen werden. Die Carbonatisierung oder das Eindringen von Chloriden können Bewehrungskorrosion

Abb. 7.3 Betonaufbruch beim Abbruch einer alten Fahrbahndecke (links, entnommen aus [1]) und Betonabbruch beim Rückbau eines Mehrfamilienhauses in Plattenbauweise (rechts)

auslösen. Die unterschiedlichen Beanspruchungen, die auf Beton einwirken können, sind in Expositionsklassen erfasst. Daraus ergeben sich bestimmte Anforderungen an die jeweils erforderliche Zusammensetzung des Betons, um eine ausreichende Widerstandsfähigkeit zu erreichen.

Betonbruch Betonbruch ist die Sammelbezeichnung für den aus Straßen- und Verkehrsflächen sowie aus Bauwerken zurückgewonnenen Beton (Abb. 7.3). Nach der Herkunft des Betonbruchs erfolgt eine Differenzierung in

- Betonaufbruch, d. h. Material, das beim Aufbruch von Straßen- und Verkehrsflächen aus Beton anfällt, und
- Betonabbruch, d. h. Material, das bei Abbruch- und Umbauarbeiten von Hochbauten, Ingenieur- oder Industriebauwerken oder beim Aufnehmen von Betonwaren anfällt.

Die Wiederverwertung von Betonbruch in größerem Umfang begann im Straßenbau. In den USA wurde bereits in den 1970er Jahren aus alten Fahrbahnplatten stammender Beton zum Bau von neuen Tragschichten verwendet. Später erfolgte der Einsatz auch in Betondeckschichten. Die Herstellung von Konstruktionsbeton aus Betonsplitt spielt bisher nur vereinzelt eine Rolle.

Recycling-Baustoffe aus Beton Durch die Aufbereitung werden aus Betonbruch Recycling-Baustoffe hergestellt. Überwiegend werden Gesteinskörnungsgemische produziert, die im Straßenbau für Tragschichten ohne Bindemittel eingesetzt werden. Korngruppen, d. h. fraktionierte Körnungen kommen bei der Herstellung von Beton mit rezyklierten Gesteinskörnungen zum Einsatz (Abb. 7.4).

Abb. 7.4 Recycling-Baustoffe aus Beton als Gesteinskörnungsgemisch (links) und als Korngruppe 8/16 mm (rechts)

7.2 Entwicklungen, hergestellte Mengen und vorhandener Bestand

Beton kann auf eine lange Tradition zurückschauen. Historischer Ausgangspunkt ist der von den Römern entwickelte, als *opus caementitium* bezeichnete Beton, der Kalk als Bindemittel und puzzolanische Zusätze enthielt und besonders für Wasserbauten wie Aquädukte eingesetzt wurde. Der heute verwendete Beton enthält Zement als Bindemittel, dessen Herstellung zum ersten Mal am Anfang des 19. Jahrhunderts gelang. Seit ihrer ersten Herstellung haben Zemente und Betone eine permanente Weiterentwicklung erfahren. Die Entwicklungen in Bezug auf den Beton waren und sind auf die Art der Bewehrung, die Verarbeitbarkeit und die Festigkeit gerichtet (Abb. 7.5). Gegenwärtige Trends sind die Herstellung von Selbstverdichtenden Betonen (SVB) und von Hochleistungsbetonen, die auf der Verwendung von leistungsfähigen Verflüssigern, dem Einsatz von reaktiven Feinststoffen wie Microsilika und einer Optimierung der Korngrößenverteilung basieren. Bei der Bewehrung ist der Einsatz von Fasern – beginnend mit Stahlfasern, über Glasfasern, Kunststofffasern bis hin zu Carbonfasern – zu beobachten. Bei Textilbetonen werden die Fasern als Bewehrungsmatten eingebracht und ermöglichen die Herstellung schlanker Bauteile. Bis zum Ende des Zweiten Weltkriegs betrug die untere Druckfestigkeitsgrenze von Betonen 6,5 (N/mm²). Nach oben hin war nur eine Anforderung von ≥ 19,5 (N/mm²) definiert. In der anschließenden Periode bis 1972 reichten die Druckfestigkeitsklassen von B 160 bis B 600 (kg/cm²), ab 1972 von B 8 bis B 60 (MPa). Die ab 2000 europaweit geltenden Klassen beginnen bei C 8/10 und reichen bis C 100/115 (MPa).

Bisher wird die deutliche Erweiterung in Richtung höher Festigkeiten nur in einigen wenigen Betonprodukten praktisch umgesetzt. Bei den gegenwärtig hergestellten Transportbetonen beträgt der Marktanteil der Betondruckfestigkeitsklassen C20/25, C25/30 und

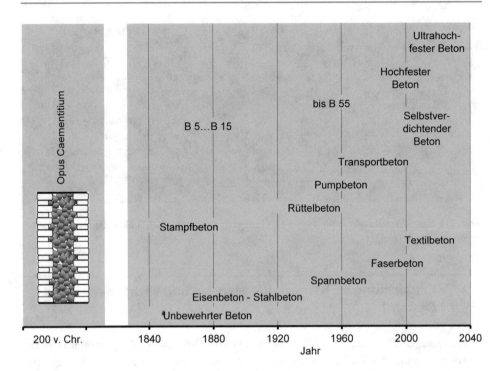

Abb. 7.5 Entwicklungslinien von Beton bezüglich Bewehrung, Verarbeitbarkeit und Festigkeit

C30/37 beispielsweise rund 80 %. Untersuchungen an Betonbruch, der vom Inputlager einer Recyclinganlage stammte, ergaben, dass neben einem hohen Anteil geringfester Betone die Festigkeitsklassen B 15 und B 25 überwogen (Abb. 7.6). Die dominierende Betonart, auf welche die Aufbereitung und Wiederverwertung ausgerichtet sein muss, ist also der Normalbeton mit mittleren Festigkeiten. Beispiele für Betonprodukte niedriger Festigkeitsklassen sind Steine aus Leicht- oder Normalbeton für den Mauerwerkbau. Die Mindestdruckfestigkeit von Schächten und Rohren für die Entwässerung beträgt 40 MPa. Eisenbahnschwellen aus Spannbeton werden in den Festigkeitsklassen C 50/60 bis C 70/85 hergestellt. Ausgebaute Schwellen können Festigkeiten von über 100 MPa aufweisen.

Die Statistiken der Zementherstellung reichen bis in die Anfänge der Produktion zurück und können zur Abschätzung der hergestellten Betonmenge dienen. Dominierendes Erzeugnis ist Transportbeton, gefolgt von kleinformatigen Betonwaren, Eisenbahnschwellen aus Beton und Betonrohren. Konstruktive Fertigteile werden in vergleichsweise geringer Menge hergestellt. Werden die ab 1950 in Deutschland erzeugten Zementmengen der Ermittlung der produzierten Betonmengen zugrunde gelegt, ergeben sich die im Abb. 7.7 und 7.8 dargestellten Verläufe für die Betonproduktion bzw. für die Betonmenge, die sich im Bauwerksbestand kumuliert hat.

Die theoretisch verfügbare Menge beträgt über 12 Mrd. t. Die tatsächliche Menge ist etwas geringer, weil es durch den Abbruch von Betonbauwerken zu einer Reduzierung des

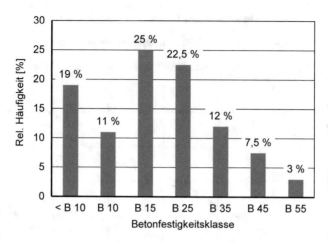

Abb. 7.6 Verteilung des in Recyclinganlagen gelieferten Betonabbruchs nach Festigkeitsklassen [2]

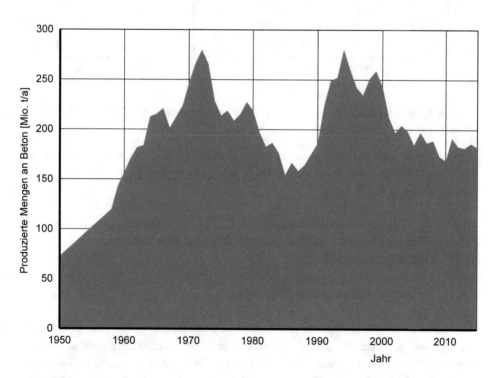

Abb. 7.7 Jährlich in Deutschland hergestellte Menge an Beton, berechnet auf der Basis der Zementproduktion [3]

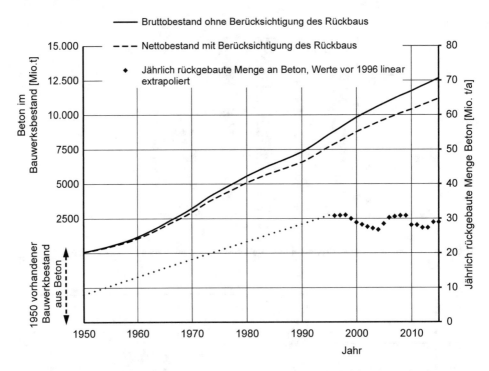

Abb. 7.8 Kumulierte Menge an Beton im Bauwerksbestand und jährlich in Deutschland entstehender Betonbruch

Bestands kommt. Bei Berücksichtigung dieser Menge, die ab 1996 aus den Angaben zum Bauabfallaufkommen abgeleitet werden kann, beträgt die Betonmenge, die im Bauwerksbestand vorliegt, ca. 11 Mrd. t.

7.3   Spezifische Eigenschaften von Rezyklaten und Rezyklatbetonen

7.3.1 Heterogenität von Rezyklaten

Beton ist ein Kompositbaustoff. Reproduzierbare Eigenschaften sind an ein ausreichendes Betonvolumen gekoppelt. Bereits die Aufbereitung zu Korngemischen beispielsweise 0/32 mm führt zu Differenzierungen (Abb. 7.9). Neben Kompositpartikeln treten nahezu zementsteinfreie Partikel ebenso wie reine Mörtelpartikel auf. Die Partikel eines Haufwerks aus aufbereitetem, sortenreinem Beton weisen also unterschiedliche Zementsteingehalte auf. Die sich daraus ergebende Streuung der Eigenschaften ist am Beispiel der Rohdichteverteilung dargestellt (Abb. 7.10). Der Bereich, in welchem sich die Rohdichte im ofentrockenen Zustand bewegt, reicht von 1900 kg/m³ bis 2700 kg/m³. Die untere Grenze entspricht in etwa der Rohdichte von reinem Zementstein, die obere der Dichte einer natürlichen Gesteinskörnung.

Abb. 7.9 Aus einer Bauschutthalde entnommene Betongranulate unterschiedlichster Zusammensetzung; Obere Reihe: Kompositpartikel aus durch Zementstein verkittete Gesteinspartikel, Untere Reihe: Partikel aus Mörtel (links) und nahezu mörtelfreies Rundkorn (rechts)

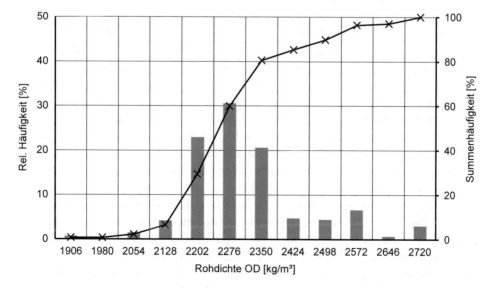

Abb. 7.10 Relative Häufigkeit und Häufigkeitssumme der Rohdichte im ofentrockenen Zustand von Betonrezyklaten der Körnung 4/32 mm

Infolge der von Partikel zu Partikel unterschiedlichen Zusammensetzung weist ein Hauf-werk aus Betonrezyklaten immer eine bestimmte Partikelheterogenität auf, auch wenn keine Fremdbestandteile enthalten sind. Die Partikelheterogenität kann nicht durch Mischen ver-ändert werden. Eine Verringerung lässt sich nur durch zusätzliche Aufbereitungsschritte erreichen, beispielsweise den Abtrag von Zementstein durch eine Abrasionsbeanspruchung. Sind die unterschiedlichen Partikel nicht gleichmäßig im Haufwerk verteilt, besteht darüber hinaus eine Haufwerksheterogenität, die durch Mischen und Homogenisieren beeinflusst werden kann. Sie spielt bei der Bestimmung der Materialzusammensetzung und der umwelt-relevanten Merkmale von technisch hergestellten Recycling-Baustoffen eine wichtige Rolle. Die Bestimmung der Materialzusammensetzung erfolgt durch Sortieranalysen. Die dafür erforderliche Probenmasse hängt von den Eigenschaften des zu analysierenden Haufwerks, wie maximale Partikelgröße und Heterogenität ebenso wie von der Höhe des nachzuwei-senden Gehaltes und den Anforderungen an die Zuverlässigkeit der Aussage ab. Die Pro-benmasse ist dann ausreichend, wenn für jedes Partikel des Materials die gleiche Wahr-scheinlichkeit besteht, für die Probe ausgewählt zu werden. Aufbauend auf diesem Postulat wurden unter dem Begriff „Theory of Sampling TOS" verschiedene Modelle entwickelt. Die theoretischen Grundlagen gehen auf Gy [4] zurück und wurden von ihm für mineralische und bergbauliche Schüttgüter abgeleitet. Weiterentwicklungen und Handlungsempfehlun-gen für die Probenahme finden sich bei Petersen et al. [5]. Die Berechnung der Partikelzahl als Ausgangspunkt der Bestimmung der Probenmasse wird von Sommer [6] vorgeschlagen.

Mit der Partikelheterogenität können die zum Teil erheblichen Streuungen der Eigen-schaften von Betonen mit rezyklierten Gesteinskörnungen erklärt werden. Auch wenn definierte, sortenreine Betone zu Rezyklaten zerkleinert werden, werden sich die erzeugten Partikel in ihrem Zementsteingehalt unterscheiden. Wird das gesamte Haufwerk anschlie-ßend zu einer Betoncharge verarbeitet, spielt diese Partikelheterogenität nur eine unter-geordnete Rolle. Bei der Herstellung mehrerer Chargen, beispielsweise mit unterschied-lichen Rezepturen, ist eine sorgfältige Probenteilung erforderlich, damit gewährleistet ist, dass sich die Rezyklatchargen nicht in ihren Zementsteingehalten unterscheiden.

Die Haufwerksheterogenität ist bei der Bestimmung der Materialzusammensetzung zu beachten. Die mittels Sortieranalysen zu untersuchenden Proben werden aus großen Haufwerken entnommen. Daran sind u. a. die strikt begrenzten Gehalte an Fremdstoffen zu bestimmen. So sind bei Gesteinskörnungen für den Straßenbau für nicht schwimmende Fremdstoffe ein Grenzwert von 0,2 Masse-% und für gipshaltige Baustoffe ein Grenzwert von 0,5 Masse-% einzuhalten. Die Massen der untersuchten Proben liegen in der Regel zwischen 60 und 100 kg.

Auf der Grundlage der Probenahmemodelle kann die notwendige Probenmasse in Abhängigkeit von der Höhe des nachzuweisenden Gehalts und der gewünschten sta-tistischen Sicherheit berechnet werden. Unter der vereinfachenden Annahme, dass die Probenzusammensetzung normalverteilt ist, kann die Anzahl Z der Partikel, die eine Probe enthalten muss, welche für das Gesamthaufwerk repräsentativ ist, aus der Gl. 7.1 berechnet werden [7]. Als Orientierungswert gilt, dass für den Nachweis von Gehalten um 3 Masse-% eine Stichprobe von 1000 Partikel ausreicht, die sich aus mehreren, dem Stoffstrom entnommenen Einzelproben zusammensetzt [9].

$$Anzahl\ Z = \left(\frac{z(S)}{y}\right)^2 * \frac{1-P}{P} = \left(\frac{z(S)}{\Delta\overline{X}/P}\right)^2 * \frac{1-P}{P} \qquad \text{Gl. 7.1}$$

mit

> *$z(S)$: Faktor für die gewünschte statistische Sicherheit*
>
> *$y = \Delta\overline{X}/P$: relative Abweichung in g/g*
>
> *P: Gehalt der Komponente in g/g*

Aus der Anzahl Z kann die benötige Probenmasse unter der Annahme kugelförmiger Partikel einer bestimmten Größe oder Größenverteilung und bei Kenntnis der Rohdichte ermittelt werden. Abb. 7.11 ist zu entnehmen, dass die zu untersuchende Probenmasse umso größer ist, je geringer der Gehalt der Komponente ist, die bestimmt werden soll. Für eine zuverlässige Aussage, dass der Gehalt an Fremdstoffen unter dem Grenzwert von 0,2 Masse-% bleibt, muss eine Probe von 210 kg einer Sortieranalyse unterzogen werden. In Bezug auf den Gipsgehalt von 0,5 Masse-% ist eine Probe von 84 kg ausreichend.

In anderen Sektoren der Recyclingbranche muss dem exakten Nachweis bestimmter Grenzwerte ebenfalls große Aufmerksamkeit gewidmet werden. Beispielsweise darf der Gehalt an Fehlfarbenscherben im Grünglas nicht über 15 Masse-% liegen. Der Gehalt an Keramik, Porzellan und Steinen darf 25 g/t, also 0,0025 Masse-%, nicht überschreiten. Die dafür erforderlichen Probenmassen sind ebenfalls im Abb. 7.11 dargestellt. Sie bilden zusammen mit den für die Rezyklate berechneten Probenmassen eine kohärente Abhängigkeit zwischen der Probenmasse und dem nachzuweisenden Gehalt der jeweiligen Komponente.

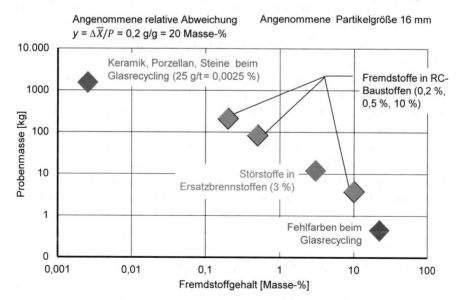

Abb. 7.11 Probenmassen für die Bestimmung von Fremdstoffgehalten in Abfällen zur Verwertung und in Rezyklaten; Angaben für das Glasrecycling nach Rasemann [8], Angaben für Ersatzbrennstoffe nach Ketelhut [9]

7.3.2 Reaktionspotenzial von Rezyklaten

Im Unterschied zu natürlichen Gesteinskörnungen sind Rezyklate nicht inert. Reaktionen der Zementsteinbestandteile können direkt in den Partikeln ablaufen oder in den daraus hergestellten Betonen der zweiten Generation. Zwei Faktoren begünstigen den Ablauf der Reaktionen:

- Die Porosität der Rezyklate. Dadurch wird der Transport von Wasser, das notwendiger Partner für alle Reaktionen ist, ermöglicht.
- Die Oberfläche nach der Aufbereitung. Verglichen mit dem Betonbruch als Ausgangsmaterial haben die Rezyklate eine um ein Vielfaches erhöhte spezifische Oberfläche, durch die Reaktionspartner in das Korn gelangen können. Wird ein Betonbruchstück mit den Abmessungen $1000 \times 1000 \times 140$ mm³ und ein Partikel mit einem Durchmesser von 32 mm verglichen, unterscheiden sich die spezifischen, massenbezogenen Oberflächen um den Faktor 10. Bei einem 3 mm-Partikel beträgt der Faktor 100.

Das Reaktionspotential der Rezyklate geht von den Bestandteilen des alten Zementsteins – nicht hydratisierte Zementreste, Calciumhydroxid, Calciumsilikathydrate, sulfatfreie und sulfathaltige Aluminathydrate – aus. Bereits während der Lagerung können Reaktionen im alten Zementstein ablaufen. Die oftmals beobachtete Verfestigung von auf Halden gelagertem, gebrochenem Beton kann durch die Carbonatisierung des Calciumhydroxids verursacht sein. Bei der Verwertung der Rezyklate in ungebundenen Schichten des Straßenbaus sind Reaktionen dann möglich, wenn Wasser in die Schichten eindringen kann. Bei der Verwertung im Beton hängt es von dessen Dichtheit ab, wie sich der alte Zementstein verhält.

Wenn Reste von unhydratisiertem Zement vorhanden sind, die durch die Aufbereitung zugänglich werden, können unter Einwirkung von Wasser Hydratationsreaktionen ablaufen. Experimentelle Untersuchungen bestätigen die Resthydraulizität allerdings nur, wenn sehr junger Beton – z. B. Fehlchargen bei der Betonwarenherstellung – gebrochen und zur erneuten Betonherstellung verwendet wird [10]. An altem Betonbruch konnte keine Resthydraulizität nachgewiesen werden. Selbst wenn die Betone auf Zementfeinheit gemahlen wurden, trat keinerlei Erhärtung ein. Die Probekörper konnten mit der Hand zerbrochen werden und zerfielen unter Wasser [11]. Wenn ein Teil des Zementes durch Betonmehle substituiert wurde, ergab sich ein Festigkeitsrückgang, der vereinfacht der „Verdünnung" des Zementes entsprach [12].

Eine Carbonatisierung kann beim Zutritt von Wasser durch die Reaktion von Calciumhydroxid und Calciumsilikaten nach den folgenden vereinfachten Gleichungen erfolgten:

$$CaO \cdot SiO_2 \cdot nH_2O + \underbrace{CO_2 + H_2O}_{\rightarrow H_2CO_3} \rightarrow CaCO_3 + SiO_2 \cdot (n+1)H_2O$$

$$Ca(OH)_2 + \underbrace{CO_2 + H_2O}_{\rightarrow H_2CO_3} \rightarrow CaCO_3 + 2H_2O$$

Als Endprodukte der Carbonatisierungsreaktionen entstehen Calciumcarbonat und Kieselgel. Untersuchungen an definierten Mörteln und aufbereitetem Betonbruch belegen das Ablaufen beider Reaktionen und den starken Korngrößeneinfluss [13]. Bei den Fraktionen 0/0,5 und 0,5/2 mm war nach 28 Tagen Trocken-Feucht-Wechsellagerung in Normalatmosphäre das ursprünglich vorhandene Calciumhydroxid in Calciumcarbonat umgewandelt. Zwischen dem 28. und dem 91. Tag kam es zu einem weiteren Anstieg des Carbonatgehalts, der auf die Umwandlung der Calciumsilikathydrate zurückgeführt werden muss. Die Carbonatisierungsreaktionen werden bereits während der Lagerung der Recycling-Baustoffe auf dem Recyclingplatz beginnen und können nach dem Einbau des Materials in Tragschichten weiterlaufen. Sie betreffen aber hauptsächlich die Sandfraktionen. Die groben Körnungen werden nicht vollständig carbonatisiert, weil sich eine dichte Schicht der Carbonatisierungsprodukte bildet, die den Fortgang der Reaktion verlangsamt und damit eine vollständige Carbonatisierung verhindert.

Für Betone ist das Phänomen der Gefügeschädigung durch Ettringitbildung seit mehr als 100 Jahren bekannt. Wirken sulfathaltige Wässer auf den Beton ein, bildet sich aus den Calciumaluminathydraten des Zementsteins und dem Sulfat die Verbindung Ettringit $3\,CaO{\cdot}Al_2O_3{\cdot}3\,CaSO_4{\cdot}32H_2O$. Eine Volumenvergrößerung bis auf das 8-fache des Ausgangsvolumens tritt ein. Parallel zur Bildung von Ettringit kann bei Sulfatangriff auch Thaumasit gebildet werden. Reaktionspartner sind in diesem Fall Siliziumdioxid, Carbonat, Sulfat und Wasser. Thaumasit $CaSiO_3{\cdot}CaCO_3{\cdot}CaSO_4{\cdot}16H_2O$ ist ein dem Ettringit verwandtes Mineral mit ähnlicher Kristallstruktur. Die Thaumasitbildung führt im Unterschied zur Ettringitbildung zu einer Entfestigung bis hin zu einer Auflösung der Zementsteinmatrix. Fester Beton wandelt sich eine breiige Masse um.

Betonrezyklate werden sich ebenso wie Betone nicht inert verhalten, wenn sie mit sulfathaltigen Wässern in Berührung kommen. Die Quelle für die sulfathaltigen Wässer können zum einen Gipspartikel sein, die als Nebenbestandteile enthalten sind und bei Wasserzutritt gelöst werden. Zum anderen können sulfathaltige Böden oder Grundwässer als Quellen fungieren. Bei aufbereitetem, gipshaltigem Betonbruch ist nicht auszuschließen, dass die Ettringit- oder Thaumasitbildung bereits bei der Zwischenlagerung auf dem Recyclingplatz beginnt. Treiberscheinungen werden hier aber nicht augenscheinlich, weil der Porenraum zwischen den Partikeln ausreicht, um den gebildeten Ettringit und die damit verbundene Volumenvergrößerung aufzunehmen. Dies trifft bei Tragschichten nicht mehr zu. Bei Wasserzutritt kann es zur Ettringitbildung und zur Volumenzunahme kommen. Die Folge sind ungleichmäßige Hebungen und Aufwölbungen, die in den letzten Jahren vereinzelt an Straßen, die Recycling-Baustoffe enthielten, festgestellt wurden. Solche Hebungen traten sowohl bei mit Deckschichten überbauten Tragschichten als auch bei Tragschichten ohne Überbauung auf. Bei allen untersuchten Schadensfällen wurden Ettringit und zum Teil auch Thaumasit nachgewiesen. Die Schäden traten gehäuft nach Frostperioden auf. Aus der Betonforschung ist bekannt, dass sich Ettringit und Thaumasit bevorzugt bei tiefen Temperaturen bilden.

7.3.3   Rezyklate und daraus hergestellte Betone als Komposite

Bei der Erklärung der Eigenschaften von Rezyklatbeton spielt der Kompositcharakter eine Schlüsselrolle. Die durch die Aufbereitung erzeugten Betonpartikel sind Zweistoffsysteme, die sich zwischen der natürlichen Gesteinskörnung und dem Zementstein als Endpunkte einer Mischungsreihe bewegen. Aus den physikalischen Parametern dieser Endpunkte kann vereinfachend ein Zustandsdiagramm entwickelt werden, indem die Roh- und Reindichten entlang der Mischungsreihe aus den Werten für reine natürliche Gesteinskörnungen und reinen Zementstein nach der Gl. 7.2 berechnet werden:

$$\rho_{RC} = \frac{\rho_{ZS} * \rho_{GK}}{a_{ZS} * \rho_{GK} + a_{KG} * \rho_{ZS}} \qquad\qquad \text{Gl. 7.2}$$

$$a_{ZS} + a_{GK} = 1$$

mit

a_{ZS}, a_{GK}: *Anteile an Zementstein und natürlicher Gesteinskörnung in kg/kg*

ρ_{zs}, ρ_{Gk}: *Dichten von Zementstein und natürlicher Gesteinskörnung in kg/m³*

Die aus der Mischungsrechnung hervorgegangenen Abhängigkeiten der Reindichte, Rohdichte und Gesamtporosität vom Zementsteingehalt werden durch Messwerte bestätigt, welche an technisch hergestellten Rezyklaten, an rezyklierten Gesteinskörnungen aus definierten Betonen und an Modellbetonen mit abgestuften Zementsteingehalten ermittelt wurden (Abb. 7.12). Die Zementsteingehalte von Betonrezyklaten bewegen sich zwischen 10 und 40 Masse-%. Bereits daraus ergibt sich eine beträchtliche Spannweite für die Rohdichte von 2400 bis 2100 kg/m³ und für die Wasseraufnahme von 2 bis 10 %. Bei der erneuten Betonherstellung kann es auf Grund der Variabilität der Zusammensetzung von Betonrezyklaten zu beträchtlichen Unterschieden in Bezug auf die Menge an altem Zementstein, die in den Beton der zweiten Generation eingebracht wird, kommen. Wird davon ausgegangen, dass 50 Volumen-% rezyklierte Körnungen und 50 Volumen-% natürliche Gesteinskörnungen bei der Betonherstellung verwendet werden, können sich bei einem Gesteinskörnungseinsatz vom 1800 kg pro m³ Beton in Abhängigkeit vom Zementsteingehalt der Rezyklate beispielsweise folgende Fälle ergeben:

- Fall 1: Der Zementsteingehalt der Rezyklate, die eine spezielle Aufbereitung durchlaufen haben, liegt bei 5 Masse-%. Die eingebrachte Menge an Altzementstein beträgt lediglich 40 kg pro m³ Beton und bleibt damit um etwa eine Zehnerpotenz unter dem neuen Zementsteingehalt.
- Fall 2: Der Zementsteingehalt der Rezyklate liegt bei 25 Masse-%. Die eingebrachte Menge an Altzementstein beträgt 210 kg pro m³ Beton und liegt bei etwa der Hälfte des neuen Zementsteingehalts.

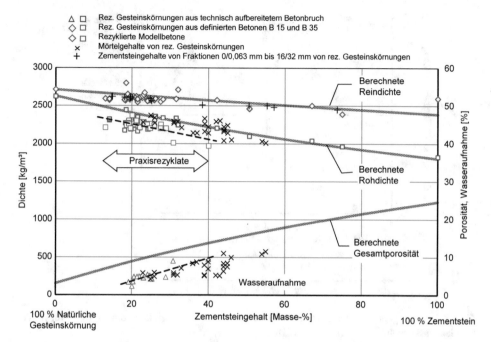

Abb. 7.12 Zustandsdiagramm für rezyklierte Gesteinskörnungen; Daten für technisch aufbereitete rezyklierte Gesteinskörnungen [14], Daten für rezyklierte grobe Gesteinskörnungen aus definierten Betonen [15], Daten für Mörtelgehalte in technisch aufbereiteten rezyklierten Gesteinskörnungen [16], Daten für Zementsteingehalte von Fraktionen von rezyklierten Gesteinskörnungen [17]

Der Eintrag von altem Zementstein hat Auswirkungen auf die Druckfestigkeit und den Elastizitätsmodul als wichtige Bemessungsgrößen von Beton:

- Für die Druckfestigkeit ist die Porosität entscheidend. Bei Rezyklatbetonen entsteht sie zum einen bei der „aktuellen" Hydratation durch das überschüssige, nicht aufgebrauchte Wasser. Zum anderen wird sie durch den Altzementstein der rezyklierten Gesteinskörnungen eingebracht.
- Für den Elastizitätsmodul sind die Porosität und der Gehalt an Hydratationsprodukten, die leichter verformbar als die Gesteinskörnungen sind, die wichtigsten Einflussgrößen. Auch hier führt der Einsatz von Rezyklaten zu gegenüber Beton aus natürlichen Gesteinskörnungen erhöhten Gehalten an Hydratationsprodukten.

Wird das o.g. Beispiel weiterverfolgt, beträgt die zusätzliche Porosität ca. 0,5 Volumen-% für den Fall 1 bzw. 2 Volumen-% für den Fall 2. Näherungsweise gilt, dass bei einer Zunahme des Kapillarporengehaltes von 1 Volumen-% die Festigkeit um 3 bis 4 MPa sinkt. Die Abnahme der Druckfestigkeit von Rezyklatbetonen mit zunehmendem Anteil an rezyklierten Gesteinskörnungen ist damit ebenso wie die dabei auftretenden großen Streuungen erklärbar. Eine Gegenüberstellung zwischen dem von verschiedenen Autoren gemessenen Festigkeitsrückgang und der Festigkeitsabnahme, die anhand der Zunahme

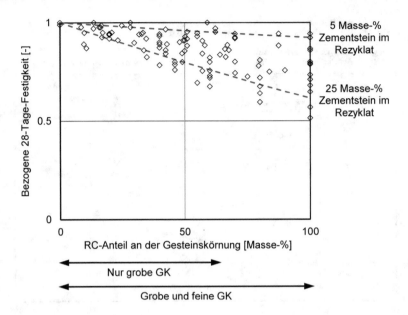

Abb. 7.13 Bezogene 28-Tage-Festigkeiten von Betonen in Abhängigkeit vom Anteil an rezyklierten Gesteinskörnungen GK. (Daten aus [18–36])

des Kapillarporengehalts abgeschätzt werden kann, bestätigt den dominanten Einfluss des Zementsteingehaltes der Rezyklate (Abb. 7.13). Ihre eindeutige Charakterisierung ist somit nur möglich, wenn der Zementsteingehalt einbezogen wird.

Die Abnahme des Elastizitätsmoduls ist in der Regel stärker als die der Druckfestigkeit, weil zusätzlich zur Porosität die Verformbarkeit der Hydratationsprodukte Einfluss hat. Bei einigen für die Bemessung von Rezyklatbetonen vorgeschlagenen Beziehungen zur Berechnung des Elastizitätsmoduls wird das berücksichtigt [37, 38]. Die zweifache Beeinflussung wird durch die Parameter Druckfestigkeit, in welche der Einfluss der Porosität eingeht, und Rohdichte, durch die der Zementsteingehalt berücksichtigt wird, erfasst.

$$E_{Beton} = 190.000 * \left(\frac{f_{Beton}}{2000}\right)^{0,5} * \left(\frac{\rho_{Festbeton}}{2300}\right)^{1,5} \quad nach \ [37] \qquad \text{Gl. 7.3}$$

$$E_{Beton} = 9100 * f_{Beton}^{\ 0,33} * \left(\frac{\rho_{Frischbeton}}{2400}\right)^{2} * \left(1 - \frac{A_{Ziegel}}{500}\right) nach \ [38] \qquad \text{Gl. 7.4}$$

mit

   E_{Beton}: *statischer Elastizititsmodul des Betons in N/mm²*

   f_{Beton}: *Druckfestigkeit des Betons in N/mm²*

   $\rho_{Frischbeton}$: *Frischbetonrohdichte in kg/m³*

   $\rho_{Festbeton}$: *Festbetonrohdichte in kg/m³*

   A_{Ziegel}: *Anteil an Ziegelsplitt in Masse-%*

Die Auswirkungen des Zementsteingehaltes von Betonbruch können anhand des Gedankenexperiments „Mehrfachrecycling" veranschaulicht werden. Ausgangspunkt ist ein Beton der 1. Generation, der aus natürlichen Gesteinskörnungen hergestellt und an seinem Lebensende zu einer rezyklierten Gesteinskörnung aufbereitet wird. Aus diesen Rezyklaten wird ein Beton der 2. Generation hergestellt, der wiederum zerkleinert und zu Beton der 3. Generation verarbeitet wird. Mit jedem Zyklus nimmt die Rohdichte ab und die Wasseraufnahme zu [39–42]. Der Zementsteingehalt steigt an (Abb. 7.14). Anhand einer Reihenentwicklung können diese Parameter in Abhängigkeit von den durchlaufenen Zyklen berechnet werden. Beispielsweise gelten die folgenden Gleichungen für einen Beton der 3. Generation, der bei Zyklen von 50 Jahren noch vorstellbar ist:

$$ZS_3 = \frac{1,42 * z * [1 + (a_R * V_0)^1 + (a_R * V_0)^2]}{1,42 * z * [1 + (a_R * V_0)^1 + (a_R * V_0)^2] + V_0 * \rho_0 * [a_N + a_N * (a_R * V_0)^1 + (a_R * V_0)^2]}$$

$$\rho_3 = 1,42 * z * [1 + (a_R * V_0)^1 + (a_R * V_0)^2] + V_0 * \rho_0 * [a_N + a_N * (a_R * V_0)^1 + (a_R * V_0)^2]$$

Gl. 7.5

mit

z: Zementgehalt im Beton in kg/m³ Beton

ρ_0*: Ausgangsrohdichte der natürlichen Gesteinskörnung in kg/m³*

V_0*: Volumen der gesamten Gesteinskörnung m³/m³ Beton*

V_N*: Volumen der natürlichen Gesteinskörnung in m³/m³ Beton*

V_R*: Volumen der rezyklierten Gesteinskörnung in m³/m³ Beton*

$V_0 = V_N + V_R$

Anteil natürliche Gesteinskörnung $a_N = V_N / V_0$

Anteil rezyklierter Gesteinskörnung $a_R = V_R / V_0$

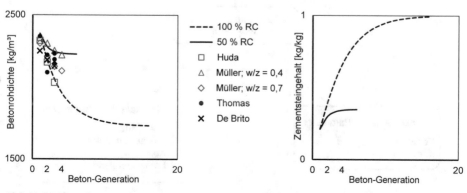

Abb. 7.14 Berechnete und gemessene Veränderungen von Rohdichte und Zementsteingehalt beim Mehrfach-Recycling von Beton. (Daten aus [39, 40–42])

Der Beton der n-ten Generation besteht nur noch aus Zementstein. Seine Rohdichte ist auf die Zementsteinrohdichte zurückgegangen. Als Grenzwerte für den Rückgang der Festigkeit und des E-Moduls können die für Zementstein typischen Werte erwartet werden.

Aufgrund der hohen Lebensdauer von Beton wird ein Mehrfachrecycling die Ausnahme bleiben. Außerdem tritt ein solcher Qualitätsverlust, der bei anderen Recyclingprozessen ebenfalls beobachtet werden kann, nur abgeschwächt auf, wenn lediglich ein Teil der Gesteinskörnung ausgetauscht wird. Wenn die Hälfte der Gesteinskörnung durch Rezyklate ersetzt wird, stellen sich bereits nach 3 Zyklen ein Zementsteingehalt der Rezyklate von 0,35 kg/kg und eine Rohdichte von 2230 kg/m³ ein. Beide Kennwerte bleiben auch beim Durchlaufen weiterer Zyklen nahezu konstant.

7.4   Eigenschaften von Recycling-Baustoffen aus Betonbruch

Für die Auswahl von geeigneten Einsatzgebieten für Rezyklate ist eine möglichst breite Charakterisierung von Vorteil (Abb. 7.15). Wird dagegen die Eignung für ein bestimmtes Einsatzgebiet beispielsweise im Straßenbau oder im Hochbau geprüft, für das bereits technische Vorschriften vorliegen, müssen lediglich die dort geforderten Eigenschaften überprüft werden.

Zusammensetzung Die Materialzusammensetzung ist eine Eigenschaft, an die sowohl bei der Verwertung im Straßen- als auch im Betonbau Anforderungen gestellt werden. Die Bestimmung untergliedert sich in die Ermittlung des Volumens der schwimmenden

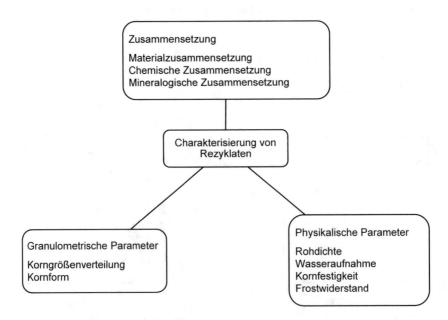

Abb. 7.15 Parameter für die Charakterisierung von Rezyklaten

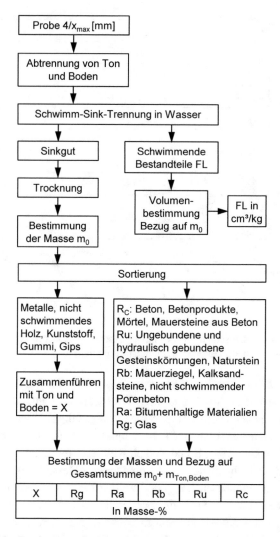

Abb. 7.16 Ablauf der Bestimmung der Materialzusammensetzung von Recycling-Baustoffen

Bestandteile und die Sortieranalyse des Sinkgutes (Abb. 7.16). Nach Augenschein werden an Körnungen > 4 mm die Gehalte in folgenden Materialgruppen bestimmt:

- Beton
- Natürliche Gesteinskörnungen
- Ziegel und Wandbaustoffe
- Mineralische Leichtbaustoffe
- Asphalt
- Fremdstoffe.

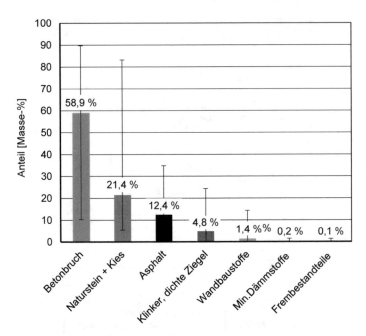

Abb. 7.17 Materialzusammensetzung von technisch hergestellten Recycling-Baustoffen aus Betonbruch. (70 Datensätze aus Güteüberwachungsprotokollen)

Die Auswertung von Sortieranalysen von Recycling-Baustoffen aus Betonbruch, die überwiegend für den Einsatz im Straßenbau hergestellt wurden, zeigt, dass Beton und ungebundene Gesteinskörnungen dominieren. Nahezu vollständig aus Beton bestehende Recycling-Baustoffe treten neben solchen auf, die hauptsächlich Naturstein und Kies enthalten. Weitere Bestandteile sind Asphalt und Ziegel. Kalksandstein, mineralische Dämmstoffe und sonstige Bestandteile bleiben in der Summe unter 5 Masse-% (Abb. 7.17).

Die chemische Zusammensetzung gehört zu den Eigenschaften, für die gegenwärtig keine Anforderungen bestehen. Sie kann aber für die Auswahl von neuen Einsatzgebieten von Interesse sein. Bei sortenreinen Betonen wird sie hauptsächlich durch die Art der im Beton verwendeten Gesteinskörnungen bestimmt. Werden silikatische Gesteinskörnungen wie Sande und Kiese verwendet, dominiert das SiO_2 ganz deutlich. Bei Gesteinskörnungen aus Kalkstein sind dagegen der CaO- Gehalt und der Glühverlust, die aus dem Kalkstein herrühren, dominant. Diese spezifischen Unterschiede sind nur an Gesteinskörnungen, die aus definierten Betonen hergestellt wurden, nachweisbar (Tab. 7.1). Bei Praxisrezyklaten sind diese Unterschiede meist nicht mehr erkennbar. Die mineralogische Zusammensetzung wird ebenfalls hauptsächlich durch die im Beton vorhandenen Gesteinskörnungen geprägt. Quarz, Feldspäte und Calcit dominieren. Von den Mineralphasen des Zementsteins treten Portlandit, Ettringit und Calcit auf. Die Calciumsilikathydrate selbst sind schwierig nachzuweisen.

Zu den chemischen Bestandteilen, die die Wiederverwertung der Rezyklate einschränken können, gehören bestimmte Schwermetalle und polycyclische aromatische

Tab. 7.1 Oxidzusammensetzung und Glühverlust (GV) von sortenreinen Betonen und von Recycling-Baustoffen aus Betonbruch. (Eigene Daten und Daten aus [40, 43–45])

[Masse-%]		GV	SiO_2	Al_2O_3	Fe_2O_3	CaO	MgO	K_2O	Na_2O	SO_3
Beton mit silikatischen Gesteinskörnungen Probenanzahl: 30	Mittelwert	5,6	74,3	3,8	1,9	11,6	0,9	0,9	0,4	0,5
	Min	2,3	53,1	0,8	0,3	4,2	0,2	0,1	0,0	0,1
	Max	8,9	91,7	11,4	8,0	18,6	5,9	5,7	2,1	1,1
Beton mit calcitischen Gesteinskörnungen Probenanzahl: 16	Mittelwert	28,6	23,3	3,0	1,9	34,9	6,0	0,8	0,3	0,7
	Min	8,3	12,1	1,7	1,0	19,7	0,6	0,2	0,0	0,2
	Max	37,2	42,0	10,9	6,2	40,2	9,9	4,2	1,8	1,8
Recycling-Baustoffe aus Betonbruch Probenanzahl: 65	Mittelwert	9,7	64,8	6,1	2,5	12,3	1,2	1,7	0,8	0,6
	Min	5,3	16,0	2,1	0,9	5,0	0,4	0,3	0,1	0,3
	Max	36,1	77,9	9,2	4,2	37,5	6,5	4,9	1,7	1,3

Kohlenwasserstoffe sowie Sulfate und Chloride. Die Gehalte an Schwermetallen bzw. Kohlenwasserstoffen sind aus umwelttechnischer Sicht begrenzt, weil von ihnen negative Auswirkungen auf das Grundwasser ausgehen können. Für Sulfate und Chloride bestehen Einschränkungen sowohl aus umwelttechnischer als auch aus bautechnischer Sicht. Einerseits können sie zu einer Versalzung von Grundwasser und Boden führen, was anhand der eluierbaren Anteile beurteilt wird. Andererseits können diese Bestandteile auch Schäden an Bauwerken, die unter Verwendung von Rezyklaten errichtet werden, hervorrufen. Das wird anhand der Gehalte der Salze beurteilt. Der Sulfatgehalt von Bauschutt setzt sich zusammen aus dem sulfathaltigen Abbinderegler des Zements und aus Baustoffen auf Gipsbasis. Während die fest in die Zementsteinphasen eingebauten Sulfate, die aus dem Abbinderegler des Zements herrühren, unter normalen Einsatzbedingungen keine negativen Effekte verursachen, können die löslichen Sulfate aus Gipsbaustoffen negative Auswirkungen hervorrufen. Chloride sind im Unterschied zu den Sulfaten in normgerechten Betonausgangsstoffen praktisch nicht enthalten, sondern gelangen immer nachträglich z. B. durch Streusalze in den Beton.

Die unterschiedlichen Sulfatquellen und die daraus resultierenden Eluatwerte und Sulfatgehalte sind am Beispiel eines Betondeckenelements, das mit einem Anhydritestrich versehen ist, dargestellt (Abb. 7.18). Wird das Element aufbereitet ohne den Estrich vorher zu entfernen, weist der erzeugte Recycling-Baustoff einen Gesamtsulfatgehalt von 2,77 Masse-% auf. Dieser Gesamtgehalt entspricht etwa dem Gehalt an säurelöslichem Sulfat. Er unterteilt sich in einen wasserlöslichen Anteil von 2,35 Masse-%, der aus dem Estrich stammt, und einen gebundenen, nicht löslichen Anteil von 0,42 Masse-%, der auf den Gipsgehalt des

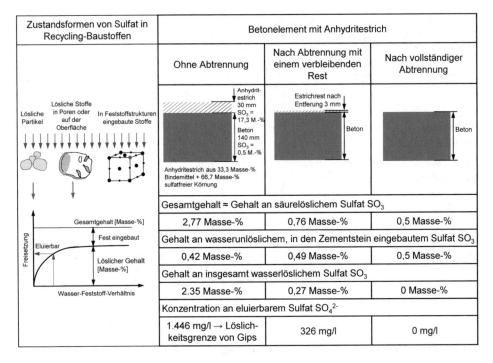

Abb. 7.18 Freisetzbarkeit von Sulfat aus einem Recycling-Baustoff

Zementes zurückgeht. Der eluierbare Sulfatanteil, mit welchem die umwelttechnische Güte eines Recycling-Baustoffs beurteilt wird, ist wiederum ein Teil des wasserlöslichen Sulfats. Das Wasser-Feststoff-Verhältnis, das bei seiner Bestimmung angewandt wird, ist ausschlaggebend. Im dargestellten Fall übersteigt das Angebot an wasserlöslichem Sulfat die Menge, die in Lösung gehen kann. Das Eluat hat die Konzentration einer einer gesättigten Gipslösung von 2,05 g $CaSO_4$/l bzw. 1446 mg SO_4^{2-}/l. Wird der Estrich von der Betondecke bis auf einen Rest mit einer Stärke von 3 mm entfernt, beträgt der Gesamtgehalt nur noch 0,76 Masse-%. Davon sind 0,27 Masse-% löslich. Sie gehen bei der Elution mit einem Wasser-Feststoff-Verhältnis von 10:1 vollständig in Lösung und verursachen eine Sulfatkonzentration von 326 mg SO_4^{2-}/l. Bei vollständiger Entfernung des Estrichs ist kein wasserlösliches und somit eluierbares Sulfat mehr vorhanden. Der berechnete Gesamtgehalt an Sulfat beträgt 0,5 Masse-%. Er stimmt gut mit den an sortenreinen Betonen gemessenen Gehalten an säurelöslichem Sulfat von 0,5 bis 0,6 Masse-% überein (Abb. 7.19). Die Gehalte von Praxisrezyklaten liegen im Mittel ebenfalls in diesem Bereich. Unterschreitungen deuten auf einen hohen Anteil an natürlichen Gesteinskörnungen, Überschreitungen auf die Anwesenheit von sulfathaltigen Bestandteilen hin.

Granulometrische Parameter Die Korngrößenverteilung als weiteres, eigenschaftsbestimmendes Merkmal kann am ehesten durch die Aufbereitung beeinflusst werden. Durch eine Kombination von Zerkleinerung, Klassierung und ggf. nachfolgendem Dosieren und

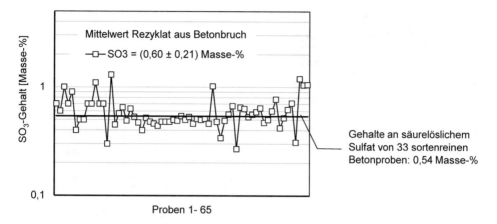

Abb. 7.19 Sulfatgehalte von technisch hergestellten Rezyklaten aus Betonbruch. (Eigene Daten und Daten aus [40, 43–45])

Mischen kann die Korngrößenverteilung gezielt eingestellt und den jeweiligen Anforderungen angepasst werden. Durch die Aufbereitung werden Partikel mit Bruchflächen erzeugt. Die Kornform ist bei aus Betonbruch erzeugten Granulaten überwiegend kubisch. Weitere Verbesserungen können erzielt werden, indem Kegelbrecher als Nachbrecher eingesetzt werden, was vereinzelt praktiziert wird.

Physikalische Parameter Die Rohdichte ist der wichtigste Parameter zur Beschreibung der physikalischen Eigenschaften von Rezyklaten, weil mit ihr die Porosität erfasst wird, die in enger Beziehung zur Wasseraufnahme steht. Sie ergibt sich aus der Feststoffmasse der Probe und dem Bruttovolumen der Partikel, das die Poren in den Partikeln mit einschließt. Dabei wird zwischen Poren, die dem Wasser zugänglich sind, und unzugänglichen Poren im Korninneren unterschieden. Die Rohdichte kann sich auf den trockenen Zustand oder auf den wassergesättigten Zustand der Proben beziehen. Unterschiedliche Definitionen der Rohdichte sind in Abb. 7.20 dargestellt. In die Rohdichte OD gehen alle Poren ein, während in der Trockenrohdichte nur die Poren im Inneren berücksichtigt werden. Bei der Rohdichte im oberflächentrockenen, aber wassergesättigtem Zustand (SSD) ergibt sich die Probenmasse im Unterschied zur Rohdichte OD aus der Feststoffmasse zuzüglich der Wassermasse in den zugänglichen Poren. Die Rohdichte OD wird zur Kennzeichnung von rezyklierten Gesteinskörnungen für die Betonherstellung verwendet. Die Recycling-Baustoffe, die im Straßenbau eingesetzt werden, werden mit der Trockenrohdichte charakterisiert. Die Rohdichte OD ist geringer als die Trockenrohdichte und die Rohdichte SSD. Die Unterschiede werden mit abnehmender Dichte, d. h. zunehmender Porosität größer (Abb. 7.21). Zusätzlich treten Fehler auf, weil der oberflächentrockene, wassergesättigte Zustand schwierig zu bestimmen ist.

Beim Aufschluss der Poren durch eine Zerkleinerung auf Korngrößen von mindestens < 63 µm wird die Reindichte zum charakteristischen Merkmal. Sie spiegelt in gewissem

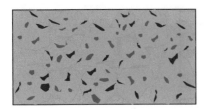

$$\text{Rohdichte auf ofentrockener Basis} = \text{Rohdichte OD} = \frac{\text{Probenmasse ofentrocken}}{\substack{\text{Probenvolumen einschließlich Poren im}\\ \text{Inneren und wasserzugänglicher Poren}}}$$

$$= \frac{\text{Masse}_{\text{grau}}}{\text{Volumen}_{\text{grau}} + \text{Volumen}_{\text{hellblau}} + \text{Volumen}_{\text{dunkelblau}}}$$

$$\substack{\text{Rohdichte auf wassergesättigter}\\ \text{oberflächentrockener Basis}} = \text{Rohdichte SSD} = \frac{\substack{\text{Probenmasse ofentrocken + Wassermasse}\\ \text{in zugänglichen Poren}}}{\substack{\text{Probenvolumen einschließlich Poren im Inneren}\\ \text{und wasserzugänglicher Poren}}}$$

$$= \frac{\text{Masse}_{\text{grau}} + \text{Wassermasse}_{\text{dunkelblau}}}{\text{Volumen}_{\text{grau}} + \text{Volumen}_{\text{hellblau}} + \text{Volumen}_{\text{dunkelblau}}}$$

$$\text{Trockenrohdichte} = \frac{\text{Probenmasse vorgetrocknet}}{\substack{\text{Probenvolumen einschließlich Poren im Inneren}\\ \text{aber ausschließlich wasserzugänglicher Poren}}}$$

$$= \frac{\text{Masse}_{\text{grau}}}{\text{Volumen}_{\text{grau}} + \text{Volumen}_{\text{hellblau}}}$$

$$\text{Reindichte} = \frac{\text{Probenmasse ofentrocken}}{\text{Feststoffvolumen}} = \frac{\text{Masse}_{\text{grau}}}{\text{Volumen}_{\text{grau}}}$$

$$\text{Schüttdichte} = \frac{\text{Probenmasse ofentrocken}}{\text{Schüttvolumen}} = \frac{\text{Masse}_{\text{grau}}}{\text{Volumen}_{\text{grau}} + \text{Volumen}_{\text{blau}} + \text{Volumen}_{\text{orange}}}$$

Abb. 7.20 Definitionen für die Dichten eines Schüttgutes

Umfang die mineralogische Zusammensetzung wider. Die Schüttdichte ist das Verhältnis der Feststoffmasse der Probe zu dem von ihr ausgefüllten Volumen. Sie ist von der Roh- und Reindichte, der Partikelgrößenverteilung des Materials und der Kornform abhängig. Körnungen mit engen Korngrenzen wie z. B. Lieferkörnungen 4/8 oder 8/16 mm weisen geringere Schüttdichten als weit gestufte Gemische wie z. B. Korngemische 0/16 mm auf. Die Proctordichte ist eine im Erd- und Straßenbau verwendete Kenngröße. Sie ist die höchste Packungsdichte eines Bodens oder Korngemisches, die bei einer definierten Verdichtung und dem optimalen Wassergehalt erreicht werden kann.

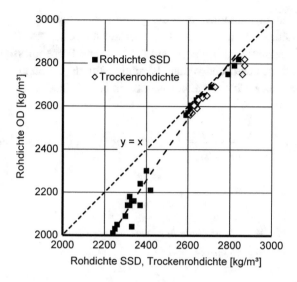

Abb. 7.21 Gegenüberstellung von Rohdichten nach unterschiedlichen Definitionen. (Eigene Daten, Daten aus Güteüberwachsprotokollen und aus [16])

Recycling-Baustoffe nehmen im Unterschied zu natürlichen, dichten Gesteinskörnungen Wasser auf, wobei das Wasser hauptsächlich durch offene Kapillarporen in das Baustoffkorn gelangt. Die Wasseraufnahme ist zeitabhängig. In den ersten Minuten nach dem Kontakt der Rezyklate mit dem Wasser ist die Geschwindigkeit der Wasseraufnahme sehr hoch. Später nimmt sie bis hin zum Erreichen der Wassersättigung ab. In der Regel beträgt die Wasseraufnahme nach 10 min etwa 85 bis 90 % der Wasseraufnahme nach 24 h, so dass die Bestimmung der Wasseraufnahme auch bei kürzeren Messzeiten zu zuverlässigen und stofftypischen Werten führt. Feine Fraktionen weisen in der Regel eine höhere Wasseraufnahme als grobe Fraktionen auf. Ursachen sind die höhere spezifische Oberfläche und die Anreichung zementsteinreicher Partikel. Aus der Roh- und der Reindichte kann die Partikelporosität berechnet werden. Sie ist der gesamte, in einem Partikel vorhandene Porenraum:

$$\varepsilon = 1 - \frac{\rho_{Roh\ OD}}{\rho_{Rein}}$$

Gl. 7.6

mit

ε: *Porosität in m³/m³*

$\rho_{Roh\ OD}$: *Rohdichte OD in kg/m³*

ρ_{Rein}: *Reindichte in kg/m³*

Wird vereinfachend angenommen, dass die gesamte Porosität aus offenen Kapillarporen besteht, ist das Volumen an aufgenommenem Wasser der Kornporosität proportional. Bei vollständiger Wassersättigung kann die auf die trockene Probenmasse bezogene, maximale Wasseraufnahme berechnet werden. Ist nur ein Teil der Poren mit Wasser gefüllt, ist der Sättigungswert als zusätzliche Einflussgröße zu berücksichtigen.

$$WA_{max} = 100 * \rho_W * \left(\frac{1}{\rho_{Roh\,OD}} - \frac{1}{\rho_{Rein}} \right) \; bei \; vollständig \; zugänglichen \; und \; gefüllten \; Poren$$

$$Gl. \; 7.7$$

mit

WA_{max}: *maximale Wasseraufnahme in Masse-%*

ρ_W: *Dichte von Wasser in kg/m³*

In Tab. 7.2 sind Angaben zu Roh-, Reindichte, Kornporosität und Wasseraufnahme von Betonen zusammengefasst. Es besteht kein nennenswerter Unterschied zwischen sortenreinen Betonkörnungen und Recycling-Baustoffen aus Betonbruch. Die mittlere Rohdichte OD liegt bei 2300 kg/m³. Höhere Rohdichten sind darauf zurückzuführen, dass die Betonpartikel selbst schwerere Gesteinskörnungen enthalten oder ungebundene Gesteinspartikel mit hoher Rohdichte vorhanden sind. Geringere Rohdichten werden durch Wandbaustoffe, die in geringen Mengen auch in Recycling-Baustoffen aus Betonbruch enthalten sind, verursacht. Die Proctordichte als die unter definierten Bedingungen erreichbare, maximale Einbaudichte bewegt sich bei für den Straßenbau hergestellten Recycling-Baustoffen zwischen 1,7 und 2,1 g/cm³, der optimale Wassergehalt zwischen 7 und 13 Masse-%.

Die Rohdichte ist die Leitgröße für eine Reihe von Materialeigenschaften, die mit mechanischen Beschädigungen der Partikel durch Beanspruchungen einhergehen. Bei gleicher Beanspruchungsintensität wird ein Material mit geringer Rohdichte in der Regel stärker zerkleinert als ein Material, dessen Rohdichte höher ist. Das gilt sowohl für die Aufbereitung selbst als auch für die Beanspruchungen bei der Anwendung, beispielsweise durch Auflasten oder Frost-Tau-Wechsel. Die Kornfestigkeit wird mit Prüfverfahren ermittelt, die auf unterschiedlichen Beanspruchungsmechanismen und -intensitäten beruhen:

- Beim Los-Angeles-Verfahren erfolgt eine Beanspruchung durch Abrasion und Schlag. Die Messprobe wird in einer rotierenden Trommel mit Stahlkugeln beansprucht. Nach Abschluss des Vorganges wird der Masseverlust der Probe mittels eines Analysensiebs mit einer bestimmten Siebmaschenweite ermittelt und auf die Masse der Ausgangsprobe bezogen.
- Bei der Bestimmung des Schlagzertrümmerungswerts wird eine Kornklasse des Prüfgutes durch Schläge eines Fallhammers beansprucht. Der Zertrümmerungsgrad wird mittels Siebanalyse bestimmt.

Tab. 7.2 Rein- und Rohdichten von sortenreinen Betonen und von Recycling-Baustoffen aus Betonbruch. (Eigene Daten und Daten aus Güteüberwachsprotokollen)

	Sortenreine Betonkörnungen	Recycling-Baustoffe aus Betonbruch
	Reindichte [kg/m³]	
Probenanzahl	34	13
Mittelwert	2678	2596
Min	2594	2570
Max	2983	2616
	Rohdichte OD [kg/m³], Körnungen > 4 mm	
Probenanzahl	45	28
Mittelwert	2316	2277
Min	2140	2081
Max	2672	2452
	Berechnete Partikelporosität [Volumen-%]	
Probenanzahl	34	13
Mittelwert	14,2	14,5
Min	8,6	7,3
Max	18,2	19,2
	Wasseraufnahme an Körnungen > 4 mm [Masse- %]	
Probenanzahl	44	13
Mittelwert	5,7	4,6
Min	3,0	1,2
Max	10,0	6,3
Korngemische 0/x mm		
	Trockenrohdichte [kg/m³]	Proctordichte [g/cm³]/ Wassergehalt [Masse-%]
Probenanzahl	24	15
Min	2461	1702/7,1
Max	2642	2085/12,7

Der bei der Los-Angeles-Prüfung entstehende Abrieb bewegt sich im Bereich von 20 bis 40 Masse-% für Recycling-Baustoffe (Abb. 7.22). Er ist damit etwas höher als die Referenzwerte für natürliche Gesteinskörnungen. Für beide Gesteinskörnungsarten sind die Zunahme des entstehenden Abriebs mit abnehmender Rohdichte und die Streubreite nahezu übereinstimmend.

Der Widerstand von Recycling-Baustoffen gegen Frost-Tau-Wechsel wird ermittelt, indem eine Fraktion der Gesteinskörnung nach einer 24- stündigen Wasserlagerung einer 10-maligen Frost-Tau-Wechsel-Beanspruchung unterzogen wird. Im Anschluss wird der

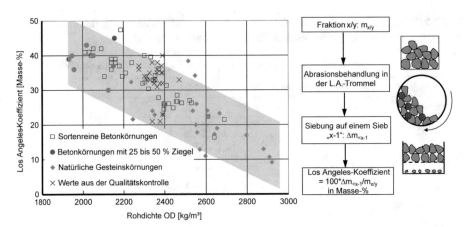

Abb. 7.22 Abhängigkeit des Abriebs in der Los Angeles Trommel von der Rohdichte OD. (Daten aus [16, 46–49], aus Güteüberwachsprotokollen unter Rohdichteanpassung und eigene Daten)

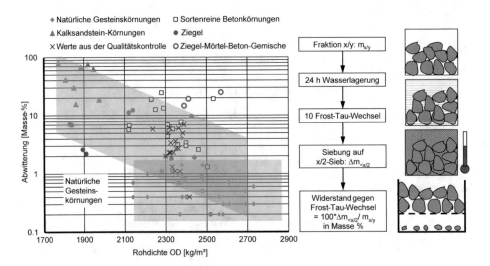

Abb. 7.23 Abhängigkeit des Widerstands gegen Frost-Tau-Wechsel von der Rohdichte OD. (Daten aus [40, 50–55], aus Güteüberwachsprotokollen unter Rohdichteanpassung und eigene Daten)

durch frostinduzierte Absplitterungen verursachte Masseverlust der Körnungen bestimmt. Infolge ihrer erhöhten Wasseraufnahme ist der Frostwiderstand von Betonrezyklaten ungünstiger als der von natürlichen Gesteinskörnungen (Abb. 7.23). Es besteht nur eine diffuse Abhängigkeit von der Rohdichte, weil weitere Einflüsse eine Rolle spielen. Dazu gehören die Zementart, der Zementgehalt, der Wasser-Zement-Wert und der Frostwiderstand der Gesteinskörnung, mit welchen der „Mutterbeton" hergestellt wurde. Luftporenbildner im Mutterbeton verbessern die Frostbeständigkeit der daraus erzeugten

Körnungen deutlich. Der Frostwiderstand von Ziegelkörnungen entspricht mindestens dem des Betons. Mörtelanhaftungen verschlechtern den Frostwiderstand.

Neben der höheren Partikelporosität der Rezyklate können die Ergebnisse der Frostprüfungen auch durch die Prüfvorschriften selbst, die für dichte Mineralstoffe entwickelt wurden, beeinflusst werden. So führt die erforderliche Vortrocknung der Proben bei 105 °C zu einer Zunahme der Absplitterungen bei Rezyklaten [56].

7.5 Verwertung

Technisch hergestellte Recycling-Baustoffe aus Betonbruch bestehen zum überwiegenden Teil aus Beton und natürlichen Gesteinskörnungen (Abb. 7.17). Die Summe beider Komponenten bewegt sich zwischen 60 und 100 Masse-%. Für sie gibt es ein vergleichsweise breites Spektrum an Einsatzgebieten. Verwertungen, bei denen hauptsächlich das Volumen der Rezyklate für das Ausfüllen von Hohlräumen genutzt wird, und Einsatzgebiete, welche auf den mechanischen Eigenschaften aufbauen, stehen sich gegenüber. Einen Überblick zu den möglichen Einsatzgebieten von Recycling-Baustoffen im Erd- und Straßenbau in Abhängigkeit von ihren Bestandteilen enthält Abb. 7.24. Besteht der Recycling-Baustoff aus den Stoffgruppen Beton, Naturstein sowie Sand und Kies, gibt es keine Einsatzeinschränkungen, wenn die bau- und umwelttechnischen Parameter eingehalten werden. Dichte keramische Erzeugnisse und Asphalt sind ebenfalls verwertbar, solange sie nicht dominieren. Kritisch sind Wandbaustoffe mit geringeren Festigkeiten und Feinanteile.

Im Unterschied zu natürlichen Gesteinskörnungen, die bestimmte, durch das Einsatzgebiet vorgegebene bautechnische Anforderungen erfüllen müssen, werden an Recycling-Baustoffe zusätzlich umwelttechnische Anforderungen gestellt, um zu vermeiden, dass mögliche Schadstoffbelastungen der Rezyklate in den Boden oder das Grundwasser gelangen. Beide Anforderungen divergieren (Abb. 7.25). Werden die Rezyklate für die Betonherstellung verwendet, sind sie fest in eine Zementsteinmatrix eingebunden. Die Elution von Schadstoffen wird dadurch unterbunden. Die umwelttechnischen Anforderungen sind deshalb moderat. Die oberen Eluatwerte des insgesamt für Rezyklate zulässigen Bereichs müssen eingehalten werden. Dagegen sind die bautechnischen Anforderungen hoch, um qualitätsgerechte Betone sicherzustellen. Werden die Rezyklate als Verfüllbaustoffe verwendet, sind die umwelttechnischen Anforderungen hoch, weil Schadstoffe ausgewaschen werden können. Die bautechnischen Anforderungen sind gering.

Aus den divergierenden Anforderungen folgt, dass im Zuge der Aufbereitung zunächst immer eine Differenzierung der Inputströme nach Zusammensetzung und Belastung erfolgen muss. Die Verarbeitung ist nach verschiedenen Szenarien möglich. Im günstigsten Fall liegt homogener Betonbruch ohne Belastungen vor. Der Einsatz als Verfüllmaterial unterfordert dieses Material. Nur durch eine Aufbereitung zu rezyklierten Gesteinskörnungen wird sein Potenzial ausgeschöpft. Im ungünstigsten Fall liegt heterogener Betonbruch mit Belastungen vor. Von den bautechnischen Eigenschaften her wäre ein Einsatz als Verfüllmaterial möglich, der aus umwelttechnischen Gesichtspunkten aber nicht in Frage kommt.

+	Verwertung möglich	ZTV T-StB: Zusätzliche Technische Vertragsbedingungen und Richtlinien für Tragschichten im Straßenbau
⊕	Mitverwertung möglich	
+/–	Verwertung bedingt möglich	ZTV P-StB: Zusätzliche Technische Vertragsbedingungen und Richtlinien für den Bau von Pflasterdecken und Plattenbelägen
–	Verwertung nicht möglich	ZTV E-StB: Zusätzliche Technische Vertragsbedingungen und Richtlinien für Erdarbeiten im Straßenbau

Verwertungsbereich \ Stoffgruppe	Naturstein, Naturwerkstein	Sand, Kies	Beton, Betonwerkstein	Klinker, dichte Ziegel, Steinzeug	Ausbauasphalt	Kalksandstein, weich gebrannte Ziegel, Putze, Leichtbaustoffe	Stoffgruppen wie links mit > 15 Masse-% Anteil < 0,063 mm
Oberbau von Straßen, Wegen, Plätzen							
Tragschichten nach ZTV T-StB	+	+	+	⊕	⊕	–	–
Tragschichten außerhalb des Geltungsbereiches von ZTV T-StB	+	+	+	+/–	+	+/–	–
Deckschichten ohne Bindemittel	+	+	+	+/–	–	–	–
Bettung von Pflaster- und Plattenbelägen nach ZTV P-StB	+	+	+	+/–	–	–	–
Bankettbefestigungen	+	+	+	+	+	⊕	+/–
Zeitlich begrenzte Befestigungen	+	+	+	+	+	+/–	+/–
Schichten mit hydraulischen Bindemitteln							
Verfestigungen	+	+	+	+	⊕	⊕	–
hydraulisch gebundene Tragschicht	+	+	+	+	⊕	–	–
Betontragschicht	+	+	+	+	⊕	–	–
Betondecke	+	+	+	–	–	–	–
Asphaltschichten							
Asphalttragschichten	+	+	+	⊕	+	–	–
Asphaltbinder- und Deckschichten	+	–	–	–	+/–	–	–
Erdbau							
Erdbau nach ZTV E-StB	+	+	+	+	⊕	+/–	+/–

Abb. 7.24 Verwertungsmöglichkeiten für Recycling-Baustoffe im Straßen- und Erdbau in Abhängigkeit von der Materialzusammensetzung [57]

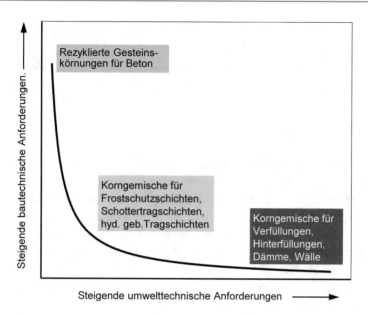

Abb. 7.25 Gegenüberstellung der Anforderungen an Recycling-Baustoffe

Wenn eine Deponierung umgangen werden soll, müssen durch eine mehrstufige Aufbereitung die Materialeigenschaften so beeinflusst werden, dass entweder die bautechnischen Anforderungen für einen Einsatz im Beton oder die umwelttechnischen Anforderungen für die Verwendung als Füllmaterial erfüllt werden können. Welcher Weg eingeschlagen wird, hängt von der technischen und wirtschaftlichen Machbarkeit ab.

7.5.1 Verwertung im Erdbau

Der Erdbau umfasst bauliche Maßnahmen, durch welche entweder Erdkörper nach Form und Lage oder Böden hinsichtlich ihrer Eigenschaften verändert werden. Wichtigste Bauwerke des Erdbaus sind Dämme, Wälle, plane Flächen, Gräben, Kanäle und Baugruben. Wichtigster Baustoff für die Errichtung von Erdbauwerken sind Böden. Alternativ können auch Recycling-Baustoffe zum Einsatz kommen. In den Vorschriften für den Erdbau wird eine Abgrenzung zwischen Böden, Böden mit Fremdbestandteilen und Recycling-Baustoffen vorgenommen (Abb. 7.26). Recycling-Baustoffe liegen vor, wenn die Bauschuttbestandteile dominieren. Der Gehalt an Boden darf 50 Masse-% nicht überschreiten. Ein Erdbaustoff, der aus 49,5 Masse-% Ziegelbruch und 50,5 Masse- % Boden besteht, wäre also ein Boden mit Fremdbestandteilen. Überwiegt der Ziegelanteil mit 50,5 Masse-% handelt es sich um einen Recycling-Baustoff.

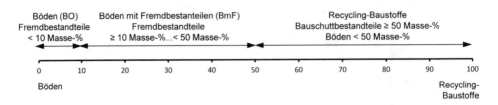

Abb. 7.26 Abgrenzung zwischen Böden und Recycling-Baustoffen

Recycling-Baustoffe können als Unterbau unter Fundament- oder Bodenplatten, zur Verbesserung der Tragfähigkeit von Böden einschließlich der Herstellung von temporären Baustraßen, zum Verfüllen von Leitungsgräben und Baugruben, zum Hinterfüllen von Bauwerken sowie zum Errichten von Dämmen oder Wällen eingesetzt werden. Für Verfüllungen oder Schichten, die Lasten durch darüber liegende Bauwerke oder Fahrzeugverkehr aufnehmen müssen, ist eine ausreichende Standfestigkeit der Erdbauwerke erforderlich. Deshalb werden in diesen Fällen Rezyklate aus Beton und Natursteinkörnungen, die eine hohe Kornfestigkeit aufweisen, bevorzugt. Für Verfüllungen, deren Tragfähigkeit von untergeordneter Bedeutung ist, kann auf die Anwendung von hochwertigem Betonsplitt zugunsten von Rezyklaten mit geringeren Festigkeiten verzichtet werden. Die Recycling-Baustoffe müssen ausreichend raumbeständig sein, d. h. während der Nutzung dürfen keine Ausspülungen, Setzungen oder Hebungen auftreten.

Die bautechnischen Anforderungen an Recycling-Baustoffe, die im Erdbau eingesetzt werden sollen, sind relativ niedrig. So sind nach den Vorschriften für den Erdbau der Gehalt an Ausbauasphalt (< 10 Masse-%) und der Gehalt an Fremdstoffen, wie Holz, Gummi, Kunststoffe und Textilien (< 0,2 Masse-%) begrenzt. Mit pechhaltigen Bindemitteln gebundene Stoffe dürfen nicht enthalten sein. Der Masseanteil der Körnungen < 4 mm muss gesondert aufgeführt werden. Hinsichtlich der Korngrößenverteilung gilt die Bodenklassifikation anhand der Anteile in den Klassen < 0,063 mm, < 2 mm und > 63 mm. Aus Bauschutt hergestellte Recycling-Baustoffe sind überwiegend grobkörnig. Sie können zur Bodenverbesserung genutzt werden, indem die Sieblinien von gemischtkörnigen oder feinkörnigen Böden durch gezielte Zugabe in den gröberen Bereich verschoben werden. Bei der Verarbeitung ist es erforderlich, dass die Rezyklate gut einbaubar und verdichtbar sind. Diese Eigenschaften hängen von der Partikelgrößenverteilung und dem Wassergehalt ab und können somit den Anforderungen angepasst werden.

Die Anforderungen an die umwelttechnische Güte des Materials, das eingebaut werden soll, sind in Abhängigkeit von der Einbauweise und den Bedingungen am Einbauort festgelegt (siehe Kap. 3). Vereinfachend gilt, dass bei einer durchlässigen Grundwasserdeckschicht und einem offenen Einbau nur dann Recycling-Baustoffe eingesetzt werden dürfen, wenn ihre Eluate nahezu Trinkwasserqualität haben. Recycling-Baustoffe, bei denen die Konzentrationen bestimmter Inhaltsstoffe im Eluat erhöht sind, können nur dort zur Anwendung kommen, wo die Grundwasserdeckschicht wenig durchlässig ist und eine auf den Recycling-Baustoff aufgebrachte dichte Deckschicht aus Asphalt oder Beton das Eindringen von Wasser in das Rezyklat verhindert.

Der Materialbedarf für die Anwendungen im Erdbau ist sehr unterschiedlich. Für Bauwerke wie Lärmschutzwälle ist von einem Materialbedarf im dreistelligen Tonnenbereich pro laufendem Meter auszugehen. Eine ausreichende Materialbereitstellung über die gesamte Bauzeit muss gewährleistet sein. Dagegen liegt der Materialbedarf für das Verfüllen von Leitungsgräben in einstelligen Tonnenbereich pro laufendem Meter. Allerdings steht diesem bauwerksbezogenen Materialbedarf die Tatsache gegenüber, dass Verfüllungen oder Maßnahmen zur Bodenverbesserung deutlich häufiger ausgeführt werden als der Bau von Lärmschutzwällen.

7.5.2 Verwertung im Straßenbau

Der Aufbau von Straßen lässt sich in den genormten Oberbau, den Unterbau und den Untergrund aufteilen (Abb. 7.27). Der natürlich anstehende Boden als Untergrund oder der bei Dammlagen künstlich hergestellte Erdkörper als Unterbau schließt mit einer ebenen, ausreichend tragfähigen Fläche – dem Planum – ab. Auf dem Planum wird der Oberbau errichtet. Er besteht aus einer oder mehreren Tragschichten und der darüber liegenden Decke. Die Tragschichten haben eine lastverteilende Wirkung. Es wird zwischen Tragschichten ohne Bindemittel – den Frostschutzschichten sowie den Kies- oder Schottertragschichten – und Tragschichten mit Bindemittel unterschieden. Oberhalb der Tragschichten befindet sich die Decke mit einer für das Befahren geeigneten Oberfläche. Sie ist wasserdicht. Niederschlagswasser wird durch die Neigung seitlich abgeleitet.

Für den Unterbau, die Verbesserung der Tragfähigkeit des Untergrunds und das Anlegen der Bankette können Recycling-Baustoffe eingesetzt werden, welche die im Erdbau gestellten Anforderungen einschließlich der hohen umwelttechnischen Güte erfüllen müssen. In Bezug auf den Oberbau ist der Einsatz von Recycling-Baustoffen aus Betonbruch in Frostschutzschichten und ungebundenen Tragschichten bereits seit den 1980er

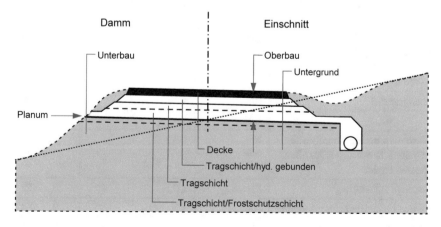

Abb. 7.27 Straßenaufbau

Jahren geübte Praxis. Ein Einsatz in hydraulisch gebundenen Tragschichten ist ebenfalls möglich. Mit der Herstellung von Unterbeton aus rezyklierten Gesteinskörnungen, die aus altem Deckenbeton stammten, wurde Anfang der 1990er Jahre begonnen. Gegenwärtig spielt sie aber keine Rolle mehr.

Recycling-Baustoffe für den Einsatz in Frostschutz- und Schottertragschichten müssen bestimmte Anforderungen an die stoffliche Zusammensetzung erfüllen (Tab. 7.3). Bestandteile, welche sich nachteilig auf den Einbau des Materials in den Straßenoberbau oder die spätere Gebrauchstüchtigkeit auswirken können, werden in ihrer Menge begrenzt. Der Asphaltgehalt darf 30 Masse-% nicht überschreiten, um mögliche Beeinträchtigungen der Verdichtbarkeit beim Einbau, der Tragfähigkeit bzw. von verkehrsbedingten Verformungen bei hohen Temperaturen während der Nutzung auszuschließen. In Bezug auf den Widerstand gegen Zertrümmerung und den Frostwiderstand gehen von Asphalt keine Beeinträchtigungen aus [58, 59]. Für Klinker, Ziegel und Steinzeug besteht ebenfalls eine

Tab. 7.3 Gegenüberstellung der Anforderungen an die stoffliche Zusammensetzung von Recycling-Baustoffen für ungebundene Tragschichten im klassifizierten Straßenbau gemäß TL Gestein-StB 04 [60] und erreichte Parameter von Praxisrezyklaten. (15 Datensätze aus Güteüberwachsprotokollen)

		Anforderung	Erreichte Werte
Materialbestandteile der Körnung > 4 mm		[Masse-%]	
Beton, Betonprodukte, Mörtel, Mauersteine aus Beton, hydraulisch gebundene Gesteinskörnung	Rc	Keine Anforderung, Wert angeben	31,5 … 83,3
Festgestein, Kies	Ru		3,4 … 32,2
Schlacke	Ru		0 … 7,2
Klinker, Ziegel, Steinzeug	Rb	≤ 30	0,4 … 24,3
Kalksandstein, Mörtel und ähnliche Stoffe	Rbk	≤ 5	0 … 2,9
Mineralische Leicht- und Dämmbaustoffe , nicht schwimmender Poren- und Bimsbeton	Rbm	≤ 1	0 … 0,5
Asphaltgranulat	Ra	≤ 30	0,5 … 29,4
Glas	Rg	≤ 5	0 … 0,4
Nicht schwimmende Fremdstoffe wie Gummi, Kunststoffe, Textilien, Pappe und Papier	X	≤ 0,2	0 … 0,1
Gipshaltige Baustoffe	Ry	≤ 0,5	0 … 0,2
Eisen und nichteisenhaltige Metalle	Xi	≤ 2	0 … 0,4
Schwimmendes Material	FL	≤ 0,8 cm³/kg	0 … 1,4

Begrenzung auf 30 Masse-%, um einen ausreichenden Widerstand gegen Zertrümmerung und die Frostbeständigkeit zu gewährleisten. Der Gehalt von anderen Stoffgruppen ist auf wenige Prozent bzw. Zehntel Prozent beschränkt. Dabei gilt: Je weniger das Material für den Straßenbau geeignet ist, desto strikter ist der vorgegebene Grenzwert. Mit der Begrenzung des Gehaltes an Gips in der Fraktion > 4 mm auf 0,5 Masse-% sollen Treibererscheinungen durch eine Ettringitbildung und dadurch verursachte Hebungen und „Beulen" der Deckschichten unterbunden werden. Ein erheblicher Anteil des Kornbandes von Frostschutz- und Schottertragschichtmaterial weist Partikelgrößen < 4 mm auf. An dieser Fraktion kann der Gipsgehalt nicht durch augenscheinliche Begutachtung bestimmt werden. Stattdessen ist eine Aussage anhand des Gehalts an eluierbarem Sulfat möglich. Bleibt dieser unter 300 mg SO_4^{2-}/l – also unter dem Zuordnungswert Z 1.2 – ist der Gipsgehalt geringer als 0,5 Masse-%.

Die weiteren Güteparameter von Recycling-Baustoffen für Frostschutz- und Schottertragschichten entsprechen denen, die an Primärbaustoffe gestellt werden:

- Stetige Partikelgrößenverteilung in vorgegebenen Bereichen
- Begrenzter Anteil an Feinanteilen < 0,063 mm und an Überkorn
- Ausreichender Anteil an Partikeln mit gebrochener Oberfläche
- Geringer Anteil an ungünstig geformten, d. h. plattigen Partikeln
- Geringer Anteil an huminen Bestandteilen

Sie werden in der Regel erfüllt. Im Unterschied dazu sind die Anforderungen an die Widerstände gegen Zertrümmerung und gegen Frost-Tau-Wechsel gegenüber natürlichen Gesteinskörnungen etwas reduziert, garantieren aber trotzdem eine ausreichende Widerstandsfähigkeit des eingebauten Materials. Als Alternative zur Ermittlung des Widerstands gegen Frostbeanspruchung an einer definierten Kornfraktion (siehe Abb. 7.23) ist die Untersuchung der Gesamtkörnung > 0,063 mm möglich. Das Kriterium für den Frostwiderstand ist der Anteil < 0,063 mm, von dem nicht mehr als 2 Masse-% entstanden sein darf. Die Summe aus ursprünglich vorhandenem und neu entstandenem Anteil < 0,063 mm muss unter 5 Masse-% bleiben.

Frostschutzmaterial beginnt mit dem Korngemisch 0/8 mm. In der Regel werden Gemische 0/32 mm, 0/45 mm und 0/56 mm eingesetzt. Das Material für Schottertragschichten muss als Korngemisch 0/32 mm, 0/45 mm oder 0/56 mm vorliegen. Die Darstellung der Sollsieblinien von Frostschutzmaterial mit unterschiedlichem Größtkorn im Abb. 7.28 macht deutlich, dass sich die Fraktionsanteile in einem sehr breiten Bereich bewegen können. Eine Ausnahme bildet der Gehalt an Feinanteilen < 0,063 mm, der strikt begrenzt ist und bei einem Größtkorn sowohl von 8 mm als auch von 45 mm 5 Masse-% im Lieferwerk nicht überschreiten darf, um eine ausreichende Durchlässigkeit zu gewährleisten. In der Recyclingpraxis werden überwiegend Korngemische 0/45 mm hergestellt. Die Sieblinien dieser Gemische liegen im Solllinienbereich (Abb. 7.29). Material für Schottertragschichten muss einen gegenüber Frostschutzschichten etwas schmaleren Sieblinienbereich einhalten, der durch einen lieferantentypischen Bereich weiter eingeengt wird

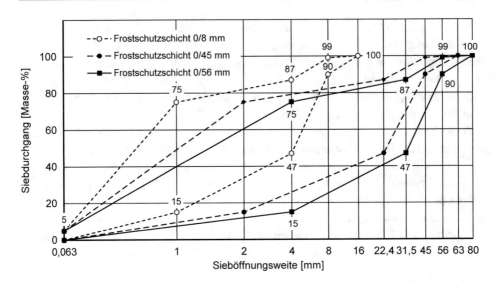

Abb. 7.28 Beispiele für Sollsieblinien von Korngemischen für Frostschutzschichten gemäß TL SoB-StB [61]

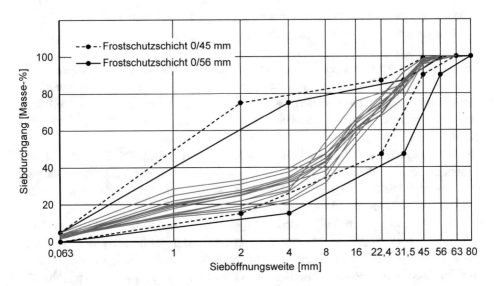

Abb. 7.29 Gegenüberstellung der Sollsieblinien von Korngemischen 0/45 und 0/56 mm für Frost-schutzschichten gemäß TL SoB-StB [61] mit den Sieblinien von Recycling-Baustoffen. (Daten aus Güteüberwachsprotokollen)

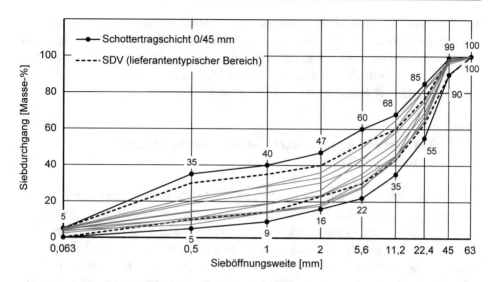

Abb. 7.30 Gegenüberstellung der Sollsieblinien von Korngemischen 0/45 mm für Schottertrag-schichten gemäß TL SoB-StB [61] mit den Sieblinien von Recycling-Baustoffen. (Daten aus Güteüberwachsprotokollen)

(Abb. 7.30). Wie bei Frostschutzmaterial besteht eine strikte Begrenzung des Gehalts an Feinanteilen < 0,063 mm von 5 Masse-%. Nach dem Einbau und Verdichten des Korngemisches darf der Gehalt an Feinanteilen 7 Masse-% nicht übersteigen.

Straßen mit Frostschutzschichten oder Tragschichten aus Recycling-Baustoffen sind seit den 1980er Jahren unter Verkehr. Proben im Ausbauzustand nach mehrjähriger Verkehrsbe-lastung zeigten eine beträchtliche Heterogenität der Materialzusammensetzung, welche auf das Ausgangsmaterial zurückgeht, und einen mäßigen Widerstand gegen Forst-Tau-Wech-sel. Auffällig war die geringe Wasserdurchlässigkeit. Das Tragverhalten war ausreichend. Negative Auswirkungen auf das Gebrauchsverhalten wurden nicht festgestellt [62].

Frostschutzschichten und ungebundene Tragschichten sind die wichtigsten Einsatz-gebiete für Recycling-Baustoffe aus aufbereitetem Betonbruch. Bei einer grundhaften Erneuerung von Autobahnen mit Betondecken kann eine „In place"-Verwertung vorge-nommen werden. Das gesamte durch die Zerkleinerung erzeugte Korngemisch kann ver-wendet werden. Das Ausgangsmaterial „Straßenbeton" fällt kontinuierlich, in einheitli-cher Güte und ausreichender Menge unmittelbar dort an, wo es gebraucht wird. Werden beispielsweise 10 km einer zweispurigen Richtungsfahrbahn einer Autobahn aufgenom-men und aufbereitet, können etwa 50.000 t Recycling-Baustoff hergestellt werden. Das reicht für eine Tragschicht gleicher Länge mit einer Stärke von 0,25 m aus. Recycling-Baustoffe aus dem Rückbau von Gebäuden – aufbereitet in stationären Anlagen – sind eher für weniger materialintensive Baumaßnahmen wie das Anlegen oder die Erhaltung von Gemeinde- und Landstraßen geeignet. Der Abbruch des im Abb. 2.1 dargestellten Gebäudes verursacht eine Betonmenge von etwa 2000 t. Damit könnte die Tragschicht einer Wohnstraße von etwa 700 m Länge bei einer Breite von 5 m angelegt werden. Voraussetzung ist, dass das Material so aufbereitet wird, dass die Grenzwerte für die Gehalte der verschiedenen Nebenbestandteile (Tab. 7.3) eingehalten werden.

7.5.3 Verwertung als rezyklierte Gesteinskörnung für die Betonherstellung

Die Betonherstellung kann in die Herstellung von Ortbeton als Summe von Transport- sowie Baustellenbeton einerseits und die Produktion von Betonwaren, Betonwerksteinen sowie -fertigteilen andererseits untergliedert werden. Innerhalb der genannten Segmente dominiert die Herstellung von Transportbeton mit jährlich 40 bis 50 Mio. m³ eindeutig. In Bezug auf den Einsatz von Rezyklaten muss unterschieden werden, ob der Beton für Tragwerke aus Stahlbeton und/oder konstruktive Fertigteile eingesetzt wird oder für Produkte, für die keine oder geringe Anforderungen hinsichtlich der Tragfähigkeit bestehen.

Konstruktiver Beton Der Einsatz von rezyklierten Gesteinskörnungen für Konstruktionsbetone stellt neben dem Straßenbau den Baustoffkreislauf mit dem größten Potenzial dar. Die Vorschriften zu den Anforderungen an die Rezyklate sowie an die daraus hergestellten Betone liegen vor. Die Substitution eines Teils der natürlichen Gesteinskörnungen durch Rezyklate mit definierter Zusammensetzung ist möglich. Damit sind die Voraussetzungen für die Anwendung in der Baupraxis geschaffen. Rezyklierte Gesteinskörnungen dürfen für die Herstellung von Betonen bis zur Druckfestigkeitsklasse C30/37 verwendet werden. Sie sind nicht für die Herstellung von Bauteilen aus Spannbeton und Leichtbeton zugelassen. Außerdem gelten folgende Prämissen:

- Betone mit rezyklierten Gesteinskörnungen sollen sich in ihren Verarbeitungs- und Gebrauchseigenschaften nicht von Betonen mit natürlichen Gesteinskörnungen unterscheiden.
- Wird der Beton innerhalb der definierten Bereiche hergestellt und eingesetzt, sind die Bemessungsnormen für Normalbeton uneingeschränkt anwendbar.
- Die Dauerhaftigkeit muss gewährleistet sein.

Aus den Prämissen ergeben sich bestimmte Einschränkungen in Bezug auf den Anteil der rezyklierten Gesteinskörnungen und auf die Einsatzgebiete des Betons. Innerhalb dieser Grenzen unterscheiden sich Betone aus rezyklierten Gesteinskörnungen in ihrer Leistungsfähigkeit nicht von Betonen aus natürlichen Gesteinskörnungen.

Die Anforderungen an die rezyklierten Gesteinskörnungen für den Einsatz in konstruktiven Betonen basieren auf denen für natürliche Gesteinskörnungen, sind aber an die Spezifika von rezyklierten Gesteinskörnungen angepasst:

- Die stoffliche Zusammensetzung von rezyklierten Gesteinskörnungen muss bestimmten Anforderungen genügen (Tab. 7.4). Für die Summe an betonstämmigen und natürlichen Gesteinskörnungen sind Mindestgehalte von 90 Masse-% für Betonsplitt Typ1 und 70 Masse-% für Bauwerksplitt Typ 2 einzuhalten. Die Gehalte von Bestandteilen, die für die Betonherstellung ungeeignet sind, sind begrenzt. Schwimmende Bestandteile dürfen ein Volumen von 2 cm³ pro kg Probematerial, was maximal 0,2 Masse-% entspricht, nicht überschreiten.

- Chemische Bestandteile, die einer Begrenzung unterliegen, sind Chloride und Sulfate. Sie können zur Korrosion der Bewehrung oder zur Zerstörung des Betons durch Treibreaktionen führen.

- Bestimmte Rohdichte- und Wasseraufnahmewerte sind nachzuweisen (Tab. 7.4). Die Anforderungen an diese Eigenschaften sind so gering angesetzt, dass sie nicht klassifizierend wirksam werden und damit kein echtes Qualitätskriterium darstellen. Selbst bei Gemischen aus 30 Masse-% weichgebrannten Ziegeln und 70 Masse-% Beton wird die geforderte Rohdichte von 2000 kg/m³ nur geringfügig unterschritten (Gl. 7.8, Abb. 7.31).

- Der Frost-Tau-Wechsel-Widerstand wird anhand der Absplitterungen einer Körnung 4/16 mm nach der Frost-Tau-Beanspruchung beurteilt. Diese sollen 4 Masse-% nicht überschreiten. Alternativ kann der Frost-Tau-Wechsel-Widerstand auch mittels Betonprüfung nachgewiesen werden. Damit wird der Tatsache Rechnung getragen, dass auch aus Rezyklaten mit mäßigem Widerstand gegen Frost-Tau-Wechsel, Betone hergestellt werden können, die einen guten Widerstand aufweisen.

- Für die Betonherstellung dürfen nur Gesteinskörnungen > 2 mm eingesetzt werden. Die Sandfraktionen, in denen sich der Zementstein und andere leicht zerkleinerbare Bestandteile anreichern und deren Materialzusammensetzung nicht überprüft werden kann, darf also nicht verwendet werden. Es können enggestufte Körnungen oder Korngemische (Abb. 7.32) verwendet werden. Der Anteil an Partikeln < 0,063 mm ist auf maximal 4 Masse-% begrenzt.

$$\rho_{RC-Baustoff} = \frac{\rho_{Beton} * \rho_{Ziegel}}{a_{Beton} * \rho_{Ziegel} + a_{Ziegel} * \rho_{Beton}}$$

Gl. 7.8

mit

a_{Beton}, a_{Ziegel}: *Anteile an Beton und Ziegel in kg/kg*

$\rho_{Beton}, \rho_{Ziegel}$: *Dichten von Beton und Ziegel in kg/m³*

Abb. 7.31 Berechnete Rohdichten OD von Gemischen aus Beton- und Ziegelkörnungen

Tab. 7.4 Gegenüberstellung der wesentlichen Anforderungen an rezyklierte Gesteinskörnungen für die Betonherstellung gemäß [63–66] und erreichte Parameter von Praxisrezyklaten. (23 Datensätze aus Güteüberwachsprotokollen)

		Anforderungen		Erreichte Werte	
		Typ 1:Beton-splitt	Typ 2: Bau-werksplitt	Typ 1:Beton-splitt	Typ 2: Bau-werksplitt
Materialbestandteile		[Masse-%]			
Beton, Betonprodukte, Mörtel, Mauersteine aus Beton	Rc	Rc + Ru ≥ 90	Rc + Ru ≥ 70	Rc + Ru 92,2 – 100,0	Rc + Ru 72,8 – 92,7
Ungebundene Gesteinskörnung, Naturstein, hydraulisch gebundene Gesteinskörnung	Ru				
Mauerziegel aus gebranntem Ton, Kalksandsteine, nicht schwimmender Porenbeton	Rb	≤ 10	≤ 30	0,0 – 6,1	6,8 – 26,9
Bitumenhaltige Materialien	Ra	≤ 1	≤ 1	0 – 1	0,1 – 1,2
Glas	Rg	Rg + X ≤ 1	Rg + X ≤ 2	0 – 0,7	0 – 0,7
Sonstige Materialien: Bindige Materialien, Ton und Boden Verschiedene sonstige Materialien: (eisenhaltige und nicht eisenhaltige) Metalle, nicht schwimmendes Holz, Kunststoff, Gummi, Gips	X				

Tab. 7.4 (Fortsetzung)

		Anforderungen		Erreichte Werte	
		Typ 1:Beton-splitt	Typ 2: Bau-werksplitt	Typ 1:Beton-splitt	Typ 2: Bau-werksplitt
Materialbestandteile		[Masse-%]			
Schwimmendes Material im Volumen	FL	[cm³/kg]			
		≤ 2	≤ 2	0 – 0,8	0 – 0,7
Chemische Bestandteile		[Masse-%]			
Säurelösliches Chlorid		≤ 0,04		0,009 – 0,04	0,009 – 0,023
Säurelösliches Sulfat		≤ 0,8		0,014 – 0,5	0,01 – 0,31
Wasserlösliches Sulfat		≤ 0,2		0,0004 – 0,2	0,0002 – 0,0214
Dichten und Wasseraufnahme		[kg/m³] bzw. [Masse-%]			
Rohdichte auf ofentrockener Basis		≥ 2000 ± 150	≥ 2000 ± 150	2300 – 2614	2220 – 2400
Wasseraufnahme nach 10 min		≤ 10	≤ 15	2,9 – 4,9	3,4 – 5,0
		[Masse-%]			
Frost-Tau-Widerstand, Absplitterungen < 2 mm der Fraktion 4/16 mm		< 4		0,9 – 7,4	1,3 – 4

Ein Vergleich der Anforderungen an die Zusammensetzung mit den Eigenschaften von Rezyklaten, die unter Praxisbedingungen hergestellt wurden, zeigt, dass die Gehalte an Hauptbestandteilen eingehalten werden (Tab. 7.4). Das gilt auch für die Gehalte an Neben-bestandteilen, wenn ein ausreichender personeller und/oder technologischer Aufwand bei der Aufbereitung betrieben wird. Alle anderen Parameter einschließlich der Sieblinien (Abb. 7.32) entsprechen ebenfalls den Anforderungen. Bei den Rezyklaten Typ 2 sind die Schwankungsbreiten der Hauptbestandteile größer als bei denen des Typs 1.

Betone aus natürlichen Gesteinskörnungen werden so zusammengesetzt und her-gestellt, dass sie den Umgebungseinflüssen, die in den Expositionsklassen erfasst sind, standhalten. Kein Korrosions- oder Angriffsrisiko besteht lediglich in der Expositions-klasse X0 für Betonbauteile ohne Bewehrung, die keinen Frostbeanspruchungen sowie keinen Beanspruchungen durch chemische Angriffe oder durch mechanischen Verschleiß ausgesetzt sind. In allen anderen Fällen können durch die jeweiligen Beanspruchungs-arten Schädigungen hervorgerufen werden, wenn der Beton in seiner Zusammensetzung nicht entsprechend angepasst wird. Eine weitere Ursache für das Auftreten von Beton-schäden kann die Reaktion zwischen der in bestimmten natürlichen Gesteinskörnungen

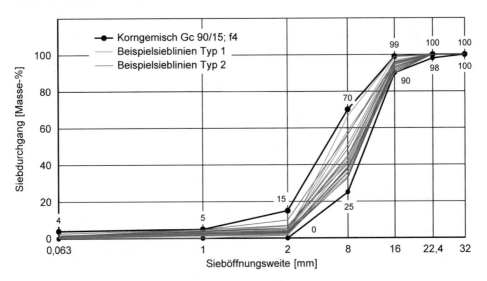

Abb. 7.32 Gegenüberstellung von Sollsieblinien für rezyklierte Gesteinskörnungen mit den Sieblinien von rezyklierten Gesteinskörnungen Typ 1 und Typ 2. (Daten aus Güteüberwachsprotokollen)

vorhandenen reaktiven Kieselsäure und den Alkalien des Zements oder von außen zugeführten Alkalien sein.

Zur Systematisierung der Beanspruchungsarten dienen die Expositionsklassen und die Feuchtigkeitsklassen, die in Tab. 7.5 ohne die Darstellung der Untergruppen zusammengefasst sind. Betone mit rezyklierten Gesteinskörnungen können in Expositionsklassen mit geringem oder moderatem Korrosions- und Angriffsrisiko eingesetzt werden (Tab. 7.6). Der Anteil der Gesteinskörnungen, der durch Rezyklate > 2 mm ersetzt werden darf, ist auf 45 Volumen-% für den Betonsplitt Typ1 bzw. 35 Volumen-% für den Bauwerksplitt Typ 2 beschränkt. Der erlaubte Anteil wird mit zunehmender Beanspruchung bei der Nutzung reduziert. Beim Einwirken von Frost-Tau-Wechseln oder schwachem chemischem Angriff betragen die zulässigen Anteile 35 bzw. 25 Volumen-%. In Bezug auf die Alkaliempfindlichkeit werden Rezyklate grundsätzlich als empfindlich eingestuft. Ausnahmen bilden Rezyklate mit bekannter Herkunft, bei welchen die Mutterbetone aus unbedenklichen Gesteinskörnungen hergestellt worden waren, oder Rezyklate, deren Unbedenklichkeit durch eine Performanceprüfung bestätigt wurde. Wenn diese Nachweise nicht vorliegen, können Rezyklatbetone nur unter trockenen Bedingungen eingesetzt werden. Die Nutzung unter WF-Bedingungen ohne die genannten Nachweise ist möglich, wenn der Zementgehalt des Betons auf 350 kg/m³ begrenzt oder ein alkaliarmer Zement verwendet wird.

Die Dauerhaftigkeit von Rezyklatbetonen wird von deutlich mehr Faktoren beeinflusst als die von Betonen aus natürlichen Gesteinskörnungen. Sie sind in ihrer Wirkung aber noch nicht ausreichend beschrieben. Die Kreislaufführung von Betonen basiert deshalb auf dem pragmatischen Ansatz eine ausreichende Dauerhaftigkeit durch Anforderungen

Tab. 7.5 Expositionsklassen und Feuchtigkeitsklassen zur Systematisierung der korrosiven Einwirkungen auf Beton und Stahlbeton [67, 68]

Expositionsklassen	
X0	Ohne Bewehrung und alle Umgebungsbedingungen, außer XF, XA, XM
XC	Bewehrungskorrosion infolge des Absinken des pH-Wertes durch Carbonatisierung, welche durch das Einwirken von CO_2 der Atmosphäre bei ausreichender Feuchtigkeit zustande kommt
XD	Bewehrungskorrosion durch Chloride infolge des Einwirkens von chloridhaltigem Wasser, einschließlich Taumitteln, ausgenommen Meerwasser
XF	Betonangriff durch Frost-Tau-Wechsel mit und ohne Taumittel bei ausreichender Feuchtigkeit
XA	Betonkorrosion durch aggressive chemische Medien, die aus natürlichen Böden, Grundwasser oder Abwasser stammen können
XM	Betonkorrosion durch mechanische Beanspruchung
Feuchtigkeitsklassen	
WO	Beton, der nach normaler Nachbehandlung nicht länger feucht und nach Austrocknen während der Nutzung weitgehend trocken bleibt
WF	Beton, der während der Nutzung häufig oder längere Zeit feucht ist
WA	Beton der Klasse WF mit häufiger oder langzeitiger Alkalizufuhr von außen
WS	Beton der Klasse WA mit zusätzlicher hoher dynamischer Beanspruchung

an die Zusammensetzung und die Beschränkung auf bestimmte Festigkeits-, Expositions- und Feuchtigkeitsklassen sicherzustellen. Mehrere um 1990 in den Niederlanden und in Belgien errichtete Wasserbauwerke belegen exemplarisch die Dauerhaftigkeit von Rezyklatbetonen. Der Anteil der rezyklierten Gesteinskörnungen war in den Niederlanden auf 20 Masse-% beschränkt. Im Hafen von Antwerpen wurde 1887 die gesamte grobe Gesteinskörnung aus dem Abbruch einer Kaimauer für die Errichtung einer neuen Schleuse verwendet, die noch heute in Betrieb ist [69].

Die Rezepturen von Betonen mit rezyklierten Gesteinskörnungen unterscheiden sich – bis auf die Tatsache, dass 45 bzw. 35 Volumen-% der natürlichen Gesteinskörnungen durch Rezyklate ersetzt werden – nicht von denen mit natürlichen Gesteinskörnungen. Folgende Parameter sind typisch:

- Zementgehalte von 180 kg/m³ für Betone der Festigkeitsklasse C 8/18 bis 360 kg/m³ für Betone C 30/37
- Wasserzementwerte von 0,9 bis 0,5.

Tab. 7.6 Zulässige Anteile rezyklierter Gesteinskörnungen > 2 mm für die Betonherstellung [67]

Feuchtigkeits-klasse	Expositionsklasse	Typ 1	Typ 2
		Anteil [Volumen-% von Gesamtgesteinskörnung]	
WO trocken	Karbonatisierung		
	XC1 Trocken	≤ 45	≤ 35
WF feucht	Kein Korrosionsrisiko X0	≤ 45	≤ 35
	Karbonatisierung		
	XC1: Trocken oder ständig nass	≤ 45	≤ 35
	XC2: Nass, selten trocken		
	XC3: Mäßige Feuchte		
	XC4: Wechselnd nass und trocken		
	Frostangriff ohne Taumittel		
	XF1: Mäßige Wassersättigung, ohne Taumittel	≤ 35	≤ 25
	XF3: Hohe Wassersättigung, ohne Taumittel		
	Beton mit hohem Wassereindringwiderstand		
	Chemischer Angriff		
	XA1: Chemisch schwach angreifende Umgebung	≤ 25	≤ 25

Um die gegenüber natürlichen Gesteinskörnungen höhere Wasseraufnahme auszugleichen, geht der Betonherstellung in der Regel ein Vornässen der Rezyklate voraus. Die Feuchte wird bei der anschließenden Dosierung der Komponenten berücksichtigt. Die gewünschte Konsistenz des Frischbetons wird durch die Zugabe von Fließmitteln eingestellt. Die benötigten Fließmittelmengen sind denen für Betone mit natürlichen Gesteinskörnungen vergleichbar. Bedingt durch die Wasseraufnahme der Rezyklate kann es zu einer Reduzierung des Konsistenzmaßes von der Herstellung bis zum Zeitpunkt des Einbaus kommen. In einem Zeitfenster von etwa 60 Minuten wird die Verdichtbarkeit durch dieses Rücksteifen aber kaum beeinträchtigt. Die erreichten Druckfestigkeiten von Rezyklatbetonen entsprechen denen von Betonen mit natürlichen Gesteinskörnungen, ohne dass höhere Zementmengen erforderlich sind. Sie hängen wie bei den „normalen" Betonen nach den sogenannten „Walz-Kurven" vom Wasserzementwert und von der Festigkeit des verwendeten Zementes ab (Abb. 7.33). Die auftretenden Schwankungen gehen auf die zusätzliche Porosität, die nicht durch den Wasserzementwert verursacht wird sondern durch die Rezyklate eingetragen wird, zurück. Nach Tab. 7.2 bewegt sich der Porositätseintrag bei

Betonrezyklaten zwischen 7 und 19 %. Die Anforderung an die Rohdichte, die einen Wert von 2000 kg/m³ übersteigen muss, ist in Bezug auf den Porositätseintrag wirkungslos. Die zusätzliche Porosität aus den Rezyklaten wird dadurch praktisch nicht begrenzt.

Mit rezyklierten Gesteinskörnungen des Typs 2 können ebenfalls Betone bis zur Festigkeitsklasse C 30/37 realisiert werden [75]. Die erlaubten Rezyklatanteile sind im Vergleich zu Typ 1-Betonen geringer. Hinsichtlich der Verarbeitbarkeit und der erreichten Festigkeiten stehen diese Betone den Typ 1-Betonen aber in nichts nach. Allerdings ist der technologische Aufwand für die Herstellung von rezyklierten Gesteinskörnungen mit einem definierten Ziegelgehalt, der nur wenig unter dem möglichen Höchstgehalt liegt, hoch, so dass wirtschaftliche Gründe für die Anwendung ausschlaggebend sein werden.

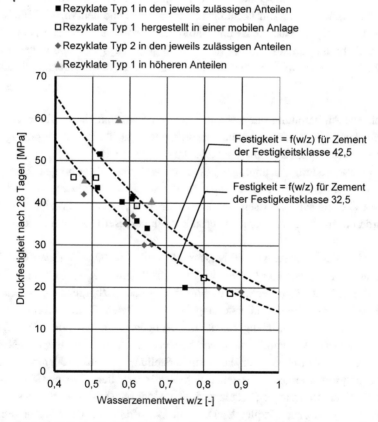

Abb. 7.33 Abhängigkeit der Druckfestigkeit von Rezyklatbetonen vom Wasserzementwert und von der Festigkeitsklasse des Zementes; Betonherstellung unter Verwendung von technisch hergestellten, rezyklierten Gesteinskörnungen unterschiedlicher Herkunft und Zusammensetzung. (Daten aus [70–76]), Festigkeitsverläufe entsprechend den Walz-Kurven

Betone mit rezyklierten Gesteinskörnungen sind prädestiniert für den Bau von Wohnbauten, Büro- und Verwaltungsgebäuden, Hotels, Schulen, Anstaltsgebäuden etc. Bei industriell oder landwirtschaftlich genutzten Bauten oder bei Ingenieurbauwerken liegen zum Teil solche Expositions- und Feuchtigkeitsklassen vor, für die der Beton mit rezyklierten Gesteinskörnungen nicht geeignet ist. In Deutschland wurde Beton mit rezyklierten Gesteinskörnungen zunächst in Rahmen von Demonstrationsprojekten großtechnisch hergestellt (Tab. 7.7). Bereits 1994/1995 wurde ein Gebäude der Deutschen Bundesstiftung Umwelt in Osnabrück unter Verwendung von Betonrezyklaten errichtet. In Zusammenhang mit der Entwicklung der Vorschriften für Beton mit rezyklierten Gesteinskörnungen entstanden mehrere Bauwerke, u. a. das Apartmenthaus „Waldspirale" in Darmstadt [77]. Obwohl mit diesen Demonstrationsprojekten mehrfach der Beweis erbracht wurde, dass Bauen mit anforderungsgerechten Rezyklaten möglich ist, gab es danach zunächst kaum Fortschritte in der praktischen Anwendung. In einer 2009 vom Ministerium für Umwelt, Klima und Energiewirtschaft Baden-Württemberg gestarteten Initiative wurde belegt, dass Beton mit rezyklierten Gesteinskörnungen, der entsprechend den Vorschriften hergestellt ist, ein gleichwertiger Baustoff ist und ökologische Vorteile aufweisen kann. In Bezug auf die Aufbereitung kann eine Minimaltechnologie ebenso wie eine erweiterte Aufbereitungstechnologie in Abhängigkeit von der Qualität des Ausgangsmaterials zum Erfolg führen:

- Besteht die Aufbereitung nur aus einer Zerkleinerung mittels Prallbrecher und einer anschließenden Klassierung können anforderungsgerechte Rezyklate erzeugt werden, wenn ein sortenreines Inputmaterial „Betonbruch" vorliegt.
- Wird eine erweiterte Technologie bestehend aus einer zweistufigen Zerkleinerung, einer Siebklassierung zur Einstellung einer definierten Korngrößenverteilung und einer Nasswäsche angewandt, lassen sich auch Störstoffe aus dem Material entfernen. Die Anforderungen an das Ausgangsmaterial können in dieser Hinsicht reduziert werden.

In Fortsetzung der Initiative von 2009 ist mittlerweile im Raum Stuttgart eine beträchtliche Anzahl von Bauten unter Verwendung von rezyklierten Gesteinskörnungen errichtet worden. Ein 2014 in Berlin errichtetes Forschungs- und Laborgebäude ist ein weiteres Beispiel dafür, dass die Betonherstellung aus rezyklierten Gesteinskörnungen schrittweise in die Baupraxis Eingang findet, insbesondere dort, wo öffentliche Bauherren mit entsprechenden Ausschreibungen vorangehen. In urbanen Ballungsgebieten, in die natürliche Gesteinskörnungen für die Betonherstellung erst aus größeren Entfernungen antransportiert werden müssen, bestehen Vorteile für rezyklierte Gesteinskörnungen, weil diese Vor-Ort oder in geringer Distanz verfügbar sind. Es ist zu erwarten, dass in solchen Ballungsräumen, in denen zugleich eine hohe Nachfrage nach Bauleistungen besteht, der Einsatz von rezyklierten Gesteinskörnungen für die Betonherstellung ansteigen wird. Rohstoffverfügbarkeit und Transportkosten sind also bei entsprechender Nachfrage die Schlüsselparameter für ein wirtschaftlich erfolgreiches Recycling.

Tab. 7.7 Rezepturen und Betoneigenschaften von Betonen mit rezyklierten Gesteinskörnungen, eingesetzt in ausgewählten Bauwerken

		Wohnanlage Darmstadt 1998/2000 [77]		Wohnanlage Ludwigshafen 2009 [78]	Forschungs-und Laborgebäude Berlin 2014 [73]	
		Bodenplatte	Innenbauteile	Decken, Fahrstuhlschächte, Innenwände	Schlitzwand	Tragwerkskonstruktion
		12.000 m³ Beton		500 m³ Beton	1700 m³	3800 m³
Rezeptur						
Natürliche Gesteinskörnung [kg/m³]	0/2 a mm	615	616	566	765	688
	2/8 mm	290	530	354	340	341
	8/16 mm	544	–	318	171	–
	16/32mm	544	–	–	–	–
Rezyklierte Gesteinskörnungen [kg/m³]	RC 2/8 mm	290	–	149	–	–
	RC 8/16 mm	334	569	297	392	576
Anteil RC [Masse-%]		30	33	26	24	36
Zement [kg/m³]		290 CEM I 42,5 R	300 CEM III/A 32,5 R	360 CEM II B-V 42,5 R	325 CEM III/A 32,5 N-LH/NA	350 CEM II B-M(S-LL) 42,5 N-AZ
Flugasche [kg/m³]		40	50	–	80	50
Wasserzementwert		0,59	0,59	0,52	0,61	0,51
Betonzusatzmittel [kg/m³]		–	1,5	1,8	2,11	2,45
Betoneigenschaften						
Ausbreitmaß [mm]		363	383	490	640	530
Druckfestigkeit nach 28 d [MPa]		34,2	52,3	51,0	46,3 (56 d)	47,7

Nicht-konstruktiver Ortbeton, Betonwaren und Betonfertigteile Im Garten- und Landschaftsbau ebenso wie im Straßen- und Tiefbau gibt es eine Reihe von Bauaufgaben, für
die unbewehrte, nicht-konstruktive Ortbetone eingesetzt werden. Beispiele dafür sind das
Herstellen leichter Fundamente oder Sauberkeitsschichten, das Verfüllen von Hohlräumen
oder Gräben, das Setzen von Randsteinen, Zaunpfählen, Palisaden oder Pfosten. Üblicherweise werden dafür Betone geringer Festigkeitsklassen eingesetzt. Diese können unter
Verwendung rezyklierter Gesteinskörnungen hergestellt werden. Die Anforderungen an
die Verarbeitbarkeit hängen von der Verwendung des Betons ab. Für das Verfüllen von
Hohlräumen und Gräben werden sehr fließfähige Betone bis hin zu Flüssigböden verwendet. Vertreter der erdfeuchten Betone sind Rückstützbetone für das Verlegen von Bord-
steinen, Rinnen etc. Flüssigböden sind zeitweise fließfähige, selbstverdichtende aber nur
gering verfestigende Baustoffe. Sie bestehen aus einem Matrixmaterial, geringen Mengen
an Zement, Wasser sowie Stabilisatoren und Plastifikatoren. Als Matrixmaterial können
neben Aushubböden als Ausgangspunkt der Entwicklung auch Recycling-Baustoffe zum
Einsatz kommen. Flüssigböden sind temporär flüssig bis breiig und lassen sich dadurch
ohne Verdichtungsmaßnahmen hohlraumfrei einbauen. Sie bleiben in ihrer Festigkeit
unter 1 MPa, um den Aufwand für einen ggf. erforderlichen, späteren Ausbau gering zu
halten. Rückenstützbetone sind Betone mit steifer bis erdfeuchter Konsistenz, die über
einen Zeitraum von mehreren Stunden verarbeitbar sind. Untersuchungen ergaben, dass
anforderungsgerechte Betone unter Verwendung von Recycling-Baustoffen hergestellt
werden können [54, 79]. Eine Abtrennung der Sandfraktion war nicht erforderlich. Geeignet waren sowohl Recycling-Baustoffe aus Beton als auch Beton-Ziegel-Gemische. Die
Betone hatten die gewünschte steife bis erdfeuchte Konsistenz und waren auch nach 4
Stunden noch verarbeitbar. Um die erforderlichen Festigkeiten von 20 MPa zu erreichen,
kann bei der Verwendung von ziegelhaltigen Rezyklaten die Erhöhung der Zementmenge
um 20 % erforderlich sein. Rückenstützbetone werden beim Einbau durch Klopfen und
Schlagen verdichtet, so dass sie deutlich poröser als durch Rütteln verdichtete Normalbe-
tone sind. Bei Prüfung des Frostwiderstandes mit dem für hydraulisch gebundene Tragschichten gültigen Verfahren waren sie trotzdem uneingeschränkt frostbeständig.

Die Herstellung unbewehrter, großformatiger, stapelbarer Betonblöcke ist ein weiteres
Einsatzgebiet für Rezyklate (Abb. 7.34). Sie können für Begrenzungsmauern für Schütt-
gutboxen, für Hangsicherungen oder für Trennmauern aller Art verwendet werden. Die
Recyclingunternehmen produzieren diese Blöcke in der Regel selbst – zunächst für den
Eigenbedarf, später für den Verkauf. Oftmals werden ziegelhaltige Rezyklate eingesetzt.
Für die Körnung 0/2 mm wird Natursand oder rezyklierter Sand verwendet. Typische
Druckfestigkeitsklassen sind C 16/20 und C 20/25.

  In-plant gefertigte Betonwaren finden im Straßenbau sowie im Garten- und Landschaftsbau und im Mauerwerksbau Anwendung. Zu nennen sind:

- Betonsteine zur Verkehrsflächenbefestigung und –gestaltung wie Pflastersteine, Pflas-
  terplatten, Gehwegplatten, Rasensteine, Bord- und Rinnsteine

Abb. 7.34 Stapelbare Betonblöcke aus rezyklierten Gesteinskörnungen. (Bildquelle: Walter Feeß, Heinrich Feeß GmbH & Co. KG)

- Betonsteine zur Böschungsbefestigung und/oder Grundstückseinfriedung wie Blocksteine, Minipalisaden und Pflanzkübel
- Betonsteine für den Mauerwerkbau wie Hohlblocksteine aus Leicht- oder Normalbeton, Deckensteine, Schalsteine sowie Kaminmantelsteine
- Betondachsteine
- Betonsteine für Sonderanwendungen wie Schallabsorptionselemente, Fundamentsteine etc.

Im Unterschied zu konstruktivem Beton bestehen bei der Herstellung von Betonwaren keine Vorschriften zu den Eigenschaften der Gesteinskörnungen, sondern lediglich Vorschriften zu den Merkmalen, welche die Produkte aufweisen müssen. Betonwaren, die für die Flächenbefestigung eingesetzt werden, müssen eine ausreichende Widerstandsfähigkeit gegenüber mechanischen Beanspruchungen sowie einen ausreichenden Frost- bzw. Frost-Tausalz-Widerstand aufweisen. Mauersteine müssen statische und bauphysikalische Anforderungen erfüllen. Betonpflastersteine bestehen grundsätzlich aus dem Vorsatzbeton und dem Kernbeton. Der Vorsatzbeton ist wegen des erforderlichen hohen Frostwiderstands nicht für den Einsatz von Rezyklaten geeignet. Die Verwendung von Rezyklaten im Kernbeton von Betonpflastersteinen war in den 1990er Jahren Gegenstand der Forschung [80–83]. Bei einer Substitution von 45 Masse-% der natürlichen Gesteinskörnungen durch eine rezyklierte Gesteinskörnung aus Betonbruch mit Naturstein und Asphalt als Nebenbestandteilen wurde die geforderte mittlere Druckfestigkeit von 60 MPa knapp erreicht. Schwankungen der Zusammensetzung von Recycling-Baustoffen einschließlich des Vorhandenseins geringfester Bestandteile wie Ziegel oder mineralisch gebundene Mauerwerkbaustoffe sind trotz sorgfältiger Aufbereitung nicht auszuschließen. Demzufolge besteht beim Einsatz von Rezyklaten das Risiko, dass die Qualität der Produkte nicht zuverlässig gewährleistet werden kann. Deshalb wurde dieser Verwertungsweg nicht weiter verfolgt. Rezyklate, die ausschließlich aus der eigenen Fehlproduktion stammen, können dagegen ohne Qualitätsrisiko eingesetzt werden. Bei einer Probeserie wurde eine mittlere Druckfestigkeit von 77,8 MPa erreicht. Die Verwendung von Material aus rückgebauten Pflasterflächen wäre denkbar, setzt aber den Aufbau eines Rücknahmesystems voraus, um so einen „Stoffsubkreislaufes", wie er von Kohler für Mauerwerkbaustoffe vorgeschlagen wurde [84], zu etablieren. In jüngster Zeit wurde diese Idee wieder aufgegriffen und ein Pflasterstein produziert, dessen Kernbeton 40 Masse-% Rezyklat enthält [85].

Die Herstellung von Betonsteinen für den Mauerwerkbau bietet günstige Voraussetzungen für den Einsatz von Rezyklaten, weil nur niedrige bis mittlere Druckfestigkeiten erforderlich sind. Mehrfach wurde in Laborversuchen nachgewiesen, dass die Herstellung unter Verwendung von rezyklierten Gesteinskörnungen ohne eine Erhöhung des Zementgehalts möglich ist. Größere Chargen von Steinen wurden bereits maschinell produziert und bei Renovierungsarbeiten verwendet [86]. Im Unterschied zu der Herstellung von nicht-konstruktiven Ortbetonen, wo vergleichsweise geringe Mengen in unregelmäßigen Abständen benötigt werden, besteht bei der Herstellung von Betonwaren ein kontinuierlicher Bedarf an Gesteinskörnungen mit gleichbleibender Qualität. Bei einer Produktion von 20.000 Hohlblocksteinen in einer 8-stündigen Schicht und bei 50 %-iger Substitution der natürlichen Gesteinskörnungen durch Rezyklate, liegt die jährlich benötige Menge bei ca. 30.000 t. Als Lieferanten kommen nur stationäre Recyclinganlagen mit einer ausreichenden Jahreskapazität in Frage.

In Betonfertigteilen ist der Einsatz von Gesteinskörnungen aus Beton – hergestellt aus Fehlchargen der eigenen Produktion oder aus bekannten Bezugsquellen – bis zu 10 Masse-% zulässig [87]. Höhere Anteile sind möglich, erfordern aber zusätzliche Versuche zur mechanischen Festigkeit des Betonfertigteils oder zu allen für die Bemessung maßgeblichen Eigenschaften. Der Einsatz von rezyklierten Gesteinskörnungen des Typs 1 ist auf noch geringere Anteile von 5 Masse-% beschränkt. Fraglich ist, ob die Substitution von 5 Masse-% der natürlichen Gesteinskörnungen durch Rezyklate den zusätzlichen Aufwand für Transport, Lagerung und Dosierung rechtfertigt.

Literatur

1. Kies + Sand – Gesteinsperspektiven 2004, Heft 7, S. 27.
2. Roßberg, K.: Baustoffrecycling - nicht nur ein technisches Problem. 5. Weimarer Fachtagung über Abfall- und Sekundärrohstoffwirtschaft, 8/01-08/11. Weimar 1997.
3. Zahlen und Daten. https://www.vdz-online.de/
4. Gy, P.: The sampling of particulate materials – a general theory. International Journal of Mineral Processing Vol. 3, 1976, pp. 289–312.
5. Petersen, L; Minkkinen, P; Esbensen, K H: Representative sampling for reliable data analysis: Theory of Sampling. Chemometrics and Intelligent Laboratory Systems. Vol. 74, 2005, pp. 261–277.
6. Sommer, K.: Probenahme von Pulvern und körnigen Massengütern, Grundlagen, Verfahren, Geräte. Springer-Verlag Berlin 1979.

7. Stieß, M.: Mechanische Verfahrenstechnik Band 1. Springer-Verlag. Berlin Heidelberg 1995.
8. Rasemann, W. et al.: Probenahme bei Recyclingglas. Vorträge zum 52. BHT Freiberg, Freiberger Forschungshefte A864, S. 89–106. Freiberg 2001.
9. Ketelhut, R.: Sortieranalysen zur Qualitätssicherung von Abfällen. Urschrift zum 10. Dialog „Abfallwirtschaft M-V" am 12. Juni 2006. © stoffstromdesign ralf ketelhut.
10. Katz, A.: Properties of concrete made with recycled aggregate from partially hydrated old concrete. Cement and Concrete Research Vol. 33, 2003, No. 5, pp. 703–711.
11. Behring, Z.: Evaluating the use of recycled concrete aggregate in French drain applications. Master Thesis. University of Central Florida. Orlando 2011.
12. Müller, A.; Liebezeit, S.; Badstübner, A.: Verwertung von Überschusssanden als Zusatz im Beton. Steinbruch und Sandgrube 2012, H. 5, S. 46–49.
13. Toshifumi Kikuchi; Yasuhiro Kuroda: Carbon Dioxide Uptake in Demolished and Crushed Concrete. Journal of Advanced Concrete Technology Vol. 9, 2011, No. 1, pp. 115–124.
14. Rübner, K.: Untersuchung von Brechsanden. Bundesanstalt für Materialprüfung, Berlin 07.06.2011.
15. Baustoffkreislauf im Massivbau. Teilprojekt C 05. Einfluss der Brechwerkzeuge auf die Eigenschaften von Recycling-Granulaten im Hinblick auf eine Eignung als Zuschlag für Beton nach DIN 1045. Gesellschaft zur Aufbereitung von Baustoff mbH. Bremen 1998.
16. Marta Sanchez de Juan; Pilar Alaejos Gutierrez: Study on the influence of attached mortar content on the properties of recycled concrete aggregate. Construction and Building Materials Vol. 23, 2009, pp. 872–877.
17. Florea, M.V.A.; Brouwers, H.J.H.: Properties of various size fractions of crushed concrete related to process conditions and re-use. Cement and Concrete Research Vol. 52, 2013, pp. 11–21.
18. Pauw, C.: De Béton Recyclé. Centre Scientifique et Technique de la Construction. CSTC–Revue, Vol. 15, 1980, Nr. 2, S. 2–15.
19. Wesche, K.; Schulz, R. R.: Beton aus aufbereitetem Altbeton. Technologie und Eigenschaften. Beton Vol. 32, 1982, H. 2, S. 64-68, H.3, S. 108–112.
20. Ravindrarajah, S.; Tam, C.T.: Properties of concrete made with crushed concrete as coarse aggregate. Magazine of Concrete Research Vol. 37, 1985, March, No. 130, pp. 29–38.
21. Hünninghaus, U.: Gebrochener Beton als Betonzuschlag. Baustoff Recycling Deponietechnik 1990, Heft 6, S. 29–30.
22. Lukas, W.: Auswirkung auf technologische Kenngrößen von Beton bei Verwendung von Recycling-Material. Zement und Beton Vol. 38, 1993, H. 3, S. 33–35.
23. Bairagi, N.K.; Kishore Ravande; Pareek, V.K.: Behaviour of concrete with different proportions of natural and recycled aggregates. Resources, Conservation and Recycling, Vol 9, 1993, pp. 109–126.
24. Lukas, W.: Konzept für die Herstellung von Recycling-Beton aus Baurestmassen-Zuschlägen. BFT Beton + Fertigteiltechnik Vol. 60, 1994, Heft 10, S. 68–75.
25. Stewart, M.; Greco. D.: An investigation into the use of crushed concrete aggregates for the production of fresh concrete. University of Technology, Sydney, Faculty of Engineering December. Sydney 1997.
26. Dillmann, R.: Beton mit rezyklierten Zuschlägen. Beton 1999, Heft 2, S. 86–91.
27. Park, S. G.: Recycled Concrete Construction Rubble as Aggregate for New Concrete. Study Report No. 86, pp. 1–11. Branz 1999.
28. Ajdukiewicz, A.; Kliszczewicz, A.: Influence of recycled aggregates on mechanical properties of HS/HPC. Cement & Concrete Composites Vol. 24, 2002, pp. 269–279.
29. Gómez-Soberón, J.: Porosity of recycled concrete with substitution of recycled concrete aggregate - An experimental study. Cement and Concrete Research Vol. 32, 2002, pp. 1391–1311.

30. Jianzhuang Xiao; Jiabin Lia; Ch. Zhang: Mechanical properties of recycled aggregate concrete under uniaxial loading. Cement and Concrete Research Vol. 35, 2005, pp. 1187–1194.

31. Etxeberria, M.; Vázquez, E.; Mari, A.: Microstructure analysis of hardened recycled aggregate concrete. Magazine of Concrete Research Vol. 58, 2006, No. 10, December, pp. 683–690.

32. Etxeberria, M.; Vázquez, E.; Marí, A.; Barra, M.: Influence of amount of recycled coarse aggregates and production process on properties of recycled aggregate concrete. Cement and Concrete Research Vol. 37, 2007, pp. 735–742.

33. Belen González-Fonteboa; Fernando Martinez-Abella; Javier Eiras-Lopez; Sindy Seara-Paz: Effect of recycled coarse aggregate on damage of recycled concrete. Materials and Structures Vol. 44, 2011, pp. 1759–1771.

34. M. Chakradhara Rao; S.K. Bhattacharyya; S.V. Barai: Behaviour of recycled aggregate concrete under drop weight impact load. Construction and Building Materials Vol. 25, 2011, pp. 69–80.

35. Bödefeld, J.; Reschke, T.: Verwendung von Beton mit rezyklierten Gesteinskörnungen bei Verkehrswasserbauten. BAW-Mitteilungen Nr. 93, 2011, S. 49–60.

36. Duangthidar Kotrayothar: Recycled aggregate concrete for structural applications. PhD Thesis University of Western Sydney. Sydney 2012.

37. Kakizaki, M.; Harada, M.; Soshiroda, T.; Kubota, S.; Ikeda, T.; Kasai, Y.: Strength and elastic modulus of recycled aggregate concrete. Proceedings of the 2 nd International RILEM Symposium on Demolition and Reuse of Concrete and Masonry, pp. 565-574. Tokyo 1988.

38. Roos, F.: Ein Beitrag zur Bemessung von Beton mit Zuschlag aus rezyklierter Gesteinskörnung nach DIN 1045-1. Dissertation. Technische Universität München, Fakultät für Bauingenieur- und Vermessungswesen. München 2002.

39. Sumaiya Binte Huda, M. Shahria Alam: Mechanical behavior of three generations of 100% repeated recycled coarse aggregate. Construction and Building Materials Vol. 65, 2014, pp. 574–582.

40. Müller, C.: Beton als kreislaufgerechter Baustoff. Dissertation. Beuth Verlag. Berlin Wien Zürich 2001.

41. Thomas, H.: Doppelrecycling von Beton – Festigkeits- und Verformungseigenschaften eines zweimal recycelten Betons. Diplomarbeit, TU Berlin. Berlin 2001.

42. De Brito, J.; Goncalves, A.,P.; Santo, R.: Recycled aggregates in concrete production – multiple recycling of concrete coarse aggregate. Rev. Ing. Construc. Vol. 21, 2006, pp. 33–40.

43. Mahmoud Solyman: Classification of Recycled Sands and their Applications as Fine Aggregates for Concrete and Bituminous Mixtures. Dissertation. Universität Kassel, Fachbereich Bauingenieurwesen. Kassel 2005.

44. Heinz, D.; Schubert, J.: Nachhaltige Verwertung von Betonbrechsand als Betonzusatzstoff. Schlussbericht F250. Technische Universität München. München 2006.

45. Schlussberichte zur ersten Phase des DAfStb/BMBF-Verbundforschungsvorhabens „Nachhaltig Bauen mit Beton". Herausgeber: Deutscher Ausschuss für Stahlbeton DAfStb. Beuth Verlag GmbH. Berlin Wien Zürich 2007.

46. Springenschmid, R.; Schmiedmayer, R.; Friedl, L.: Zwischenbericht zum BMBF-Forschungsvorhaben "Baustoffkreislauf im Massivbau" Teilprojekt D/01. München März 1997.

47. Schießl, P.; Schmiedmayer, R.; Friedl, L.: Zwischenbericht 1/1998 zum BMBF-Forschungsvorhaben „Baustoffkreislauf im Massivbau" Teilprojekt D/01. München Juli 1998.

48. Barbudo, A.; Agrela, F.; Ayuso, J.; Jiménez, J.R.; Poon C.S.: Statistical analysis of recycled aggregates derived from different sources for sub-base applications. Construction and Building Materials Vol. 28, 2012, pp. 129–138.

49. Radenberg, M.; Gottaut, C.: Festigkeitsprüfung an Baustoffgemischen für Tragschichten ohne Bindemittel. Schlußbericht zum Forschungsvorhaben FE 15676 N/1 Ruhr-Universität Bochum. Lehrstuhl für Verkehrswegebau. Bochum 2011.

50. Dombrowski, K.: Einfluss von Gesteinskörnungen auf die Dauerhaftigkeit von Beton. Dissertation. Bauhaus-Universität Weimar, Fakultät Bauingenieurwesen. Weimar 2003.

51. Manns, W.; Wies, S.: Frostwiderstand von Sekundärzuschlag aus Bauschutt. Zwischenbericht zum BMBF-Forschungsvorhaben "Baustoffkreislauf im Massivbau" Teilprojekt D/04. Stuttgart September1998.

52. Manns, W.; Wies, S.: Frostwiderstand von Sekundärzuschlag aus Altbeton. Zwischenbericht zum BMBF-Forschungsvorhaben "Baustoffkreislauf im Massivbau" Teilprojekt D/02. Stuttgart September1998.

53. Eden, W. Flottmann, N.; Kohler, G.; Kollar, J.; Kurkowski, H.; Radenberg, M.; Schlütter, F.: Eignung von rezykliertem Kalksandstein-Mauerwerk für Tragschichten ohne Bindemittel. Forschungsvereinigung Kalk-Sand e.V., Forschungsbericht Nr. 111. Hannover 2010.

54. Diedrich R.; Brauch, A.; Kropp,J.: Rückenstützenbetone mit Recyclingzuschlägen aus Bauschutt. Schlußbericht zum Forschungsvorhaben AiF 11414 N. Bremen 2001.

55. Kollar, J.: Ziegelreiche Recyclingbaustoffe doch verwertbar? Jahrbuch für die Ziegel-, Baukeramik- und Steinzeugröhren-Industrie. S. 97–107. Bauverlag BV GmbH. Gütersloh 2007.

56. Aurstad, J.: Evaluation of unbound crushed concrete as road building material – Mechanical properties vs field performance. The 26th International Baltic Road Conference. Kuressaare 2006.

57. Merkblatt über die Wiederverwertung von mineralischen Baustoffen als Recycling-Baustoffe im Straßenbau M RC. Forschungsgesellschaft für Straßen- und Verkehrswesen. FGSV-Verlag. Köln 2002.

58. Vassiliou, K.: Auswirkungen der stofflichen Zusammensetzung auf die bautechnischen Eigenschaften von ungebundenen Tragschichten aus wiederverwendbaren Baustoffen. 7.Symposium „Recycling-Baustoffe". Aachen 1991.

59. Kronig, M.; Niederberger, D.; Eberhard, H.: Auswirkungen verschiedener Recyclinganteile in ungebundenen Gemischen. Forschungsauftrag VSS 2010/401 auf Antrag des Schweizerischen Verbandes der Strassen- und Verkehrsfachleute (VSS). 2013.

60. Technische Lieferbedingungen für Gesteinskörnungen im Straßenbau TL Gestein-StB Forschungsgesellschaft für Straßen- und Verkehrswesen. FGSV-Verlag. Köln 2004/Fassung 2007.

61. Technische Lieferbedingungen für Baustoffgemische und Böden zur Herstellung von Schichten ohne Bindemittel im Straßenbau TL SoB-StB. Forschungsgesellschaft für Straßen- und Verkehrswesen. FGSV-Verlag. Köln 2004.

62. Wörner, T.: Reststoffverwertung im Straßenbau. Teilvorhaben 4: Untersuchungen über das Verhalten von Recycling-Baustoffen (RC-Baustoffe) in Tragschichten ohne Bindemittel unter längerer Verkehrsbeanspruchung. Technische Universität München, Fakultät für Bauingenieur- und Vermessungswesen. München 2004.

63. DIN EN 12620: Gesteinskörnungen für Beton. DIN Deutsches Institut für Normung. Beuth-Verlag. Berlin 2008.

64. DIN 4226-101: Rezyklierte Gesteinskörnungen für Beton nach DIN EN 12620 - Teil 101: Typen und geregelte gefährliche Substanzen. DIN Deutsches Institut für Normung. Beuth-Verlag. Berlin 2017.

65. DIN 4226-102: Rezyklierte Gesteinskörnungen für Beton nach DIN EN 12620 -Teil 102: Typ-prüfung und Werkseigene Produktionskontrolle. DIN Deutsches Institut für Normung. Beuth-Verlag. Berlin 2017.

66. DIN 1045-2: Tragwerke aus Beton, Stahlbeton und Spannbeton – Teil 2: Beton – Festlegung, Eigenschaften, Herstellung und Konformität, Anwendungsregeln zur DIN EN 206-1; Ausgabe 2008-08. DIN Deutsches Institut für Normung. Beuth-Verlag. Berlin 2008.

67. Deutscher Ausschuss für Stahlbeton: DAfStb-Richtlinie Beton nach DIN EN 206-1 und DIN 1045-2 mit rezyklierten Gesteinskörnungen nach DIN EN 12620 - Teil 1: Anforderungen an den Beton für die Bemessung nach DIN EN 1992- 1-1.Beuth-Verlag. Berlin 2010.

68. Deutscher Ausschuss für Stahlbeton: DAfStb-Richtlinie Vorbeugende Maßnahmen gegen schä-digende Alkalireaktionen im Beton (Alkali-Richtlinie). Beuth-Verlag. Berlin 2007.

69. Rousseau, E.: Recycled Concrete in the "Berendrecht" Lock Belgium 1987-1988. European Thematic Networt on the Use of Recycled Aggregates in the Construction Industry. Issue 3 & 4, March/September. Bruessels 2000.

70. Spyra, W.; Mettke, A.; Heyn, S.: Untersuchungsergebnisse zu den Eigenschaften der entwickel-ten RC-Betonrezepturen. Teilbericht des DBU-Abschlussberichts AZ 26101-23. Brandenburgi-sche Technische Universität. Cottbus 2009.

71. Knappe, F.: Hochwertige Verwertung von Bauschutt als Zuschlag für die Betonherstellung – Dokumentation. Teilvorhaben BWV Stuttgart. Ministerium für Umwelt, Naturschutz und Verkehr Baden-Württemberg. Heidelberg 2010.

72. Knappe, F. et al.: Schließen von Stoffkreisläufen. Informationsbroschüre für die Herstellung von Transportbeton unter Verwendung von Gesteinskörnungen nach Typ 2. Hrsg.: Ministerium für Umwelt, Klima und Energiewirtschaft Baden-Württemberg. Heidelberg 2013.

73. Dokumentation zum Einsatz von ressourcenschonendem Beton. Hrsg: Senatsverwaltung für Stadtentwicklung und Umwelt, Referat Abfallwirtschaft. Berlin 2015.

74. Lieber, R.: Aus der Praxis: R-Beton jenseits der deutschen Regelwerke – Ergebnisse aus Labor-versuchen und einem Demonstrationsvorhaben. Fachsymposium „Optimierung der Ressour-ceneffizienz in der Bauwirtschaft". Stuttgart 2016.

75. Stürmer, S.; Kulle, C.: Untersuchung von Mauerwerksabbruch (verputztes Mauerwerk aus realen Abbruchgebäuden) und Ableitung von Kriterien für die Anwendung in Betonen mit rezyklierter Gesteinskörnung (RC-Beton mit Typ 2 Körnung) für den ressourcenschonenden Hochbau. DBU-Abschlussbericht AZ 32105. Hochschule Konstanz Technik, Wirtschaft und Gestaltung. Konstanz 2017.

76. Müller, A.: Rezyklierte Gesteinskörnungen für die Betonherstellung mobil herstellbar? Abbruch aktuell 2018, Heft 1, S. 36–38.

77. Gübl, P.; Nealen, a.; Schmidt, N.: Concrete made from recycled aggregate: experiences from the building project Waldspirale. In: Darmstadt Concrete – Annual Journal 14, Technische Uni-versität Darmstadt. Darmstadt 1999.

78. Spyra, W.; Mettke, A.; Heyn, S.: Ökologische Prozessbetrachtungen - RC-Beton (Stofffluss, Energieaufwand, Emissionen) Teilbericht des DBU-Abschlussberichts AZ 26101-23. Branden-burgische Technische Universität. Cottbus 2010.

79. Schmidt, M.; Weber, M.; Kurkowski, H.: Rückenstützbeton mit rezyklierten Gesteinskörnun-gen. TIS 2004, H.4, S.18–23.

80. Görisch, U.: Recycling-Material – ein Zuschlag für die Herstellung von Betonsteinen. Baustoff-Recycling und Deponietechnik Vol. 6, 1990, Heft 2, S.12–14.

81. Dörle, K.: Herstellung von Betonprodukten aus Recycling-Baustoffen. 2. Internationales Baustoff-Recycling-Forum. S. 148–156. Mayrhofen 1991.

82. Dörle, K.; Görisch, U.: Re-Recycling von gebrauchten Beton-Werksteinen. Baustoff-Recycling und Deponietechnik Vol. 8, 1992, Heft IRC, S.12–17.

83. Recycling-Pflaster: Wie Phönix aus der Asche. Steinkeramik und Sanitär 1998, H. 3, S.16–17.

84. Kohler, G. et al.: Recycling-Praxis Baustoffe. 2. Aktualisierte und erweiterte Auflage. Verlag TÜV Rheinland. Köln 1994.

85. Recyclingstein https://www.rinn.net/de/

86. Boehme, L.: RecyMblock - Application of recycled mixed aggregates in the manufacture of concrete construction blocks. SB11 World Sustainable Building Conference. Full Proceedings (Theme 4), pp. 2038-2047. Helsinki 2011.

87. Stürmer, S.; Milkner, V.: R-Betone für Betonwaren und Betonfertigteile. BFT International 2017, H.12, S. 24-30.

„Eigene" Daten aus unveröffentlichten studentischen Arbeiten und Forschungsberichten

Escher, M.: Untersuchungen zur Sortierbarkeit von heterogenen Abbruchgemischen mittels Nahinfrarot-Technik. Diplomarbeit. Bauhaus-Universität Weimar 2010.

Lehmann, D.: Verwertung von RC-Mauerwerk. Diplomarbeit. Bauhaus-Universität Weimar 2009

Laub, K: Systematisierung der Mahlbarkeit von reinen und binären Modellgemischen – Untersuchungen zu Anreicherungseffekten. Diplomarbeit. Bauhaus-Universität Weimar 2008.

Wolff, E.: Qualitätskriterien für rezyklierte Zuschläge für die Betonherstellung. Bauhaus-Universität Weimar, Diplomarbeit, 2007.

Möller, T.: Untersuchungen zur Rohdichtemessung auf der Basis des Computerized Particle Analyser (CPA). Bauhaus-Universität Weimar, Fakultät Bauingenieurwesen, Diplomarbeit, 2006.

Schindler, K.: Verbesserung physikalischer Eigenschaften von Recycling-Baustoffen. Diplomarbeit. Bauhaus-Universität Weimar 2006.

Kehr, K.: Untersuchungen zur Homogenität an Altbeton und Abbruchziegel. Diplomarbeit. Bauhaus-Universität Weimar 2006.

Walther, C.: Die „BBW Recycling Mittelelbe GmbH" — Reportage ueber ein erfolgreiches Recyclingunternehmen. Diplomarbeit. Bauhaus-Universität Weimar 2006.

Donner, M.: Untersuchungen an Gesteinskörnungen aus dem Thüringer Raum zum Widerstand gegen Schlag-Abrieb-Beanspruchungen nach dem Los Angeles-Verfahren. Diplomarbeit. Bauhaus-Universität Weimar 2001.

Hutterer, J.: Vergleichende Untersuchung zum Einfluss des Zerkleinerungsprinzips auf die Gefügeeigenschaften von Grobzerkleinerungsprodukten. Diplomarbeit. Bauhaus-Universität Weimar 1999.

Schrödter, T.: Vergleichende Untersuchungen zur Mahlbarkeit ausgewählter, selektierter Baureststoffe. Diplomarbeit. Bauhaus-Universität Weimar 1998.

Engelhardt, K.: Untersuchungen zur Verwendung von Ziegelrestmassen zur Herstellung von Mörtel und Beton. Diplomarbeit. Hochschule für Architektur und Bauwesen Weimar 1993.

Daten aus dem BMBF-Verbundvorhaben: Steigerung der Ressourceneffizienz im Bauwesen durch die Entwicklung innovativer Technologien für die Herstellung hochwertiger Aufbaukörnungen aus sekundären Rohstoffen auf der Basis von heterogenen Bau- und Abbruchabfällen. Gefördert vom Bundesministerium für Bildung und Forschung 2009 bis 2012.

Abschlussbericht: Entwicklung eines Trennverfahrens für gipskontaminierten Betonbruch. Koope-
    rationsprojekt. Gefördert vom Bundesministerium für Wirtschaft und Technologie 2009.
Abschlussbericht: Entwicklung von selbsterhärtenden Recycling-Baustoffen für Tragschichten im
    Straßenbau. Kooperationsprojekt. Gefördert vom Bundesministerium für Wirtschaft und Tech-
    nologie 2009.
Abschlussbericht: Verwertungsmöglichkeiten für die Sandfraktion von Recyclingbaustoffen aus
    Beton. DFG-Forschungsvorhaben 2001.

Verwertung von Mauerwerkbruch

8

8.1 Grundbegriffe

Mauerwerk Mauerwerk ist ein Verbundbaustoff aus Mauerwerkbaustoffen, die im Verband angeordnet sind, und Mauermörtel. Mauerwerkbaustoffe können Mauerziegel, Kalksandsteine, Porenbetonsteine oder Blöcke aus Leicht- oder Normalbeton sein. Heute werden genormte Mauerwerkbaustoffe verwendet. Im Mauerwerkbruch können zusätzlich andere Arten von Mauersteinen, aber auch Bruchsteine oder Werksteine aus Naturstein vorgefunden werden.

Die nominelle Zusammensetzung von Mauerwerk kann aus den Angaben zum Baustoffbedarf für Maurerarbeiten abgeschätzt werden. Danach besteht Mauerwerk aus kleinformatigen Mauerwerkbaustoffen zu ca. 75 Volumen-% aus Steinen und zu 25 Volumen-% aus Mörtel. Bei Mauerwerk, das aus größeren Steinformaten hergestellt ist, ist der Mörtelanteil geringer (Abb. 8.1). Der Mörtelanteil kann weiter reduziert werden, wenn Plansteine verwendet werden, die mit Kleber verbunden werden.

Mauersteine und der sie verbindende Mörtel stellen die notwendigen Bestandteile von Mauerwerk dar. Zur Verbesserung der Oberflächenqualität und zum Schutz vor Witterungseinflüssen werden auf Mauerwerk innen und außen Putze aufgetragen. Als Innenputz wird heute häufig Gipsputz verwendet. Im Außenbereich dominieren Zementputze oder Kalk-Zement-Putze. Weiterhin wird Mauerwerk häufig mit weiteren Baustoffen – z. B. Wärmedämmmaterialien – verbunden.

Mauerwerkbruch Die Sammelbezeichnung für das Material, das beim Abbruch und bei Umbauarbeiten von Bauwerken aus Mauerwerk anfällt, ist Mauerwerkbruch. In diesem Material sind Ziegel, Beton- und Leichtbeton, Kalksandstein, Porenbeton sowie Mörtel

© Springer Fachmedien Wiesbaden GmbH, ein Teil von Springer Nature 2018
A. Müller, *Baustoffrecycling*,
https://doi.org/10.1007/978-3-658-22988-7_8

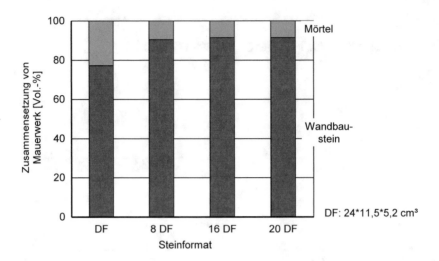

Abb. 8.1 Zusammensetzung von Mauerwerk aus unterschiedlichen Steinformaten

Abb. 8.2 Mauerwerkbruch als Gemisch aus verschiedenen Mauerwerkbaustoffen (links) und sortenreiner Ziegelbruch (rechts)

und Putz enthalten (Abb. 8.2). Wenn reines Ziegelmauerwerk abgebrochen wird, entsteht ziegelreicher Mauerwerkbruch mit Mörtel und Putz als Nebenbestandteilen. Der Ziegelgehalt dieses Materials hängt vom jeweiligen Mörtel- und Putzeinsatz ab. Der maximale Ziegelgehalt dürfte bei 95 Masse-%, der durchschnittliche Gehalt bei 80 Masse-% liegen. Sortenreiner Ziegelbruch kann bei Dachumdeckungen anfallen oder durch Vorsortierung aus ziegelreichem Mauerwerkbruch gewonnen werden. Produktionsinterne Ziegelabfälle gehören ebenfalls zu dieser Kategorie.

Abb. 8.3 Recycling-Baustoffe aus Mauerwerkbruch mit geringem Ziegelgehalt und vielen Verunreinigungen (links) und mit hohem Ziegelgehalt, wenig verunreinigt (rechts)

Recycling-Baustoffe aus Mauerwerkbruch Die durch die Aufbereitung von Mauerwerkbruch hergestellten Recycling-Baustoffe stellen in der Regel Gemische aus den verschiedenen Arten der Mauerwerkbaustoffe dar. Beispielhaft sind zwei Qualitäten dargestellt (Abb. 8.3). Recycling-Baustoffe aus reinem Ziegelbruch bilden eine Ausnahme. Recycling-Baustoffe, in welchen andere Arten von Mauerwerkbaustoffen als Ziegel dominieren, sind bislang selten zu finden.

8.2 Entwicklungen, hergestellte Mengen und vorhandener Bestand

Mauerziegel sind ein seit Jahrtausenden bewährter Baustoff. Seit Mitte des 19. Jahrhunderts werden sie industriell gefertigt. Noch aus dieser Zeit sind Ziegel im Bestand. Dabei handelt es sich um relativ schwere Vollziegel. Bei der gegenwärtigen Ziegelherstellung geht die Tendenz aus Gründen des Wärmeschutzes zu immer leichteren Steinen mit geringen Festigkeiten. Größere Formate werden bevorzugt. Zum Teil wird eine Füllung der Kammern der Ziegel mit wärmedämmendem Material vorgenommen. Ein weiterer Trend ist die Herstellung von Planziegeln zur Verringerung des Mörtelanteils (Abb. 8.4).

Die industrielle Fertigung von Kalksandsteinen begann Ende des 19. Jahrhunderts. Ihren Höhepunkt erreichte sie in den 70er Jahren des vorigen Jahrhunderts. Entwicklungstendenzen sind beispielsweise der Übergang zu größeren Formaten oder die Steigerung der Rohdichte von Kalksandsteinen, um einen hohen baulichen Schallschutz zu erreichen.

Porenbeton wird in Deutschland seit 1950 hergestellt. Ursprünglich wurde dieser Mauerwerkbaustoff unter der Bezeichnung „Gasbeton" angeboten, die auch heute noch in den Annahmelisten von Recyclingunternehmen zu finden ist.

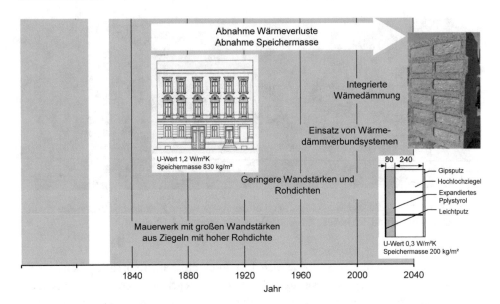

Abb. 8.4 Entwicklungslinien von Ziegelmauerwerk bezüglich der Wärmedämmung und der Speichermasse

Für die Herstellung von Leichtbeton werden Bims oder industriell hergestellte Produkte wie Blähton oder -schiefer als leichte Gesteinskörnungen verwendet. Insbesondere in den rheinischen Bimsabbaugebieten hat die Leichtbetonherstellung eine lange Tradition. Durch die Verknappung dieses Rohstoffs wird die Leichtbetonindustrie künftig verstärkt auf Blähtone bzw. -schiefer oder auf den Import von Naturbims angewiesen sein. Ein gegenüber den anderen Mauerwerkbaustoffen deutlicher Rückgang der Produktionsmenge ist zu verzeichnen.

Zu den ab 1950 produzierten Mengen an Mauerwerkbaustoffen sind im Abb. 8.5 Zeitreihen dargestellt. Die Zeitreihen bilden die Grundlage für die Abschätzung der Zusammensetzung von Mauerwerk einerseits und für die Ermittlung der im Gebäudebestand kumulierten Menge an Mauerwerkbaustoffen andererseits. Werden die produzierten Anteile als entscheidend für die Zusammensetzung von Mauerwerkbruch angesehen, setzt sich dieser „statistisch" aus 39,7 Masse-% Ziegel, 35,4 Masse-% Kalksandstein, 2,9 Masse-% Porenbeton, 12,9 Masse-% Leichtbeton und 9,1 Masse-% Mörtel zusammen. Die im Bestand vorhandene Menge an Mauerwerk liegt bei ca. 3 Mrd.t „Brutto" bzw. 2 Mrd.t „Netto" zuzüglich der Menge, die 1950 vorhanden war und nicht genau beziffert werden kann (Abb. 8.6).

Einer gegenwärtig produzierten Menge an Mauerwerkbaustoffen von ca. 20 Mio. t steht eine Menge von Mauerwerkbruch von ca. 25 Mio. t gegenüber. Selbst wenn geschlossene Stoffkreisläufe technisch möglich und wirtschaftlich machbar wären, müssen Verwertungswege außerhalb der Mauerwerkbaustoffproduktion gefunden werden.

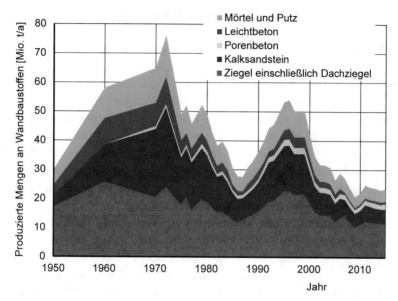

Abb. 8.5 Jährlich in Deutschland hergestellte Mengen an Mauerwerkbaustoffen. (Daten aus [1–3])

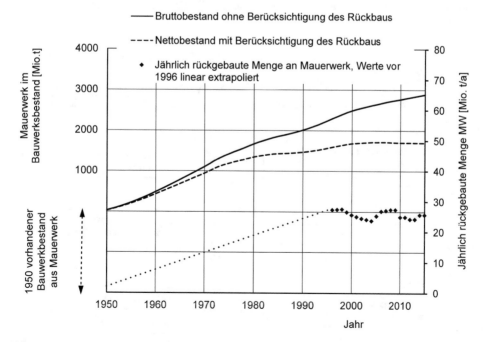

Abb. 8.6 Kumulierte Menge an Mauerwerkbaustoffen im Bauwerksbestand und jährlich in Deutschland entstehender Mauerwerkbruch

8.3   Merkmale der Mauerwerkbaustoffarten

8.3.1 Typologie

Bei den Mauerwerkbaustoffen wird zwischen den Mauerziegeln einerseits und den mineralisch gebundenen Steinen Kalksandstein, Porenbeton und Beton- bzw. Leichtbeton andererseits unterschieden. Alle genannten Mauerwerkbaustoffe werden als Stückgüter in automatisierten Produktionsprozessen mit kontinuierlicher Güteüberwachung hergestellt. Unterschiede bestehen hinsichtlich der verwendeten Rohstoffe, der Herstellungstechnologie und den Mechanismen der Festigkeitsbildung. Vereinfachte Schemata zu den erforderlichen Ausgangsmaterialien, den Bildungsbedingungen und den eigenschaftsbestimmenden Bestandteilen der Produkte sind im Abb. 8.7 dargestellt.

Mauerziegel werden aus Ton, Magerungsmittel, Wasser und Zusätzen, die der Porosierung des Scherbens dienen oder als Sinterhilfsmittel wirken, hergestellt (Abb. 8.8). Der Übergang vom zunächst plastischen Zustand des Tons in den tragfähigen Zustand des Ziegels wird durch eine Hochtemperaturbehandlung erreicht. Das Kristallwasser des Tons wird ausgetrieben. Sinterprozesse und Phasenumwandlungen führen zu den Eigenschaften des Endprodukts. Bei Hintermauerziegeln, die nicht frostbeständig sein müssen, beträgt die Brenntemperatur 850 bis 1000 °C. Es findet eine Trockensinterung statt. Bei Vormauerziegeln und Klinkermauerziegeln liegen die Brenntemperaturen über 1000 °C, sodass eine nasse Sinterung abläuft.

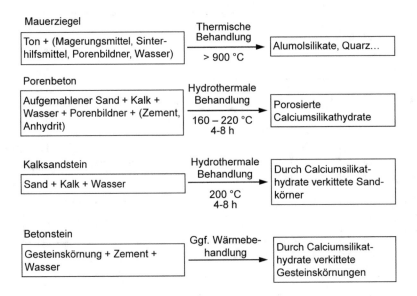

Abb. 8.7 Vereinfachte Bildungsschemata der Mauerwerkbaustoffe

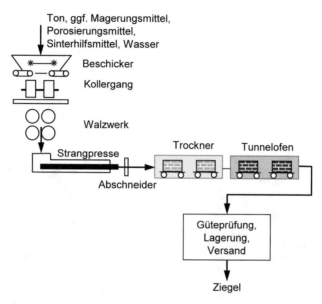

Abb. 8.8 Vereinfachtes Schema der Ziegelherstellung

Bei der Kalksandsteinherstellung werden die Rohstoffe Quarzsand und Branntkalk mit Wasser gemischt. Nach der Reaktion zwischen Branntkalk und Wasser zu Kalkhydrat erfolgen die Formgebung mit Steinpressen und die Härtung der Rohlinge im Autoklaven (Abb. 8.9). Dabei reagiert das Kalkhydrat mit dem SiO_2 des Quarzsandes zu Calciumsilikathydraten. Diese wachsen auf den Sandkörnern auf und verbinden sie miteinander.

Die Porenbetonherstellung basiert ebenfalls auf der Reaktion zwischen Quarzsand, der hier gemahlen verwendet wird, und Kalk zu Calciumsilikathydraten während der Härtung im Autoklaven. Die als Suspension vorliegende Ausgangsmischung wird in Gießformen gefüllt. Durch die Zugabe von Aluminiumpulver oder –paste wird eine intensive Porenbildung in der noch flüssigen Rohstoffmischung bewirkt. Um eine ausreichende Standfestigkeit der geblähten, hochporösen Rohblöcke zu erreichen, werden der Rohmischung die Sulfatträger Gips und/oder Anhydrit zugegeben. Nach dem Treibvorgang werden die Rohblöcke geschnitten und anschließend im Autoklaven erhärtet (Abb. 8.9).

Die Betonsteine für den Mauerwerkbau werden aus leichten oder normalen Gesteinskörnungen, Zement, ggf. Flugasche und Wasser hergestellt. Nach der Dosierung und Mischung der Komponenten wird das Betongemenge auf Steinformmaschinen zu Steinen verarbeitet. Dabei laufen die Schritte Füllung der Formen, Verdichtung und Entschalen automatisiert nacheinander ab. Die Rohlinge verlassen die Steinformmaschine mit einer ausreichenden Grünstandsfestigkeit. Die anschließende Erhärtung kann durch eine Wärmebehandlung beschleunigt werden. Bei Leichtbetonsteinen können von der

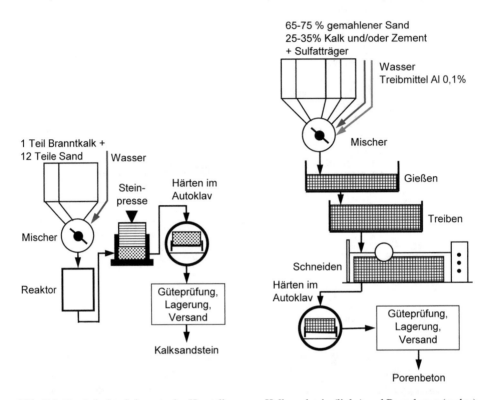

Abb. 8.9 Vereinfachte Schemata der Herstellung von Kalksandstein (links) und Porenbeton (rechts)

Zusammensetzung her zwei Varianten unterschieden werden. Gefügedichte Leichtbetone bestehen aus feinen, natürlichen Gesteinskörnungen sowie groben, leichten Gesteins- körnungen und dem die Körnungen verbindenden Zementstein. Bei haufwerksporigen Leichtbetonen wird auf die feinen Gesteinskörnungen verzichtet, sodass die leichten Gesteinskörnungen nur punktuell miteinander verkittet sind und zusätzliche Hohlräume zwischen den Gesteinskörnungen vorhanden sind. Die Herstellung von haufwerksporigen Leichtbetonen dominiert.

Das gemeinsame Merkmal der mineralisch gebundenen Steine, die im Mauerwerkbau Einsatz finden, ist die auf der Bildung von Calciumsilikathydraten beruhende Festigkeits- entwicklung. Deren Gemeinsamkeiten sind wiederum die Schichtstruktur, die im Nano- meter-Bereich liegende Größe und die sehr geringe Löslichkeit in Wasser. Unterschiede bestehen in der Zusammensetzung, der Kristallinität und dem Anteil, welchen die Hydrate in dem jeweiligen Baustoff haben:

- Bei Kalksandsteinen liegen die Calciumsilikathydrate als kristalline Bindemittelphase vor, welche auf die Sandkörner aufwächst und sie fest miteinander verzahnt. Ihr Anteil beträgt 10 bis 20 Volumen-%.
- Porenbeton besteht ebenfalls aus kristallinen Calciumsilikathydraten, die der Masse nach zugleich Hauptbestandteil sind. Daneben liegen geringe Mengen an Quarz vor.

Wird die volumetrische Zusammensetzung betrachtet, besteht Porenbeton zu 60 bis 85 Volumen-% aus Poren mit Porengrößen um 1 mm.

- Im Beton wird der tragfähige Verbund der feinen und groben Gesteinskörnungen durch amorphe Calciumsilikathydrate hergestellt. Ihr Anteil liegt im Bereich von 20 bis 30 Volumen-%.

Mauersteine werden anhand der Steinrohdichte und der Festigkeit klassifiziert (Abb. 8.10). Leichte Produkte wie Porenbeton weisen Steinrohdichten < 1 kg/dm³ auf, aber auch Ziegel und Leichtbeton werden in diesen Rohdichteklassen hergestellt. Der Bereich von 1 bis 2 kg/dm³ wird von Ziegeln, Kalksandsteinen und Leichtbetonen abgedeckt. Höhere Rohdichteklassen sind mit Klinkern, Kalksandsteinen und Betonsteinen realisierbar. Obwohl die meisten Mauerwerkbaustoffe einen breiten Festigkeitsbereich abdecken, können folgende typische Bereiche angegeben werden:

- Unter 10 N/mm² für Porenbeton
- Um 10 N/mm² für Leichtbetone
- Um 20 N/mm² für Kalksandsteine und Mauerziegel.

Die größte Spreizung der genormten Festigkeiten weisen Mauerziegel auf. Bei hochfesten Ziegeln und Klinkern reichen diese bis 60 N/mm². Hintermauerziegel haben dagegen Festigkeiten unter 10 N/mm². Betone einschließlich Leichtbetone überdecken einen breiten Rohdichtebereich. In Mauerwerkbruch können zusätzlich ältere, nicht genormte Mauerwerkbaustoffe enthalten sein. Die Variationsbreiten sind dadurch noch größer.

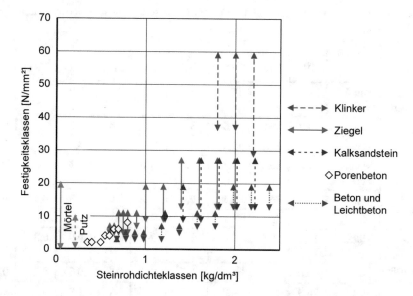

Abb. 8.10 Bereiche für Steinrohdichten und Festigkeiten von gegenwärtig produzierten Mauerwerkbaustoffen

8.3.2   Eigenschaften von Körnungen aus sortenreinen Mauerwerkbaustoffen

Chemische Zusammensetzung Mauerwerkbaustoffe zeigen aufgrund ihrer Rohstoffe und Genese typische Unterschiede in Bezug auf die chemische Zusammensetzung (Tab. 8.1) und den Mineralphasenbestand:

- Für Ziegel sind ein geringer Glühverlust und ein SiO_2-Gehalt um 70 % charakteristisch. Der Al_2O_3-Gehalt liegt in der Regel über dem Fe_2O_3-Gehalt. Als Nebenbestandteile treten Erdalkalien und Alkalien auf. Der Sulfatgehalt ist gering. Typische Mineralphasen sind Quarz, Gehlenit, Diopsid, Feldspäte, Hämatit vereinzelt auch Mullit sowie amorphe Bestandteile.
- Kalksandsteine haben den höchsten SiO_2-Gehalt aller Mauerwerkbaustoffe. Essentielle Bestandteile sind die festigkeitsbildenden Calciumsilikathydrate, die überwiegend als Tobermorit vorliegen. In der chemischen Zusammensetzung treten diese als CaO-Gehalt und Glühverlust in Erscheinung.
- Bei Porenbetonen ist die Zusammensetzung im Vergleich zu Kalksandsteinen zu höheren CaO-Gehalten und Glühverlusten sowie niedrigeren SiO_2-Gehalten hin verschoben. Typische Mineralphasen dieses Mauerwerkbaustoffs sind Quarz, Tobermorit, Hydrogranat, Calcit sowie Gips und Anhydrit.
- Bei Leichtbeton hängt die Zusammensetzung von der Art der leichten Gesteinskörnung ab. Am häufigsten werden Bims und Blähton verwendet.

Tab. 8.1 Oxidzusammensetzung und Glühverlust (GV) von sortenreinen Mauerwerkbaustoffen. (Eigene Daten und Daten aus [4] bis [12])

[Masse-%]		GV	SiO_2	Al_2O_3	Fe_2O_3	CaO	MgO	K_2O	Na_2O	SO_3
Ziegel Probenanzahl: 47	Mittelwert	1,0	64,4	15,0	5,8	5,8	2,6	3,0	0,7	0,4
	Min	0,0	50,0	9,0	3,2	0,4	0,5	1,5	0,0	0,0
	Max	3,6	79, 3	19,9	15,3	16,7	7,0	4,2	2,2	3,0
Kalksandstein Probenanzahl: 5	Mittelwert	4,2	80,9	3,7	1,2	7,5	0,3	1,1	0,3	0,1
	Min	3,2	76,3	2,1	0,4	6,2	0,0	0,3	0,1	0,0
	Max	4,9	86,5	4,2	1,9	8,4	0,7	1,6	0,6	0,2
Porenbeton Probenanzahl: 15	Mittelwert	14,4	50,5	2,6	1,0	26,1	0,7	0,9	0,3	2,5
	Min	10,0	43,6	1,5	0,7	19,5	0,3	0,5	0,2	0,0
	Max	26,3	57,3	4,2	1,7	30,2	1,4	1,9	0,5	4,8

Tab. 8.2 Rein- und Rohdichten sowie berechnete Partikelporositäten von sortenreinen Mauerwerkbaustoffen. (Eigene Daten und Daten aus [5, 13–16])

	Ziegel einschließlich Klinker	Kalksandstein	Porenbeton	Leichtbeton
Reindichte [kg/m³]				
Probenanzahl	28	14	12	10
Mittelwert	2735	2659	2604	2621
Min	2630	2490	2520	2310
Max	2950	2740	2910	2850
Rohdichte OD [kg/m³], Körnungen > 4 mm				
Probenanzahl	65	35	31	18
Mittelwert	1865	1903	710	1148
Min	1490	1570	497	628
Max	2423	2523	940	1865
Berechnete Partikelporosität [Volumen-%]				
Probenanzahl	49	30	29	18
Mittelwert	33,0	30,2	73,6	57,0
Min	9,9	23,7	65,9	30,7
Max	46,8	43,4	81,1	76,8

Dichte und Porosität Das Klassifikationsmerkmal Steinrohdichte des jeweiligen Mauerwerkbaustoffs ergibt sich aus der Steinmasse und dem Volumen des gesamten Steins einschließlich der Lochung. Im grobkörnigen Zustand, der nach der Zerkleinerung vorliegt, ist die Materialrohdichte das kennzeichnende Merkmal (siehe Kap. 7, Abb. 7.20). Tab. 8.2 ist zu entnehmen, dass die an getrockneten Proben gemessenen Rohdichten bzw. die daraus berechnete Partikelporosität bei Ziegeln und Kalksandsteinen ähnlich sind. Leichtbetone und Porenbetone weisen geringere Rohdichten bzw. größere Porositäten auf. Innerhalb einer Baustoffart sind die Spannweiten beträchtlich. Sie gehen auf die unterschiedliche Herkunft und die Breite der angebotenen Sortimente zurück. So werden Ziegel beispielsweise mit porosiertem Scherben hergestellt, wenn eine gute Wärmedämmung erzielt werden soll. Eine hohe Porosität ist die Folge. Steht dagegen die Frostbeständigkeit in Vordergrund, ist die Herstellung sehr dichter Ziegel erforderlich, die eine geringe Porosität aufweisen. Die Reindichten der Mauerwerkbaustoffe unterscheiden sich kaum, da in allen Arten silikatische Bestandteile dominieren.

Die Größe der Poren und ihre Form sind für die Zugänglichkeit von Wasser und Luft wichtig. Beide sind bei den Mauerwerkbaustoffen sehr unterschiedlich (Abb. 8.11). In Ziegeln dominieren Kapillarporen. Gel- und Luftporen sind kaum vorhanden. In Kalksandsteinen treten Luft- und Kapillarporen auf. Zusätzlich sind Gelporen als Bestandteil der festigkeitsbildenen Calciumsilikathydrate vorhanden. Porenbetone und Leichtbetone

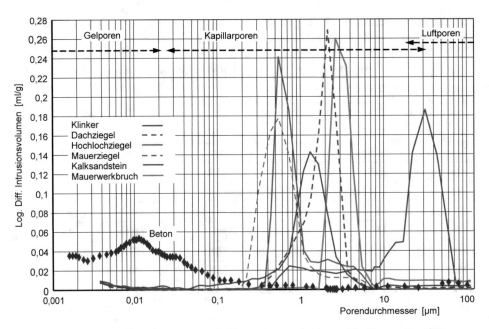

Abb. 8.11 Beispiele für die Porengrößenverteilung von verschiedenen Wandbaustoffen. (Eigene Daten)

haben gröbere Poren mit Durchmessern bis zu 1 mm. Gelporen sind wegen der Anwesenheit von Calciumsilikathydraten ebenfalls vorhanden.

Die Porosität hat Einfluss auf den Zerkleinerungswiderstand bei der Aufbereitung. Die Wandbaustoffe mit einer hohen Porosität weisen geringe Zerkleinerungswiderstände auf, sodass sie bei gleicher Beanspruchungsintensität stärker zerkleinert werden. Inwieweit Poren im Produkt zurückbleiben, hängt vom Verhältnis zwischen der Porengröße und der Partikelgröße des Zerkleinerungsproduktes ab. Näherungsweise gilt, dass porenarme Produkte erzeugt werden können, wenn die Partikelgröße der Zerkleinerungsprodukte im Bereich der Porengröße liegt. So werden bei einer Zerkleinerung auf eine Partikelgröße von 1 mm die Luftporen des Porenbetons aufgeschlossen, die Porosität nimmt ab. Die Kapillarporen, die für Ziegel typisch sind, werden erst bei Partikelgrößen unter 10 µm aufgeschlossen. Baustoffe mit einem hohen Gelporenanteil können kaum porenfrei gemahlen werden.

Wasseraufnahme Wasser gelangt hauptsächlich durch offene Kapillarporen in das Baustoffkorn. Wird vereinfachend angenommen, dass die gesamte Porosität aus offenen Kapillarporen besteht, ist das Volumen an aufgenommenem Wasser der Partikelporosität proportional. Sind die Poren vollständig mit Wasser gefüllt, kann die auf die trockene Probenmasse bezogene, maximale Wasseraufnahme berechnet werden (siehe Kap. 7, Gl. 7.7). Ist nur ein Teil der Poren mit Wasser gefüllt, ist der Sättigungswert als zusätzliche Einflussgröße zu berücksichtigen. Im Abb. 8.12 sind die experimentell bestimmten und die berechneten maximalen Wasseraufnahmen in Abhängigkeit von der Rohdichte auf ofentockener

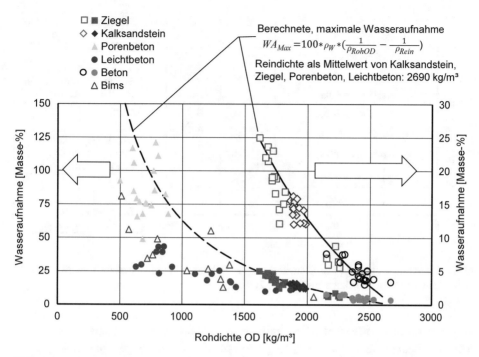

Abb. 8.12 Abhängigkeit zwischen Rohdichte OD und Wasseraufnahme der Fraktionen 2/4 mm und 4/8 mm von verschiedenen Mauerwerkbaustoffen. (Eigene Daten, Daten für Bims aus [17–20])

Basis gegenübergestellt. Bei Ziegeln und Kalksandsteinen bleiben die gemessenen Werte etwas unter den berechneten, folgen aber dem Verlauf der Kurve. Porenbeton, dessen Poren zum Teil außerhalb der Kapillarporosität liegen, und Leichtbetone, die außerdem geschlossene, für Wasser nicht zugängliche Poren in den Gesteinskörnungen enthalten können, weichen dagegen deutlich vom berechneten Verlauf ab.

Kornfestigkeit und Frost-Tau-Widerstand Die Kornfestigkeit und der Frostwiderstand sind weitere Merkmale, die mit der Rohdichte in Zusammenhang stehen. Die an sortenreinen Mauerwerkbaustoffen als Druckwert gemessenen Kornfestigkeiten nehmen in der Reihenfolge Beton – Ziegel und Kalksandstein – Porenbeton ab (Abb. 8.13). Für die Partikelgröße als weitere Einflussgröße gilt, dass Partikel mit geringer Größe fester als gröbere Partikel sind. Die Anreicherung von wenig festen Bestandteilen in den feineren Fraktionen spielt bei sortenreinen Baustoffen keine Rolle. Bei Zierkiesen, d. h. getrommelten Ziegelpartikeln, sind die Kornfestigkeiten höher als bei unbehandelten Körnungen, weil die wenig festen Bestandteile bereits durch die Abrasionsbehandlung abgetragen wurden. Der Frost-Tau-Widerstand (siehe Kap. 7, Abb. 7.23) folgt einer ähnlichen Abstufung wie die Kornfestigkeit. Während die Widerstände von Beton und Ziegel in etwa im gleichen Bereich liegen, sind die Frostwiderstände von Kalksandstein deutlich geringer.

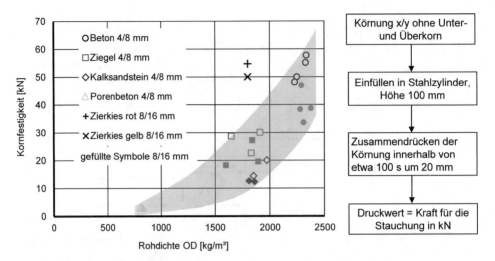

Abb. 8.13 Abhängigkeit der Kornfestigkeit von der Rohdichte für verschiedene Mauerwerkbaustoffe. (Eigene Daten und Daten aus [13, 14, 21])

Mauerwerkbaustoffe werden für den Einsatz im Mauerwerk hergestellt. Die dort herrschenden Bedingungen sind ausschlaggebend für die Anforderungen, die an sie gestellt werden. Die Prüfvorschriften sind ebenfalls an diese Einsatzbedingungen angepasst. Die Festigkeit und der Frostwiderstand von Körnungen, die aus Mauerwerkbaustoffen hergestellt wurden, sind Eigenschaften, die für die ursprüngliche Anwendung weniger relevant sind und deshalb bei der Primärbaustoffentwicklung keine Beachtung finden.

8.4 Eigenschaften von Recycling-Baustoffen aus Mauerwerkbruch

Zusammensetzung Aus Mauerwerkbruch hergestellte Recycling-Baustoffe sind in der Regel Gemische. Zu ihrer Charakterisierung wird die Materialzusammensetzung durch eine Sortierung nach Augenschein bestimmt. Die Materialarten, nach welchen sortiert wird, orientieren sich an den Vorschriften, die für Recycling-Baustoffe aus Betonbruch gelten (siehe Kap. 7, Abb. 7.16). Eine strikte Differenzierung nach Mauerwerkbaustoffarten erfolgt nicht. Meist wird nur der Ziegelgehalt, der in Recycling-Baustoffen aus Mauerwerkbruch dominiert, explizit ausgewiesen. Er beträgt im Mittel etwa 50 Masse-% und unterliegt beträchtlichen Schwankungen sowohl bei der Betrachtung über einen längeren Zeitraum als auch bei der Gegenüberstellung verschiedener Standorte. Beton und Gesteinskörnungen sowie Leichtbaustoffe, worunter Porenbeton, Leichtbeton und Mörtel zusammengefasst sind, stellen weitere Hauptbestandteile dar. Die Summe dieser drei Materialgruppen liegt mit nur sehr wenigen Ausnahmen über 90 Masse-% (Abb. 8.14). Kalksandstein, der von den Produktionsmengen her in erheblichen Mengen zu erwarten wäre, tritt nur in geringen Anteilen auf, vermutlich weil er sich mit der händischen Sortierung nur schwer nachweisen lässt und/oder falsch zugeordnet wird.

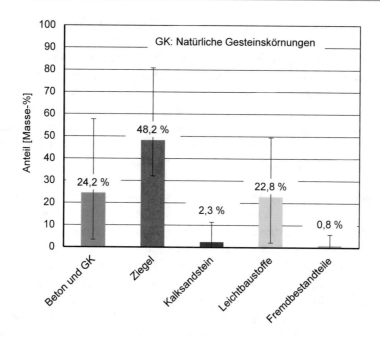

Abb. 8.14 Materialzusammensetzung von technisch hergestellten Recycling-Baustoffen aus Mauerwerkbruch. (Daten aus [5])

Bei der chemischen Zusammensetzung von Mauerwerkbruch treten gegenüber reinen Ziegeln leichte Verschiebungen auf (Tab. 8.3). Die Gehalte an Al_2O_3 und Fe_2O_3 sind etwas vermindert. Dagegen sind der CaO-Gehalt und der Glühverlust durch das Vorhandensein von mineralisch gebundenen Mauerwerkbaustoffen und Mörtel erhöht.

Bereits im Zusammenhang mit Recycling-Baustoffen aus Betonbruch wurde auf Verwertungseinschränkungen durch das Vorhandensein von Gips hingewiesen. Bei Mauerwerkbruch, der im Unterschied zu Betonbruch nahezu ausschließlich aus dem Hochbau stammt, können erhöhte Gipsgehalte im Inputmaterial auftreten, die auf Gipsputze und -estriche in Gebäuden zurückgehen. Die Sulfatgehalte von Recycling-Baustoffen aus

Tab. 8.3 Oxidzusammensetzung und Glühverlust (GV) von Recycling-Baustoffen aus Mauerwerkbruch. (Eigene Daten)

[Masse-%]		GV	SiO_2	Al_2O_3	Fe_2O_3	CaO	MgO	K_2O	Na_2O	SO_3
Recycling-Baustoffe aus Mauerwerkbruch Probenanzahl: 64	Mittelwert	5,6	66,6	9, 7	3,7	8,2	1,6	2,1	0,8	0,8
	Min	1,2	47,9	6,2	1,3	1,6	0,8	0,8	0,1	0,1
	Max	15,0	76,7	15,6	7,4	7,4	6,4	3,7	2,0	3,3

Mauerwerkbruch, die zum Teil erheblich über den Basiswerten der jeweiligen Wandbaustoffart liegen, sind darauf zurückzuführen (Abb. 8.15).

Um den Gips aus Rezyklaten aus Mauerwerkbruch abzutrennen, sind zusätzliche Aufbereitungsschritte erforderlich. Neben der Vorabsiebung können die Absiebung der Sandfraktionen nach der Zerkleinerung oder die Anwendungen nasser Sortierverfahren für eine Reduzierung des Gipsgehaltes genutzt werden. Die Konsequenzen sind ein höherer Aufwand bei der Aufbereitung, eine geringere Materialausbeute und das Entstehen von nicht verwertbaren Fraktionen, die deponiert werden müssen. Bisher werden diese gezielten Maßnahmen zur Gipsreduzierung wenig angewandt.

Granulometrische Parameter Die Partikelgrößenverteilung ist durch die Aufbereitung beeinflussbar, hängt aber auch von der Materialzusammensetzung ab. Aus den Daten zur Kornfestigkeit (Abb. 8.13) kann abgelesen werden, dass Mauerwerkbaustoffe im Vergleich zu Beton einen geringeren Zerkleinerungswiderstand haben. Bei der gleicher Beanspruchungsintensität entsteht deshalb ein feineres Zerkleinerungsprodukt. Ein geringerer Feinkornanteil kann mit Brechern erreicht werden, bei denen eine andere Beanspruchungsart und –intensität realisiert wird. Beispielsweise entstand bei einer Zerkleinerung von Ziegelbruch mit einem Fräsbrecher (siehe Kap. 4, Abb. 4.15), der überwiegend für die Asphaltaufbereitung eingesetzt wird, ein Anteil der Fraktion < 4 mm von 16 Masse-%. Im Vergleich zu Körnungen, die in Recyclinganlagen mit Prall- bzw. Backenbrechern hergestellt werden und die bis zu 50 Masse-% dieser Fraktion enthalten können, ist das deutlich geringer.

Physikalische Parameter Die Rohdichten von Rezyklaten aus Mauerwerkbruch unterscheiden sich hinsichtlich der Mittelwerte, Standardabweichungen und Spannweiten kaum von denen von reinen Ziegeln und Kalksandsteinen (Tab. 8.4). Das trifft aber nur zu, wenn die Rezyklate keine nennenswerten Anteile an Leichtbaustoffen enthalten. Anderenfalls ist die Verteilung deutlich breiter und reicht bis zu den an Porenbetonpartikeln

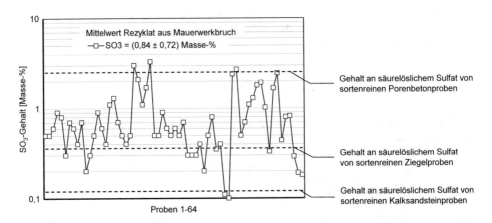

Abb. 8.15 Sulfatgehalte von technisch hergestellten Rezyklaten aus Mauerwerkbruch. (Eigene Daten und Daten aus [5], Basiswerte für sortenreine Mauerwerkbaustoffe von Tab. 8.1)

Tab. 8.4 Rein- und Rohdichten von Recycling-Baustoffen aus Mauerwerkbruch. (Eigene Daten)

	Recycling-Baustoffe aus Mauerwerkbruch		
Probenanzahl	55	81	55
	Reindichte [kg/m³]	Rohdichte OD [kg/m³], Körnungen > 4 mm	Berechnete Partikelporosität [Vol.-%]
Mittelwert	2693	1908	30,7
Min	2632	1390	18,9
Max	2796	2510	42,9

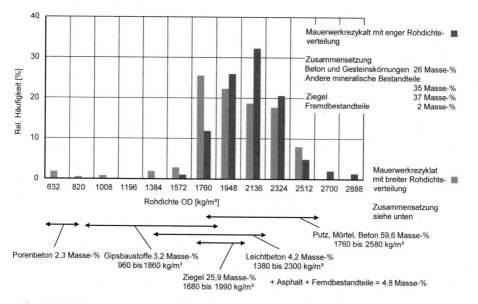

Abb. 8.16 Relative Häufigkeit der Rohdichte OD von zwei Mauerwerkbruchproben der Körnung 4/32 mm mit unterschiedlichen Gehalten an Leichtstoffen. (Eigene Daten)

gemessenen Dichten von 500 kg/m³. Die Dichtebereiche der verschiedenen Baustoffe überlappen sich teilweise oder vollständig (Abb. 8.16).

8.5 Verwertung der sortenreinen Bestandteile von Mauerwerkbruch

Eine separate Verwertung der verschiedenen, in Mauerwerkbruch enthaltenen Wandbaustoffe setzt voraus, dass durch einen selektiven Rückbau und eine Sortierung Materialfraktionen mit ausreichender Sortenreinheit erzeugt werden. Diese Fraktionen können dann entsprechend ihren spezifischen Eigenschaften verwertet werden. Eine Rückführung in das ursprüngliche Produkt kann möglich sein. In nennenswertem Umfang wird bisher nur Ziegelbruch separat in Recyclinganlagen angenommen und verarbeitet.

8.5.1   Sortenreine Ziegel und Ziegelkörnungen

Unbeschädigte Mauerziegel und Dachziegel, die beim Rückbau von Gebäuden oder bei Dachumdeckungen anfallen, können direkt wiederverwendet werden. Neben Einsatzgebieten in der Denkmalpflege gibt es Beispiele, wo gebrauchte Ziegel als architektonisches Gestaltungselement zum Einsatz kommen. Wegen der attraktiven, abwechslungsreichen Farbtöne werden hart gebrannte Abbruchziegel zum Anlegen von gepflasterten Böden in frostfreien Räumen eingesetzt. Bei der Verwendung von halbierten Handschlagziegeln als Fußbodenbelag trägt die Oberflächenstruktur zusätzlich zum individuellen Aussehen bei. Für die Verwendung von rückgebauten Mauerziegeln bei der Errichtung von Gebäuden gibt es eine Reihe von Beispielen, die in der Regel mit einem bestimmten konzeptionellen Anspruch verbunden sind. Altziegelfassaden werden vor die Tragkonstruktion aus Beton gesetzt, um regionalen Bautraditionen Rechnung zu tragen.

Ziegelkörnungen sind durch die Merkmale Farbe, offene Porosität, ausreichende Kornfestigkeit und Frostbeständigkeit sowie neutrales chemisches Verhalten charakterisiert. Das macht diese Körnungen für den Sportplatzbau oder für vegetationstechnische Anwendungen geeignet (Abb. 8.17) sowie für die anteilige Verwendung im Straßenbau bzw. bei der Betonherstellung brauchbar. Die Anforderungen, die in diesen Einsatzgebieten bestehen, sind durch Vorschriften geregelt [22–31].

Anwendungen im Sportplatzbau und in der Vegetationstechnik Sportanlagen mit Tennenflächen nach DIN 18035 – 5 wie beispielsweise Sandtennisplätze, Hartfußballplätze oder auch Reitplätze haben einen mehrschichtigen Aufbau. In Abhängigkeit von den jeweiligen Gegebenheiten werden auf dem vorbereiteten Planum eine Filterschicht, eine Tragschicht,

Abb. 8.17 Beispiele für Extensivbegrünung (links) und Baumsubstrate (rechts) aus Ziegelkörnungen. (Bildquelle: Harald Kurkowski, Bimolab gGmbH)

eine dynamische Schicht und als Abschluss der Tennenbelag aufgebracht. Der Tennenbelag besteht aus einem verdichteten, mineralischen Korngemisch ohne zusätzliches Bindemittel. Hierfür eignen sich aufbereitetes Bruchmaterial von Ziegelwerken oder auch sortenrein vorliegende Gemische von Ziegeln und Dachziegeln aus dem Rückbau. Eingesetzt werden hauptsächlich feine Körnungen 0/1, 0/2 und/oder 0/3 mm, die ein- oder mehrschichtig bis zu einer Schichtstärke von 50 mm eingebaut werden. Das Material muss bestimmte Anforderungen hinsichtlich Verschleiß, Frostbeständigkeit, Korngrößenverteilung, Durchlässigkeit und Verdichtbarkeit erfüllen. Es soll eine gleichmäßige und beständige Farbe aufweisen. Toxische, wassergefährdende, treibende und verfestigende Bestandteile dürfen nicht enthalten sein.

Bei den vegetationstechnischen Anwendungen wird unterschieden zwischen

- Dach- und Bauwerksbegrünungen
- Schotterrasen in ein- oder zweischichtiger Bauweise für gelegentlich benutzte Parkflächen und für Notfahrbereiche
- Baumsubstraten insbesondere im Bereich von Stadtstraßen.

Die Anforderungen an Planung, Ausführung und Pflege sind in Richtlinien und Empfehlungen der Forschungsgesellschaft Landschaftsentwicklung und Landschaftsbau zusammengefasst. Die Vegetationsbaustoffe für Dachbegrünungen müssen eine ausreichende, offene Porosität aufweisen. In den Poren werden Wasser und Nährstoffe gespeichert, die den Pflanzen dann über einen langen Zeitraum in ausreichender Menge zur Verfügung stehen. Die Anforderung an die Kornfestigkeit der eingebrachten Baustoffe ist gering, weil keine Verdichtung der Schüttungen stattfindet. Neben Gesteinskörnungen wie Lava und Bims oder Blähtonen und –schiefern eignet sich auch aufbereiteter Ziegelbruch. Beispielsweise kann Ziegelsplitt der Fraktion 4/16 mm in der Dränschicht eingesetzt werden. Durch die Absiebung des Feinkornanteils wird die notwendige, hohe Wasserdurchlässigkeit erreicht. Mischungen aus Kompost als Nährstofflieferant und zerkleinertem Ziegelbruch als Gerüstbaustoff eignen sich als Vegetationssubstrat. In Abhängigkeit von der beabsichtigten Begrünungsart wird unterschieden zwischen

- Extensivbegrünungen aus flächigen Vegetationsbeständen mit Sukkulenten, Kräutern und Gräsern. Bei einschichtiger Bauweise wird eine kombinierte Vegetations- und Dränschicht auf das abgedichtete Dach aufgebracht. Bei zweischichtiger Bauweise sind Dränschicht und Vegetationsschicht getrennt. Die Wuchshöhen bleiben unter ca. 50 cm. Der laufende Pflegeaufwand ist gering. Die zusätzlichen, auf das Dach aufgebrachten Lasten betragen rund 50 bis 150 kg/m².
- Intensivbegrünungen mit Stauden und Gehölzen, im Einzelfall auch Bäumen mit Wuchshöhen bis zu 10 m, die einen mehrschichtigen Aufbau benötigen und Lasten > 150 kg/m² verursachen. Der Pflegeaufwand nähert sich dem von Pflanzungen auf gewachsenen Böden.

Bei Fluranwendungen muss ein Kompromiss zwischen der Tragfähigkeit der eingebrachten Schichten und den vegetationstechnischen Erfordernissen gefunden werden. Trotz der notwendigen Porosität, die den für das Pflanzenwachstum wichtigen Luft- und Wasserhaushalt sichert, muss eine ausreichende Kornfestigkeit gewährleistet sein, damit bei den jeweils definierten Verkehrsbelastungen keine Verformungen auftreten. Das gesamte bei der Zerkleinerung entstehende Kornband kann eingesetzt werden, wobei bestimmte Partikelgrößenverteilungen und Beschränkungen der Anteile $< 0{,}063$ mm einzuhalten sind. Zu den Fluranwendungen gehören Schotterrasen als eine für gelegentliche Verkehrsbelastungen geeignete und mit Rasen begrünte Fläche. Beispiele sind Parkplätze für Besucher und Anlieferer von Stadien, Freibädern, Messegeländen etc. oder Notfahrbereiche wie Bankette oder Feuerwehrzufahrten. Hier werden neben den im Straßenbau eingesetzten Gesteinskörnungen auch Korngemische aus Ziegel als Gerüstbaustoffe eingesetzt. In geringer Menge können organische Stoffe zugesetzt werden, um die Wachstumsbedingungen des Rasens zu verbessern.

Pflanzgruben für Straßenbäume benötigen einen durchwurzelbaren Bodenbereich von erheblicher Größe. Wenn die Baumgruben bis unter die Straßenbefestigung reichen, muss die Vegetationsschicht verdichtet werden, um eine ausreichende Tragfähigkeit zu erzielen. Trotzdem muss ein bestimmtes Gesamtporenvolumen als Voraussetzung für ein zufriedenstellendes Wachstum erhalten bleiben. Ausreichend feste Mineralstoffe mit offener Porosität wie Ziegel eignen sich für diese Aufgabenstellung.

Richtwerte für den spezifischen Materialbedarf beim Tennisplatzbau und für die vegetationstechnischen Anwendungen sind in Tab. 8.5 angegeben. Die benötigten Mengen für eine Baumaßnahme liegen im zweistelligen Tonnenbereich. Gegenüber Dachbegrünungsmaterialien wie Lava, Bims, Blähton und –schiefer hat die Verwendung von Ziegelrezyklaten den Vorteil, dass das Material regional verfügbar ist und keine langen Transportwege zurückgelegt werden müssen. Begrünte Dächer, Rasenparkplätze und Straßenbäume

Tab. 8.5 Richtwerte zum spezifischen Materialbedarf für das Anlegen von Tennenflächen bzw. für vegetationstechnische Anwendungen bei einer Schüttdichte von 1200 kg/m³

Anwendungsgebiet	
Tennenflächen, z. B. Tennisplätze (20 × 40 m²)	
Verbrauch pro Platz bei einer Schichtstärke von 50 mm	40 m³ bzw. 48 t
Jährliche Aufbesserung (Annahme 10 % vom Verbrauch)	5 t
Begrünung von Dächern, Dachterrassen, Tiefgaragen etc.	
Extensive Dachbegrünung, bei 100 mm Schichtdicke	120 kg/m²
Intensive Dachbegrünung	> 150 kg/m²
Schotterrasen	
Einschichtig, Belastungsklasse 1 bei 200 mm Schichtdicke	240 kg/m²
Zweischichtig, Belastungsklasse 4 bei 400 mm Schichtdicke	480 kg/m²
Baumgrube bei 20 m³ Wurzelraum	2,4 t

tragen in Städten zur Verbesserung der klimatischen Bedingungen bei und erzielen architektonische und ästhetische Wirkungen. Niederschlagswasser kann zurückgehalten werden, sodass die Abwassersysteme entlastet werden. Bei einer Kosten-Nutzen-Analyse [32] für begrünte Dächer stehen sich Mehraufwendungen für die Tragkonstruktion sowie die Herstellung und Kostenreduzierungen infolge der längeren Haltbarkeit sowie der ggf. geringeren Abwassergebühren gegenüber.

Anwendung als Bestandteil von Frostschutzschichten und Schottertragschichten In Korngemischen für Schottertragschichten und Frostschutzschichten – dem wichtigsten Einsatzgebiet für Recycling-Baustoffe aus Betonbruch – muss die Materialzusammensetzung bestimmten Anforderungen genügen. Klinker, Ziegel und Steinzeug dürfen bis zu 30 Masse-% enthalten sein. Die bis 2004 in den Vorschriften enthaltene Unterscheidung zwischen dicht und weich gebrannten Ziegeln wurde aufgehoben, weil nachgewiesen wurde, dass die Qualität der Gemische deutlicher vom Anteil an Mörtel und Putz beeinflusst wird als vom Brenngrad der darin enthaltenen Ziegel [33]. Die oftmals unsichere, subjektive Einteilung in „hart" und „weich" gebrannte Ziegel bei der Bestimmung der Materialzusammensetzung ist damit nicht mehr erforderlich. Der aus dieser Unsicherheit resultierende, vorsorgliche, völlige Ausschluss von Ziegeln als Bestandteil der Korngemische wird umgangen. An einer Erprobungsstrecke, die Recycling-Baustoffe mit abgestuften Ziegelgehalten bis 40 Masse-% in der Schottertragschicht und in der Frostschutzschicht enthielt, wurde ermittelt, dass die Tragfähigkeit und die Kornverfeinerung unkritisch waren [34–36]. Allerdings erhöhte sich der Feuchtigkeitsgehalt der Frostschutzschicht mit Zunahme des Ziegelanteils, wenn ein entsprechendes Wasserangebot vorhanden war. Daraus resultierten Hebungen. Es wird vorgeschlagen, den unteren Teil der Frostschutzschicht aus natürlichen Gesteinskörnungen herzustellen, um so die Durchfeuchtung der darüber eingebrachten rezyklierten Gesteinskörnungen zu verhindern.

Anwendung als Bestandteil von rezyklierten Gesteinskörnungen für die Betonherstellung Gesteinskörnungen aus aufbereiteten, sortenreinen Ziegeln eignen sich für die Herstellung von Betonen. Die gegenüber natürlichen Gesteinskörnungen geringeren Rohdichten verursachen eine Festigkeitsabnahme bei zunehmendem Anteil an Ziegelrezyklaten (Abb. 8.18). Wenn über 20 Masse-% der natürlichen Gesteinskörnungen durch Ziegelrezyklate ersetzt werden, ist die Festigkeitsabnahme größer als bei der Verwendung von Betonrezyklaten. Bei geringeren Anteilen ergeben sich zum Teil Festigkeiten, die über denen der rezyklatfreien Ausgangsbetone liegen. Ursache kann die Puzzolanität der Ziegel sein, die den Festigkeitsrückgang infolge der geringeren Rohdichte kompensiert.

Trotz des Festigkeitsrückgangs können Ziegelkörnungen für die Herstellung von Konstruktionsbetonen verwendet werden. Nach den aktuellen Vorschriften zur Betonherstellung aus Rezyklaten [30, 31] dürfen in dem als „Bauwerksplitt" bezeichneten Typ 2 der rezyklierten Gesteinskörnungen bis zu 30 Masse-% an Wandbaustoffen aus gebranntem Ton, Kalksandstein und nicht schwimmendem Porenbeton enthalten sein. Die Zugabemenge an grobem Bauwerksplitt ist auf 35 Volumen-% begrenzt. In der gesamten Gesteinskörnung

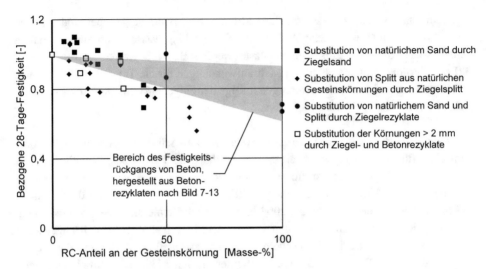

Abb. 8.18 Bezogene 28-Tage-Festigkeiten von Betonen in Abhängigkeit vom Anteil an Ziegelre-zyklaten an den Gesteinskörnungen. (Daten aus [13, 37–43])

sind dann etwa 10 Volumen-% Ziegelpartikel respektive Kalksandstein- oder Porenbeton-partikel enthalten. Wenn diese Grenze eingehalten wird und die feinen Gesteinskörnungen aus natürlichem Sand bestehen, sind die Auswirkungen auf die mechanischen Eigenschaf-ten der Betone gering.

Wie ein Bauwerksplitt mit einem Ziegelanteil von 30 Masse-% hergestellt werden kann, hängt von dem zur Verfügung stehenden Ausgangsmaterial ab:

- Liegen als Ausgangsstoffe ein nahezu ziegelfreier Recycling-Baustoff aus Beton und ein sortenreines Ziegelrezyklat vor, ist die Einstellung der zulässigen Gehalte entweder über Dosiereinrichtungen oder mittels der Wägevorrichtungen der Radlader möglich.
- Wird als „Ziegellieferant" ein Recycling-Baustoff mit Ziegelgehalten zwischen 30 und 100 Masse-% verwendet, muss zunächst der Ziegelgehalt bestimmt und daraus die mögliche Zugabemenge berechnet werden. Neben dem Ziegelgehalt sind die Neben-bestandteile des zudosierten Materials unbedingt zu berücksichtigen, um ein in der Summe anforderungsgerechtes Gemisch herzustellen.

Bisher wird die durch die Vorschriften abgedeckte Möglichkeit, Ziegelrezyklate bei der Betonherstellung zu verwerten, kaum aktiv genutzt. Breitere Anwendung finden ziegel-haltige Rezyklate in der Schweiz, wo Innenwände und andere Bauteile aber auch ein komplettes Gebäude aus ziegelhaltigen Rezyklaten errichtet wurde [44]. Im Falle des Gebäudes zeigte sich, dass eine nassmechanische Reinigung und Klassierung der direkt aus dem Rückbau stammenden Rezyklate mittels Schwertwäsche empfehlenswert ist. Dadurch werden im Feinanteil enthaltene problematische Fremdstoffe ausgeschleust und eine Verringerung der Qualitätsschwankungen der Rezyklate erreicht. Bei der Betonherstellung wurden 75 % der Gesteinskörnungen durch Rezyklate ersetzt. Die Verarbeitbarkeit der Betone wurde mit Hilfe von Fließmitteln eingestellt. Anhand der gemessenen Druckfestigkeiten konnte der Beton in die Festigkeitsklasse C30/37 eingeordnet werden.

Die Herstellung von Ziegelsplittgeschoßwänden MAbA Ziegelit® aus aufbereitetem Abbruchmaterial belegt die Eignung von Ziegelrezyklaten für die Herstellung von Betonfertigteilen. Allerdings wurde auch hier die Erfahrung gemacht, dass bei Ziegelsplitt aus aufbereitetem Abbruchmaterial Qualitätsmängel durch Verunreinigungen wie Bitumen, Beton- oder Mörtelreste auftreten. Von zusätzlichen Aufbereitungsschritten zur Qualitätsverbesserung wurde abgesehen. Vielmehr findet inzwischen nur noch aufbereitetes Bruchmaterial aus der Herstellung von Dach- und Mauerziegeln Anwendung [45].

Anwendung als Rohstoffkomponente für die Ziegelherstellung Sortenreine Ziegelrezylate, die in Form von Brennbruch anfallen, können nach einer Mahlung der erneuten Ziegelproduktion zugeführt werden. Sie wirken als Magerungsmittel und verringern die Trocken- und ggf. auch die Brennschwindung. Für einen Teil des bei der Herstellung anfallenden Brennbruchs wird das bereits praktiziert. Eine Rückführung ist auch für sortenreine Ziegel aus dem Rückbau möglich. Aus Rohmischungen, bei denen bis zu 50 Masse-% des Tons durch Ziegelbruch ersetzt wurde, wurden Ziegel mit befriedigender Qualität hergestellt [7]. Eine Orientierung zu den Anforderungen an Ziegelmehl aus der „roten" Fraktion von Bauabfällen, das als Sekundärrohstoff für die Ziegelproduktion eingesetzt werden kann, gibt Tab. 8.6. Die Gegenüberstellung der Mittelwerte der chemischen Zusammensetzung von sortenreinen Ziegeln (Tab. 8.1) mit den Anforderungen bestätigt die Eignung von Ziegelbruch ohne Nebenbestandteile. Bei Mauerwerkbruch (Tab. 8.3) treten bereits beim Glühverlust Überschreitungen auf. Auch der Gehalt an Calciumcarbonat kann oberhalb des zulässigen Wertes liegen. Eine direkte Rückführung von Mauerwerkbruch in die Ziegelproduktion ist somit nicht gangbar. Wenn die Ziegel aus dem Gemisch separiert werden, ist der Einsatz möglich und kann mit Vorteilen, wie der Senkung des Energieverbrauchs für den Ziegelbrand verbunden sein.

Im Unterschied zu Bauprodukten aus genormten Ausgangsstoffen wie Beton ist bei der Ziegelherstellung die Höhe der Substitution sowohl von der Art des hergestellten Produkts als auch von den Merkmalen des verwendeten Primärrohstoffs abhängig. Beispielsweise war die Substitution von 20 Masse-% eines lehmigen Tons durch Ziegelbruch ohne Verschlechterung der Produktqualität möglich. Sehr plastische Tone wie z. B. Westerwälder Tone konnten bis zu 60 Masse-% des fein gemahlenen Füllers aufnehmen. Trotzdem waren qualitativ hochwertige Produkte mit geringer Porosität herstellbar [48]. Zusätzlich ist es erforderlich, erwünschte und unerwünschte Effekte, die durch die Substitution bewirkt werden, gegeneinander abzuwägen. Die magernde Wirkung und die daraus resultierende Verringerung der Trocken- und der Gesamtschwindung kann einen Vorteil darstellen. Der damit einhergehende Festigkeitsrückgang ist eher unerwünscht, kann aber durch eine Erhöhung der Brenntemperatur ausgeglichen werden. Die Feinheit des Substituts

Tab. 8.6 Qualitätsparameter für Ziegelbruchmaterial für die Ziegelherstellung [46, 47]

	Anforderung	Begründung/Auswirkungen
Partikelgröße	< 150 µm bis < 200 µm	Aufrechterhaltung der für die Formgebung erforderlichen Plastizität. Möglichst homogene Verteilung des Ziegelmehls in der Masse.
Glühverlust	< 3 Masse-%	
Gesamtschwefelgehalt	< 0,5 Masse-%	Lösliche Sulfate können Ausblühungen verursachen.
CaCO$_3$-Gehalt	< 10 Masse-%	Beeinflussung von Sinterverhalten und Farbe. Anforderungen an Partikelgröße und CaCO$_3$-Gehalt stellen sicher, dass keine Kalkabsprengungen beispielsweise durch grobe Partikel aus Kalkputzen auftreten.
Gehalt an Beton und Mörtel	< 20 Masse-%	Können Ausblühungen verursachen.

beeinflusst beide Effekte. Bereits beim Übergang von einem Ziegelsand zu einem Ziegelmehl verringern sich die Auswirkungen (Abb. 8.19). Wird die Partikelgröße entsprechend den Anforderungen in Tab. 8.6 weiter reduziert, werden die Poren der Partikel teilweise aufgeschlossen. Die Porosität als eine Ursache für die Verringerung der Festigkeit verliert an Einfluss.

Bei Einhaltung der erforderlichen Zusammensetzung und der Feinheit scheint eine Substitution von 20 Masse-% des Primarrohstoffs durch Ziegelmehl realistisch. Neben

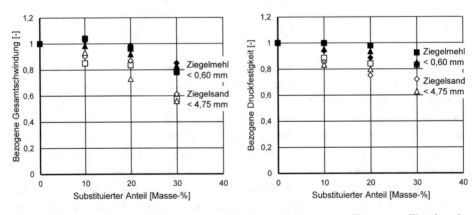

Abb. 8.19 Bezogene Gesamtschwindung und Druckfestigkeit von unter Einsatz von Ziegelrezyklaten hergestellten Ziegeln (Daten aus [49])

einer Abstimmung auf den jeweiligen Primärrohstoff, kann auch eine Anpassung der Brennbedingungen erforderlich sein.

Anwendung für die Herstellung von Mauersteinen Die Herstellung von Mauersteinen auf der Basis von Ziegelrezyklaten kann analog zur Herstellung der primären Wandbaustoffe durch eine mineralische oder eine keramische Bindung erfolgen. Naheliegend ist die Herstellung von mineralisch gebundenen Steinen oder Bauelementen unter Verwendung von Zement als Bindemittel. Aber auch der Einsatz von Geopolymeren oder von Kalk mit anschließender Autoklavierung ist möglich. Zu den Mauersteinen aus Ziegelsplitt gehört der Buhl Speicherziegel, den ein Hersteller in Österreich mittlerweile über 15 Jahre im Sortiment hat [50]. Er besteht aus 70 Masse-% Ziegelsplitt, 10 Masse-% Blähton, 7 Masse-% Kies und 13 Masse-% Zement. Seine Merkmale sind ein hohes Schalldämmmaß und eine hohe speicherwirksame Masse sowie ein geringer Primärenergieeinsatz und eine leichte Bearbeitbarkeit. Der gleiche Hersteller produziert auch Betonblöcke, bei denen ein Teil der Gesteinskörnungen durch Ziegelsplitt ersetzt wird.

Die Herstellung von keramisch gebundenen Steinen kann der Technologie der Produktion von Feuerfestprodukten folgen, bei der eine Mischung aus einem aufbereitetem Rohton und einem vorgebrannten Ton hergestellt, anschließend durch Trockenpressen in die gewünschte Form gebracht und dann gebrannt wird. Feinkörnige Ziegelrezyklate könnten als vorgebrannte Tone fungieren und zusammen mit einem geeigneten Ton verarbeitet werden. Vollsteine bzw. mit geringen Lochungen versehene, dickwandige Erzeugnisse – verwendbar als Schallschutzziegel – wären herstellbar. Eine ähnliche Verfahrensentwicklung fand bereits in den 1990er Jahren statt. Ausgangsstoffe waren ziegelreicher Bauschutt < 1 mm, Flugasche aus braunkohlengefeuerten Kraftwerken und geringe Mengen an Ton als „Klebemittel" für die Grünlinge. Die Komponenten wurden gemischt, der freie Kalk der Flugasche in einem Reaktor abgelöscht und nochmals gemischt. Nach der Formgebung erfolgten die Trocknung bei 110 °C und der Brand im Tunnelofen bei 1120 °C. Die erzeugten Steine wiesen keine nennenswerte Brennschwindung auf und waren deshalb sehr maßhaltig. Sie konnten in die Rohdichteklasse 1,6 (kg/dm³) und in die Druckfestigkeitsklasse 12 (N/mm²) eingeordnet werden [51–53].

8.5.2 Sortenreine Kalksandsteinkörnungen

Anwendungen in der Vegetationstechnik Sortenreine Kalksandsteine liegen nach der Zerkleinerung als kubische Partikel mit vergleichsweise hoher Kornporosität vor. Sie weisen von allen Wandbaustoffen den höchsten SiO_2-Gehalt und den geringsten Sulfatgehalt auf. Auf Grund ihrer hohen Porosität sind Kalksandsteinkörnungen als Speicher für Wasser und Nährstoffe von Baum- und Dachsubstraten geeignet, wobei die anfangs hohen pH-Werte das Pflanzenwachstum verzögern können. Durch die Auswahl von Pflanzengattungen, die das alkalische Milieu bevorzugen, ist die Anwendung für Substrate sowie für Dachbegrünungen trotzdem möglich [54].

Anwendung als Bestandteil von Frostschutzschichten und Schottertragschichten bzw. von rezyklierten Gesteinskörnungen für die Betonherstellung Die für vegetationstechnische Anwendungen notwendige hohe Porosität stellt einen Nachteil für die Anwendung im Straßenbau dar, weil sie vergleichsweise geringe Kornfestigkeiten und Frostwiderstände verursacht. In Korngemischen für Frostschutzschichten und Schottertragschichten ist der Gehalt an Kalksandstein deshalb auf 5 Masse-% begrenzt.

Bei Bauwerksplitt für Konstruktionsbeton wird keine Unterscheidung zwischen den Wandbaustoffarten vorgenommen. Kalksandstein darf ebenso wie Ziegel bis zu 30 Masse-% enthalten sein. Infolge der Porosität nimmt mit zunehmendem Anteil an groben Gesteinskörnungen aus Kalksandstein die Festigkeit des Betons ab. Empfohlen wird [55], die Zugabemenge von 10 Volumen-% bezogen auf die grobe Gesteinskörnung nicht zu überschreiten, um Qualitätseinbußen gegenüber Betonen mit natürlichen Gesteinskörnungen zu vermeiden. Das entspricht etwa dem nach der gültigen Vorschrift denkbaren Fall, dass die groben Gesteinskörnungen zu 35 Volumen-% durch Bauwerksplitt substituiert werden, der maximal 30 Masse-% Kalksandstein enthält.

Anwendung als Rohstoffkomponente für die Kalksandsteinherstellung Bei der Kalksandsteinherstellung wird mit einem relativ geringen Bindemittelvolumen die Verkittung der Sandkörner zu einem ausreichend festen Stein erreicht. Ähnlich wie bei Betonen nimmt die Steinfestigkeit mit abnehmender Materialrohdichte ab. Eine Beeinflussung der Materialrohdichte ist durch die Kornporosität und die Packungsdichte der verwendeten Sande sowie durch die eingesetzte Bindemittelmenge und die Dauer der Autoklavbehandlung möglich. Diese Zusammenhänge wirken auch, wenn Kalksandsteinrezyklate als Rohstoffkomponente eingesetzt werden. So ergab sich eine Abnahme der Festigkeit, wenn bestimmte Fraktionen des Natursandes durch die entsprechenden Rezyklatfraktionen ausgetauscht wurden [56]. Ursache ist die höhere Kornporosität der Rezyklate im Vergleich zu den Natursanden, was zu einer Rohdichteabnahme der Kalksandsteine der zweiten Generation führt. Der resultierende Festigkeitsrückgang lässt sich durch eine höhere Kalkdosis bzw. längere Dampfhärtezeiten ausgleichen. Keine Festigkeitsabnahme wurde festgestellt, wenn ein Natursand mit einer sehr engen Partikelgrößenverteilung durch Kalksandsteinrezyklate, die aus einer Bauschutt-Recyclinganlage stammten und als Körnung 0/5,6 mm vorlagen, ersetzt wurde [57]. Die höhere Kornporosität der Rezyklate wurde durch eine verbesserte Packungsdichte infolge ihrer breiten Partikelgrößenverteilung ausgeglichen. Bis zum Austausch von bis zu 50 Masse-% des Natursandes wurde keine Rohdichteabnahme und kein Festigkeitsrückgang festgestellt.

Sortenreine Kalksandsteinrezyklate, die als Verschnittabfälle bei der Konfektionierung von Kalksandstein-Bausätzen anfallen, werden bereits zu geringen Anteilen in produktionsinternen Kreisläufen verwertet. Angaben zu den Anteilen werden nicht gemacht [58]. Untersuchungen im technischen Maßstab unter Verwendung von Sanden, die in einer Recyclinganlage aus Bruchmaterial hergestellt wurden, ergaben, dass die Substitution von 20 Masse-% des Natursandes die mechanischen Eigenschaften der Steine keinesfalls verschlechtert [57]. Allerdings wird das wichtige, optische Erscheinungsbild durch geringe Anteile von organischen Bestandteilen negativ beeinflusst, was eine Grenzwertsetzung für den Gehalt an organischem Kohlenstoff erforderlich macht. Eine Sandwäsche wird empfohlen, um Qualitätsverbesserungen zu erreichen. Fremdbestandteile wie Dichtungsbahnen aus Bitumen oder Kunststoff, Gipsputze sowie Wärmedämmverbundsysteme mit Polystyrol oder Mineralwolle führen zu einem eindeutigen Festigkeitsrückgang, selbst wenn ihr Anteil unter 1 Masse-% liegt [59]. In Tab. 8.7 sind die Anforderungen an das Bruchmaterial, das für die erneute Kalksandsteinherstellung verwendet werden soll, zusammen mit den möglichen Auswirkungen bei Nichteinhaltung dargestellt. Zusätzlich wären Anforderungen an die Partikelgröße und die Partikelgrößenverteilung der Rezyklate zu definieren, um so die Kornporosität als Ursache der Festigkeitsabnahme zu verringern und eine höhere Packungsdichte zu erreichen. Die Substitution eines Teiles des Sandes durch gemahlene Kalksandsteinprodukte mit Partikelgrößen < 125 μm ist von Vorteil, weil das zugegebene Kalksandsteinmehl als Kristallisationskeim wirkt und die Bildung der C-S-H-Phasen beschleunigt [61].

Anwendung für die Herstellung von Mauersteinen Die Kalksandsteintechnologie eignet sich für die Herstellung von Mauersteinen aus Kalksandsteinbruch ebenso wie aus mörtelhaltigem Ziegelbruch, aus Betonbruch oder aus Gemischen [11, 62, 63]. Wie bei der Kalksandsteinherstellung sollte das Ausgangsmaterial ein Größtkorn von etwa 4 mm haben und eine Sieblinie aufweisen, mit der eine hohe Packungsdichte erreicht werden kann. Bei der

Tab. 8.7 Qualitätsparameter für Kalksandsteinbruchmaterial für die Kalksandsteinherstellung [60]

	Anforderung	Begründung/Auswirkungen
Reaktives SiO_2	-	Reaktivität ist der von natürlichen Sanden vergleichbar.
TOC aus Holz, Kunststoffen, Dämmstoffen, Bitumen	< 0,1 Masse-%	Organische Komponenten verursachen Schwachstellen im Gefüge. Punktförmige schwarze oder braune Verfärbungen entstehen.
Humusartige Komponenten	keine	Verursachen Verfärbungen.
Chloride	< 0,015 Masse-%	Frost-Tau-Widerstand wird verringert. Ausblühungen können entstehen. Korrosion der Anlagen.
Sulfate	< 0,1 Masse-%	Der Löschprozess wird verzögert, was zu einer Volumenzunahme bei der Autoklavierung führt. Ausblühungen können entstehen. Als schwerlösliches Bariumsulfat oder im Zementstein gebundenes Sulfat ist weniger kritisch als lösliches Sulfat.
PAK	< 50 mg/kg	Grenzwert resultiert aus wasserwirtschaftlichen Erfordernissen.

notwendigen Zugabemenge von Kalk als Bindemittel und bei den Erhärtungsbedingungen bestehen keine Unterschiede zu herkömmlichen Kalksandsteinen. Bei der Verwendung von Betonbruch treten teilweise Festigkeitssteigerungen auf, die auf die Umbildung der bereits vorhandenen Calciumsilicathydratphasen oder die erhöhte Reaktivität der quarzitischen Komponenten zurückgeführt werden können.

In den 1990er Jahren wurden in der Schweiz bereits Mauersteine aus alternativen Rohstoffen unter der Bezeichnung MARO für den Markt produziert [64]. Sie bestanden zu 74 Masse-% aus Mauerwerkbruch, 19 Masse-% aus Kieswaschschlamm und zu 7 Masse-% aus gebranntem Kalk. Die Herstellung erfolgte nach der Kalksandsteintechnologie. Die Ausgangsmaterialien wurden mit dem Kalk vermischt und nach einer Löschzeit von etwa 4 Stunden zu Steinen gepresst. Die Aushärtung erfolgte in Druckbehältern bei 16 bar und 206 °C über einen Zeitraum von ca. 7 Stunden. Die Steine wurden in verschiedenen Formaten hergestellt und wiesen Steindruckfestigkeiten von > 13,5 N/mm² auf. Ungünstig waren die vom jeweiligen Rohmaterial abhängige, nicht kontrollierbare Farbe der Steine und die etwas geringere Frostbeständigkeit, die im Außenbereich ein Verputzen erforderlich machte. Probleme mit der Qualität des Abbruchmaterials und ein zu geringer Absatz führten zur Einstellung der Produktion.

8.5.3   Sortenreine Porenbetonrezyklate

Porenbeton ist werkstoffseitig her auf eine geringe Rohdichte und ein hohes Wärmedämmvermögen hin entwickelt. Die Festigkeit daraus hergestellter Körnungen ist demzufolge gering, sodass die Einsatzgebiete im Straßenbau und bei der Betonherstellung nahezu ausgeschlossen sind. Durch die Sulfatträger, die der Rohmischung zur Erhöhung der Grünstandsfestigkeit zugegeben werden, weisen Porenbetonrezyklate von allen Wandbaustoffen die höchsten Sulfatgehalte auf. Die SO_4^{2-}-Konzentrationen in Eluaten, die mit einem Wasser-Feststoff-Verhältnis von 10 zu 1 hergestellt wurden, können bis zu 1700 mg/l betragen [65], was Verwertungsmöglichkeiten wie das Verfüllen von Hohlräumen ausschließt und die Deponierung erforderlich macht.

Bei den gegenwärtig genutzten Verwertungswegen für Porenbetonabfälle stehen zum einen die spezifischen Eigenschaften der Rezyklate wie die hohe Wasseraufnahme und die hohe spezifische Oberfläche im Mittelpunkt. Daraus ergeben sich Einsatzgebiete, die teilweise außerhalb des Bauwesens liegen:

• Porenbeton wird für die Konditionierung von Baggergut und Boden, als Öl- und Chemikalienbinder oder für den Einsatz als Hygienestreu eingesetzt. Für die letztgenannten Einsatzgebiete werden Produktionsabfälle der Porenbetonwerke verwendet, um das Vorhandensein von Fremdstoffen auszuschließen.

• In Kombination mit Ziegel- oder Kalksandsteinkörnungen kann Porenbeton als Wasserspeicher in Dachsubstraten dienen [54]. Eine gezielte Pflanzenauswahl, bei welcher neben der hohen Alkalität auch die hohen Gehalte an löslichem Sulfat zu berücksichtigen sind, ist erforderlich.

- Porenbetonkörnungen werden mit methanoxidierenden Bakterien besiedelt und zusammen mit Kalksandsteinstützkorn als obere Schicht auf Hausmülldeponien aufgebracht. Das aus dem Deponiekörper entweichende Methan wird durch die Bakterien in einer Oxidationsreaktion zu CO_2 und Wasser umgewandelt [66].
- Calcinierte Porenbetongranulate können zur Reinigung von schwermetallhaltigen Abwässern genutzt werden. Die Schwermetallionen werden als wasserunlösliche Schwermetallsilikate gebunden und im Gegenzug ausschließlich nicht-toxische Metallionen freigesetzt [67].

Zum anderen gibt es Ansätze, Porenbetonabfälle wieder zu Baustoffen zu verarbeiten. Bei zementgebundenen Anwendungen muss besonderes Augenmerk auf die hohen Gehalte an säurelöslichem Sulfat gelegt werden, die den Grenzwert von 0,8 Masse-%, der für die Betonherstellung einzuhalten ist, deutlich überschreiten. Um ein Sulfattreiben zu unterbinden, muss der Einsatz der Recyclingprodukte unter trockenen Umgebungsbedingungen erfolgen. Bei hohen Zementgehalten kann zusätzlich die Verwendung von sulfatresistenten Portlandzementen erforderlich sein, was bei den folgenden Entwicklungen berücksichtigt wurde:

- Aus erdfeuchten Porenbetonmörteln wurden im Rüttel-Pressverfahren zementgebundene Leichtsteine hergestellt. Nach erfolgreichen Laborversuchen wurde bereits eine größere Stückzahl auf der Anlage eines Betonsteinherstellers produziert. In Abhängigkeit vom Zementgehalt der Ausgangsmischung entsprachen die Steine Druckfestigkeitsklassen von 4 bis 12 (N/mm²) und Rohdichteklassen von 1,0 bis 1,2 (kg/dm³). Das bedeutet eine Verschiebung der Qualität in Richtung etwas schwerer und festerer Steine gegenüber dem Ausgangsporenbeton.
- Porenbetonrezyklate eignen sich für die Herstellung von Werktrockenmörteln, welche die Anforderungen an Putzmörtel sowie an normale Mauermörtel und Leichtmörtel erfüllen. Im Anschluss an die Rezepturentwicklung wurde die gesamte Herstellungskette vom Aufbereiter als Lieferant des Ausgangsmaterials bis zum Mörtelhersteller, bei dem die getrockneten Porenbetonrezyklate mit dem Zement und den Zusätzen gemischt und abgepackt wurden, durchlaufen. Die Mörtel wurden zusammen mit den Steinen für die Errichtung von nicht-tragenden Innenwänden in einem Demonstrationsobjekt eingesetzt [68, 69].
- Porenbeton kann als Gesteinskörnung in zementgebundenen Estrichen verwendet werden [12]. Mischungen aus Porenbetonkörnungen 0/8 mm, Rezyklaten aus Mischabbruch 0/8 mm, Zement und Wasser ergaben akzeptable Festigkeiten von 9,6 MPa. Das Sulfat wird in Abhängigkeit von der in der Mischung verfügbaren Menge an Calciumaluminat, das Bestandteil des Zementes ist, als Ettringit gebunden. Dadurch wird die Sulfatkonzentration im Eluat herabgesetzt.

Konzepte für die Rücknahme von Porenbetonbruch aus dem Rückbau wurden bereits vor 15 Jahren entwickelt [65]. Darin wird von einem rückführbaren Anteil an Rezyklaten von 15 Masse-% der Porenbetontrockenrezeptur ausgegangen. Nach neueren Untersuchungen konnte bei einem Einsatz von 20 Masse-% sortenreinem Altporenbetonsplitt ein Stein hergestellt werden, der die erforderliche Druckfestigkeit erreichte [70]. Ähnlich wie bei der Rückführung von Kalksandsteinrezyklaten können Verunreinigungen den Herstellungsprozess beeinträchtigen und Verfärbungen der produzierten Steine hervorrufen. Um geschlossene Kreisläufe für Porenbetonabfälle zu realisieren, müssen Betreiber von Bauabfallaufbereitungsanlagen und Hersteller des Primärproduktes eng zusammenwirken. Dem Anlagenbetreiber obliegen die getrennte Annahme von Porenbetonbruch, die Aussortierung von Fremdbestandteilen und die Grobzerkleinerung. Der Porenbetonhersteller übernimmt die Störstoffkontrolle und die Feinzerkleinerung auf Partikelgrößen 0/1 mm. In einem Pilotprojekt wurden nach diesem Szenario Rezyklate hergestellt und für die Produktion von Porenbeton verwendet [71]. Die Substitutionsquote betrug 10 Masse-%. Die Probeproduktion verlief ohne Störungen. Die hergestellten Steine entsprachen der geforderten Güteklasse.

8.5.4   Sortenreine Leichtbetonrezyklate

Das Ausgangsmaterial für Leichtbetonrezyklate kann zum einen gefügedichter Leichtbeton sein, der sich aus den Komponenten grobe leichte Gesteinskörnungen sowie Mörtel aus feinen natürlichen Gesteinskörnungen zusammensetzt. Zum anderen kann haufwerksporiger Leichtbeton, bestehend aus leichten Gesteinskörnungen und Zementstein, vorliegen. Als leichte Gesteinskörnungen werden Bims, Blähtone oder Blähschiefer verwendet. Bei der Zerkleinerung von Leichtbetonen entstehen in Abhängigkeit vom Ausgangsmaterial unterschiedliche Brechprodukte (Abb. 8.20). Der gefügedichte Leichtbeton liegt in kompakten Bruchstücken vor, wobei sowohl die leichten Gesteinskörnungen selbst als

Abb. 8.20 Rezyklate aus gefügedichtem Leichtbeton (links) und haufwerksporigem Leichtbeton (rechts)

auch der verbindende Mörtel durch die bei der Zerkleinerung eingetragenen Beanspruchungen versagen. Es entsteht ein vergleichsweise geringer Anteil der Fraktion < 4 mm. Bei haufwerksporigem Leichtbeton liegen nach der Zerkleinerung Bruchstücke mit einem großen Anteil an groben Poren vor. Das Versagen erfolgt hier zusätzlich an den Zementsteinbrücken zwischen den leichten Gesteinskörnungen. In Abhängigkeit vom verwendeten Brechertyp führt die Zerkleinerung zu erheblichen Anteilen der Fraktion < 4 mm.

Ähnlich wie bei normalen Betonen weisen die Brechprodukte aus Leichtbetonen systematische Veränderungen gegenüber den leichten Gesteinskörnungen des Ausgangsbetons auf. Die Kornrohdichten verschieben sich in Richtung höherer Werte (Abb. 8.21):

- Rezyklate aus gefügedichtem Leichtbeton sind Komposite aus zerkleinerten leichten Gesteinskörnungen und anhaftendem Mörtel. Sie weisen Kornrohdichten auf, die zwischen denen des Mörtels und der leichten Gesteinskörnungen liegen. Gegenüber den ursprünglichen Gesteinskörnungen tritt eine deutliche Zunahme der Rohdichte auf, was durch die Mörtelanhaftungen bedingt ist. Die Rohdichte liegt auch über der des Ausgangsleichtbetons, was durch den Aufschluss der Poren hervorgerufen wird. Der Porenaufschluss nimmt mit abnehmender Partikelgröße zu und ist bereits bei der Fraktion 0,5/1 mm an der Zunahme der Rohdichte zu erkennen.
- Rezyklate aus haufwerksporigem Leichtbeton zeigen ebenfalls eine Dichtezunahme gegenüber den leichten Gesteinskörnungen, die im Ausgangsbeton verwendet wurden. Sie ist aber geringer als die bei dem gefügedichten Leichtbeton und wird durch den anhaftenden Zementstein und den Porenaufschluss verursacht.

Bei der Verwertung muss ebenfalls zwischen gefügedichtem und haufwerksporigem Leichtbeton unterschieden werden:

- Rezyklate aus gefügedichtem Leichtbeton können wieder als Gesteinskörnung für die Herstellung von gefügedichtem Leichtbeton eingesetzt werden. Infolge des Anstiegs der Rohdichte der Rezyklate weisen die Leichtbetone der zweiten Generation höhere Rohdichten und Festigkeiten als der Ausgangsleichtbeton auf. Die Wärmedämmeigenschaften verschlechtern sich. Der Wiedereinsatz ist in Sortimenten möglich, bei welchen das Tragverhalten im Vordergrund steht.
- Rezyklate aus haufwerksporigem Leichtbeton können für die Herstellung von haufwerksporigem oder gefügedichtem Leichtbeton eingesetzt werden. Die Auswirkungen auf die Festigkeit und das Wärmedämmvermögen sind geringer, weil die Rohdichtezunahme der Rezyklate geringer ist. Für produktionsinterne Abfälle von haufwerksporigem Leichtbeton wird bereits eine Kreislaufführung vorgenommen.

In den Vorschriften für die Herstellung von rezykliertem Beton sind Leichtbetonrezyklate in die Gruppe der Wandbaustoffe eingeordnet. Im Bauwerkssplitt dürfen ebenso wie Ziegel oder Kalksandstein bis zu 30 Masse-% enthalten sein. Bisher treten Leichtbetonrezyklate aber sowohl im Mauerwerkbruch als auch im Betonbruch nur wenig in Erscheinung.

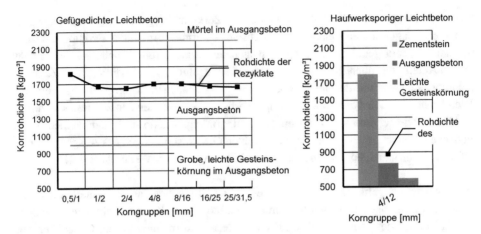

Abb. 8.21 Veränderungen der Kornrohdichten von Rezyklaten aus gefügedichtem (links) bzw. haufwerksporigem (rechts) Leichtbeton gegenüber den Ausgangsmaterialien. (Daten aus [72, 73])

Für die Sandfraktion müssen separate Verwertungswege gefunden werden. Zumindest bei haufwerksporigem Leichtbeton mit Bims als leichter Gesteinskörnung können die puzzolanischen Eigenschaften des Bimses genutzt werden, um einen Betonzusatzstoff zu erzeugen. Dazu ist es erforderlich, die Feinheit des Sandes durch eine Mahlung bis in den Bereich der Zementfeinheit oder darüber hinaus zu erhöhen. Bei gefügedichtem Leichtbeton werden die puzzolanischen Eigenschaften durch den hohen Anteil an inerten feinen Gesteinskörnungen kaum nutzbar sein.

8.6 Verwertung von Mauerwerkbruch als Gemisch

Mauerwerkbruch als Gemisch verschiedener Wandbaustoffe, Beton sowie Mörtel und Putz wird vielfach ohne oder nur mit einem Minimum an Aufbereitung für das Verfüllen von Gruben, Steinbrüchen und Tagebauen eingesetzt. Die Materialanforderungen beziehen sich hauptsächlich auf umwelttechnische Parameter, die in Abhängigkeit von der Einbauweise und den Gegebenheiten am Einbauort einzuhalten sind. Bautechnische Anforderungen spielen eine untergeordnete Rolle. Im Unterschied zur Verwertung bei Baumaßnahmen ist es nicht erforderlich, die notwendigen Mengen zu einem bestimmten Zeitpunkt zur Verfügung zu stellen. Vielmehr kann der Einbau laufend je nach Anfall erfolgen.

Rezyklate aus Mauerwerkbruch, die eine Aufbereitung durchlaufen haben und möglichst fremdstofffrei sein sollten, können für die Befestigung von Baustraßen (Abb. 8.22), als Unterbaumaterial für Wege in der Land- und Forstwirtschaft oder für Straßen mit geringer Verkehrsbelastung sowie für das Anlegen von Parkplätzen eingesetzt werden. Weitere Einsatzgebiete sind das Verfüllen von Baugruben, die nach einem Abbruch zurückbleiben, das Hinterfüllen von Arbeitsräumen bei der Errichtung von Bauwerken, die Errichtung

Abb. 8.22 Baustraße aus Mauerwerkbruch

von Dammbauwerken. Anforderungen sind eine ausreichende Tragfähigkeit, Standsicherheit und Volumenstabilität. Im Laufe der Nutzung darf sich das Volumen des Baukörpers möglichst wenig verändern, d. h. es dürfen keine Ausspülungen, Setzungen oder Hebungen auftreten. Weitere Anforderungen bestehen an die Gehalte eluierbarer Bestandteile, insbesondere wenn das eingebaute Material für Niederschläge frei zugänglich ist. Ausschlussgrund für die genannten Anwendungen ist oftmals der hohe Sulfatgehalt. Auch aus bautechnischer Sicht stellt der Sulfatgehalt eine Begrenzung der Verwendbarkeit dar. Reaktionen des Sulfats mit bestimmten Bestandteilen der Rezyklate können zur Ettringitbildung und den damit verbundenen Hebungen führen.

Literatur

1. Konjunkturperspektiven ab 2006 bis 2016. Bundesverband Baustoffe-Steine und Erden e.V. Berlin 2017.
2. Festschrift des Bundeverbandes der Kalksandsteinindustrie. Bundesverband der Kalksandsteinindustrie. Hannover 1994.
3. Rahlwes, K.: Wiederverwendung von Baustoffen im Hochbau. 32. Darmstädter Seminar Abfalltechnik. Schriftenreihe WAR der Technischen Universität Darmstadt, Band 67, S.120-141. Darmstadt 1993.
4. Wild, S.; Taylor, J.; Szwabowski, J.; Gailus, A.; Hansen, H.: Recycling of waste clay brick and tile material for the partial replacement of cement in concrete. Copernicus Research Project Contract No. CIPACT94-0211. First Annual Report, February 1, 1995 – January 31, 1996.
5. Winkler, A.: Herstellung von Baustoffen aus Baurestmassen. Forschungsbericht, Bauhaus-Universität Weimar. Shaker-Verlag. Aachen 2001.
6. Müller, C.; Wiens, U.; Dora, B.: Verwendungsmöglichkeiten von Materialien, die bei der Aufbereitung von Altbeton/Bauschutt anfallen und nicht wiederverwertbar sind. BMBF-Forschungsvorhaben "Baustoffkreislauf im Massivbau" Teilprojekt B/04. Statusseminar Darmstadt 1998.
7. Van Dijk, K.: Closing the clay brick cycle. Dissertation. Technische Universität Delft 2004.

8. Vejmelkova, E.; Keppert, M.; Rovnanikova, P.; Ondracek, M.; Kersner, Z.; Cerny, R.: Properties of high performance concrete containing fine-ground ceramics as supplementary cementitious material. Cement & Concrete Composites Vol. 34, 2012, pp. 55–61.

9. Mahmoud Solyman: Classification of Recycled Sands and their Applications as Fine Aggregates for Concrete and Bituminous Mixtures. Dissertation. Universität Kassel, Fachbereich Bauingenieurwesen. Kassel 2005.

10. Joris Schoon, J.; Buysser, K.; Van Driessche, I.; De Belie, N.: Feasibility study on the use of cellular concrete as alternative raw material for Portland clinker. Construction and Building Materials Vol. 48, 2013, No. 7, pp. 25–733.

11. Eden, W.; Middendorf, B.: Entwicklung eines Recycling-Mauersteins unter Verwendung von Abbruchmaterial und Baurestmassen und Anwendung der Kalksandstein-Technologie. Fraunhofer IRB Verlag F 2712. Stuttgart 2009.

12. Bergmans, J.; Nielsen, P.; Snellings, R.; Broos, K.: Recycling of autoclaved aerated concrete in floor screeds: Sulfate leaching reduction by ettringite formation. Construction and Building Materials. Vol. 111, 2016, May, pp. 9–14.

13. Müller, C.: Beton als kreislaufgerechter Baustoff. Dissertation. Beuth Verlag. Berlin Wien Zürich 2001.

14. Diedrich, R.; Brauch, A.; Kropp, J.: Rückenstützenbetone mit Recyclingzuschlägen aus Bauschutt. Schlußbericht zum Forschungsvorhaben AiF 11414 N. Bremen 2001.

15. Eden, W. Flottmann, N.; Kohler, G.; Kollar, J.; Kurkowski, H.; Radenberg, M.; Schlütter, F.: Eignung von rezykliertem Kalksandstein-Mauerwerk für Tragschichten ohne Bindemittel. Forschungsvereinigung Kalk-Sand e.V., Forschungsbericht Nr. 111. Hannover 2010.

16. Eden, W.; Kurkowski, H.; Middendorf, B.: Verwertungsoptionen für rezyklierte Gesteinskörnungen aus Mauerwerk in der Steine- und Erden-Industrie. Forschungsvereinigung Kalk-Sand e.V. Forschungsbericht Nr. 115. Hannover 2013.

17. Hossain, K. M. A.: Properties of volcanic pumice based cement and lightweight concrete. Cement and Concrete Research. Vol. 34, 2004, pp. 283–291.

18. Pietro Lura, P. et al.: Pumice Aggregates for Internal Water Curing. Reprinted from Concrete Science and Engineering: A Tribute to Arnon Bentur. Proceedings, pp. 137-151. International RILEM Symposium. Evanston 2004.

19. Jomal Almulla: Mischungsentwurf für selbstverdichtenden Leichtbeton mit neuseeländischem Bimsstein. BWI BetonWerk International 2015, H. 2, S.46-53.

20. Evans, E. J.; Inglethrope, S. J. D.; Wetton, P. D.: Evaluation of Pumice and Scoria samples from East Africa as lightweight aggregates. Mineralogy and Petrology Technical Report. British Geological Survey WG/99/15. Nottingham 1999.

21. Manns, W.; Wies, S.: Frostwiderstand von Sekundärzuschlag aus Altbeton. Zwischenbericht 1/1998 zum BMBF-Forschungsvorhaben „Baustoffkreislauf im Massivbau" Teilprojekt BIM D/02. Stuttgart 1998.

22. DIN 18 035: Sportplätze, Teil 5: Tennendecken. DIN Deutsches Institut für Normung. Beuth-Verlag. Berlin 2007.

23. Richtlinie für die Planung, Ausführung und Pflege von Dachbegrünungen. Dachbegrünungsrichtlinie. Forschungsgesellschaft Landschaftsentwicklung Landschaftsbau e.V. (FLL). Bonn 2008.

24. Richtlinie für Planung, Ausführung und Unterhaltung von begrünbaren Flächenbefestigungen. Forschungsgesellschaft Landschaftsentwicklung Landschaftsbau e.V. (FLL). Bonn 2008.

25. Empfehlungen für Bau und Pflege von Flächen aus Schotterrasen. Forschungsgesellschaft Landschaftsentwicklung Landschaftsbau e.V. (FLL). Bonn 2000.

26. Empfehlungen für Baumpflanzungen, Teil 2: Standortvorbereitungen für Neupflanzungen; Pflanzgruben und Wurzelraumerweiterung, Bauweisen und Substrate. Forschungsgesellschaft Landschaftsentwicklung Landschaftsbau e.V. (FLL). Bonn 2010.

27. Hinweise zur Straßenbepflanzung in bebauten Gebieten. Forschungsgesellschaft für Straßen- und Verkehrswesen. FGSV-Verlag. Köln 2006.

28. Technische Lieferbedingungen für Gesteinskörnungen im Straßenbau TL Gestein-StB. Forschungsgesellschaft für Straßen- und Verkehrswesen. FGSV-Verlag. Köln 2004/Fassung 2007.

29. Technische Lieferbedingungen für Baustoffgemische und Böden zur Herstellung von Schichten ohne Bindemittel im Straßenbau TL SoB-StB. Forschungsgesellschaft für Straßen- und Verkehrswesen. FGSV-Verlag. Köln 2004/Fassung 2007.

30. DIN EN 12620: Gesteinskörnungen für Beton. DIN Deutsches Institut für Normung. Beuth-Verlag. Berlin 2008.

31. Deutscher Ausschuss für Stahlbeton: DAfStb-Richtlinie Beton nach DIN EN 206-1 und DIN 1045-2 mit rezyklierten Gesteinskörnungen nach DIN EN 12620 - Teil 1: Anforderungen an den Beton für die Bemessung nach DIN EN 1992- 1-1.Beuth-Verlag. Berlin 2010.

32. Giesel, D.: Teuer, dafür aber schön. Langfristige Kosten-Nutzen-Analyse spricht für die Dachbegrünung. Deutsches Ingenieur Blatt, 2001, S. 24–29.

33. Kollar, J.: Ziegelreiche Recycling-Baustoffe doch verwertbar? Straße + Autobahn. 2004, H. 9, S. 506-512.

34. Jansen, D.: Einsatz von RC-Baustoffen im Straßenbau - Auswertung Erprobungsstrecke mit Tragschichten ohne Bindemittel aus ziegelreichen RC-Baustoffen. BGRB-Kongress. Königswinter/Bonn 2012.

35. Plehm, T.: Bewehrung von ziegelreichen RB-Baustoffen in der Praxis – Ergebnisse der Versuchsstrecke Seelow. Vortrag zur FGSV-Gesteinstagung. Köln 2012.

36. Golkowski, G; Jansen,D.: Vergleich der Tragfähigkeit und Dauerhaftigkeit ziegelreicher Recycling-Baustoffe im Straßenbau. Erprobungsstrecke für Tragschichten ohne Bindemittel. Mineralische Nebenprodukte und Abfälle, S. 719-731. TK Verlag Karl Thomé-Kozmiensky. Neuruppin 2015.

37. De Brito, J.; Pereira, A.S.; Correia, J.R.: Mechanical behaviour of non-structural concrete made with recycled ceramic aggregates. Cement & Concrete Composites Vol. 27, 2005, pp. 429–433.

38. Cachim, P.B.: Mechanical properties of brick aggregate concrete. Construction and Building Materials Vol. 23, 2009, pp. 1292-1297.

39. Jian Yang; Qiang Du; Yiwang Bao: Concrete with recycled concrete aggregate and crushed clay bricks. Construction and Building Materials Vol. 25, 2011, pp. 1935–1945.

40. Hoffmann, C. et al.: Recycled concrete and mixed rubble as aggregates: Influence of variations in composition on the concrete properties and their use as structural material. Construction and Building Materials Vol. 35, 2012, pp. 701–709.

41. Ali A. Aliabdo, A.; Abd-Elmoaty M. Abd-Elmoaty; Hani H. Hassan: Utilization of crushed clay brick in concrete industry. Alexandria Engineering Journal Vol. 53, 2014, pp. 151–168.

42. Gonzalez-Corominas, A.; Etxeberria, M.: Properties of high performance concrete made with recycled fine ceramic and coarse mixed aggregates. Construction and Building Materials Vol. 68, 2001, pp. 618–626.

43. Schließen von Stoffkreisläufen. Informationsbroschüre für die Herstellung von Transportbeton unter Verwendung von Gesteinskörnungen nach Typ 2. Herausgeber: Ministerium für Umwelt, Klima und Energiewirtschaft Baden-Württemberg. Stuttgart 2013.

44. Hegglin, R.: Neues aus alter Bausubstanz. Haustech Januar/Februar 2012, Nr. 1-2, S.50-51.

45. Scharnhorst, A.: ZiegelsplittBetonWände. IBOmagazin 2007, H.1, S. 1-3.

46. Brijsse, Y.: Cerafill: Toepassingen in baksteenproductie. Technicum, Beerse. 4. November 2008.

47. IRCOW: Innovative Strategies for High-Grade Material Recovery from Construction and Demolition Waste. Final Summary Brochure 2014.

48. Koch, G.: Rohstoffreduktion in der Baustoffproduktion – Einsatz von Recyclingmaterial in der Ziegelindustrie. Vortrag IFF-Baustoff-Forum. Weimar 2012.

49. Demir, I.; Orhan, M.: Reuse of waste bricks in the production line. Building and Environment Vol 38, 2003, pp. 1451-1455.

50. Preisliste. Bio-Speicherziegelsplittstein. www.seidlbau.com; www.sh-betonwerk.at

51. Verfahren zum Herstellen von Ziegelformkörpern. Patent DE 41 39 642. Eingereicht am 02.12.1991.

52. Verfahren zum Herstellen von Ziegelformkörpern. Patent DE 196 01 131. Eingereicht am 13.01.1996.

53. Glitza, H.; Morgenroth, H.; Kwasny-Echterhagen, R.; Koslowski, T.: Mauersteine in Planstein-qualität auf Basis von Ziegelsplitt und Braunkohlenasche. Ibausil. 13. Internationale Baustoff-tagung. Tagungsbericht Band 2, 1013-1020. Weimar 1997.

54. Bischoff, G.; Eden, W.; Gräfenstein, R.; Heidger, C.; Kurkowski, H.; Middendorf, B.: Vege-tationssubstrate aus rezyklierten Gesteinskörnungen aus Mauerwerk. Forschungsvereinigung Kalk-Sand e.V., Forschungsbericht Nr. 116. Hannover 2014.

55. Eden, W., Friedl, L.; Krass, K.; Kurkowski, H.; Mesters, K.; Schießl, P.: Eignung von Kalk-sandstein-Bruchmaterial zum Recycling in der Baustoffindustrie. Forschungsvereinigung Kalk-Sand e.V., Forschungsbericht Nr. 97. Hannover 2003.

56. Eden, W.: Wiederverwertung von Kalksandsteinen aus Abbruch von Bauwerken bzw. aus feh-lerhaften Steinen aus dem Produktionsprozess. Forschungsvereinigung Kalk-Sand e.V., For-schungsbericht Nr. 80. Hannover 1994.

57. Schuur, H.M.L.: Calcium silicate products with crushed building and demolition waste. Waste Materials in Construction. G.R. Woolley, J.J.J.M. Goumans and P.J. Wainright (Editors). Else-vier Science Ltd. Amsterdam 2000.

58. Recycling von Kalksandsteinen, Mittelung. Steinbruch und Sandgrube, Juli 1997.

59. Eden, W.: Herstellung von Kalksandsteinen aus Bruchmaterial von Kalksandsteinmauerwerk mit anhaftenden Resten von Dämmstoffen sowie weiterer Baureststoffe. Forschungsvereini-gung Kalk-Sand e.V., Forschungsbericht Nr. 86. Hannover 1997.

60. Hendriks, Ch., F.: The Building Cycle. Æneas technical publishers. The Netherlands 2000.

61. Al-Wakeel, E.I.; El-Korashy, S.A.; El-Hemaly, S.A.; Uossef, N.: Promotion effect of C-S-H-phase nuclei on building calcium silicate hydrate phases. Cement & Concrete Composites. Vol. 21, 1999, pp. 173-180.

62. Hlawatsch, F.; Berger, M.; Schlütter, F.; Kropp, J.: Autoklaves Härtungspotenzial und hydro-thermale Reaktionsprozesse von Betonbrechsand. Ibausil. 16. Internationale Baustofftagung. Tagungsbericht Band 2, S. 1325-1332. Weimar 2006.

63. Hansen, H.: A Method for total Reutilization of Masonry by Crushing, Burning, Shaping and Autoclaving. Demolition and Reuse of Concrete and Masonry. Proceedings of the III. RILEM Symposium, pp. 407-410. Odense 1993.

64. Abbruchmauerwerk fließt wieder in den Stoffkreislauf. Sonderdruck Schweizer Baublatt Nr. 7, 1994, Recycling + Entsorgung Nr. 1.

65. Lang-Beddoe, I.; Schober, G.: Wiederverwertung von Porenbeton. Baustoffrecycling BR 1999, Heft 12, S. 4-8.

66. Eden, W.; Kurkowski, H.; Lau, J.J.; Middendorf, B.: Bioaktivierung von Porenbeton- und Kalk-sandstein-Recyclinggranulaten mit Methan oxidierenden Bakterien zur Reduktion von Methan-ausgasungen aus Hausmülldeponien - ein Beitrag zum Klima- und Ressourcenschutz –Metha-nox II. Forschungsvereinigung Kalk-Sand e.V., Forschungsbericht Nr. 117. Hannover 2015.

67. Verfahren zur Abtrennung von toxischen Schwermetallionen aus Abwässern. Patent DE10314416B4. Eingetragen am 28. März 2003.
68. Hlawatsch, F.; Kropp, J.: Leichtmörtelsteine aus feinen Porenbetongranulaten. Baustoffrecycling BR 2008, Heft 4, S. 28-35.
69. Hlawatsch, F.; Aycil, H.; Kropp, H.: Hochwertige Verwertungswege für Porenbetonbruch in Mörteln und Leichtsteinen für Mauerwerk. Mineralische Nebenprodukte und Abfälle. Band 3, S. 433-454. TK Verlag Karl Thomé-Kozmiensky. Neuruppin 2016.
70. Kreft, O.; Schinkel, T.: Potenzial für die Umweltbilanz. Baustoffpraxis 2015, H. 5, S. 22-23.
71. Kreft, O.: Geschlossener Recyclingkreislauf für Porenbeton. Mauerwerk Vol. 20, 2016, Heft 3, S. 183-190.
72. Kümmel, J.: Ökobilanzierung von Baustoffen am Beispiel des Recyclings von Konstruktionsleichtbeton. Dissertation. Institut für Werkstoffe im Bauwesen der Universität Stuttgart. Stuttgart 2000.
73. Bogas, J. A.; De Brito, J.; Cabaço, J.: Long-term behaviour of concrete produced with recycled lightweight expanded clay aggregate concrete. Construction and Building Materials. Vol. 65, 2014, pp. 470–479.

„Eigene" Daten aus unveröffentlichten studentischen Arbeiten und Forschungsberichten

Escher, M.: Untersuchungen zur Sortierbarkeit von heterogenen Abbruchgemischen mittels Nahinfrarot-Technik. Diplomarbeit. Bauhaus-Universität Weimar 2010.

Lehmann, D.: Verwertung von RC-Mauerwerk. Diplomarbeit. Bauhaus-Universität Weimar 2009

Laub, K: Systematisierung der Mahlbarkeit von reinen und binären Modellgemischen – Untersuchungen zu Anreicherungseffekten. Diplomarbeit. Bauhaus-Universität Weimar 2008.

Kehr, K.: Untersuchungen zur Homogenität an Altbeton und Abbruchziegel. Diplomarbeit. Bauhaus-Universität Weimar 2006.

Walther, C.: Die „BBW Recycling Mittelelbe GmbH"-Reportage über ein erfolgreiches Recyclingunternehmen. Diplomarbeit. Bauhaus-Universität Weimar 2006.

Schrödter, T.: Vergleichende Untersuchungen zur Mahlbarkeit ausgewählter, selektierter Baureststoffe. Diplomarbeit. Bauhaus-Universität Weimar 1998.

Engelhardt, K.: Untersuchungen zur Verwendung von Ziegelrestmassen zur Herstellung von Mörtel und Beton. Diplomarbeit. Hochschule für Architektur und Bauwesen Weimar 1993.

Daten aus dem BMBF-Verbundvorhaben: Steigerung der Ressourceneffizienz im Bauwesen durch die Entwicklung innovativer Technologien für die Herstellung hochwertiger Aufbaukörnungen aus sekundären Rohstoffen auf der Basis von heterogenen Bau- und Abbruchabfällen. Gefördert vom Bundesministerium für Bildung und Forschung 2009 bis 2012.

Abschlussbericht: Entwicklung eines Trennverfahrens für gipskontaminierten Betonbruch. Kooperationsprojekt. Gefördert vom Bundesministerium für Wirtschaft und Technologie 2009.

Verwertung weiterer Bauabfallarten

9

Die Abfälle, die bei Bautätigkeiten anfallen, bestehen überwiegend aus den Massenbaustoffen Asphalt, Beton und Mauerwerkbaustoffen. Auf diesen liegt der Schwerpunkt der Verwertung. Daneben enthalten sie eine Reihe von weiteren Bestandteilen in deutlich geringerer Menge. Unterschieden werden kann zwischen

- Bestandteilen, die ausschließlich oder überwiegend im Bausektor angewandt werden, wie Gleisschotter, Gips, Mineralwollen, zementgebundene Faserplatten
- Bestandteilen, deren Anwendungsschwerpunkt nicht nur der Bausektor ist. Dazu gehören Glas, Kunststoffe, Holz, Metalle.

Für die Entsorgung – von der Erfassung bis zur Verwertung – der ersten Gruppe ist die Baustoff- und Bauindustrie als Hersteller und Anwender zuständig und fachkundig. Bei der zweiten Gruppe kann die Erfassung ebenfalls von der Bauindustrie übernommen werden, wenn die Materialien als Bestandteil von Bauabfällen anfallen. Die anschließende Verwertung wird von Akteuren außerhalb der Baubranche durchgeführt.

9.1 Gleisschotter

9.1.1 Merkmale von Primärmaterial und Abfall

Gleisschotter bildet die Tragschicht für Schwellen und Gleise von Eisenbahnen. Er besteht aus gebrochenen Hartgesteinen wie Basalt, Diabas, Granit oder Grauwacke der Lieferkörnung 31,5/63 mm. An Gleisschotter werden hohe Anforderungen hinsichtlich der Verwitterungsbeständigkeit, der Raumbeständigkeit, der Schlag- und Druckfestigkeit sowie der Widerstandsfähigkeit gegen Zertrümmerung und Abrieb gestellt. Er muss aus

© Springer Fachmedien Wiesbaden GmbH, ein Teil von Springer Nature 2018
A. Müller, *Baustoffrecycling*,
https://doi.org/10.1007/978-3-658-22988-7_9

unregelmäßig geformten, scharfkantigen Körnern bestehen und keine Fremdstoffe wie organische, mergelige und tonige Verunreinigungen aufweisen. Die abschlämmbaren Bestandteile < 0,063 mm dürfen 1 Masse-% nicht überschreiten. Der im Schienennetz der Deutschen Bahn verbaute Bestand an Schotter wird für das Bezugsjahr 2008 mit 316 Mio.t angegeben. Der jährliche Bedarf an Schotter liegt bei ca. 10 Mio.t [1, 2].

Altschotter fällt bei Aus- und Umbaumaßnahmen, Rückbaumaßnahmen sowie Bettungserneuerungen als Korngemisch 0/63 mm an. Bei Bettungsreinigungen entstehen Siebdurchgänge 0/22,4 mm. Die Bedingungen während der Nutzung beeinflussen die Qualität des Altschotters. Zum einen treten Verunreinigungen aus Bestandteilen auf, die hauptsächlich aus dem Verschleiß des Schotters während der Nutzung herrühren. Zum anderen sind hausmüllähnliche Verschmutzungen wie Glasscherben, Büchsen, Papier usw. enthalten. Zusätzlich können Schadstoffe aus betriebs- und anlagentypischen Quellen enthalten sein (Tab. 9.1). Sie sind zum überwiegenden Teil in der Feinfraktion des Altschotters angereichert. Eine Ausnahme bilden die Schmierstoffe, die sich auf der Schotteroberfläche ablagern. Nach der Herkunft wird unterschieden zwischen

- Altschotter aus offensichtlich unbelasteten Gleisabschnitten der freien Strecke mit in der Regel nur verschleißbedingten mineralischen Verunreinigungen und
- Altschotter aus belasteten Gleisabschnitten wie Weichen, Lokabstellgleisen, Haltebereichen vor Signalen und an Bahnsteigen, Betankungsgleisen, Verladestellen usw., der zusätzlich zu den Verunreinigungen auch Schadstoffe enthält.

Im Europäischen Abfallverzeichnis fällt Altschotter unter die Schlüsselnummern

- 17 05 07* Altschotter, der gefährliche Bestandteile enthält und
- 17 05 08 Altschotten ohne gefährliche Bestandteile.

Korngemische aus Bodenmaterial und Altschotter gehören ebenfalls in die Untergruppe 17 05. Enthält der Altschotter 10 Masse-% Bauschutt oder mehr, ist er dem Bauschutt 17 01 zuzurechnen. Die Menge an ausgebautem Schotter, der einer Aufbereitung oder Beseitigung zugeführt wird, beträgt ca. 3 Mio. t pro Jahr (Abb. 9.1).

Tab. 9.1 Überblick zu Verunreinigungen und Schadstoffbelastungen von Altschotter

Verunreinigungen von Altschotter	Schadstoffe im Altschotter
Feinanteile durch Abrieb und Absplitterung des Schotters Aufgestiegenes Unterbaumaterial Ladungsrückstände von Güterwagen Reste von Bewuchs Hausmüllähnliche Abfälle	• Schwermetalle aus dem Verschleiß von Rädern, Schienen, Bremsen, aus Stromabnehmern, aus der Fahrleitung • Kohlenwasserstoffe aus Schmiermitteln • PAK z. B. aus Tränkmitteln für Holzschwellen • Herbizide aus der Vegetationskontrolle

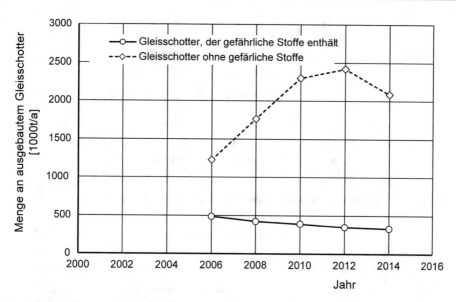

Abb. 9.1 Zeitreihe zum Aufkommen an ausgebautem Gleisschotter [3]

9.1.2 Verwertungstechnologien und Produkte

Bei der Altschotteraufbereitung muss zwischen der Reinigung innerhalb des Gleisbereichs mittels Bettungsreinigungsmaschinen und der Aufbereitung in mobilen oder stationären Anlagen unterschieden werden (Abb. 9.2). Bei beiden Vorgehensweisen muss vor dem Ausbau eine Vorerhebung zu dem jeweiligen Gleisabschnitt vorgenommen werden. Die Beprobung und die Untersuchung des Altschotters schließen sich an. An den Proben werden die Korngrößenverteilung und die Schadstoffgehalte bzw. -konzentrationen in der Fraktion < 22,4 mm am Feststoff und am Eluat gemessen. Anhand der Ergebnisse erfolgt die Einordnung in Einbauklassen, die in einer Richtlinie der Deutschen Bahn [4] festgelegt sind und sich an die LAGA-Kriterien [5] bzw. die Ersatzbaustoffverordnung [6] anlehnen. Die Einordnung bildet die Grundlage für die Auswahl des Entsorgungswegs.

Bei der gleisgebundenen Bettungsreinigung werden die während der Nutzung entstandenen Absplitterungen und Feinanteile des Altschotters durch eine Klassierung abgetrennt. Im gereinigten Schotter bleibt ein sehr geringer Anteil an Partikeln < 22,4 mm zurück. Der abgetrennte Bettungsrückstand weist eine Sieblinie mit einem hohen Anteil an Partikeln < 22,4 mm auf (Abb. 9.3). Bei ausreichender Qualität kann der gereinigte Schotter unmittelbar wieder eingebaut werden. Die Schotterqualität kann in situ verbessert werden, wenn komplexere Maschinen mit integriertem Prallbrecher und Hochdruckwäscher zum Einsatz kommen [7]. Der Entsorgungsweg des Bettungsrückstands hängt von seinem Schadstoffgehalt ab.

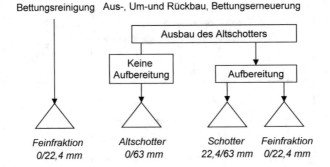

Abb. 9.2 Systematisierung von Gleisbauarbeiten und anfallende Abfallarten

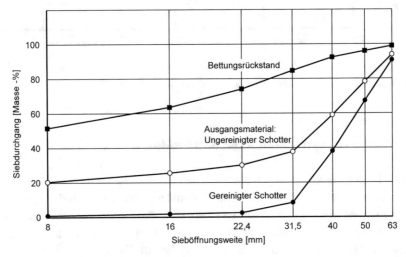

Abb. 9.3 Beispiel für die Sieblinien von Gleisschotter vor der Klassierung sowie von gereinigtem Schotter und Bettungsrückstand. (Daten aus [8])

Die Aufbereitung des ausgebauten Altschotters in mobilen oder stationären Recyclinganlagen hat die Aufgabe Verunreinigungen abzutrennen und die geforderten Gütemerkmale wiederherzustellen. Sie gliedert sich in die Verfahrensschritte Vorabsiebung, Regenerierung des Schotters im Prallbrecher, Produktsiebung (Abb. 9.4 und 9.5). Infolge der hohen Zerkleinerungswiderstände der zu Gleisschotter verarbeiteten Hartgesteine, findet im Prallbrecher keine vollständige Zerkleinerung sondern nur eine Kantenschärfung durch Abplatzungen statt.

Abb. 9.4 Schema der Aufbereitung von Altschotter

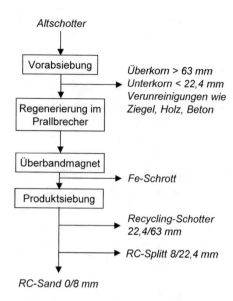

Altschotter

Vorabsiebung

Überkorn > 63 mm
Unterkorn < 22,4 mm
Verunreinigungen wie
Ziegel, Holz, Beton

Regenerierung im Prallbrecher

Überbandmagnet

Fe-Schrott

Produktsiebung

Recycling-Schotter
22,4/63 mm

RC-Splitt 8/22,4 mm

RC-Sand 0/8 mm

Nach der Aufbereitung kann der Recycling-Schotter wieder in Gleisanlagen verwendet werden. Er muss dafür die gleichen Qualitätsanforderungen erfüllen wie Neuschotter. Diese sind in den Technischen Lieferbedingungen der Deutschen Bahn festgelegt [9]. Geforderte Eigenschaften sind u. a. Scharfkantigkeit, kubische Kornform, definierte Korngrößenverteilung 22,4/63 mm, Schlagfestigkeit, Witterungsbeständigkeit.

Die Behandlung von Altschotter mit dem Ziel der Entfernung umweltrelevanter Kontaminationen kann erfolgen durch

- Waschverfahren
- Biologische Verfahren
- Chemische Verfahren oder
- Thermische Verfahren.

Abb. 9.5 Altschotter vor der Aufbereitung (links) und nach der Aufbereitung durch Sieben und Waschen (rechts)

Ob eine solche Reinigung vorgenommen oder ob das kontaminierte Material beseitigt wird, wird anhand der Wirtschaftlichkeit entschieden. Durch die nassmechanische Reinigung wird der Schadstoffgehalt der groben Fraktionen deutlich vermindert, während es in der Feinstfraktion zu einer Anreicherung kommt (Abb. 9.6). Handelt es sich dabei um organische Schadstoffe, kann durch die Einbeziehung einer biologischen Reinigungsstufe ein weiterer Abbau erreicht werden [10].

Die bahninternen Einsatzgebiete von Recycling-Schotter bzw. der bei der Aufbereitung anfallenden Sande und Splitte sind

- Verwertung des Recycling-Schotters bis 5 cm unter Schwellenunterkante in Gleisen mit zulässigen Höchstgeschwindigkeiten zwischen 160 und 200 km/h
- Verwertung des Schotters für den gesamten Bettungsquerschnitt in Gleisen mit zulässigen Geschwindigkeiten bis zu 160 km/h
- Verwertung der Splitte und Sande in Randwegen oder in Planumsschutzschichten
- Verwertung als Unter-, Damm- und Wegebaumaterial für Bahnanlagen.

Auf Hochgeschwindigkeitsstrecken darf ausschließlich Neuschotter verwendet werden.

Einsatzgebiete für aufbereiteten Altschotter außerhalb des Eisenbahnbaus sind der Erd-, Straßen- und Landschaftsbau, sofern keine Schadstoffgehalte oberhalb des Zuordnungswerts Z 2 vorliegen. Da Eisenbahnschotter auf der Basis besonders hochwertiger Gesteine hergestellt werden, ist ein solches Recycling mit Niveauverlust nach Möglichkeit zu vermeiden. Die Herstellung von Transportbeton oder Betonwaren unter Einsatz von Altschotter wären zu bevorzugende Alternativen. Schadstoffbelastete Altschotter oder Altschotterfraktionen sind auf Deponien abzulagern.

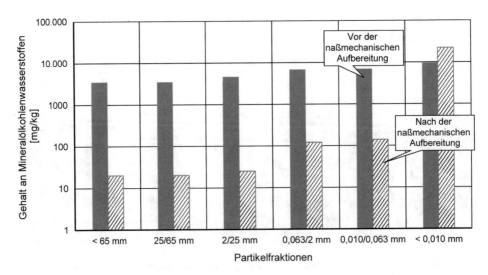

Abb. 9.6 Veränderung der Gehalte an Kohlenwasserstoffen von Altschotter durch eine nassmechanische Aufbereitung. (Daten aus [10])

9.2 Gips

9.2.1 Merkmale von Primärmaterial und Abfall

Gips ist ein häufig eingesetztes Bindemittel bzw. stellt das Ausgangsmaterial für gipsge-
bundene Platten für den Innenausbau dar. Baugipse werden in thermischen Verfahren aus
Rohgipsgestein oder Rauchgasentschwefelungsgips hergestellt. Die erforderliche Brenntemperatur und der Energieaufwand sind relativ gering, weil lediglich Entwässerungsreak-
tionen ablaufen. Beides führt zu ökologischen und ökonomischen Vorteilen. Merkmale von
Gipsbaustoffen sind die günstige Verarbeitbarkeit und die guten bautechnischen Eigenschaften. Bauteile aus Gipsbaustoffen haben einen hohen Feuerwiderstand, der auf das im
Gips enthaltene Kristallwasser zurückgeht. Sie werden deshalb im baulichen Brandschutz
verwendet. Die Anwendung von Gipsbaustoffen ist auf den Innenbereich beschränkt, weil
sie bei Feuchteeinwirkung ihre Festigkeit verlieren und weil sie wasserlöslich sind.

Außerhalb des Baubereichs wird Gips zur Herstellung von Formen hauptsächlich für
die keramische Industrie verwendet. Da Gips pH-neutral und ungiftig ist, wird er auch als
Hilfsstoff oder Füllstoff bei der Herstellung von Tierfutter, von Lebensmitteln oder phar-
mazeutischen Erzeugnissen eingesetzt.

Gips oder Dihydrat ist das Sulfatmineral des Calciums mit 2 Molekülen Kristallwasser $CaSO_4 \cdot 2H_2O$. Durch thermische Behandlung kann das Kristallwasser teilweise oder
vollständig ausgetrieben werden. In Abhängigkeit von der Behandlungstemperatur entsteht Halbhydrat $CaSO_4 \cdot 1/2\,H_2O$ oder Anhydrit $CaSO_4$ (Tab. 9.2). Bei Wasserzugabe wird
das Wasser wieder in die Struktur eingebaut, es kommt zur Erhärtung unter Bildung von
$CaSO_4 \cdot 2H_2O$. Von ihren chemischen Eigenschaften her sind Gipsbaustoffe kreislauffähig.
Das Ausgangsmaterial, aus dem Gipsbaustoffe hergestellt werden, und das Erhärtungs-
produkt sind identisch (Abb. 9.7). Der Gipskreislauf gilt allerdings nur für reine Stoffe.

In technischen Produkten sind Zusätze zur Einstellung bestimmter Eigenschaften enthalten. Gipsabfälle aus dem Aus- oder Rückbau weisen zusätzliche Verunreinigungen auf.

Tab. 9.2 Mineralphasen und Modifikationen im System $CaSO_4 - H_2O$

		Stabilität	Reindichte	Löslichkeit
			[g/cm³]	[g $CaSO_4$/l H_2O]
Dihydrat		unter 40 °C	2,31	2,05
Halbhydrat	α-Form	metastabil	2,757	6,7
	β-Form		2,619	8,8
Anhydrit	α-A III	metastabil	2,580	6,7
	β-A III			8,8
	A II	220–1180 °C	2,93–2,97	2,7

Abb. 9.7 Vereinfachter Materialkreislauf
für Gips

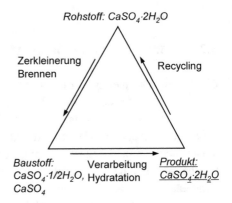

Im Beton- oder Mauerwerkbruch ist der Gips Bestandteil eines Gemisches. Die Konsequenz der durch die Nutzung eingetragenen Verunreinigungen ist, dass der Gips durch eine Aufbereitung zunächst in einen möglichst sortenreinen Zustand überführt werden muss. Erst dann kann sein Kreislaufpotenzial wirklich genutzt werden.

Der Rohstoffbedarf für die Herstellung von Gipsbaustoffen lag 2014 bei 9 Mio. t (siehe Kap. 1, Tab. 1.4). Er wird durch natürliche Rohstoffe und durch Rauchgasentschwefelungsgipse (REA-Gipse) gedeckt. Geringere Bedeutung haben Industriegipse, welche bei der Herstellung verschiedener Säuren wie Phosphorsäure, Flusssäure, Citronensäure oder Weinsäure anfallen. Der Anteil von Rauchgasentschwefelungsgipsen ist von 40 % in den 1990er Jahren auf gegenwärtig über 75 % gestiegen. Durch den Rückgang der Energieerzeugung aus Kohle wird zukünftig weniger REA-Gips zur Verfügung stehen. Eine Kompensation durch den verstärkten Einsatz von natürlichen Gipsen bedeutet den Abbau auszuweiten, was in der Regel schwierig durchzusetzen ist. Aus Bauschutt zurückgewonnener Gips könnte anteilig zur Rohstoffversorgung der Gipsindustrie beitragen.

Die Gipsprodukte können in zwei unterschiedliche Kategorien unterteilt werden:

- Gipse, die auf der Baustelle mit Wasser versetzt und dann verarbeitet werden. Dazu gehören Baugipse ohne werkseitig zugegebene Zusätze wie Stuck- und Putzgipse sowie Baugipse mit werkseitig zugegebenen Zusätzen wie Maschinenputzgips, Haftputzgips und Fertigputzgips. Letztere enthalten neben Halbhydrat und Anhydrit Füllstoffe und Stellmittel. Als weiteres auf der Baustelle zu verarbeitendes Produkt ist Calciumsulfatfließestrich zu nennen.
- Vorgefertigte Trockenbauprodukte, die auf der Baustelle auf Unterkonstruktionen aus Metall oder Holz montiert werden bzw. direkt verbaut werden. Den größten Anteil an diesen Produkten haben Gipskartonplatten. Weitere Produkte sind Gipsfaserplatten, Gips-Wandbauplatten und Trockenestriche.

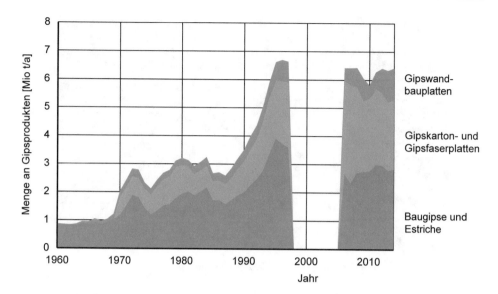

Abb. 9.8 Jährlich in Deutschland hergestellte Menge an Gipsprodukten. (Daten aus [11, 12])

Gips wird außerdem bei der Zementherstellung benötigt. Er muss dem Zementklinker vor der Mahlung zugegeben werden. Dadurch kann das Erstarrungsverhalten so eingestellt werden, dass nach der Wasserzugabe eine ausreichend lange Zeit für die Verarbeitung des Zements gesichert ist.

Die ab 1960 produzierten Mengen an Gipsbaustoffen (Abb. 9.8) zeigen besonders zwischen Mitte der 1980er Jahren bis in die 1990er Jahre einen starken Anstieg. Danach bleiben die Mengen konstant. Bei den Produkten ist eine Verschiebung von den Baugipsen zu den Trockenbauprodukten zu verzeichnen. Die im Bauwerksbestand kumulierte Menge an Gipsbaustoffen beträgt etwa 200 Mio. t, wenn alle eingebrachten Gipsbaustoffe noch im Bestand wären. Die tatsächlich vorhandene Menge kann nicht beziffert werden, weil weder die durch den Abbruch von Bauwerken noch die durch Umbauarbeiten ausgeschleuste Menge an Baugipsen bzw. Trockenbauprodukten bekannt ist.

Gipsabfälle entstehen in allen Lebenszyklusstadien von Gipsbaustoffen. Bei der Produktion von gipsgebundenen Platten entstehen infolge von Anfahr- und Abfahrvorgängen oder bei der Konfektionierung sortenreine Produktionsabfälle. Beim Ausbau bzw. beim Umbau oder bei der Sanierung fallen Verschnittabfälle und/oder ausgebaute Gipsplatten an. Zumindest die Verschnittabfälle können sortenrein vorliegen, wenn eine konsequente Getrennthaltung auf der Baustelle durchgesetzt wird. Für ausgebaute Platten ist das kaum zu erreichen. Sie sind in der Regel mit Installationsmaterial, Putzen und Fliesen vermischt (Abb. 9.9). Weitere Nebenbestandteile können Holz, Metalle, Dämmstoffe, Folien, Bitumenpappen, Papier, Kleber, Bauschäume, Mörtel, etc. sein.

Beim Abbruch von Gebäuden treten Gipsabfälle als Bestandteil des mineralischen Bauschutts auf. Sie haften zum Teil noch an dem mineralischen Untergrund wie z. B.

Abb. 9.9 Ausgebaute Gipskartonplatten mit Nebenbestandteilen

Mauersteinen oder Betonen. Auch wenn sie durch die Aufbereitung vom Untergrund abgetrennt werden, sind sie noch mit diesem vermischt.

Die Zuordnung von Gipsabfällen zu den Schlüsselnummern des Europäischen Abfallverzeichnisses erfolgt in Abhängigkeit von ihrer Sortenreinheit:

- Für Abfälle mit hohem Gipsanteil ohne Verunreinigungen durch gefährliche Stoffe gilt der Abfallschlüssel 17 08 02 „Baustoffe auf Gipsbasis". In diese Gruppe wären sortenreine Verschnittabfälle oder demontierte Gipskartonplatten sowie andere Trockenbauprodukte einzuordnen.
- Abfälle mit mittlerem Gipsanteil ohne Verunreinigungen durch gefährliche Stoffe sind in die Kategorie 17 09 04 „Gemischte Bau- und Abbruchabfälle" einzuordnen. Abfälle aus dem Umbau und der Sanierung sind typische Vertreter dieser Kategorie (Vergleiche Abb. 2.7).
- Wenn Gipsabfälle Bestandteil von mineralischem Bauschutt sind, finden sie keine gesonderte Erwähnung sondern fallen unter die Schlüsselnummer 17 01 07 „Gemische aus Beton, Mauerziegeln, Fliesen, Dachziegeln und Keramik".

Die Gipsabfälle der Kategorie 17 08 02, die sich wegen ihrer relativ hohen Sortenreinheit am ehesten für eine Rückführung eignen, werden ab 2004 getrennt in der Abfallstatistik ausgewiesen. Im Jahr 2014 betrug ihre Menge 660.000 t [3], was etwa 18 Masse-% der im selben Jahr hergestellten gipsgebundenen Platten entspricht. Wenn davon ausgegangen wird, dass die beim Einbau anfallenden Verschnittabfälle durchschnittlich 5 Masse-% der verarbeiteten Platten betragen [13], enthalten die Gipsabfälle der Kategorie 17 08 02 bereits einen erheblichen Anteil an rückgebauten Platten. In Bezug auf den Verbleib dieser Gipsabfälle, der ebenfalls in der Abfallstatistik dokumentiert ist, dominiert mit über 70 % die Deponierung bzw. die Lagerung in Abbaustellen.

9.2.2 Verwertungstechnologien und Produkte

Die grundsätzliche Kreislauffähigkeit von Gipsen eröffnet die Möglichkeit, Gipsabfälle als sekundäre Rohstoffe für die erneute Gipsherstellung einzusetzen. Für Abfälle von Gipskartonplatten wird dieser Weg bereits beschritten. Die dafür entwickelten Technologien ermöglichen eine selektive Zerkleinerung der Bestandteile, die auf dem Sachverhalt beruht, dass das Zerkleinerungsverhalten von Gips und Karton unterschiedlich ist. Gips lässt sich durch Druck- oder Prallbeanspruchungen zerkleinern. Für den Aufschluss, d. h. die physische Trennung des Kartons vom Gipskörper sind Scherbeanspruchungen geeignet. Der Karton selbst kann durch Schneidbeanspruchungen zerkleinert werden. In den realisierten Aufbereitungsanlagen werden die notwendigen Beanspruchungen mittels Walzenbrechern und -mühlen erzeugt. Als erste Zerkleinerungsstufe können Dreiwalzenbrecher mit schraubenförmig ausgebildeten Brechwerkzeugen eingesetzt werden. Als zweite Zerkleinerungsstufe sind Mühlen mit zwei glatten oder profilierten Walzen geeignet. Sowohl nach der Grob- als auch nach der Feinzerkleinerung erfolgt eine Siebung des Zerkleinerungsprodukts, bei welcher der Karton, der in groben Flakes vorliegt, abgetrennt wird. Der Siebdurchgang besteht aus Gipspartikeln bis zu einer Größe von etwa 1 mm.

Voraussetzung für die Verarbeitung von Gipskartonplatten und anderen Trockenbauprodukten mit der beschriebenen Technologie ist, dass das Aufgabematerial eine ausreichende Sortenreinheit aufweist und trocken ist. Die Sortenreinheit kann durch eine Vorsortierung erreicht werden:

- Bei Abfällen mit hohen Anteilen an Gipsbauelementen werden durch eine Negativsortierung die Störstoffe wie Dämmstoffe, Installationsmaterial, Metall, Holz und Fliesen händisch oder mittels Sortiergreifer entfernt. Zurück bleiben die gipsgebundenen Platten.
- Bei Abfällen mit einem geringen bis mittleren Anteil an gipsgebundenen Platten wie sie typischerweise in „Gemischten Bau- und Abbruchabfällen" vorliegen, kann es zweckmäßiger sein, durch eine Positivsortierung den Wertstoff Gips zu separieren. Die im Gemisch enthaltenen Baustoffe und die Störstoffe bleiben zurück.

Der Sekundärgips kann für die Herstellung von Gipskartonplatten eingesetzt werden, wenn er bestimmte Qualitätsparameter erfüllt [14]. Die technologisch beeinflussbaren, physikalischen Parameter sind die obere Partikelgröße, die bei 1 mm liegen soll, und die Feuchte, die 5 Masse-% nicht überschreiten soll. Sichtbare Verunreinigungen dürfen nicht auftreten. Der Geruch muss neutral sein. Des Weiteren sind bestimmte chemische Parameter einzuhalten (Tab. 9.3). Eine Gegenüberstellung von natürlichen Gipsen sowie REA-Gipsen einerseits und rezyklierten Gipsen andererseits zeigt, dass die Parameter der Sekundärgipse stärker streuen. Eine Überschreitung der anlagenspezifischen Zielwerte tritt nicht oder jeweils nur bei einer der aufbereiteten Proben auf. Die Verwendung der rezyklierten Gipse mit einem Anteil von etwa 20 Masse-% bei der Produktion von Gipskartonplatten

Tab. 9.3 Qualitätsparameter für rezyklierte Gipse [14, 15]

	Zielwert	Spannweite der Parameter	
	[Masse-%]	[Masse-%]	
		Natürliche Gipse und REA-Gipse	Rezyklierte Gipse
Anzahl der Messwerte		7	13
Feuchte	≤ 5 (≤ 10)	0,05 – 6,8	0,27 – 17,14
Gehalt an Dihydrat	≥ 85 (≥ 80)	89,0 – 96,4	79,8 – 90,6
Organischer Kohlenstoff TOC	≤ 1 (≤ 1,5)	0,01 – 0,22	0,19 – 3,13
Chlorid	≤ 0,01 (≤ 0,02)	0,001 – 0,006	0,010 – 0,124
Wasserlösliche Magnesiumsalze als MgO	≤ 0,02 (≤ 0,1)	0,004 – 0,012	0,010 – 0,038
Wasserlösliche Natriumsalze als Na_2O	≤ 0,02 (≤ 0,04)	0,002 – 0,008	0,020 – 0,066
Wasserlösliche Kaliumsalze als K_2O	≤ 0,02 (≤ 0,06)	0,001 – 0,004	0,010 – 0,036
pH-Wert	5–9	6,5 – 8,1	7,5 – 8,9

Klammerwerte: Zulässige anlagenspezifische Abweichungen

hat deren Eigenschaften kaum beeinflusst. Es wurden Platten der gleichen Güteklasse hergestellt [15]. Die Substitution von 20 Masse-% der natürlichen Gipse bzw. der REA-Gipse durch rezyklierte Gipse ist möglich.

Als weitere Verwertungsmöglichkeit für „hochprozentige" Gipsabfälle wird die Verwendung zu Düngezwecken in Komposten oder in durchwurzelbaren Bodenschichten genannt. Bestimmte Pflanzenarten zeigen nach dem Aufbringen von schwefelhaltigem Dünger ein verstärktes Wachstum. Ob sich ein solcher Dünger mit der erforderlichen Qualität und Gleichmäßigkeit aus rezykliertem Gips herstellen lässt, ist noch nicht ausreichend untersucht.

Die Anwendung für Verwertungen, die unter dem Begriff „Verfüllungen" zusammengefasst werden, ist für Gipsabfälle ausgeschlossen. Infolge der guten Wasserlöslichkeit von Gips kommt es zu einem Eintrag von Sulfationen in das Grundwasser. Die Vermischung mit biologisch abbaubaren organischen Komponenten, zu denen auch der Karton gezählt werden muss, kann zur Entstehung von Schwefelwasserstoff führen. Trotz dieser bekannten, chemischen Vorgänge war die Verwertung von Gipsabfällen zur Profilierung von Kalihalden über einen langen Zeitraum zulässig. Gegenwärtig ist die Sanierung von uranhaltigen Bergbauschlämmen ein genehmigter Verwertungsweg, welcher der Kreislaufführung von Gipsabfällen entgegensteht [14].

Gipsabfälle treten als Nebenbestandteil sowohl in Beton- als auch in Mauerwerkbruch auf. Durch die Verwendung von Gipsputzen ist besonders Mauerwerkbruch davon betroffen (siehe Kap. 8, Abb. 8.15). Die Einsatzmöglichkeiten sind dadurch sowohl aus umwelttechnischer als auch aus bautechnischer Sicht stark eingeschränkt. Die Entfernung erfordert im Fall des Gipsputzes zunächst den Aufschluss, d. h. die Abtrennung vom jeweiligen Untergrund. Im zweiten Schritt müssen die aufgeschlossenen Gipspartikel aussortiert werden. Da sich die Gipspartikel nur teilweise in den feinen Fraktionen anreichern, ist durch eine Siebung keine vollständige Trennung zu erreichen. Das Abfräsen von Gipsputzen oder Anhydritestrichen wäre möglich, scheitert bisher aber an der Wirtschaftlichkeit.

9.3 Faserzement

9.3.1 Merkmale von Primärmaterial und Abfall

Faserzement ist ein Kompositbaustoff aus mit Fasern armiertem Zementstein. Er wird aus Portlandzement, Zusatzstoffen wie Trass- oder Kalksteinmehl und Fasern hergestellt. Der Produktionsprozess beginnt mit der Herstellung einer dickflüssigen, faserhaltigen Zementsuspension, die in mehreren Schritten über rotierende Siebzylinder und Filzunterlagen entwässert wird. Anschließend erfolgt die Einstellung der gewünschten Plattenstärke auf der Formatwalze. Danach wird die Rohplatte durch Stanzen und Pressen zu kleinformatigen Platten, ebenen Tafeln oder Wellplatten verarbeitet. Während der Lagerung erfolgt die Zementhydratation, welche die Aushärtung bewirkt. Es schließt sich eine Oberflächenbeschichtung an. Faserzementprodukte werden im Hoch- und Tiefbau eingesetzt. Markante Produkte sind Wellplatten, kleinformatige Dach- und Fassadenplatten, großformatige Tafeln für Fassaden und Innenausbau, Tiefbaurohre, Rohre für die Hausentwässerung sowie Lüftungsrohre.

Der Vorläufer des heute eingesetzten asbestfreien Faserzements ist der Astbestzement, der vor mehr als 100 Jahren zum ersten Mal hergestellt wurde. Unter Beibehaltung der auf das Patent von Hatschek [16] zurückgehenden Technologie, die sich an die Papierherstellung anlehnt, wurde ab Anfang der achtziger Jahre damit begonnen die Materialzusammensetzung zu verändern. Anstelle der Asbestfasern werden heute Zellstoff- und Kunststofffasern verwendet (Abb. 9.10). Dabei übernehmen die Zellstofffasern als Prozessfasern die Aufgabe, die Zementpartikel während der Entwässerung der Suspension zurückzuhalten. Als Armierungsfasern dienen synthetische, organische Fasern aus Polyvenylalkohol oder Polyacrylnitril. Diese sind deutlich kompakter als die Asbestfasern und neigen nicht zur Längsspaltung, sodass sie nicht alveolengängig sind. Spätestens ab 1990 erfolgt die Herstellung aller Hochbauprodukte asbestfrei. Für Tiefbauprodukte wird ab 1994 kein Asbest mehr eingesetzt.

Faserzementabfälle fallen bei der Herstellung, bei der Konfektionierung, bei der Weiterverarbeitung auf der Baustelle und bei der Sanierung bzw. dem Rückbau von Gebäuden an. Sie müssen laut dem Europäischen Abfallverzeichnis nicht gesondert gekennzeichnet

Abb. 9.10 Asbestfaser in einer Asbestzementprobe (links) und Kunststofffaser in einer asbestfreien Faserzementprobe (rechts) bei 5000-facher Vergrößerung. (Entnommen aus [17])

werden, weil sie aus Zementstein und Fasern bestehen, von denen keine Gefährdungen
ausgehen. Folgende Unterteilung wird vorgenommen:

- Verschnittabfälle, die bei der Errichtung von Bauwerken anfallen, sind der Kategorie
  „Gemischte Bau- und Abbruchabfälle mit Ausnahme derjenigen, die gefährliche Stoffe
  enthalten" mit der Abfallschlüsselnummer 17 09 04 zuzurechnen.
- Faserzementabfälle, die beim Abbruch oder der Sanierung entstehen, sind in der für
  Beton geltenden Schlüsselnummer 17 01 01 erfasst.

Die Einordnung als nicht gefährlicher Abfall setzt voraus, dass eindeutig nachgewiesen wird,
dass kein Asbestzement vorliegt. Geeignete Erkennungsmerkmale, die ohne messtechnischen
Aufwand Auskunft darüber geben, sind Bau- und Rechnungsunterlagen oder Prägestempel
auf den Platten mit dem Zusatz NT (Neue Technologie), F (Asbestfreie Technologie, asbestfrei) oder C (clean = asbestfrei) [18]. Können solche Merkmale nicht gefunden werden, muss
der Nachweis, ob ein asbestfreies oder ein asbesthaltiges Produkt vorliegt, mit mikroskopischen oder spektrometrischen Methoden geführt werden. Die dafür notwendige Proben-
präparation und die erforderlichen Messeinrichtungen sind zeit- und kostenaufwändig sowie
für Vor-Ort-Messungen nicht geeignet. Eine Alternative stellt die Anwendung von Handspek-
trometern dar (Abb. 9.11). Nach der Entfernung von Verschmutzungen und Beschichtungen
kann damit sicher erkannt werden, ob ein Asbest- oder ein Faserzement vorliegt [19].

Faserzement besteht zur Hauptsache aus Zementstein. Deshalb kommt seine chemische
Zusammensetzung (Tab. 9.4) von allen mineralischen Baustoffen der von Portlandzement
am nächsten. Zu Körnungen aufbereiteter Faserzement (Tab. 9.5) hat eher die Merkmale

Tab. 9.4 Oxidzusammensetzung und Glühverlust (GV) von sortenreinen Faserzementen. (Daten aus [20])

	[Masse-%]	GV	SiO_2	Al_2O_3	Fe_2O_3	CaO	MgO	K_2O	Na_2O	SO_3
Faserzement Probenanzahl: 2	Mittelwert	18,9	18,6	3,2	2,8	51,7	1,5	0,3	0,2	1,6

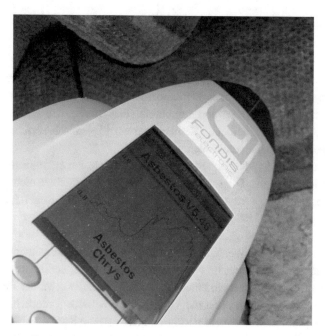

Abb. 9.11 Handspektrometer zur Asbestschnellbestimmung

eines reinen Zementsteins als die eines Betons. Trotz der hohen Porosität sind der Frost-widerstand und der Widerstand gegen Abrasion nicht schlechter als beim Beton. Die hohe Porosität wirkt als Puffer für die Volumenzunahme des Wassers beim Gefrieren und die Fasern als Armierung der Partikel.

9.3.2 Verwertungstechnologien und Produkte

Faserzement wird bereits über 20 Jahre asbestfrei hergestellt. Damit entstehen bei der Sanierung oder dem Abbruch von Gebäuden zunehmend asbestfreie Faserzementabfälle. Diese Abfälle sind – im Unterschied zu den bis 1990 bzw. 1994 hergestellten asbesthal-tigen Produkten – nicht besonders überwachsbedürftig. Deshalb besteht die Möglichkeit, sie sortenrein oder als Bestandteil von Recycling-Baustoffen zu verwerten:

Tab. 9.5 Physikalische Parameter von Faserzementkörnungen. (Daten aus [21])

		Faserzementfraktion 2/4 mm	Faserzementfraktion 4/8 mm
Reindichte	[kg/m³]	2580	2588
Rohdichte OD	[kg/m³]	1640	1770
Berechnete Partikel-porosität	[Volumen-%]	36,4	31,5
Wasseraufnahme	[Masse-%]	14,2	10,2

- Für sortenreine Faserzementabfälle besteht die Möglichkeit der Verwertung bei der Herstellung von Zementklinker. Dafür werden die Abfälle zusammen mit den natürlichen Rohstoffen aufbereitet und durchlaufen den Brennprozesses. Dabei verbrennen die Fasern. Der zurückbleibende Zementstein wird thermisch zersetzt und die entstehenden Oxide in den Zementklinker eingebunden.
- Faserzementabfälle als Nebenbestandteil von Betonbruch schränken dessen Verwertungsmöglichkeiten als Tragschichtmaterial objektiv betrachtet nicht ein. Subjektive Vorbehalte bestehen, weil erkennbare Bruchstücke in der Regel für Asbestzement gehalten werden.

Eine in Feldversuchen nachgestellte Verwertungskette von Faserzementabfällen begann mit der getrennten Annahme und Aufbereitung [21]. Eine Zerkleinerung im Prallbrecher auf Partikelgrößen unterhalb einer Grenzkorngröße, die etwa der Plattenstärke entsprach, folgte. Das Unterschreiten der Grenzkorngröße ist erforderlich, um die Anteile von ungünstig geformten Partikeln gering zu halten (siehe Kap. 4, Abb. 4.20). Bei Plattenstärken um 10 mm ist eine die Zerkleinerung auf < 8 mm ausreichend. Anschließend wurde die erzeugte Körnung einem Recycling-Baustoff zugegeben. Bis zu einem Anteil von 10 % verschlechterte sich weder der Widerstand gegen Frost-Tau-Wechsel noch der Widerstand gegen Zertrümmerung. Es kam zur Erhöhung der Proctordichte. An Tragschichten, die aus Gemischen aus Faserzementkörnungen und Recycling-Baustoffen hergestellt wurden, wurde eine Verbesserung der Tragfähigkeit nachgewiesen. Verantwortlich dafür ist die höhere Packungsdichte infolge der plattigen Kornform.

9.4   Mineralwolle

9.4.1   Merkmale von Primärmaterial und Abfall

Unter dem Begriff „Mineralwolle" werden aus mineralischen Rohstoffen hergestellte amorphe Fasern zusammengefasst. Je nach Ausgangsstoff kann zwischen Glaswolle, Steinwolle und Schlackenwolle unterschieden werden. Die Herstellung erfolgt durch

Schmelzen des mineralischen Ausgangsmaterials, anschließendes Zerfasern der Schmelze und Weiterverarbeiten der Fasern zu geformten Produkten. Mineralwolle wird rohstoffabhängig nach folgenden Verfahren hergestellt:

- Für die Herstellung von Glaswolle werden die aus der Glasindustrie üblichen Rohstoffe Quarzsand, Soda und Kalkstein verwendet. Den Rohstoffen wird zwischen 50 und 70 % Altglas zugegeben und das Gemenge bei Temperaturen von ca. 1200 °C in Glaswannen geschmolzen.
- Für die Herstellung von Steinwolle werden vulkanische Gesteine wie Diabas oder Basalt zusammen mit Kalkstein und/oder Dolomit und Produktionsabfällen zumeist in Kupolöfen bei Temperaturen bis 1500 °C geschmolzen. Das Aufgabematerial muss grobstückig sein. Das Einschmelzen der Rohstoffe in Wannenöfen ist ebenfalls möglich. Hier können nur mittel- bis feinkörnige Gemenge eingelegt werden.

Die Glas- bzw. Gesteinsschmelzen werden in Schleuder- oder Blasverfahren zerfasert. Die Weiterverarbeitung zu Platten, Matten, Rohrschalen etc. erfolgt unter Zugabe von Bindemitteln und Schmälzmitteln. Als Bindemittel werden bis zu 10 Masse-% Phenol-Formaldehydharze verwendet. Als Schmälzmittel kommen Mineralöle oder Silikonöle in einer Menge bis zu 1 Masse-% zum Einsatz. Sie haben die Aufgabe, die Staubentwicklung zu mindern und eine Hydrophobierung zu erreichen, Mineralwolle kann zu kaschierten Produkten z. B. auf Alufolie, Glasvlies oder Kraftpapier verarbeitet werden. Äußeres Unterscheidungsmerkmal von Glas- und Steinwolle ist die Farbe. Glaswolle besteht aus hellen Fasern. Steinwolle weist dunklere Fasern auf und enthält Anteile von Schmelzperlen.

Die chemische Zusammensetzung von Mineralwollen hängt von den eingesetzten Rohstoffen ab und ist vergleichsweise variabel. Eine Orientierung zu den Bereichen gibt Tab. 9.6. Daraus kann abgelesen werden, dass die Hauptoxide in der Reihenfolge SiO_2 > CaO > Al_2O_3 > Fe_2O_3 abnehmen. Steinwolle ist Al_2O_3-reicher als Glaswolle. In Bezug auf den SiO_2-Gehalt tendiert die Glaswolle zu höheren Werten. Bei den Gehalten an Flussmitteln als Summe aus Fe_2O_3 + CaO + MgO + Na_2O + K_2O sind die Unterschiede gering, wobei in Steinwolle die Erdalkalien und in Glaswolle die Alkalien überwiegen.

Tab. 9.6 Oxidzusammensetzung von sortenreinen Stein- und Glaswollen. (Daten aus [22–27])

	[Masse-%]	SiO_2	Al_2O_3	Fe_2O_3	CaO	MgO	Na_2O	K_2O
Steinwolle Probenanzahl: 18	Mittelwert	44,3	14,3	5,6	17,2	9,3	2,4	1,2
	Min	39,8	2,4	0	10,8	3,0	1,1	0
	Max	52,9	21,6	14,1	32,4	12,6	10,3	3,4
Glaswolle Probenanzahl: 10	Mittelwert	56,3	3,3	1,2	10,8	4,2	11,6	3,0
	Min	40,6	0,9	0,3	3,5	2,2	1,5	0
	Max	64,6	9,3	6,9	28,2	11,1	20,7	13,4

Von den physikalischen Kennwerten der Mineralwollen ist die Rohdichte entscheidend für viele Produktmerkmale. Sie stellt die Leitgröße für die wichtigsten Eigenschaften wie die Flächenmasse und die Wärmeleitfähigkeit dar und bewegt sich zwischen 15 und 220 kg/m³. Wird von einer Reindichte von 2600 kg/m³ ausgegangen, ergeben sich Porositäten von 99 bis 92 Volumen- %, d. h. 1 bis 8 cm³ Fasern bauen eine Baustoffstruktur mit einem Volumen von 100 cm³ auf.

Mineralwollen finden im Bauwesen für Wärmedämmungen, für den Kälte- und Brandschutz sowie für die Schallisolation breite Anwendung. Mit einem Anteil von über 50 % am deutschen Dämmstoffmarkt sind Mineralwollen die größte Produktgruppe. Ein weiteres Anwendungsgebiet ist der Einsatz für die hydroponische Pflanzenzucht, bei der die Pflanzen in einem anorganischen Substrat wurzeln. Die Substrate werden nach einer Vegetationsperiode durch neue ersetzt, was den entstehenden Abfall zu einem für das Recycling relevanten, planbaren Stoffstrom macht.

Von faserförmigen Baustoffen können gesundheitliche Gefährdungen für die Beschäftigten oder andere Personen, die mit solchen Baustoffen umgehen, ausgehen. Im Fall von Mineralwolle wird dabei zwischen alter und neuer Mineralwolle unterschieden:

- „Alte" Mineralwolle ist als besonders überwachungsbedürftig eingestuft, weil alveolengängige Faserstäube freigesetzt werden können. Die Alveolengängigkeit ist nach der Definition der Weltgesundheitsorganisation gegeben, wenn folgende Fasergeometrie vorliegt: Längen > 5 µm, Durchmessern < 3 µm und Verhältnis von Länge zu Durchmesser > 3:1. Fasern mit diesen Abmessungen können bis in die Lungenbläschen vordringen. Ob sie dort wirklich eine Tumorbildung auslösen, hängt zusätzlich von ihrer Biolöslichkeit ab, die bei alter Mineralwolle gering ist. Die Einstufung als besonders überwachungsbedürftig hat zur Folge, dass bei Sanierungs- und Instandhaltungsmaßnahmen bis hin zur Deponierung strengste Sicherheitsmaßnahmen nach den Technischen Regeln für Gefahrstoffe einzuhalten sind.
- Bei „neuer" Mineralwolle wurden Modifizierungen der Zusammensetzung vorgenommen, die zur Verbesserung der Biolöslichkeit geführt haben. Tätigkeiten mit diesen Produkten erfordern neben den Mindestanforderungen nach den Technischen Regeln für Gefahrstoffe keine zusätzlichen Maßnahmen.

Die Biolöslichkeit kann anhand des Kanzerogenitätsindex KI und zusätzlich anhand von Tierversuchen beurteilt werden. Der KI-Wert, der aus den Gehalten bestimmter Oxide $KI = Na_2O + K_2O + B_2O_3 + CaO + MgO + BaO - 2 * Al_2O_3$ berechnet wird, muss mindestens 40 betragen. Dann sind lungengängige, künstliche Mineralfasern nach gegenwärtigem Kenntnisstand als frei von Krebsverdacht einzustufen. Wegen insbesondere bei Mineralwollen zum Teil widersprüchlicher Aussagen zwischen den Ergebnissen von Tierversuchen zur Biolöslichkeit und dem KI-Index kann die Einstufung korrigiert werden, wenn zusätzliche Erkenntnisse über eine gute Biolöslichkeit vorliegen.

Die ab 1995 jährlich in Deutschland produzierten Mengen an Mineralwolle sind im Abb. 9.12 dargestellt. Ein stetiger Zuwachs der hergestellten Mengen ist festzustellen.

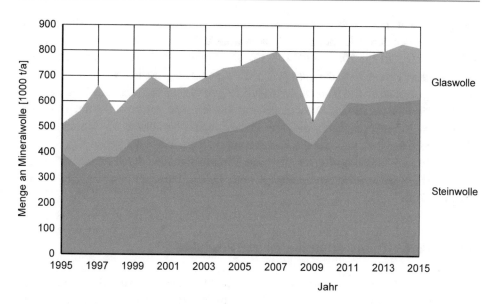

Abb. 9.12 Jährlich in Deutschland hergestellte Mengen an Mineralwolle. (Daten aus [12, 28, 29])

In Bezug auf die produzierten Arten dominiert die Steinwolle. Die Produktion von Glaswolle beläuft sich auf ca. ein Drittel der Steinwolleproduktion. Schlackenwolle spielt heute keine Rolle mehr.

Beim Einbau von Mineralwolleprodukten oder bei der Instandsetzung bzw. dem Rückbau von Gebäuden entstehen Mineralwolleabfälle. Dabei muss auch hier zwischen alter und neuer Wolle unterschieden werden:

- Ausgebaute „alte" Mineralwolle hat den Abfallschlüssel „17 06 03* – anderes Dämmmaterial, das aus gefährlichen Stoffen besteht oder solche Stoffe beinhaltet". Dieses Material ist als gefährlicher Abfall eingestuft.
- Reste, Verschnitt und Rückbaumaterial von „neuer" Mineralwolle ist dem Abfallschlüssel „17 06 04 – Dämmmaterial, mit Ausnahme desjenigen, das unter 17 06 03 fällt" zugeordnet. Diese Abfallkategorie beinhaltet neben den nicht-gefährlichen Mineralwolleabfällen auch andere Arten von Dämmstoffen.

Für die Zuordnung von Mineralwolleabfällen zu den Schlüsselnummern kann vereinfachend der Herstellungszeitpunkt herangezogen werden. Wenn die durchgeführte Rückbaumaßnahme Bauwerke betrifft, die vor 1995 errichtet wurden, handelt es sich um alte Wolle. Ein bekanntes Beispiel für alte Mineralfaserprodukte ist die Schlackenwolle Kamilit. Sie wurde in Dachrempeln, Außenwandplatten und zum Teil in Fußböden von Fertigteilbauten der DDR verwendet. Bei Bauwerken, die nach 2000 entstanden sind, liegt neue Wolle vor. Im Zeitraum von 1995 bis 2000 wurde die Umstellung auf neue Wolle vollzogen, sodass hier je nach Situation entschieden werden muss. Wenn nicht eindeutig nachgewiesen werden kann, dass neue Mineralwolle vorliegt, muss von alter Mineralwolle ausgegangen werden. Die Menge an Mineralwolleabfällen nimmt über den betrachteten Zeitraum von 2001 bis 2014 zu (Abb. 9.13). Die Summe aus beiden Abfallarten bewegt sich zwischen 15 und 30 % der zum gleichen Zeitpunkt hergestellten Wollen.

Die Eigenschaften von Mineralwolleabfällen gehen zum einen auf die Eigenschaften des Primärproduktes zurück. Dazu zählen das kanzerogene Potenzial der alten Mineralwollen, die Nebenbestandteile, die vom Primärprodukt herrühren, wie die enthaltenen Binde- und Schmälzmittel oder die Kaschierungen. Zum anderen ergeben sich Veränderungen durch die Nutzung, die vor allem aus Verunreinigungen durch Fremdbestandteile wie Befestigungselemente, Armierungsgewebe, Folien, Putze, Putzprofile, Dichtbänder bestehen (Abb. 9.14).

9.4.2 Verwertungstechnologien und Produkte

Mineralwollen als in Schmelzprozessen hergestellte Produkte sind vom Grundsatz her gut rezyklierbar und können somit in den Herstellungsprozess zurückgeführt werden. Einschränkungen ergeben sich allerdings aus Gründen des Gesundheits- und Arbeitsschutzes einerseits und der Sortenreinheit andererseits.

Für Steinwolleabfälle, die bei der Produktion anfallen, ist die Rückführung in den Herstellungsprozess, eingeführte Praxis. Die internen Abfälle bestehen zum einen aus nicht

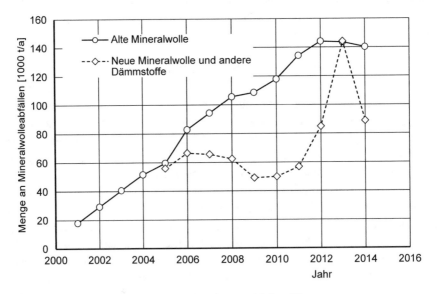

Abb. 9.13 Zeitreihe zum Aufkommen an Mineralwolleabfällen [3]

Abb. 9.14 Beim Rückbau separierte Mineralwolleabfälle (links) und im Anlieferungszustand auf der Recyclinganlage (rechts, entnommen aus [25])

faserförmigen Partikeln, glasig erstarrten Schmelzen sowie Filter- und Sägestäuben. Zum anderen fallen bei der Konfektionierung faserförmige Reststoffe an. Beide Reststoffarten werden an unterschiedlichen Stationen in den Herstellungsprozess zurückgeführt:

- Die Reststoffe, die nicht aus Fasern bestehen, werden dem Schmelzprozess im Kupolofen zugeführt. Dafür müssen die Reststoffe zunächst unter Zugabe von Zement und Wasser einer Formgebung ähnlich der Pflastersteinfertigung unterzogen werden. Die Recyclingsteine (Abb. 9.15) werden gemeinsam mit den Primärrohstoffen aufgegeben.
- Die Reststoffe, die bereits faserförmig vorliegen, werden kein zweites Mal aufgeschmolzen. Sie werden zerkleinert und in die Sammelkammer, die sich an den Kupolofen und die Zerfaserungsmaschine anschließt, zurückgeblasen und weiterverarbeitet.

Bei Steinwollen, die in Schmelzwannen hergestellt werden, muss ebenso wie bei Glaswollen vor der Rückführung in den Schmelzprozess eine thermische Vorbehandlung erfolgen, um das organische Bindemittel zu verbrennen. Dadurch werden Schäden an der Ausmauerung der Wanne vermieden.

Da die Technologie für die internen Reststoff-Kreisläufe bereits existiert, können auch sortenreine Mineralwolleabfälle von Baustellen aufbereitet und erneut aufgeschmolzen werden. Solche Abfälle fallen als Verschnitt beim Einbau oder beim selektiven Rückbau beispielsweise von Flachdachdämmungen oder Deckenplatten an. Rücknahmesysteme, die an den Kauf von Neumaterial gekoppelt sind und über die Mineralwollehändler abgewickelt werden, existieren bereits. Für Mineralwolleabfälle, die beim Abbruch von Gebäuden anfallen, kann dieses Verwertungskonzept nur teilweise befolgt werden, weil die Sortenreinheit und der Kauf von Neumaterial nicht gegeben sein müssen. Ein Zusammenwirken der Betreiber von Bauabfallaufbereitungsanlagen, welche die getrennte Annahme, die Aussortierung von Fremdbestandteilen und die Zerkleinerung und/oder Verdichtung der Abfälle vornehmen, mit den Herstellern der Primärprodukte ist erforderlich. Mineralwolle wird an wenigen Standorten hergestellt. Denen steht eine große Anzahl

Abb. 9.15 Herstellung von Recyclingformsteinen mittels Steinformmaschine (links) und Form-steinlager zum Wiedereinsatz (rechts)

von Entstehungsstandorten von Mineralwolleabfällen gegenüber. Der Aufbau eines flä-chendeckenden Sammel- und Transportsystems kann deshalb nur unter Einbeziehung des vorhandenen Vertriebssystems ökologisch sinnvoll sein.

Die Verwertung von Mineralwolleabfällen außerhalb der eigenen Branche ist unter stofflichen Gesichtspunkten in der Ziegelindustrie möglich. Beim Brennprozess wirken die zugesetzten Wollen auf Grund ihrer glasigen Struktur als Sinterhilfsmittel. Vorausset-zung ist eine ausreichend hohe Brenntemperatur. Eine technologische Entwicklung, mit der Abfälle aus alten Glas- und Steinwollen aus dem Rückbau für diesen Verwertungsweg nutzbar gemacht wurden, zeigte die verfahrenstechnische Machbarkeit auf. Der Aufbe-reitungsprozess bestand aus Vorzerkleinerung, Feinzerkleinerung und Störstoffabschei-dung. Das Mineralfasermehl wurde mit einem Bindemittel und mit Ton vermischt und an Ziegelwerke zur Einbringung in die Rohstoffe geliefert. Die betriebsfähige Pilotanlage, die jährlich 17.000 t Mineralfaserabfälle verarbeiten konnte, ist inzwischen geschlossen, weil die Betriebsführung nicht den Anforderungen genügte und zusätzlich andere, nicht genehmigte Abfälle verarbeitet wurden [30–32]. Zum Teil blieben Reste von Fasern in den Ziegeln zurück, weil die Brenntemperatur bei der Ziegelherstellung nicht für die voll-ständige Faserzerstörung ausreichte.

Die Möglichkeit die Faserstruktur von Mineralwolle mittels einer Mikrowellenbe-handlung zu zerstören, wurde in Laborversuchen nachgewiesen [25]. Die entstehenden Schlacken stellen ein Zwischenprodukt dar und bedürfen einer Weiterverarbeitung. Im Forschungsstadium sind noch weitere Verwertungsvarianten für Mineralwolleabfälle wie

- der Zusatz zu feuerfesten Betonen [26]
- die Verwendung als alkaliaktivierbares Ausgangsmaterial in Geopolymeren [27]
- die Verwendung als feine Gesteinskörnung oder als Zementsubstitut in Betonen [33].

Geschlossene Stoffkreisläufe im Sinne der Rückführung in das ursprüngliche Produkt lassen sich damit nicht realisieren. Die Verwertung der Produkte der zweiten Generation kann problematisch sein.

9.5 Glas

9.5.1 Merkmale von Primärmaterial und Abfall

Glas ist ein nichtkristalliner, anorganischer Werkstoff. In seiner einfachsten Form wird Glas Quarzsand, Alkali- und Erdalkalioxiden wie Soda, Kalkstein und Dolomit sowie Eigen- und Fremdscherben hergestellt. Dieses Kalknatronglas ist Ausgangsmaterial für Getränkeflaschen, Lebensmittelgläser, einfache Trinkgläser und Flachglas. Um bestimmte Eigenschaften zu erzeugen, können weitere Ausgangsstoffe zugegeben werden. Für Borosilikatgläser, die sich durch eine hohe Beständigkeit gegen chemische Einwirkungen und Temperaturwechsel auszeichnen, werden beispielsweise Bor- und Aluminiumoxid als weitere Rohstoffkomponenten verwendet. Die Herstellung von Glas gliedert sich in fünf Teilschritte:

- Gemengeherstellung aus den erforderlichen Roh- und Zusatzstoffen
- Aufschmelzen des Gemenges bei einer Temperaturen um 1500 °C in einer aus feuerfesten Steinen gemauerten Wanne
- Läuterung der Schmelze zur Entfernung von Gasblasen im Glas, anschließend Abkühlen auf Verarbeitungstemperatur
- Formgebung: Bei Hohlglas durch Pressen, Blasen und Saugen, bei Flachgläsern im Floatverfahren oder durch Walzen, Ziehen oder Gießen
- Abkühlung zum Abbau von Spannungen.

In der anschließenden Qualitätskontrolle werden fehlerhafte Produkte aussortiert und als Eigenscherben dem Schmelzprozess wieder zugeführt.

Glas kann als unterkühlte Flüssigkeit oder eingefrorene Schmelze nach dem „Wasser-Eis-Prinzip" beliebig oft eingeschmolzen und zu neuen Produkten verarbeitet werden. Der Glaskreislauf gilt ebenso wie bei anderen prinzipiell kreislauffähigen Stoffen nur für reine Gläser mit annähernd gleicher Zusammensetzung. Unterschiede in der Zusammensetzung in Abhängigkeit von der Glasart und dem Hersteller, Beschichtungen, die bei der Veredelung des Glases aufgetragen werden, oder Verunreinigen durch die Nutzung beeinträchtigen die Kreislauffähigkeit. Durch eine Aufbereitung können gegenständliche Verunreinigungen abgetrennt und eine Sortierung nach der Farbe vorgenommen werden, was den Wiedereinsatz ermöglicht.

Das Fertigungsprogramm der Glasindustrie umfasst Behälterglas und Flachglas als mengenmäßig dominierende Erzeugnisse. Weitere Produkte sind Kristall- und Wirtschaftsglas, Gebrauchs- und Spezialglas sowie Mineralfasern (Abb. 9.16). Flachglas und Mineralfasern werden überwiegend im Bausektor eingesetzt.

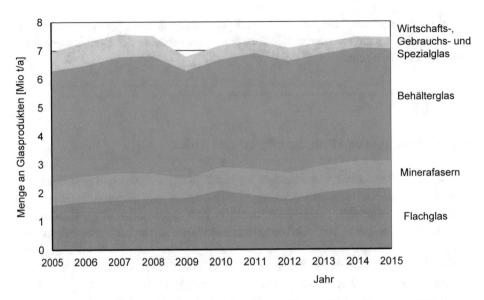

Abb. 9.16 Jährlich in Deutschland hergestellte Menge an Glasprodukten. (Daten aus [29])

Die Gesamtmenge an Glasabfällen betrug 2014 3,4 Mio. t [3]. Die Abfälle fallen hauptsächlich bei der Herstellung, als Behälterglas im Verpackungssektor und als Bestandteil von Siedlungsabfällen an. Die größte Menge von 2 Mio.t bzw. 60 % ist Behälterglas gefolgt vom Glas in Siedlungsabfällen mit 0,6 Mio.t bzw. 16 %. Glas, das bei der Errichtung oder dem Abbruch von Gebäuden anfällt und den Bauabfällen zuzurechnen ist, hat die Abfallschlüsselnummer 17 02 02. Es entsteht in einer Menge von 0,3 Mio. t und hat einen Anteil an der Gesamtmenge von 9 %. Beim Recycling von Behälterglas werden bereits seit 20 Jahren hohe Recyclingquoten erzielt (Abb. 9.17). Neben der guten Rezyklierbarkeit trägt die Energieeinsparung, die durch den Scherbeneinsatz möglich ist, dazu bei. Pro 10 % Scherbeneinsatz werden 2 bis 3 % Schmelzenergie gespart.

9.5.2 Verwertungstechnologien und Produkte

In welchen Produkten Altglas verwertet werden kann, hängt zum einen von der Scherbenqualität ab. Diese kann in gewissem Umfang durch die Aufbereitung beeinflusst werden. Zum anderen sind die Merkmale des Produkts und die Herstellungstechnologie entscheidend dafür, in welcher Menge und Qualität Scherben bei der Herstellung eingesetzt werden können (Abb. 9.18). Die höchsten Anforderungen bestehen bei hochwertigem Bildschirm- und Beleuchtungsglas sowie bei Flachglas. Hier kommen nahezu ausschließlich Eigenscherben zum Einsatz. Die Anforderungen bei der Herstellung von Behältergläsern sind hoch. Neben Eigenscherben können Fremdscherben verwertet werden, wenn sie eine Aufbereitung durchlaufen haben. Die Empfindlichkeit gegenüber Fehlfarben ist bei

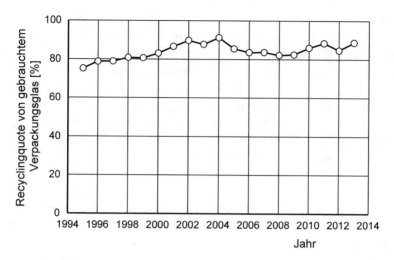

Abb. 9.17 Zeitreihe zu den Recyclingquoten von gebrauchtem Behälterglas. (Daten aus [34, 35])

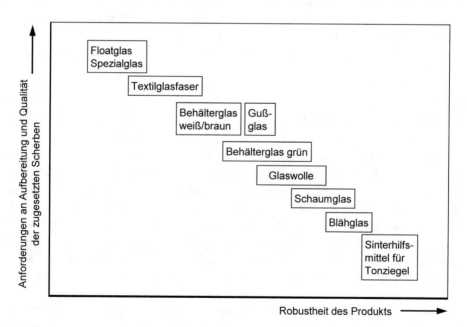

Abb. 9.18 Verwertungsmöglichkeiten für Glasabfälle, gestaffelt nach den Anforderungen an die Scherbenqualität

den Weißgläsern am höchsten und bei den Grüngläser am geringsten. Als alternative Verwertungen mit geringeren Qualitätsanforderung kann Altglas als Rohstoff für die Herstellung von Glaswolle, Schaumglas oder Blähglas eingesetzt werden. Glasmehl kann auch als Sinterhilfsmittel bei der Ziegelherstellung Verwendung finden. Glasmehl als Zusatz im Zement oder Beton ist Gegenstand der Forschung.

In der Flachglasherstellung werden nahezu ausschließlich Eigenscherben und sortenreine Glasscherben aus weiterverarbeitenden Betrieben bis zu einem Anteil von 20 % eingesetzt. Vermischtes Altglas aus der Behälterglassammlung in Containern oder aus anderen Sektoren kommt nicht zur Anwendung. Behälterglas wird unter Verwendung des Altglases aus der Containersammlung hergestellt. Dafür muss das Altglas zunächst aufbereitet werden, um störende Verunreinigungen zu entfernen und die erforderliche Sortenreinheit nach Farben herzustellen. Die Durchsätze der Aufbereitungsanlagen liegen bei 25 bis zu 60 t/h [36]. Die Aufbereitung ist komplex und umfasst neben der Zerkleinerung und der Klassierung eine Vielzahl von Sortierprozessen:

- Durch eine manuelle Vorsortierung werden grobe, händisch greifbare Störstoffe wie PET-Flaschen, Metalldosen, Plastiktüten, Papier, Keramikteile und Steine abgetrennt.
- Mittels Magnetscheidern bzw. Wirbelstromscheidern werden Eisen- und Nichteisenmetalle aussortiert.
- Durch Absaugsysteme werden Leichtstoffe wie Tütenreste, Etiketten, Plastikringe und diverse Verschlüsse entfernt.
- Mit Hilfe der sensorbasierten Sortierung werden die Störstoffe Keramik, Porzellan und Steine abgetrennt. Fehlfarbenscherben, deren Farben nicht mit der Farbe des herzustellenden Glases übereinstimmen, werden aussortiert. Eine Detektion von hitzebeständigen und bleihaltigen Gläsern kann durch UV-Fluoreszenz oder Röntgenfluoreszenz erfolgen.

Die Grenze der Partikelgrößen, die sensorbasiert sortiert werden können, hat sich seit den Anfängen der Entwicklung permanent nach unten verschoben. Beginnend mit 10 mm in den 1990er Jahren liegt die Einsatzgrenze für die Aussortierung von Keramik, Porzellan und Steinen gegenwärtig bei 1 mm [37, 38]. Die Sortierung nach Farben ist ab 3 mm möglich. Die Sortierergebnisse werden verbessert, wenn eine Trockenwäsche vorgeschaltet wird. Dabei werden die Scherben nach der Trocknung in einem speziellen Attritor, in dem die Scherbenoberflächen trocken gereinigt und von Etiketten befreit werden, behandelt. Mit der nachfolgenden Sichtung erfolgt eine Entstaubung und Organikabtrennung [39].

Die Qualität der Scherben nach der Aufbereitung muss strengen Anforderungen genügen (Tab. 9.7). Störstoffe sind vor allem Keramik, Steine, Porzellan, Glaskeramikpartikel, Eisen- und Nichteisenmetalle sowie lose organische Stoffe, deren Gehalte wenige Gramm pro Tonne nicht überschreiten dürfen. Des Weiteren sind die Anteile an Fehlfarbenscherben und der Bleigehalt begrenzt. Die kontinuierliche Qualitätskontrolle ist Bestandteil der Aufbereitung. Dabei werden dem Produktstrom in kürzesten Zeitabständen Proben – üblicherweise durch das Abstreifen vom Förderband – entnommen, die zu einer stündlichen Sammelprobe vereint werden (Abb. 9.19). Die Sammelprobe muss ausreichend groß sein, um statistisch gesicherte Ergebnisse zu erzielen. Die Bestimmung der partikulären Verunreinigungen

Tab. 9.7 Ausgewählte maximale Fremdanteile und Fehlfarbanteile als Qualitätsparameter für Glasrezyklate [36]

		Weißglas	Grünglas	Braunglas	Buntglas
Keramik, Porzellan, Steine (KPS)	[g/t]	≤ 20	≤ 20	≤ 25	≤ 20
FE-Metalle lose		≤ 2			
NE-Metalle lose		≤ 3			
Lose organische Stoffe		≤ 300			
Feuchtigkeit	[Masse-%]	≤ 2			
Fehlfarben	[Masse-%]	≤ 0,2 grün	min. 75 % grün, max. 10 % braun	min. 80 % braun, max. 10 % grün	min. 80 % grün und braun

Bleigehalt: Monatlicher Mittelwert von max. 350 ppm PbO

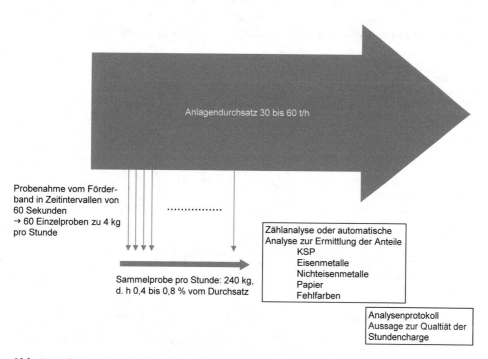

Abb. 9.19 Schema der Qualitätskontrolle im Anschluss an die Aufbereitung. (Abgeleitet aus [37])

erfolgt durch händisches oder automatisches Detektieren der gesamten Probe und Auswiegen der separierten Partikel. Nur bei der Bestimmung des Bleigehaltes mittels chemischer Analyse ist eine Verjüngung der Probe durch Mahlen und Teilen möglich. Eine weitere Qualitätskontrolle findet bei der Anlieferung des Materials beim Glashersteller statt, wobei die Probenahme oftmals bei der Entladung des Lieferfahrzeuges erfolgt. Bei Rückweisungen sind nochmalige Probenahmen und Kontrollen zwischen dem Altglasaufbereiter und dem Abnehmer vereinbart [36, 37]. Werden bei der Qualitätskontrolle Mängel festgestellt, wird der gesamte technologische Ablauf überprüft und die Ursachen behoben.

Glasscherben, die nicht die Anforderungen für die Verwertung im ursprünglichen Produkt erfüllen, können zur Herstellung von Glaswolle, Schaumglas oder Blähglas eingesetzt werden. Die Schaumglasherstellung beginnt mit einer Rohglasherstellung. Anschließend wird das Rohglas zerkleinert und mit Kohlenstoff als Blähmittel versetzt. Die erneute thermische Behandlung führt zur Erweichung bei gleichzeitiger Entstehung von Gasen, sodass eine poröse Struktur entsteht. Wird der Glasschaum langsam und möglichst spannungsfrei abgekühlt, können Platten hergestellt werden. Bei schneller Abkühlung treten Spannungen innerhalb des Materials auf, sodass es zu Schotter zerbricht. Bei der Herstellung von Blähglas wird Altglas gemahlen, mit einem Blähmittel versehen und zu Granulaten geformt. Bei der thermischen Behandlung kommt es durch das Zusammenspiel von Schmelzphasenbildung und Gasfreisetzung zur Stabilisierung und Porosierung der Granulate. Eine Weiterverarbeitung zu haufwerksporigen Platten kann sich anschließen (Abb. 9.20).

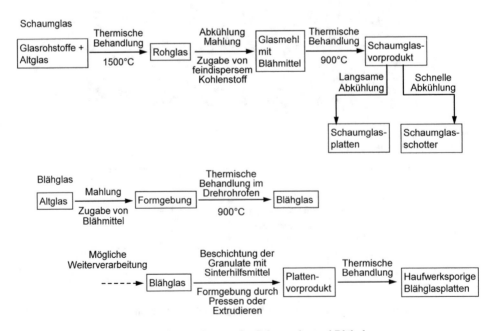

Abb. 9.20 Vereinfachte Herstellungsschemata für Schaumglas und Blähglas

Tab. 9.8 Wichtige physikalische Parameter von Schaumglas und Blähglas

		Schaumglas		Blähglas
		Platten, Form-teile	Schotter	Kugelförmige Granulate
Abmessungen	[mm]	Dicke 30 bis 180	≤ 90	≤ 16
Rohdichte	[kg/m³]	110–220	250–600	270–1100
Wasseraufnahme	[Masse-%]	keine		gering
Wärmeleitfähigkeit	[W/(m· K)]	0,037–0,060	0,074–0,080	0,05–0,07
spez. Wärmespei-cherkapazität	[J/kg· K]	800–900		840
Baustoffklasse (Brandklasse)		A 1 nicht brennbar		

Sowohl bei der Schaumglas- als auch bei der Blähglasherstellung werden mit Hilfe der thermischen Prozesse sowie der vorgelagerten Verfahrensschritte und der Zugabe von geringen Mengen an Blähmitteln Produkte erzeugt, die im Vergleich zum Ausgangsmaterial Altglas bei nahezu unveränderter chemischer Zusammensetzung völlig veränderte physikalische Eigenschaften aufweisen. Die Blähmittelzugabe bewirkt eine Porosierung, so das mineralische Schäume oder Granulate mit sehr geringen Rohdichten entstehen (Tab. 9.8), die als Dämmstoffe für verschiedene Einsatzgebiete verwendet werden können:

- Schaumglasplatten können für Boden-, Perimeter- und Flachdachdämmungen oder für Leitungsisolierungen eingesetzt werden.
- Schaumglasschotter eignet sich beispielsweise für Perimeterdämmungen oder als leichter Straßenunterbau.
- Blähglas kann für die Herstellung von Leichtbetonen, Leichtputzen, Leichtmauermörteln oder für Wärmedämmschüttungen eingesetzt werden. Die thermisch gebundenen haufwerksporigen Platten eigenen sich als Wärmedämmplatten oder für die Schallabsorption.

Weiteres Einsatzgebiet für Altglas ist die Verwendung als Sinterhilfsmittel bei der Ziegelherstellung. Dadurch kann die Brenntemperatur ohne eine Änderung der Produkteigenschaften gesenkt werden.

Literatur

1. Schmied, M.; Mottschall, M.: Treibhausgasemissionen durch die Schieneninfrastruktur und Schienenfahrzeuge in Deutschland. Öko-Institut. Büro Berlin 2010/2013.
2. Bergmann, T.; Bleher, D.; Jenseit, W.: Ressourceneffizienzpotenziale im Tiefbau. Materialaufwendungen und technische Lösungen. Studie. VDI Zentrum Ressourceneffizienz GmbH. Berlin 2015.
3. Destatis Abfallbilanzen. www.destatis.de/DE/ZahlenFakten/GesamtwirtschaftUmwelt/Umwelt/UmweltstatistischeErhebungen/Abfallwirtschaft/Tabellen vom 29.04.2017.
4. Richtlinie 880.4010. Die Bahn. Bautechnik, Leit-, Signal- u. Telekommunikationstechnik. Technischer Umweltschutz. Verwertung von Altschotter 2009.
5. LAGA-Mitteilung 20: Anforderungen an die stoffliche Verwertung von mineralischen Abfällen – Technische Regeln. Bund/Länder-Arbeitsgemeinschaft Abfall (LAGA). Magdeburg 2003.
6. Entwurf: Verordnung zur Festlegung von Anforderungen für das Einbringen oder das Einleiten von Stoffen in das Grundwasser, an den Einbau von Ersatzstoffen und für die Verwendung von Boden und bodenähnlichem Material. Kabinettsfassung/Bundestagsdrucksache 18/12213. Berlin 05.05.2017.
7. Brühn, S.: Gleisgebundenes Schotterrecycling mit der RM 95-800W. EI-Eisenbahningenieur 2013, Mai, S. 50–54.
8. Hackner, A.: Ermittlung eines kalibrierten, mathematisch physikalischen Modells zur Absiebung von verunreinigtem Gleisschotter mittels Linearschwingsieb. Diplomarbeit. Hochschule Mittweida, Fakultät Maschinenbau. Mittweida 2012.
9. Technische Lieferbedingungen für Gleisschotter. DBS Gleisschotter 918 061. DB-Standard 2006.
10. Tiefel, H.; Lohmann, G.; Donhauser, F.: Aufbereitungsanlage für kontaminierten Gleisschotter. Aufbereitungs-Technik Vol. 35, 1995, Nr. 10, S. 515–523.
11. Bundesverband Baustoffe Steine+Erden e.V.: Der Bedarf an mineralischen Baustoffen. Gutachten über den künftigen Bedarf an mineralischen Rohstoffen unter Berücksichtigung des Einsatzes von Recycling-Baustoffen. 2000.
12. Bundesverband Baustoffe-Steine und Erden e.V.: Konjunkturperspektiven/2006-2014.
13. Bundesverband der Gipsindustrie e.V.: Merkblatt Gipsabfallentsorgung. Darmstadt 2005.
14. Demmich, J.: Gips-Recycling. Ein Beitrag zur Ressourceneffizienz. www.vivis.de/phocadownload/Download/2015 …/2015_MNA_621-630
15. GTOG: From production to recycling: a circular economy for the European gypsum Industry with the demolition and recycling Industry. Report on production process parameters 2015.
16. Hatschek, L.: Verfahren zur Herstellung von Kunststeinplatten aus Faserstoffen und hydraulischen Bindemitteln. Österreichisches Patent Nr. 5970, 1901.
17. Held, R.: Recheche zur Erkennung von Asbest- und Faserzement . Bachelorarbeit. Bauhaus-Universität Weimar 2010.
18. Michatz, J.: Gefahr erkannt – Gefahr gebannt. Das Dachdeckerhandwerk DDH. Vol. 20, 2009, S 14–16.
19. Müller, A.; Seidemann, M.; Schnellert, T.: Schnelle Detektion • Quick detection. Mobile Analysengeräte zur schnellen Bestimmung von Asbest. AT Mineral Processing Vol. 52, 2011, H.11, S.50–63.
20. Schoon, J.: Portland Clinker from By-Products and Recycled Materials out of the Building and Construction Sector. Dissertation. Universität Gent 2014.
21. Müller, A.; Schnellert, T.; Seidemann, M.: Material utilization of fibre cement waste. ZKG International 2011, H.3, S.60–72.

22. Ullmanns Encyklopädie der technischen Chemie. 4 Auflage, Band 11., S. 359-374. Verlag Chemie, Weinheim/Bergstrasse 1976.

23. Ullmann´s Encyclopedia of Industrial Chemistry, 5th completely ed., Volume A11, S. 20-27, VCH 1988.

24. Klose, G.-R.: Recycling von Steinwolle-Dämmstoffen. Deutsche Bauzeitschrift 1995, Heft 10.

25. Müller, A.; Leydolph, B.; Stanelle, K.: Stoffliche Verwertung von Mineralwolleabfällen – Technologien für die Strukturumwandlung. Keramische Zeitschrift Vol. 61, 2006, H. 6, S. 367–375.

26. Stonys, R. et al.: Reuse of ultrafine mineral wool production waste in the manufacture of refractory concrete. Journal of Environmental Management 2016, pp. 149–156.

27. Yliniemi, J.; Kinnunen, P.; Karinkanta, P.; Illikainen, M.: Utilization of Mineral Wools as Alkali-Activated Material Precursor. Materials 2016, Nr. 9, 312.

28. Europäische Statistik http://epp.eurostat.ec.europa.eu/portal/page/portal/prodcom/data/tables

29. BV Glas: Jahresberichte 2006-2015. http://www.bvglas.de/media/160819_BVGlas_JB2015_A4_SCREEN.pdf

30. Fritsch, E.: Errichten einer Anlage zur Verwertung von Mineralfaserstoffen als Porosierungsmittel in der Ziegelindustrie. Abschlussbericht zum UBA-Projekt UM001194. Wool.rec.GmbH. Braunfels-Tiefenbach 2003.

31. Gäth, S.: Porosierungsmittel für die Ziegelindustrie. Ziegelindustrie International 2004, H. 11, S. 59.

32. Fritsch, E.: Verfahren zur Behandlung von Abfallstoffen sowie Vorrichtung zur Durchführung des Verfahrens. Offenlegungsschrift DE 102 40 812 A 1. Anmeldetag 30.08.2002.

33. An Cheng, Wei-Ting Lin, Ran Huang: Application of rock wool waste in cement-based composites. Materials and Design Vol. 32, 2011, pp. 636–642.

34. Dornack, C.; Wünsch, C.: Stand und Perspektiven der Verwertung von ausgewählten Stoffströmen zur Umsetzung des Kreislaufwirtschaftsgesetzes. www.vivis.de/phocadownload/Download/.../2016_RuR_39-4_Dornack_Wuensch.pdf vom 06.04.2017

35. https://www.umweltbundesamt.de/sites/default/files/medien/384/bilder/dateien/3_abb_verwertung-behaelterglas_2016-06-17.pdf vom 06.04.2017

36. Scheffold, K.; Oetjen-Dehne, R.: Recycling von Hohlglas – Technik, Qualität und Wirtschaftlichkeit. www.vivis.de/phocadownload/Download/2014 .../2014_EvV_91_112_Scheffold.pdf vom 05.04.2017

37. Bayer, W.: Altglasaufbereitung: Farbsortierung und vollautomatische Qualitätskontrolle in Theorie und Praxis. Glastechnische Berichte. Glass Sci. Technol. Vol. 69, 1996, Nr. 1, S. N1-N.7.

38. Dornauer, R.; Pramer, J.; Huber, R.: Möglichkeiten und Anwendungen neuester VIS/NIR-Sortierer in der Aufbereitung von Sekundärrohstoffen. www.vivis.de/phocadownload/Download/2016 .../2016_RuR_611-620_Dornauer.pdf vom 06.04.2017

39. Pramer, J.; Huber, R.: Neue Methoden zur Effizienzsteigerung von optischen Sortiergeräten am Beispiel der Glassortierung. www.vivis.de/phocadownload/Download/2014 .../2014_RuR_483_492_Pramer.pdf vom 06.04.2017

Advanced Recycling

10

Seit dem Beginn des „modernen" Recyclings Anfang der 1980er Jahre gibt es Ansätze sowohl die Recyclingquoten als auch die Qualität und das Niveau der Produkte zu verbessern. In der Aufbereitungstechnik betrifft das vor allem die Zerkleinerungsverfahren und die Sortiertechnik. Eine andere Möglichkeit, die noch ganz am Anfang steht, ist die Entwicklung von Produkten, die mineralisches Recyclingmaterial als Rohstoffquelle nutzen.

10.1 Aufbereitungstechniken

Zerkleinerungsverfahren Die Maschinen, mit welchen mineralischer Bauschutt zerkleinert wird, leiten sich aus den für die Natursteinaufbereitung verwendeten Aggregaten ab. Maßgeschneiderte Lösungen gibt es bisher nur für wenige Baustoffe wie beispielsweise Asphalt oder Gipskartonplatten. In Bezug auf Betonbruch wird bereits seit längerem die Aufgabenstellung verfolgt, möglichst zementsteinarme Rezyklate zu erzeugen. Nach der Wirkungsweise können folgende Entwicklungen unterschieden werden:

- Aufschluss durch Abrasion. Nach einer traditionellen Zerkleinerung erfolgt eine Beanspruchung der Brechprodukte durch Scherkräfte.
- Aufschluss durch thermische Behandlung. Der Festigkeitsverlust, der eintritt, wenn Beton erhöhten Temperaturen ausgesetzt ist, wird für den Aufschluss genutzt.
- Aufschluss durch direkt in das Betonkorn eingetragene Kräfte. Bei der elektrohydraulischen bzw. der elektrodynamischen Zerkleinerung wird die Trennung von Gesteinskörnung und Zementsteinmatrix durch direkt an der Phasengrenzfläche wirkende Kräfte erreicht.
- Aufschluss durch Mikrowellen. Durch eine Vorbehandlung mit Mikrowellen soll eine Vorschwächung bevorzugt an der Phasengrenzfläche erreicht werden.

© Springer Fachmedien Wiesbaden GmbH, ein Teil von Springer Nature 2018

A. Müller, *Baustoffrecycling*,

https://doi.org/10.1007/978-3-658-22988-7_10

Die Abrasionsbeanspruchung des vorzerkleinerten Betonbruchs kann durch einen modifizierten Backenbrecher realisiert werden [1, 2]. Bei dem sogenannten Smart Crusher ist die Kinematik der Brechbacken so verändert, dass sie sich aus einer horizontalen und einer vertikalen Komponente zusammensetzt. Unterhalb der Austragsöffnung befindet sich eine rotierende Walze, über die der Materialaustrag gesteuert wird (Abb. 10.1). Durch die veränderte Materialbewegung im Brecher wirken neben der Druckbeanspruchung vermehrt Scherkräfte auf das Material. Die Intensität der Beanspruchungen ist gegenüber den in traditionellen Backenbrechern wirkenden Kräfte reduziert und so bemessen, dass der an der Oberfläche anhaftende Zementstein abgetragen wird, ohne das es zu einer Kornzertrümmerung kommt. Das erzeugte Brechprodukt hat eine breite Partikelgrößenverteilung zwischen 50 μm und 50 mm. In den feinen Fraktionen ist der Zementstein angereichert. Die groben Körnungen bestehen überwiegend aus zementsteinfreien oder – armen Gesteinspartikeln [3]. Bei einer anderen Entwicklung wird der gebrochene Beton in einem kegelbrecherähnlichen Aggregat behandelt [4]. Im Spalt zwischen dem äußeren Mantel und dem exzentrisch gelagerten Rotor, der zusätzlich vibriert, wird das Material durch Scherung beansprucht. Dadurch wird an der Oberfläche haftender Zementstein entfernt.

Bei den thermischen Verfahren tritt in Abhängigkeit von der Behandlungstemperatur ein unterschiedliches Ausmaß der Dehydratation der Zementsteinphasen und der Abnahme der Festigkeit ein (Abb. 10.2). Wird der Betonbruch bei erhöhten Temperaturen im Drehrohrofen behandelt, werden die Hydratphasen des Zementsteins zum größten Teil vollständig dehydratisiert. Dadurch wird die Festigkeit stark reduziert oder vollständig aufgehoben. Der behandelte Beton kann anschließend in grobe und feine Gesteinskörnungen klassiert werden [6]. Danach wird der Zementstein mittels eines Sichters aus der feinen Körnung abgetrennt. Die Höhe der Behandlungstemperatur beeinflusst die Menge der Zementsteinanhaftungen der groben Gesteinskörnungen. Bei 600 °C bleiben noch 15–35 Masse-% des Zementsteins an den Oberflächen haften. Bei 700 °C beträgt der Zementsteingehalt noch 2 Masse-%. Bei 800 °C werden nahezu zementsteinfreie Körnungen erzielt. Wird der

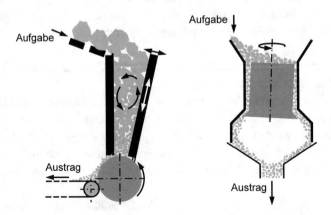

Abb. 10.1 Prinzipskizzen eines Smart Crushers (links) und eines modifizierten Kegelbrechers (rechts)

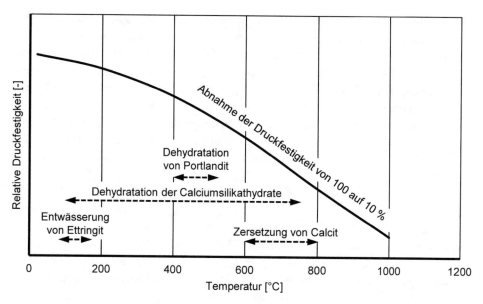

Abb. 10.2 Temperaturbereiche für die Zersetzung der Zementsteinphasen und Festigkeitsrückgang von Beton in Abhängigkeit von der Behandlungstemperatur. (Festigkeitsabnahme in Anlehnung an [5])

Betonbruch in einem Vertikalofen mit auf 300 °C vorgewärmter Luft durchströmt, findet keine ausreichende Dehydratation und Schwächung der Zementsteinmatrix statt. Deshalb wird das vorbehandelte Material anschließend in zwei nacheinander geschalteten Rohrmühlen behandelt, um eine Anreicherung des Zementsteins in den feinen Fraktionen zu erreichen [7]. Dabei werden trotz der unterschiedlichen Zerkleinerungswiderstände auch die Gesteinskörnungen teilweise mit zerkleinert [8]. Der Anreicherungseffekt des Zementsteins fällt deutlich geringer aus. Das Mahlgut wird durch Siebung in grobe und feine Gesteinskörnungen getrennt. Die Mehlfraktion wird im Staubfilter abgeschieden. In einer industriellen Anlage mit einem Durchsatz von 50 t/h wurde Betonbruch, der aus einem 1985 errichteten Gebäude stammte, aufbereitet [9]. Die erzeugten groben und feinen Gesteinskörnungen wurden für die erneute Betonherstellung verwendet. Die Mehlfraktion wurde anteilig für die Herstellung von Fußbodenplatten eingesetzt.

Bei der dritten Gruppe von Aufschlussverfahren für Beton wirken die Beanspruchungen direkt an der Phasengrenze zwischen Zementstein und Gesteinskörnung. Dazu zählen das elektrodynamische und das elektrohydraulische Verfahren. Diese aus der Erzaufbereitung stammenden Verfahren wurden spätestens seit den 1990er Jahren hinsichtlich ihrer Anwendbarkeit für die Betonzerkleinerung getestet und sind seit dieser Zeit Gegenstand der Forschung ([10] bis [19]). Bei beiden Verfahren wird die Beanspruchung des Betons, der sich in einem Wasserbad befindet, durch eine Unterwasserfunkenentladung ausgelöst. Bei der elektrodynamischen Methode werden die elektrischen Stellgrößen so gewählt, dass der Durchschlag des Funkens direkt durch den Beton erfolgt. Bei der elektrohydraulischen Methode erfolgt der Durchschlag durch das Wasser. Die dabei entstehenden

Druckwellen wirken auf den Beton. Beide Verfahren sind in der Lage, einen großen Prozentsatz zementsteinfreier Partikel zu erzeugen. In einer Pilotanlage wurde vorzerkleinerter Beton mittels eines Förderbandes durch die Prozesszone transportiert und dabei durch die elektrischen Entladungen beansprucht. Es wurde ein Zerkleinerungsverhältnis von 2 erreicht (siehe Kap. 4, Gl. 4–2). Im Vergleich zu traditionellen Brechern, bei denen sich die mittleren Partikelgrößen von Anfgabematerial zu Produkt wie 10:1 oder darüber bewegen, tritt also eine vergleichsweise geringe Korngrößenreduktion ein. Trotzdem wird ein hoher Prozentsatz an zementsteinfreien Körnungen erzeugt. In der Fraktion 5/8 mm war er mit 75 Masse-% höher als in der Fraktion 8/16 mm, wo er 60 Masse-% betrug [19].

Bei Versuchen, Betone mittels Mikrowellen zu zerkleinern, zeigt sich, dass durch eine Mikrowellenbehandlung allein keine ausreichende Zerkleinerung erreicht wird ([20] bis [23]). Die Vorbehandlung mittels Mikrowellen erleichtert aber die anschließende mechanische Zerkleinerung. Das stimmt mit dem auf dem Gebiet der Zerkleinerung von Erzen nachgewiesenen Effekt überein, wo eine Mikrowellenvorbehandlung die Mahlbarkeit verbessert. Ursachen sind thermische Spannungen infolge der inhomogenen Erwärmung und/oder Spannungen infolge des Porenwasserdrucks. Um bei Betonen oder bei Schichten, die auf die Oberflächen von Betonen oder Wandbaustoffen aufgetragen sind, die angestrebte Zerkleinerung entlang der Phasengrenzfläche zu erreichen, muss die Grenzfläche im Zuge der Herstellung des Baustoffs bzw. des Auftragens der Schichten päpariert werden. Bei Betonen wurde die Oberfläche der groben Gesteinskörnungen mit einer speziellen Paste aus einem puzzolanischen Material und Fe_2O_3 gecoatet, um den Beton am Lebensende mit Hilfe von Mikrowellen effektiv zu zerkleinern [24]. Betone mit derart vorbereiteten Gesteinskörnungen erreichten nach einer Mikrowellenbehandlung von 180 Sekunden eine Oberflächentemperatur von 405 °C, wohingegen die Oberflächentemperatur von Betonen mit unbehandelten Gesteinskörnungen lediglich 280 °C betrug. Die Porosität in der Phasengrenzfläche nahm zu. Die zurückgewonnenen Gesteinskörnungen enthielten weniger als 5 Prozent Zementstein [25]. Für das Lösen von Schichten, die auf Betonen oder anderen Massivbaustoffen aufgebracht sind, ist ebenfalls eine Präparation der Grenzschicht erforderlich. Nur dann ist das gezielte Ablösen beispielsweise von Mörteln, Gipsputzen oder von Fliesen, die auf Betonen oder unterschiedlichen Wandbaustoffen appliziert sind, möglich [26, 27, 28].

Bei den Zerkleinerungsverfahren für die Erzeugung zementsteinarmer Gesteinskörnungen aus Betonbruch ziehen die erreichten Qualitätsverbesserungen der groben Gesteinskörnungen eine niedrigere Ausbeute dieser Körnungen nach sich (Tab. 10.1). Der Energieaufwand liegt bei den mechanischen Verfahren einschließlich der Kombination aus Mikrowellenbehandlung und Abrasion in der Größenordnung der konventionellen Verfahren, wenn deren Schwankungsbreiten berücksichtigt werden (siehe Kap. 5, Abb. 5.6). Die thermischen Verfahren sind deutlich energieaufwändiger. Die Aussagen zur betriebswirtschaftlichen ebenso wie zur ökologischen Bewertung hängen entscheidend davon ab, welche der erzeugten Produkte verwertet werden können. Wenn der Einsatz der groben Gesteinskörnungen für die erneute Betonproduktion die einzige Verwertungsmöglichkeit

Tab. 10.1 Gegenüberstellung verschiedener Aufbereitungsverfahren zur Erzeugung zementstein-armer rezyklierter Gesteinskörnungen [29]

	Wasseraufnahme [Masse-%]	Ausbringen an Gesteinskörnun-gen > 4,8 mm [t/t]	Energieverbrauch [MJ/t]	
			Bezogen auf Aufgabema-terial	Bezogen auf Gesteinskörnun-gen > 4,8 mm
Zweistufiges Verfahren nach Stand der Technik	5,5	0,60	22	37
Modifizierter Kegelbrecher	1,0	0,27	34	127
Smart crusher	3,2	0,35	40	114
Nasse Abrasions-behandlung	1,6	0,40	64	159
Mikrowellen-behandlung und Abrasion	2,8	0,51	23	45
„Niedrigtempe-raturbehandlung" und Abrasion	0,8	0,35	485	1385
„Hochtemperatur-behandlung" und Siebung	0,4	0,45	1056	2347

darstellt, wird keines der Verfahren mit der traditionellen Aufbereitung konkurrieren können. Nur wenn für alle Produkte adäquate Einsatzgebiete gefunden werden, stellen die entwickelten Zerkleinerungsverfahren eine Alternative dar.

Sensorbasierte Sortierverfahren Die zweite Prozessstufe mit entscheidendem Einfluss auf die Qualität der erzeugten Rezyklate ist die Sortierung. Sie ist für die Herstellung hochwertiger, möglichst störstofffreier Produkte von entscheidender Bedeutung. Neben den traditionellen Massenstromsortierverfahren, die auf der Dichte als Trennmerkmal basieren wie der Windsichtung zur Abtrennung leichter organischer Störstoffe oder von nassen Verfahren zur Abtrennung von leichten mineralischen Komponenten, kommen zunehmend sensorbasierte Einzelkornverfahren zum Einsatz. Die vor der Zerkleinerung in den Verfahrensablauf integrierten Upstream-Verfahren zielen darauf ab, die händische Sortierung abzulösen. Bereits in den 1990er Jahren wurde in einem Forschungsprojekt ein Sortierroboter entwickelt, der über einen Touchscreen gesteuert wurde und Störstoffe aussortieren konnte. Heute sind erste sensorgesteuerte Sortierroboter „Smart Gripper" ver-fügbar, die aus einem flachen Förderband bestehen, auf welchem der Bauschutt nach der

Vorabsiebung vereinzelt die Sensoren passiert. Je nach Aufgabenstellung werden Störstoffe oder Wertstoffe und deren Position auf dem Förderband erkannt. Diese Informationen werden an einen Sortiergreifer weitergeleitet, der die Stoffe aufnimmt und in die für die jeweilige Materialart vorgesehene Box abwirft. Vom Hersteller angegebene Leistungsparameter für die Sortierung von Bauschutt sind eine maximale Sortiergeschwindigkeit von 33 Objekten pro Minute bei einer maximalen Masse der Objekte von 20 kg [30]. Während sich in anderen Sektoren der Abfallwirtschaft dieses Verfahren zunehmend etabliert, ist es beim Recycling von Bauabfällen noch im Stadium der Erprobung.

Die Einführung der sensorbasierten Sortierung als nach der Zerkleinerung angeordnetem Downstream-Verfahren begann bereits ab Mitte der 1980er Jahre mit der Sortierung von Altglas. Seitdem ist die Anwendung kontinuierlich ausgebaut worden. Für ausreichend fließfähige Schüttgüter wie Altglas oder mineralische Rohstoffe kommen Rinnenmaschinen zum Einsatz (Abb. 10.3). Mittels einer Schwingförderrinne wird das Aufgabematerial zunächst gleichmäßig über die gesamte Arbeitsbreite verteilt. Durch den Übergang auf eine weitere Rinne wird das Material beschleunigt und dadurch weiter vereinzelt. Unterhalb der Rinne wird es im freien Fall von der Erkennungseinheit – beispielsweise einer Farbzeilenkamera mit der dazugehörigen Beleuchtung – analysiert. Optional kann eine weitere Kamera oberhalb des Materialstroms angebracht sein, so dass eine beidseitige Betrachtung möglich ist. Das erzeugte Endlosabbild des Materialstroms liefert Informationen zur Farbe, Helligkeit, Transparenz, Position und Größe der Partikel. Daraus werden Erkennungsmerkmale abgeleitet, die der Steuerung von Druckluftventilen dienen. Positv detektierte Bestandteile werden ausgeblasen. Schlecht fließfähige Materialarten wie Leichtverpackungen oder Altpapier werden mit Hilfe von Bandmaschinen sortiert (Abb. 10.4). Das zu sortierende Material wird auf einem Band transportiert, über dem die Erkennungseinheit angebracht ist. Das Ausschleusen erfolgt ebenfalls mit Druckluft.

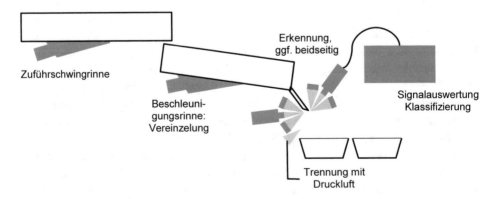

Abb. 10.3 Prinzipskizze einer Rinnenmaschine zur sensorbasierten Sortierung

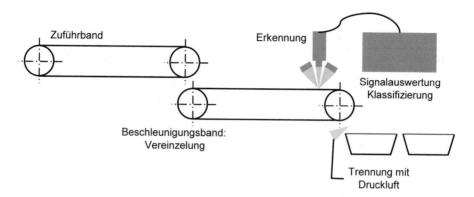

Abb. 10.4 Prinzipskizze einer Bandmaschine zur sensorbasierten Sortierung

Die Systeme, mit denen die Erkennung vorgenommen wird, nutzen in Abhängigkeit von der Sortieraufgabe unterschiedlichste Sensoren (Tab. 10.2):

- Optische (Farb-) Zeilenkameras, mit denen Farbe, Helligkeit, Transparenz, Reflexion und Form gemessen werden können.
- Nahinfrarotsensoren im Wellenlängenbereich von 700 bis 1000 nm werden derzeit hauptsächlich in der Kunststoffsortierung zur Trennung von Kunststoffflakes aus PET (Polyethylenterephthalat), PE (Polyethylen), PP (Polypropylen) und PS (Polystyrol) eingesetzt. Aber auch die Unterscheidung zwischen verschiedenen Papiersorten und die Messung der Materialfeuchtigkeit ist möglich. Bei der Kunststoffsortierung werden die Flakes mit Nahinfrarotlicht bestrahlt und die gemessenen Spektren mit Sollwertkurven verglichen. Bei Übereinstimmung erfolgt die Zuordnung zu der entsprechenden Kunststoffart.
- Die Sortierung auf der Basis von Röntgentransmissionsmessungen im Wellenlängenbereich von 0,1 bis 10 nm erlaubt die Unterscheidung von Materialien anhand ihrer atomaren Dichte. Durch die Verwendung von zwei Detektoren und durch die Auswertung mittels spezieller Algorithmen kann der Einfluss der Dicke der vermessenen Partikel auf das Ergebnis weitestgehend eliminiert werden.
- Für das Erkennen von Metallen werden Detektoren verwendet, die im langwelligen Bereich von Radiofrequenzen arbeiten. Das von einer Erregerspule erzeugte magnetische Wechselfeld wird durch elektrisch leitende Partikel beeinflusst. Mit einer Empfängerspule werden diese Einflüsse detektiert und so Metalle von nicht leitenden Bestanteilen unterschieden.
- Eine direkte chemische Analyse als Grundlage der Sortierung ist mit dem Verfahren der Laserinduzierte Plasmaspektroskopie (LIBS) möglich. Wegen der geringen Eindringtiefe werden dabei nur die oberflächennahen Schichten erfasst. Beispielsweise können Al_2O_3-reiche von MgO- oder CaO-reichen Partikeln getrennt werden. Anwendungsgebiete sind die Identifizierung von Legierungen im Metallrecycling oder die Unterscheidung und Klassifizierung von Feuerfestmaterialien aus Ofen- und Wannenausbrüchen anhand ihrer chemischen Zusammensetzung.

Tab. 10.2 Sensorik, Trennmerkmale und Anwendungsgebiete für die sensorbasierte Sortierung [31]

Sensorik	Trennkriterium	Anwendungsgebiete
Farbkameras	Farbe, Helligkeit	Farbsortierung von Altglas, von Kunststoffen, Sortierung von Messing und Kupfer aus NE-Metallgemischen, Sortierung von Platinen aus Elektronikschrott
	Transparenz	Opake Bestandteile (Keramik, Porzellan, Steine) aus Altglas
	Farbe, Glanz	Trennung von Illustrierten aus Altpapier
Nahinfrarot-Spektrometer	Molekulare Zusammensetzung an der Oberfläche	Sortierung von Kunststoffen, Getränkekartons, Papier, Pappe, Kartonagen, Holz, Textilien aus Leichtverpackungen, Abfallgemischen oder Sperrmüll
		Trennung von Kunststoffgemischen in PE, PP, PS, PA, PET, PVC
		Sortierung von Bauschutt
		Sortierung bestimmter Industriemineralien
Induktive Detektoren	Elektrische Leitfähigkeit	Sortierung von Metallen aus diversen Abfallgemischen insbesondere aus Shredderrückständen
		Sortierung von Edelstählen aus Metallgemischen
Röntgendetektoren	Dichte	Abtrennung von Aluminium aus NE-Metallgemischen
		Sortierung von Elektronikkleingeräten aus Leichtverpackungen, Sortierung von Inertstoffen aus Abfallgemischen und Altholz, von PVC und Gummi aus Shredderrückständen
Laserinduzierte Plasmaspektroskopie	Chemische Zusammensetzung	Sortierung von Kohle, Stückerzen, Bauxit, Kies, Kalkstein, Dolomit, Ilmenit, Olivin, Pellets, Sinter, Feuerfestmaterialien aus Ofenausbrüchen

Für die Sortierung von mineralischem Bauschutt eignen sich je nach Aufgabenstellung Farbkameras oder Nahinfrarotsensoren. Die Farbsortierung bietet sich für die Trennung von „grauen" und „roten" Bestandteilen an (Abb. 10.5). Für Korngemische mit Partikelgrößen > 10 mm und Ziegelgehalten zwischen 20 und 90 Masse-% wurden gute Trennergebnisse erzielt [32]. Beide Outputstoffströme wiesen unabhängig von der Zusammensetzung des Inputmaterials eine solche Zusammensetzung auf, dass Verwertungen als rezyklierte Gesteinskörnung für die Betonherstellung bzw. als Vegetationsbaustoff möglich wären.

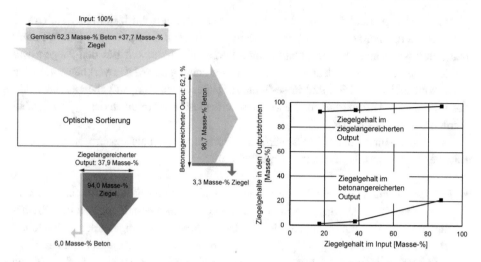

Abb. 10.5 Massenbilanz einer Farbsortierung und Ziegelgehalte in den Trennprodukten. (Daten aus [32])

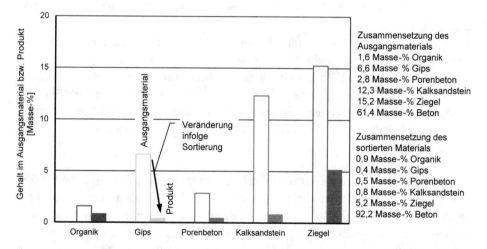

Abb. 10.6 Veränderung der Zusammensetzung eines Baustoffgemisches durch Sortierung mittels Nahinfrarotsensorik. (Daten aus [33])

Innerhalb der „grauen" mineralisch gebundenen Baustoffe sind weitere Unterscheidungen mittels Nahinfrarotsensoren möglich [33]. So können Baustoffgemische aus Beton, Porenbeton, Kalksandstein und Ziegel anhand ihrer Nahinfrarotspektren gut voneinander unterschieden werden (Abb. 10.6). Gips weist spezifische Spektren auf, anhand derer eine Ausschleusung möglich ist. Eine Unterscheidung zwischen Leichtbeton und Normalbeton ist nicht möglich. Unterschiedliche Ziegelvarietäten lassen sich ebenfalls nicht voneinander unterscheiden. Die Materialfeuchte verbessert die Erkennbarkeit von Gips deutlich, während die von anderen Baustoffen zum Teil verschlechtert wird. Bei einer stufenweisen Sortierung eines komplexen Baustoffgemisches wurden die Bestandteile Gips, Porenbeton und Kalksandstein auf Gehalte unter 1 Masse-% reduziert. Bei den Ziegeln war die Reduzierung nicht so deutlich. Durch die Abtrennung der Mauerwerkbaustoffe stieg der Betongehalt von 61 auf 92 Masse-% an. Im Unterschied zum Aufgabematerial erfüllt das Produkt die Anforderungen, die an rezyklierte Gesteinskörnungen des Typs 1 gestellt werden (siehe Kap. 7, Tab. 7.5).

Um eine möglichst hohe Trennschärfe zu erreichen, müssen der sensorbasierten Sortierung bestimmte Verfahrensschritte vorgelagert sein:

- Bei der Erkennung anhand der Farbe oder der Nahinfrarotspektren wird von der detektierten Oberfläche auf das gesamte Partikel geschlossen. Deshalb müssen die Oberflächen frei von Verschmutzungen sein. Das kann durch eine Reinigung der Partikeloberfläche vor der Sortierung, beispielsweise durch eine Wäsche oder durch eine trockene bzw. nasse Attrition erreicht werden. Unabhängig davon ist bei einer Farbsortierung eine Befeuchtung immer von Vorteil, weil dadurch die Farbunterschiede deutlicher werden. Die Wasserzugabe muss auf die Porosität und die spezifische Oberfläche der Partikel abgestimmt sein. Diese sollen ausreichend feucht sein, ohne dass überschüssiges Wasser auftritt.
- Sensorbasierte Sortieranlagen für mineralische Stoffe einschließlich Bauschutt können Kornspektren etwa bis zu einer Spannweite von $x_{max}/x_{min} = 10/1$ bearbeiten. Die untere Partikelgröße liegt bei 1 bis 3 mm, wenn die Glassortierung als Maßstab betrachtet wird. Der Sortierung muss eine Siebung vorgeschaltet sein, mit welcher das Feinkorn abgetrennt wird und definierte Fraktionen erzeugt werden. Diese können den für die Betonherstellung benötigten Lieferkörnungen beispielsweise 4/16 mm oder 4/22 mm entsprechen.

Die gängige Arbeitsbreite von sensorbasierten Sortierern liegt bei 1200 bis 2000 mm. Die Durchsätze bewegen sich von wenigen Tonnen pro Stunden bei feinen Gesteinskörnungen bis 200 t/h bei Gesteinskörnungen, die Ziegelformate erreichen. In einigen stationären Anlagen kommt die Farbsortierung bei der Bauschuttaufbereitung bereits zum Einsatz, um anforderungsgerechte rezyklierte Gesteinskörnungen oder Vegetationsbaustoffe herzustellen.

Anlagenkonzepte Bauschutt als Gemisch verschiedener mineralischer Bestandteile mit einer universellen Technologie aufbereiten und verwerten zu wollen, stellt immer einen Kompromiss dar. Dagegen ermöglichen Verfahren, die auf das jeweilige Material abgestimmt sind, geschlossene Stoffkreisläufe wie die Beispiele Asphalt und Gipskartonplatten zeigen. Um bei Betonbruch einen solchen geschlossenen Kreislauf zu realisieren, muss er zu möglichst zementsteinarmen Gesteinskörnungen und einem zementsteinreichen

Rückstand aufbereitet werden. Dazu dient ein mehrstufiges Verfahren, das eine Kombination aus bekannten und neuen Verfahrensschritten darstellt (Abb. 10.7, 10.8):

- Der gebrochene Beton wird zunächst einer Autogenmahlung unterzogen, um den Zementstein mittels Attrition von der Oberfläche der Rezyklate zu entfernen. An die Autogenmahlung schließt sich eine Siebtrennung bei einer Partikelgröße von 16 mm an.
- Für die Abtrennung von Holz und Kunststoffen aus der groben Fraktion > 16 mm wird ein Windsichter oder ein sensorbasierter Sortierer verwendet.
- Die Fraktion < 16 mm wird mit Hilfe der Advanced-Dry-Recovery (ADR)-Technologie klassiert. Hierbei wird das Aufgabematerial einem Prallsichter zugeführt und die Partikel anhand ihrer Wurfparabeln in die Fraktionen 0/1 mm, 1/4 mm und 4/16 mm separiert. Mittels eines gerichteten Luftstroms werden die groben Fraktionen von den Leichtstoffen gereinigt.
- Die feinen und die leichtstoffreichen Fraktionen werden einer Heißwindsichtung mit anschließender Mahlung und Siebung unterzogen. Dabei entstehen eine Mehlfraktion 0/0,25 mm und eine Sandfraktion 0,25/4 mm.

Im Unterschied zu einer Siebklassierung, bei der feuchtes, feinkörniges Material zum Erblinden des Siebbodens führen kann, wird bei der ADR-Technologie die Trennung durch

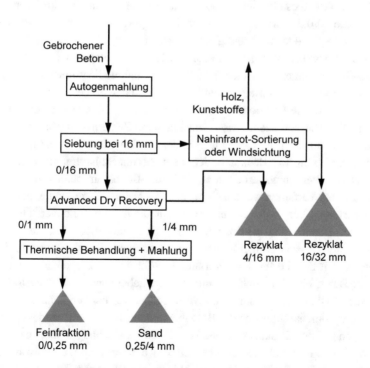

Abb. 10.7 Verfahrensfließbild für die selektive Betonaufbereitung. (in Anlehnung an [34])

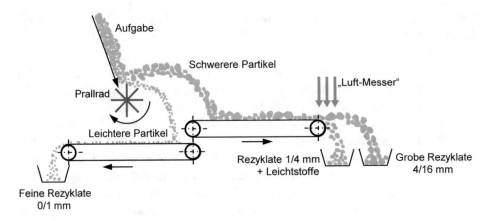

Abb. 10.8 Advanced-Dry-Recovery-Technologie. (in Anlehnung an [34])

die Materialfeuchte nicht beeinträchtigt. Ggf. vorhandene Agglomerate werden durch die mechanischen Beanspruchungen, die durch den Prallsichter eingetragen werden, aufgelöst. Das außerordentlich komplexe Verfahren wird im Pilotmaßstab erprobt. Produkte sind grobe rezyklierte Gesteinskörnungen 4/16 mm und 16/32 mm sowie feine Rezyklate 0,25/4 mm. Alle diese Produkte sind für die erneute Betonherstellung verwendbar. In der Mehlfraktion 0/0,25 mm ist der Zementstein angereichert, der durch die thermische Behandlung teilweise oder vollständig entwässert ist.

Die groben Rezyklate 4/16 mm der ADR-Technologie entsprechen „normalen" rezyklierten Gesteinskörnungen aus Beton. Ihre Wasseraufnahme liegt mit 5,4 Masse-% in der Spannweite von sortenreinen Betonen und Betonrezyklaten und entspricht dem Referenzwert von Tab. 10.1. Die Fraktionen, die aus der mit einer Mahlung gekoppelten thermischen Behandlung hervorgehen, weisen einen höheren Zementsteingehalt gegenüber dem Aufgabematerial auf. Ihr CaO-Gehalt liegt in der Größenordnung eines Mergels.

Auf die Behandlung von Bauabfall, der aus mehreren Baustoffarten besteht, sind verschiedene Nassaufbereitungsverfahren ausgerichtet. Bei einem bereits in der Recyclingpraxis betriebenen Verfahren werden Gemische aus Beton, Ziegel und anderen mineralischen Baustoffen zu Rezyklaten mit einer Qualität, die für eine Betonherstellung geeignet ist, aufbereitet. Das Material wird zunächst einer mehrfacher Nassklassierung und einer Reinigung mittels Waschtrommel unterzogen. Es schließt sich eine sensorbasierte Farbsortierung an, mit der die feuchten Körnungen 8/32 mm in Ziegelkörnungen und Körnungen aus Beton einschließlich der mineralisch gebundenen Wandbaustoffe getrennt werden. Aus den dann nahezu sortenrein vorliegenden Körnungen können Gemische mit definierter Zusammensetzung für die Betonherstellung hergestellt werden. Auch andere Anwendungen wie der Einsatz der Ziegelkörnungen als Dachbegrünungsmaterial können bedient werden. Das Waschwasser wird mittels Kammerfilterpresse entwässert und im Kreislauf geführt. Der Schlamm kann in Abhängigkeit von der Zusammensetzung des

Aufgabematerials erhöhte Sulfatgehalte aufweisen. Er muss beseitigt werden. Als Alternative ist die Verwertung als Rohmehlkomponente bei der Zementherstellung möglich.

10.2   Rohstoffliche Verwertung

Bei der Schaffung von Stoffkreisläufen wird insbesondere in der Kunststoffindustrie unterschieden zwischen

- Werkstoff-Recycling, bei dem die chemische Struktur nicht verändert wird,
- Rohstoff-Recycling, bei dem die Polymerketten gespalten werden, und
- Energetischer Verwertung.

Dieses Konzept kann sinngemäß auf das Recycling von mineralischen Bauabfällen übertragen und zwischen werkstofflicher und rohstofflicher Verwertung unterschieden werden (Abb. 10.9). Unter werkstofflicher Verwertung wird die Verwertung unter Inanspruchnahme physikalischer Eigenschaften wie Kornfestigkeit, Frost-Tau-Widerstand etc. verstanden. Bei der rohstofflichen Verwertung erfolgt die Verwertung in einem stoffumwandelnden Prozess. Die chemische Zusammensetzung, die vorhandenen Mineralphasen und weitere Parameter wie die Reaktivität nehmen eine Schlüsselstellung ein. Werkstoffliche Eigenschaften rücken in den Hintergrund. Mehlfeine oder feinkörnige Ausgangsstoffe können verarbeitet werden.

Das rohstoffliche Recycling baut auf der chemischen Zusammensetzung auf, die durch Verschneiden und/oder Zugabe weiterer Komponenten gezielt verändert und durch thermische oder chemische Prozesse umgewandelt wird. Der Vergleich der chemischen Zusammensetzung der sortenreinen Hauptbaustoffe mit den aus Beton- bzw. Mauerwerkbruch hergestellten Recycling-Baustoffen zeigt, dass die ursprünglichen Unterschiede nur noch andeutungsweise sichtbar sind (Abb. 10.10). Unter dem Aspekt der chemischen Zusammensetzung hat – beginnend mit der Verwendung verschiedener Baustoffe in einem Bauwerk und endend mit der nicht immer möglichen Materialtrennung während

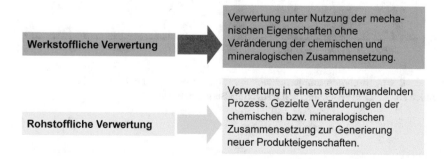

Abb. 10.9 Definitionen zu den Verwertungsmöglichkeiten von mineralischen Bauabfällen

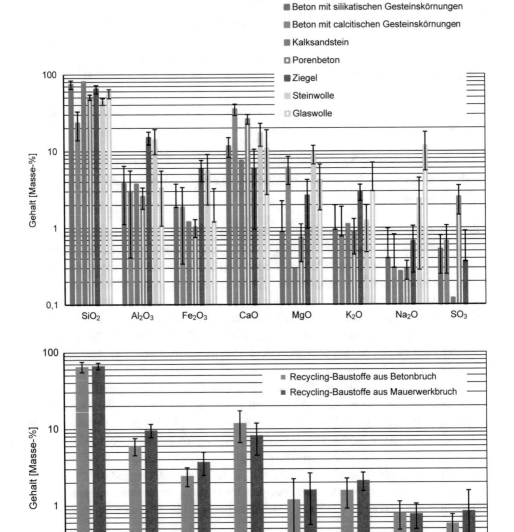

Abb. 10.10 Chemische Zusammensetzung der dominierenden mineralischen Baustoffe (oben) im Vergleich zur Zusammensetzung von Recycling-Baustoffen (unten)

der Abbruch- und Aufbereitungsphase – eine Autohomogenisierung stattgefunden, die der rohstofflichen Verwertung entgegenkommen kann.

Identifizierung von Potenzialen Bei der Auswahl von möglichen Einsatzgebieten muss von den Anforderungen, die an die Rohstoffe für bestimmte Produkte gestellt werden, ausgegangen werden. Für eine erste Übersicht in Bezug auf die chemische Zusammensetzung eignen sich Dreistoffdiagramme, in welche die jeweils auf 100 Masse-% normierten, wichtigsten Oxide oder Oxidgruppen von sortenreinen Baustoffen bzw. von Recycling-Baustoffen eingetragen sind. Die erforderlichen Zusammensetzungen für bestimmte Produkte sind als Felder dargestellt. Das sogenannte Rankin-Diagramm SiO_2-CaO-Al_2O_3 kann zur Beurteilung der für die Herstellung von Zementklinker geeigneten Materialien dienen (Abb. 10.11 und 10.12). Die Bewertung von Zumahl- und Zusatzstoffen ist ebenfalls möglich, wenn zusätzlich deren Reaktivität berücksichtigt wird. Bei den sortenreinen Baustoffen bestehen systematische Unterschiede zwischen den Baustoffarten, die bei den Rezyklaten nur noch ansatzweise zu erkennen sind:

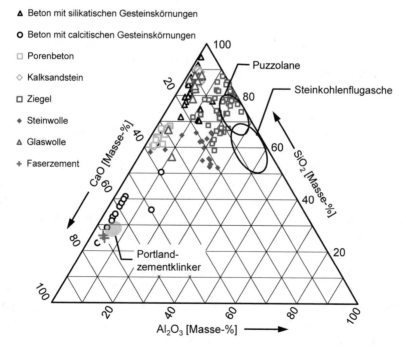

Abb. 10.11 Sortenreine Baustoffe im Dreistoffdiagramm SiO_2-CaO-Al_2O_3 zur Bewertung von Rohstoffen für die Herstellung von Zement

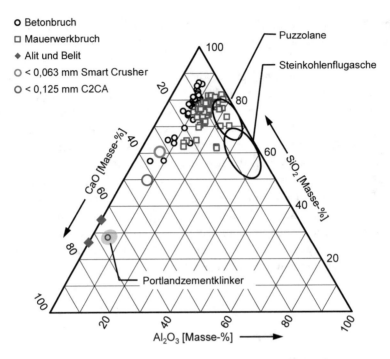

Abb. 10.12 Recycling-Baustoffe im Dreistoffdiagramm SiO₂-CaO-Al₂O₃ zur Bewertung von Rohstoffen für die Herstellung von Zement. (Zusammensetzung der Feinfraktionen von Betonen nach der Aufbereitung mit dem Smart Crusher [3] bzw. mit der selektiven Betonaufbereitung [34])

- Die sortenreinen Betone mit silikatischen Gesteinskörnungen einschließlich der mineralisch gebundenen Wandbaustoffe weisen ebenso wie die Ziegel, die Glaswolle und die Steinwolle einen normierten SiO_2-Gehalt von über 50 Masse-% auf. Der CaO-Gehalt bewegt sich zwischen 5 und 40 Masse-% ohne Einbeziehung der Betone mit calcitischen Gesteinskörnungen. Nur diese Betone und die Faserzemente erreichen deutlich höhere CaO-Gehalte von bis zu 75 Masse-% zu Lasten des SiO_2-Gehaltes. Der Al_2O_3-Gehalt der Betone, der mineralisch gebundenen Baustoffe einschließlich des Faserzementes und der Glaswolle liegt unabhängig von ihrem CaO-Gehalt zwischen 5 und 10 Masse-%. Ziegel und Mineralwolle mit Al_2O_3-Gehalten von bis zu 25 Masse-% weichen davon ab.
- Die Rezyklate aus Betonbruch bzw. aus Mauerwerkbruch unterscheiden sich infolge der Autohomogenisierung in ihrer Zusammensetzung nicht mehr so deutlich wie die sortenreinen Baustoffe. Ihr SiO_2-Gehalt liegt bei über 60 Masse-%. Systematische Unterschiede bestehen bei den Al_2O_3-Gehalten. Bis auf ganz wenige Ausnahmen liegt er bei den betonstämmigen Rezyklaten unter 10 Masse-%, bei den mauerwerkstämmigen über 10 Masse-%.

Die Potenziale der sortenreinen Baustoffe als Rohstoffkomponente für die Zementklinkerherstellung sind einerseits wegen der Anforderungen, die auf einen sehr engen Bereich konzentriert sind, begrenzt. Andererseits stehen die hohen SiO_2-Gehalte der sortenreinen

Baustoffe dieser Verwertung entgegen. Nur sortenreiner Beton mit Kalksteinzuschlägen und Faserzement können den Kalkstein als Hauptrohstoffkomponente ersetzen. Die „normalen" Betone weisen dagegen zu geringe CaO-Gehalte auf. Dieses CaO-Defizit müsste durch die Verwendung eines Kalksteins mit einem sehr hohen CaO-Gehalt ausgeglichen werden. Porenbeton, Kalksandstein oder Betone, die silikatische Gesteinskörnungen enthalten, können zur Einstellung des erforderlichen SiO_2-Gehalts dienen. Ziegel sind aufgrund ihres gegenüber den mineralisch gebundenen Baustoffen höheren Al_2O_3-Gehalts als Tonsubstitut geeignet. Bei den Recycling-Baustoffen sind die Potenziale zum Einsatz als Rohstoffkomponente noch stärker eingeschränkt. Selbst wenn der Zementstein durch spezielle Aufbereitungsverfahren in den feinen Fraktionen des Betons angereichert ist, wie das beim Smart Crusher oder bei der selektiven Betonaufbereitung der Fall ist, liegt der erreichte CaO-Gehalt immer noch deutlich unter dem erforderlichen. Nur Mauerwerkbruch könnte als Al_2O_3- und SiO_2-Lieferant in Frage kommen. Dieses Material ist von seiner chemischen Zusammensetzung her auch am ehesten geeignet, als Ausgangsmaterial für ein im Zement zu verwendendes Puzzolan eingesetzt zu werden.

Anhand des Diagramms SiO_2-Flussmittel-Al_2O_3 (Abb. 10.13, 10.14) kann beurteilt werden, in wie weit sich die verschiedenen Baustoffe für die Herstellung grobkeramischer Produkte eignen könnten. Darüber hinaus kann abgeschätzt werden, ob die betrachteten

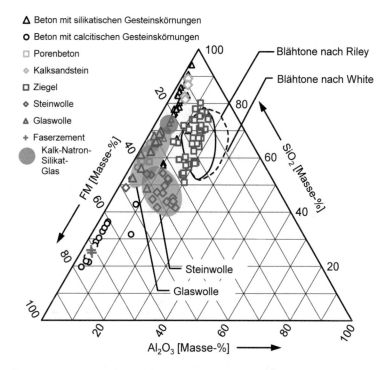

Abb. 10.13 Sortenreine Baustoffe im Dreistoffdiagramm SiO_2-FM (Fe_2O_3+CaO+MgO+K_2O+ Na_2O)-Al_2O_3 zur Bewertung von Rohstoffen für die Herstellung von keramischen Baustoffen, von mineralischen Fasern etc. (Bereiche für Blähtone nach [35], [36])

Baustoffe als Rohstoffkomponente für die Herstellung von Blähtonen, Mineralwolle oder glasartigen Produkten in Frage kommen. Mit dem Summenparameter Flussmittel, zu welchem die Alkalioxide, Erdalkalioxide, Fe_2O_3 sowie Mn_3O_4 und B_2O_5 zählen, wird die Menge an Schmelzphase, die sich bilden kann, berücksichtigt. Eine Aussage zur Temperatur der Schmelzphasenbildung wird nicht gemacht. Anhand der Diagramme können folgende typische Zusammensetzungsbereiche der sortenreinen Baustoffe angegeben werden:

- Die SiO_2-Gehalte liegen mit Ausnahme des Betons mit Kalkstein als Gesteinskörnung über 40 Masse-%. Die größte Spannweite besteht bei den Flussmittelgehalten, die sich zwischen 10 und 80 Masse-% bewegen. Die Al_2O_3-Gehalte erreichen maximal 10 Masse-% bei den mineralisch gebundenen Baustoffen und bis zu 20 Masse-% bei den Ziegeln und Mineralfasern.
- Für die Recycling-Baustoffe ist wieder eine Abnahme der Spreizung der Zusammensetzung festzustellen. Die SiO_2-Gehalte liegen über 60 Masse-% und die Flussmittelgehalte zwischen 10 und 40 Masse-%. Al_2O_3-Gehalte um 10 Masse-% sind typisch.

Mit Hilfe der Dreistoffdiagramme können die Möglichkeiten der rohstofflichen Verwertung nur grob abgeschätzt werden, weil bestimmte chemische Nebenbestandteile

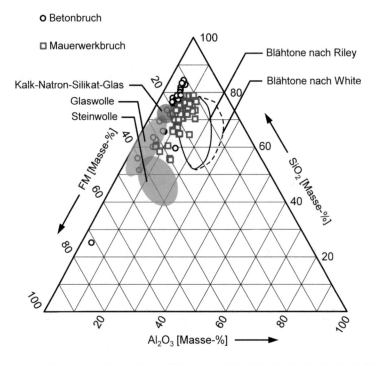

Abb. 10.14 Recycling- Baustoffe im Dreistoffdiagramm SiO_2-FM (Fe_2O_3+CaO+MgO+K_2O+ Na_2O)-Al_2O_3 zur Bewertung von Rohstoffen für die Herstellung von keramischen Baustoffen, mineralischen Fasern und Blähtonen

unberücksichtigt bleiben und Reaktivitäten nicht erfasst werden. Für jedes Einsatzgebiet sind neben den Aussagen, die anhand der Dreistoffdiagramme getroffen werden können, zunächst weitere Ausschlusskriterien zu prüfen und danach die Machbarkeit zu untersuchen. Beispielsweise liegt der Porenbeton in dem Feld der Glaswolle. Dieser theoretischen Option steht allerdings sein hoher Sulfatgehalt entgegen.

Nutzung und Entwicklung von Potenzialen Der Prozess der Zementherstellung bietet eine Reihe von Möglichkeiten zur Verwertung von alternativen Rohstoffen. Auf der Seite des Zementrohmehls, aus dem im Drehrohrofen durch einen thermischen Prozess Zementklinker hergestellt wird, können verschiedene industrielle Reststoffe wie beispielsweise Kalkschlämme, Gießereialtsande, Kiesabbrand, Kalkgranulat aus der Reinigung fluorhaltiger Abgase der Ziegelindustrie und Flugaschen verwertet werden. Analog zu den natürlichen Rohstoffen werden sie in einer Menge zudosiert, die sich aus der chemischen Zusammensetzung der Komponenten und der Sollzusammensetzung des Rohmehls ergibt. Zusätzlich müssen die Substitute grundsätzlich im Hinblick auf ihre umweltrelevanten Inhaltsstoffe überprüft und laufenden Kontrollen unterzogen werden. Aus dem Bausektor kommen bisher nur wenige Abfälle zum Einsatz:

- Mit organischen Schadstoffen belastete Bauabfälle. Aushub, Abbruchmaterial oder Filterkuchen aus der Nassaufbereitung werden verwertet. Die Zusammensetzung des Materials wird online überwacht und bei der Mischungsberechnung des Rohmehls berücksichtigt. Das Motiv der Rohstoffsubstitution ist hier die Einsparung von Deponievolumen.
- Ziegelbruch und/oder Mauerwerkbruch können anstelle oder in Ergänzung von Tonen als Al_2O_3-haltige Komponente für die Rohmehlherstellung eingesetzt werden.

Ein Beispiel für einen dauerhaften Einsatz von Sekundärrohstoffen ist die Verwendung von Ziegelbruch als Rohstoffkomponente an einem Zementwerksstandort in Österreich. Hier steht ein großes Ziegelvorkommen zur Verfügung, was eine kontinuierliche Bereitstellung in ausreichenden Mengen ermöglicht. Gleichzeitig ist die Verfügbarkeit von natürlichem Ton oder Mergel an diesem Standort begrenzt. Der Ziegelbruch wird in der Körnung 0/80 mm angenommen und darf nur geringe Anteile an Beton, Mörtel oder Sand und keine Störstoffe wie Eisen oder Holz enthalten. Er wird auf einem Mischbett vorhomogenisiert und dann gemeinsam mit den anderen Rohstoffkomponenten verarbeitet [37].

Auf der Seite der Mahlung des Zementklinkers zu Zement werden ebenfalls Sekundärrohstoffe eingesetzt. Dadurch kann zum einen die pro Tonne Zement erforderliche Klinkermenge gesenkt werden. Gleichzeitig können bestimmte Eigenschaften der Zemente gezielt eingestellt werden. Für Ziegel- und Mauerwerkbruch kann sich hier ein Verwertungspotenzial als puzzolanischer Zusatzstoff in Kompositzementen auftun. Das setzt voraus, dass durch eine Mahlung eine ausreichende Reaktivität erzeugt werden kann. Wird die Festigkeit als Leitgröße betrachtet, ergeben sich bereits ab mittleren

Partikelgrößen, die denen des Zements entsprechen, höhere Festigkeiten als bei Inertstoffzugabe (Abb. 10.15). Da die Mahlbarkeit von Ziegeln deutlich besser als die von Zementklinker ist, ist eine feinere Mahlung ohne zusätzlichen Energieaufwand möglich. Im Unterschied dazu wirkt Betonmehl im Austausch gegen Zement in erster Linie verdünnend [39].

Thermische Prozesse bieten in der Regel günstigere Voraussetzung zur rohstofflichen Verwertung als rein mechanische Aufbereitungsverfahren. Sowohl Beton- als auch Mauerwerkbruch liegen im Dreistoffdiagramm für keramische Produkte zum Teil in dem Bereich von glasartigen Materialien bzw. von solchen Produkten, für deren Genese eine Schmelzphasenbildung erforderlich ist. Dass bei einer entsprechenden chemischen Zusammensetzung aus Bauschutt tatsächlich glasartige Produkte erzeugt werden können, wurde nachgewiesen [40]. Während in den Produkten, die aus den Mischungen 1 und 2 bei Temperaturen von 1200 °C hergestellt wurden, amorphe und kristalline Bestandteile nebeneinander vorlagen, war die Mischung 3 nach der thermischen Behandlung vollständig amorph (Abb. 10.16). Das Ausgangsmaterial dieser Mischung bestand aus 50,3 Masse-% Ziegel und 11,2 Masse-% Beton. Zur Einstellung der erforderlichen Zusammensetzung wurden zusätzlich 30 Masse-% SiO_2 und 8,5 Masse-% Na(OH) zugegeben.

Ein für das rohstoffliche Recycling geeigneter thermischer Prozess ist die Herstellung von leichten, geblähten Gesteinskörnungen mit Kornrohdichten unter 1000 kg/m³. Solche synthetischen Leichtzuschläge werden bisher überwiegend aus blähfähigen Tonen hergestellt, die von der Zusammensetzung her in den markierten Bereichen liegen sollten (Abb. 10.16). In diesem Fall ist die Bildung der erforderlichen Menge an Schmelzphase bei Temperaturen um 1200 °C gegeben. Als weitere Voraussetzung muss im Temperaturbereich des pyroplastischen Zustands eine ausreichende Gasmenge entwickelt werden, die den Rohstoff unter Porenbildung auftreibt. Als unkonventionelle Rohstoffquelle für

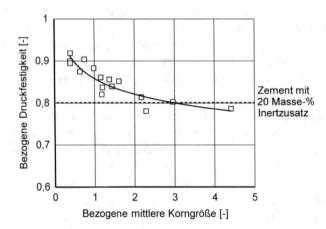

Abb. 10.15 Abhängigkeit der bezogenen Druckfestigkeit von der bezogenen mittleren Partikelgröße von Mischungen aus 80 Masse-% Portlandzement und 20 Masse-% Mehlen aus unterschiedlichen Ziegeln bzw. Mauerwerkbruch. (Daten aus [38])

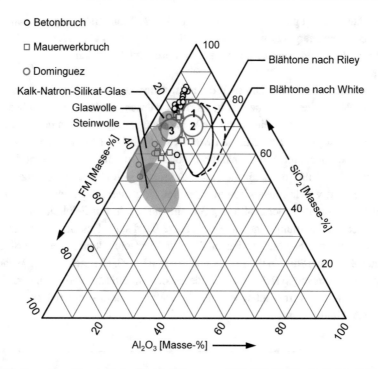

Abb. 10.16 Recycling- Baustoffe im Dreistoffdiagramm SiO_2-FM (Fe_2O_3+CaO+MgO+K_2O+ Na_2O)-Al_2O_3 und Lage von drei teilweise oder vollständig amorphen Produkten, hergestellt unter Verwendung von Bauschutt. (Daten 1,2,3 aus [40])

synthetische leichte Gesteinskörnungen wurden industrielle Nebenprodukte und Abfälle wie Sedimente aus Talsperren und Wasserbecken, aus der Wasseraufbereitung, Klärschlämme, Hafenschlick, Rückstände aus Kohlekraftwerken, aus dem Bergbau und aus Steinbrüchen oder aus der Hüttenindustrie untersucht [41]. Die Verwertung von Mauerwerkbruch ist ebenfalls möglich, wobei die Herstellungsbedingungen denen von Blähtonen vergleichbar sind [42]. Der Mauerwerkbruch wird unter Zugabe eines Blähmittels gemahlen, granuliert und im Drehrohrofen bei Temperaturen von 1150 bis 1200 °C gebrannt. Schwankungen des Ziegelgehaltes im Ausgangsmaterial zwischen 25 und 75 Masse-% haben nahezu keine Auswirkungen auf das Produkt. Weitere Vorteile sind

- Die Technologie eignet sich für die Verwertung von Fraktionen < 4 mm, die mit den heute verfügbaren Techniken weder mechanisch noch sensorbasiert sortierbar sind.
- Gipshaltiger Mauerwerkbruch kann verwendet werden. Der Gips wird bei den erforderlichen Brenntemperaturen thermisch zersetzt. Das entstehende CaO wird in die Matrix der Blähgranulate eingebunden. Das Sulfat geht in das Rauchgas über und kann als Rausgasentschwefelungsgips zurückgewonnen werden.

- Das Verfahren kann gegenüber der traditionellen Blähtonherstellung energetische Vorteile haben. Die energieaufwändige Tonentwässerung erfolgt bereits bei der Primärbaustoffherstellung und muss kein zweites Mal durchlaufen werden.

Trotz der aufgezeigten Potenziale steht die rohstoffliche Verwertung von Bauabfällen erst am Anfang. Wege, die früher bereits beschritten wurden, sind in Vergessenheit geraten. Markantes Beispiel dafür ist die komplexe Verwertungsanlage, die von der Trümmer-Verwertungs-Gesellschaft in Frankfurt am Main von 1945 bis 1964 betrieben wurde [43]. Der grobe Trümmerschutt wurde händisch sortiert, in mehreren Stufen zerkleinert, in Fraktionen klassiert und dann für die Herstellung von Betonwaren eingesetzt. Der nicht sortierbare Schutt wurde rohstofflich in einer Saugzugsinteranlage verarbeitet. Das Aufgabematerial bestand aus der Fraktion < 35 mm, vermischt mit Feinkoks und Flugasche. Die thermische Behandlung fand auf einem Sinterband statt. Das Brennprodukt – ein als Sinterbims bezeichneter poröser „Kuchen" – wurde anschließend mit einem Stachelwalzenbrecher zerkleinert und in die Fraktionen 0/3 mm und 3/12 mm klassiert. Während der 20-minütigen thermischen Behandlung bildeten sich silikatische Verbindungen. Die organischen Bestandteile verbrannten vollständig. Der im Aufgabematerial enthaltene Gips wurde zu CaO und SO_3 zersetzt.

Literatur

1. Schenk, K. J.: Separating Device. Patent WO/2011/142663. PCT/NL 2011/050314. Pub. Date 17.11.2011.
2. Florea, M.V.A.: Secondary materials in cement-based products. Dissertation. Eindhoven University of Technology. Einhoven 2014.
3. Van de Wouw, P.M.F.; Florea, M.V.A.; Brouwers, H.J.H.: Processing disaster debris liberating aggregates for structural concrete. Published in: Advances in Cement and Concrete Technology in Africa. Published: 27/01/2016.
4. Yanagibashi, K.; Yonezawa, T.; Arakawa, K.; Yamda, M.: A new concrete recycling for coarse aggregate regeneration process. Proceedings of the International Conference "Sustainable Concrete Construction", pp. 511–522. Dundee 2002.
5. Markéta Chromá, M.; Rovnaník, P.; Vořechovská, D.; Bayer, P.; Rovnaníková, P.: Concrete Rehydration after Heating to Temperatures of up to 1200 °C. XII DBMC, International Conference on Durability of Building Materials and Components. Porto 2011.
6. Mulder, E.; Blaakmeer, J.; Nijland, T.; Tamboer, L.: Closed Material Cycle for Concrete as a Part of an Intergrated Process for the Reuse of the Total Flow of C&D Waste. Proceedings of the International Conference "Sustainable Concrete Construction", pp. 555–562. Dundee 2002.
7. Shima, H.; Tateyashiki, H.; Matsuhashi, R.; Yoshida, Y.: An Advanced Concrete Recycling Technology and its Applicability Assessment through Input-Output Analysis. Journal of Advanced Concrete Technology Vol. 3, 2015, No. 1, pp. 53–67.
8. Sui, Y.: Untersuchungen zu den Einflussgrößen der thermisch-mechanischen Behandlung für das Recycling von Altbeton sowie Charakterisierung der entstehenden Produkte. Dissertation. Bauhaus-Universität Weimar 2010.

9. Yasumichi Koshiro; Kenichi Ichise: Application of entire concrete waste reuse model to produce recycled aggregate class H. Construction and Building Materials Vol. 67, 2014, pp. 308–314.

10. Patent DE 195 34 232 C 2: Verfahren zur Zerkleinerung und Zertrümmerung von aus nicht-metallischen oder teilweise metallischen Bestandteilen konglomerierten Festkörpern und zur Zerkleinerung homogener nichtmetallischer Festkörper. Forschungszentrum Karlsruhe GmbH. Anmeldung am 15.09.1995, Offenlegung am 20.03.1997.

11. Toyohisa Fujlta; Isao Yoshimi; Atsushi Shibayama; Toshio Miyazaki; Keisuke Abe, Masashi Sato, Wan Tai Yen, Jan Svoboda: Crushing and liberation of Materials by Electrical Disintegration. European Journal of Mineral Processing and Enviromental Protection. Vol.1, 2001, No. 2, pp. 113–122.

12. Linß, E.; Müller, A.: High performance sonic impulses - an alternative method for processing of concrete. Int. J. Miner. Process. Vol. 74, 2004, pp. 199–208.

13. Linß, E.: Untersuchungen zur Leistungsschallimpulszerkleinerung für die selektive Aufbereitung von Beton. Dissertation. Bauhaus-Universität Weimar 2008.

14. Thome, V.: Recycling waste concrete with lightning bolts. AWE International, 2013, June, pp. 18–25.

15. Menard, Y.; Bru, K.; Touze, S.; Lemoign, A.; Poirier; J.E.; Ruffie, G; Bonnaudin, F.; Von Der Weid, F.: Innovative process routes for a high-quality concrete recycling. Waste Management. 2013 No.6, pp. 1561–1565.

16. Koji Uenishi; Hiroshi Yamachi; Keisho Yamagami, Ryo Sakamoto: Dynamic fragmentation of concrete using electric discharge impulses. Construction and Building Materials Vol. 67, 2014, pp. 170–179.

17. Eva Arifi; Koichi Ishimatsu; Shinya Iizasa; Takao Namihira; Hiroyuki Sakamoto; Yukio Tachi: Reduction of contaminated concrete waste by recycling aggregate with the aid of pulsed power discharge. Construction and Building Materials Vol. 67, 2014 pp. 192–196.

18. Dittrich, S.; Thome, V.; Seifert, S.; Höhn, A.-L.: Verwertungspotential von elektrodynamisch aufbereitetem Altbeton. www.vivis.de/phocadownload/Download/2015…/2015_MNA_631-638_Dittrich.pdf

19. Bru, K.; Touzé, S.; Parvaz, D.;P.: Development of an innovative process for the up-cycling of concrete waste. International HISER Conference on Advances in Recycling and Management of Construction and Demolition Waste. Delft 2017.

20. Akbarnezhad, A.: Microwave Assisted Production of Aggregates from Demolition Debris. Thesis. Submitted for the Degree of Doctor of Philosophy. Department of Civil Engineering National University of Singapore 2010.

21. Akbarnezhad, A.; Ong, K. C. G.; Zhang, M. H.; Tam, C. T.; Foo, T. W. J.: Microwave-assisted beneficiation of recycled concrete aggregates. Construction and Building Materials Vol. 25, 2011, pp. 3469–3479.

22. Lippiatt, N.: Investigation of fracture porosity as the basis for developing a concrete recycling process using microwave heating. Thesis. L'Universitè de Toulouse 2014.

23. Bru, K.; Touze, S.; Bourgeois, F.; Lippiatt, N.; Menard, Y.: Assessment of a microwave-assisted recycling process for the recovery of high-quality aggregates from concrete waste. International Journal of Mineral Processing Vol. 126, 2014, pp. 90–98.

24. Noguchi, T.: Advanced Technologies of Concrete Recycling in Japan. International Rilem Conference on Progress of Recycling in the Built Environment. São Paulo 2009.

25. Heesup Choi; Myungkwan Lim; Hyeonggil Choi; Ryoma Kitagaki; Takafumi Noguchi: Using Microwave Heating to Completely Recycle Concrete. Journal of Environmental Protection 2014, No. 5, pp. 583–596. http://dx.doi.org/10.4236/jep.2014.57060

26. Liebezeit, S.; Müller, A.; Leydolph, B.; Palzer,U.: Mikrowelleninduziertes Grenzflächenversagen zur Trennung von Materialverbunden. www.vivis.de/phocadownload/2016_mna/2016_MNA_465-480_Liebezeit.pdf

27. Liebezeit, S.; Mueller, A.; Leydolph, B.; Palzer,U.: Microwave-induced interfacial failure to enable debonding of composite materials for recycling. Sustainable Materials and Technologies. Vol. 14, 2017, pp. 29–36.

28. Jaecheol Ahn: Microwave dielectric heating to disassemble a modified cementitious joint. Materials and Structures 2013, No. 46, pp. 2077–2090.

29. Quattrone, M.; Angulo, S., C.; John, V.,M.: Energy and CO_2 from high performance recycled aggregate production. Resources, Conservation and Recycling Vol. 90, 2014, pp. 21–33.

30. http://zenrobotics.com/de/

31. Pretz, T.; Julius, J.: Stand der Technik und Entwicklung bei der berührungslosen Sortierung von Abfällen. Österreichische Wasser- und Abfallwirtschaft, 2008, Heft 07–08, S. 105–112.

32. Angulo, S.C.; John, V. M.; Ulsen, C.; Kahn, H.; Mueller, A.: Optical sorting of ceramic material from mixed construction and demolition waste aggregates (in Portugisisch). Ambiente Construído 2013, No. 6, pp. 61–73.

33. Linß, E.: Sensorgestützte Sortierung von mineralischen Bau- und Abbruchabfällen. Fachtagung Recycling R'16. Weimar 2016.

34. Somayeh Lotfi: C2CA Concrete Recycling Process. From Development To Demonstration. Thesis. Technische Universiteit Delft 2016.

35. Riley, Ch.M.: Relation of Chemical Properties to the Bloating of Clays. Journal of Am. Ceram. Soc. Vol. 34, 1951, pp. 123–128.

36. White, W.A.: Lightweight aggregate from Illinois shale. Illinois Geol. Surv.Circ. No 290, 29 p, 1960.

37. Lampl, C.: Sekundärrohstoffe – Anforderungen und Einsatzgebiete für die Baustoffe der Zukunft. Nachhaltige Nutzung von Baurestmassen. Österreichischer Wasser- und Abfallwirtschaftsverband. Wien 2009.

38. Müller, A.: Bedeutung von Kornform und Korngröße für die Herstellung von Betonen und das Recycling von Baustoffen. Ibausil. 16. Internationale Baustofftagung. Tagungsbericht Band 2. Weimar 2006.

39. Müller, A.; Liebezeit, S.; Badstübner, A.: Verwertung von Überschusssanden als Zusatz im Beton. Steinbruch und Sandgrube 2012, H.5, S. 46–49.

40. Domínguez, A.; Domínguez, M.I.; Ivanova,S.; Centeno, M.A.; Odriozola, J.A.: Recycling of construction and demolition waste generated by building infrastructure for the production of glassy materials. Ceramics International Vol. 42, 2016, pp. 15217–15223.

41. Dondi, M.; Cappelletti, P.; D'Amore, M.; de Gennaro;R.; Graziano, S.F.; Langella, A.; Raimondo, M.; Zanelli, C.: Lightweight aggregates from waste materials: Reappraisal of expansion behavior and prediction schemes for bloating. Construction and Building Materials Vol.127, 2016, pp. 394–409.

42. Müller, A.: Die Herstellung von Aufbaukörnungen aus Mauerwerkbruch. Müll und Abfall 2014, Heft 11, S. 625-633.

43. Lim, J.; Lütkehölter, H.: Die Trümmerverwertungsanlage Frankfurt am Main. Leistungsnachweis im Ingenieurprojekt. Fachhochschule Potsdam, Januar 2015.

Sachverzeichnis

Printed in the United States
By Bookmasters